中国石油和化学工业优秀教材
普通高等教育“十二五”规划教材

工　程　化　学

第二版

周祖新　　　主　编
丁　蕙　王根礼　副主编

化学工业出版社
·北京·

本书是为高等学校工程技术类及管理科学各专业（除化工、材料、生物医学类）化学基础课编写的教材。其特点是取材精练，突出化学在生产实践中的实际应用，反映学科发展趋势和最新成果。

全书共11章，包括化学反应基本规律，溶液中单相和多相平衡，电化学基础，物质结构基础，化学与材料，非化工类生产中的化学知识，化学与环保，能源与化学，危险化学品的管理与消防，化学与日常生活，化工商品知识与营销。前4章内容属于化学原理部分，是本书的基础，后7章是在科学技术和社会生活中既重大又贴近生产、生活实际的，属于现代社会文明的几个相对独立的专题，既有专业性，又有科普性。

本书不仅可以作为本科生的基础课教材，也可供自学者、工程技术人员、企业管理和营销人员参考。

图书在版编目（CIP）数据

工程化学/周祖新主编. —2版. —北京：化学工业出版社，2013.10（2023.1重印）

中国石油和化学工业优秀教材

普通高等教育“十二五”规划教材

ISBN 978-7-122-18469-6

Ⅰ.①工… Ⅱ.①周… Ⅲ.①工程化学-高等学校-教材 Ⅳ. TQ02

中国版本图书馆CIP数据核字（2013）第219598号

责任编辑：刘俊之　　装帧设计：关　飞

责任校对：陶燕华

出版发行：化学工业出版社（北京市东城区青年湖南街13号　邮政编码100011）

印　　装：三河市双峰印刷装订有限公司

787mm×1092mm　1/16　印张14¾　彩插1　字数383千字　2023年1月北京第2版第15次印刷

购书咨询：010-64518888　　售后服务：010-64518899

网　　址：http://www.cip.com.cn

凡购买本书，如有缺损质量问题，本社销售中心负责调换。

定　　价：29.80元

前　　言

本书第一版自2009年出版以来，受到了高校师生相当程度的欢迎。随着高等教育和教学改革的深入开展，特别是大一、大二通才式教育的普及，教学内容和课程体系都发生了一些变化。几年来，使用本书的许多教师也不断为本书的修订提供了大量的宝贵意见。

本书的第二版秉承了第一版的特点，即突出知识的实用，提高能力，尽量做到实用、全面、易懂。为适应通才式教育的需要，提高大学毕业生就业、创业或独当一面的工作能力，增加了“化工商品知识与营销”一章，在这一章中介绍了化工商品知识和营销，使理工科学生能在理科课程中学到以往要到外系选修的商品营销知识。本章还用较多篇幅介绍了一些常见化学品的性质和用途，弥补了基础化学教学中元素化学内容的不足，并使管理类科学的学生熟悉一些常见化学品的知识。为与国际化学品生产、储运、使用管理接轨，本书在第9章危险化学品的管理和消防中增加了全球化学品统一分类和标签制度（GHS）简介一节，以适应化学品贸易的全球化趋势。

由于本书的起点适中，高中文、理科基础的学生均可使用该教材，一些文理兼收的专业，其学生使用该教材后效果良好。本书的第二版更加强了本书的文理科学生通用性，如对化学品性质的介绍只介绍其使用时的特点，不涉及其结构。对化学品的营销重点介绍营销方法，基本不涉及理论。

本书在编写过程中得到了本教研室老师的大量参与和支持，丁蕙、王根礼老师作为副主编始终参与资料的查找、汇总工作，王爱民、郭晓明、周义锋、沈绍典、程利平、李忆平、李向清、肖秀珍、黄莎华、李亮诸老师提供了大量的资料和提出了宝贵意见，对本书的编写做了大量工作，化学工业出版社的编辑为本书第二版提供了一些很好的思路，在此一并表示感谢！

由于编者水平所限，书中不当之处在所难免，诚望广大读者指正。

编者

2013年8月

第一版前言

随着就业压力的不断增加，大学毕业生需要更强的能力来适应社会的要求，另外，作为社会较高素质的人才，也应该具备完整的基础科学知识体系，化学知识是其中的重要组成部分。在实际工作过程中，非化工类大学毕业生也经常会遇到需要化工知识才能解决的问题。在科学技术和生产中，化学起着重要作用。工程化学是在普通化学、物理化学、结构化学、高分子化学、材料化学和环境化学等学科基础上发展起来的一门实用科学。

工程化学作为非化工专业的一门重要基础课，教学目的是：使广大工科生在一定程度上具有一些必需的近代化学基本理论、基本知识和基本技能，并了解这些理论在实际工程中的应用，培养学生具有化学观点，为今后工作和继续学习打下一定的化学基础。

本书的编写特点是：起点较低，基础理论简明扼要，不作深入求证，突出知识的实用性，重在提高能力，尽量做到实用、全面、易懂。由于工程化学涉及的范围广，不同专业所需的化学知识不尽相同，故在使用该教材时，可根据各类工科专业的特点，选择性地学习一些章节。为了提高学生学习的兴趣，并增加化学素养，编写了“化学与日常生活”一章。

本书的内容在化学基本理论和基础知识方面包括化学反应的基本原理，水溶液中的单相和多相平衡，电化学基础和物质结构基础；在联系工程实际方面包括化学与材料，化学与能源，非化工类生产中的化学知识，化学与环保，危险化学品的管理与消防，生活中的化学。为了提高学生的兴趣，在每一章的后面介绍一些化学家的故事或涉及身边的化学知识。为了能使有兴趣、学有余力的学生进一步学习，在每一章后面加入了“网络导航”，方便学生通过网络自己查找，同时也增加了学生自己解决问题的能力。

由于编者水平所限，书中不当之处在所难免，诚望广大读者指正。

编者

2008 年 12 月

目　录

0. 绪　　论

0.1　化学的研究对象

简单地说，化学是研究化学反应（变化）的学科。而要研究化学反应，必须在原子、分子水平上研究参与反应的物质的组成、结构、性能、变化规律以及变化过程中的能量关系等。故目前一般认为化学的研究对象是：物质，物质的组成、结构、性能，相互关系，变化规律以及在变化过程中的能量转换关系。

例如，汽车尾气 NO 是大气的主要污染源之一。它是内燃机工作时，来自空气中的 N_2 和 O_2 在汽缸中反应生成的。治理的方法之一就是使生成的 NO 变成无害的物质。那么，NO 变成什么物质才是无害的呢？当然变成 O_2 和 N_2 是最合适的，相当于回归自然。这样，我们就要研究 $2NO \longrightarrow O_2 + N_2$ 这一化学反应在给定的条件下能否自发进行，这需要化学的重要理论——化学热力学知识。通过化学热力学的理论分析可知（同学们学完了这一部分知识以后就可以判断了），该反应可以自发进行，而且可以进行得很完全。但实际上并没有看到这一反应进行（如能很快进行就不用治理了）。这是为什么呢？

这是因为化学反应速率太慢。有关化学反应速率问题是化学的另一重要理论——化学动力学的研究内容。为什么这一反应速率太慢呢？化学动力学研究表明，是因为该反应的活化能太高。那么如何降低活化能，提高这一反应的速率呢？或是升温，或是加催化剂。采用升温的方法一是不方便，二是对反应不利（需要另外的加热升温系统，发动机要承受更高的温度），因此最好采用催化剂。那选用什么做催化剂呢？这就要了解为什么该反应的活化能非常高，采用什么物质能降低该反应的活化能。要解决这一问题，则要用到化学的第三个重要理论—— 物质结构的知识，了解 NO、O_2、N_2 等分子的结构特点。

0.2　化学发展简史

0.2.1　火的使用和人类自身的发展

借助于火，人类掌握了巨大的能量，并且开始初步地利用它来改造自然世界。这是人类第一个有意使用的化学反应，有机物在点燃下进行剧烈的氧化反应，放出光和热，人类借以驱寒和驱逐其他野兽，为了保存火种，人类开始分工，开始了社会化，使人类在恶劣自然条件下得以生存并得到较大的发展。火的使用，扩大了人类食物的种类和范围，许多过去不能食用之物变成可食之物，如一些坚硬的植物根茎，经火加工后变软，某些含有毒素的食物经火加工后毒素消失；另外，火的使用，使食物的成分发生化学变化，向有利于人体吸收的方向转化，如动物的肉烤熟后蛋白质更容易转化为氨基酸，脂肪更容易转化为酸和醇，植物的淀粉变成蓬松状，易在人体中降解成糖类，改善了食物的消化和营养的吸收，为人体的生长发育以及脑髓的发展提供了物质基础，熟食促进了大脑的发展，使人类的智力不断发展（猿脑仅重 350g，而人脑重约 1400g）。人类在改造自然的复杂进程中，大脑逐渐产生了能适应新环境的新的化学物质，这些新化学物质部分遗传给后代，并不断发展完善，就是人类大脑发展的简单的社会化学模式。

0.2.2 化学促进材料的发展

0.2.2.1 陶瓷的产生和发展

人们在漫长的用火实践中，发现火炕周围原本可塑性很强的黏土往往被烧得十分坚硬，即使泡在水里也不会变软和变形。由此得到启示，人们逐渐有意识地把黏土捣碎，用水调匀，揉捏成型（比打制石器容易得多），再以火焙烧，经过不断实践，终于掌握了烧制粗陶器的技术。随着制陶技术的发展，对原料配方的改进，烧出的陶器硬度更大，吸水率更低且表面光滑明亮，这就是釉层，随着釉层的出现，窑温的提高和白色瓷土的采用，瓷器就产生了。陶瓷生产的发展，为人们造房定居创造了条件，使人类告别了岩洞和穴居，使城镇得以兴起。考古发现，在距今五六千年的中国古代仰韶文化时期，就有了烧制精美的陶器，在距今三千多年的古埃及，就制成了玻璃器皿。直到今天，我们还在使用“秦砖汉瓦”。

0.2.2.2 金属的冶炼

陶瓷工艺的改进发展获得了1000多摄氏度的高温，为金属冶炼工艺的发展作了充分的准备。六七千年前，古人发现某些“石头”经火煅烧后可得到坚硬而且可以铸造的材料，最早发现的是铜、锡、铅等。出土文物显示，距今3600年前，我国的铜冶炼技术已相当成熟，最初使用的是火法炼铜，以木炭为燃料加热冶炼孔雀石，最初得到的是天然铜——红铜。后来人们为了降低铸造温度，提高硬度，加入了另一金属——锡，便得到了功能更好的青铜，青铜被广泛用来制造工具、武器及生活用品，成了一个时代的象征，这就是历史上的青铜器时代，人类社会也由原始社会进入了奴隶社会。

炼铜的原料在自然界较少，限制了青铜的进一步使用，但在冶炼过程中，能够得到1000℃的高温，人们把另一种矿石（铁矿）与木炭装在陶制容器中，利用木炭不完全燃烧产生的一氧化碳将铁矿石还原为铁，这就是炼铁，由于铁矿石比孔雀石多得多，铸铁制品非常坚硬，铁的冶炼得以迅速发展，铁制工具取代了青铜工具并得到了更加广泛的使用，生产获得迅速发展，生产关系随之变革，人类逐渐进入封建社会。

0.2.3 炼丹术和炼金术对化学的发展

我国是炼丹术出现最早的国家，到汉武帝时，在帝王的支持下炼丹术盛行。炼丹术的初衷是为了求得长生不老之药，但从现代化学的观点来看，当时的炼丹活动主要是将汞、铅和硫等物在炼丹炉中烧制成含汞或铅的化合物，即所谓的仙丹。

公元7～9世纪，相当于我国的隋唐时期，中国的炼丹术传入阿拉伯，并通过阿拉伯传入欧洲许多国家，现在的化学一词“chemistry”就是由阿拉伯语中炼金术一词“alkimiya”演化而来的。由于受亚里士多德（Aristotle）“一种元素能变成另一种元素”学说的误导，许多人试图将普通金属冶炼成黄金，因此进行了大量的化学实践活动，其内容涉及矿物冶炼、金属成分分析、无机盐制备等。当然，炼金术士的愿望是不会实现的。

但这种旷日持久，范围极广的炼金、炼丹活动，在客观上极大地丰富了人类对金属、对矿物乃至对整个物质世界的认识，为人们积累了大量的实践经验，对后来化学学科的建立起到了重要的作用。

0.2.4 医药化学

到了我国明代，著名医药学家李时珍在他的巨著《本草纲目》中记载的药物达1892种，其中包括无机药物266种，该书还对这些药物进行了较系统的分类。特别值得一提的是，该书记载着一些较为复杂的无机药物的加工制作过程，有的可算得上是典型的无机合成反应。

15、16世纪以后，欧洲进入了文艺复兴时期，自然科学受其影响也出现了一批革新的科学家，炼金术进入了一个新的研究方向，即所谓“医药化学”。这一时期，一些医生不再相信炼金术中由普通金属制贵金属的说法，而是研究用化学方法制成药剂来医病，取得了很多成果，涉及许多无机物和一些有机物的制备和性质。医药化学的发展进一步丰富了人们的化学知识。

0.2.5 现代化学的建立和发展

0.2.5.1 原子论的建立

到了17世纪中期至19世纪前期，欧洲出现了一批著名的化学先驱人物，如罗蒙诺索夫（M. B. Ломоносов，1711—1765）、波义耳（R. Boyle，1627—1691）、普利斯特莱（J. Priestley，1733—1804）、拉瓦锡（A. Lavoisier，1743—1794）和道尔顿（J. Dalton，1766—1844）等。由于他们采用了精细严密的科学方法和衡量仪器，借助于数学工具，发现了许多化学上的基本定律，如质量守恒定律、物质的定组成定律等等，终于建立了“原子说”、“分子说”等。这些重要规律是现代化学的基础。道尔顿发表原子论文并附了第一张原子量表是在1803年，我们不妨把1803年作为现代化学的开始。从此，化学有了正确、坚实的基础，真正成了一门科学。

0.2.5.2 元素周期律的发现

在原子论理论的指导下，从18世纪中叶到19世纪中叶的大约一百年间，新元素不断被发现。到了1869年，人们已经知道了63种元素，而且对元素单质及其化合物的性质也积累了相当丰富的资料，然而这些资料杂乱无章，缺乏系统性。在这种情况下，迫使人们思考这样的问题：地球上究竟有多少种元素？各种元素之间有什么关系或规律？针对这些问题，化学家们依照元素的性质进行分类、对比、归纳和总结，逐渐认识了元素性质的周期性变化规律。1869年，俄国化学家门捷列夫在欧洲多国化学家研究的基础上发表了他的第一张元素周期律表，并且明确指出：“按照相对原子质量大小排列起来的元素，在性质上呈现明显的周期性”，后来的一次次科学发现（特别是新元素的发现）证实了元素周期律的正确性，对后人的化学研究工作有很好的指导作用。

0.2.5.3 原子结构理论和化学键理论的建立

门捷列夫虽然创立了元素周期律，但其中的内在原因他并不清楚。19世纪末，物理学中电子、放射性和X射线等重大发现，打开了原子和原子核的大门，使化学家通过研究电子在分子、原子中的分布和运动规律，更深刻地认识了化学的本质。原先摆在化学家面前的一些疑难问题都迎刃而解。如玻尔的核外电子轨道及后来的量子力学很好地解释了原子光谱问题；核外电子排布的周期性解释了元素周期律；鲍林的价键理论（包括杂化轨道理论）及后来的分子轨道理论解释了分子的形成、分子的几何构型和稳定性等关系分子性质的问题。

在结构理论的指导下，按照结构和性质的关系，人们能够按照需要的性质来“按图索骥”或“量体裁衣”式地大量合成各种物质，物质（以CA登记为准）的数量呈几何级数般地增加。现在还以每年100万种的速度增加。如表0-1所列。

表0-1 新分子和新材料的增长情况

年份	已知化合物数量	年份	已知化合物数量
1900	55万种	1985	785万种
1945	110万种,大约45年翻一倍	1990	1057.6万种,大约10年翻一倍
1970	273万种,大约25年翻一倍	1999	超过2000万种
1975	414.8万种	2012	6494余万种
1980	593万种,大约10年翻一倍		

0.2.5.4 现代化学新领域

(1) 飞秒化学 大多数化学反应，即使是一些我们非常熟悉的化学反应，也只知道反应物与产物，其内在机理并非都清楚，中间好像经过了一个“黑箱”。因为大多数化学反应并非是单一步骤的反应，而是由多个单一步骤串联或并联而成的，其中有些步骤进行的速率很快，某些中间产物即过渡态物质的存在不到1皮秒（10^{-12}s），要研究这类分子反应动力学需要飞秒（10^{-15}s）级的时间分辨率。飞秒化学就是研究以飞秒（10^{-15}s）作为时间尺度的超快化学反应过程的一门分支学科。具有美国和埃及双重国籍的化学家泽维尔教授，使用超短激光技术记录反应过程，如同使用高速摄影机一般，把即使只发生在短短的“一刹那”的反应步骤“全程拍下”，“化作永恒”。随着反应过渡态这个“黑箱”的打开，从反应物经过过渡态到产物的全过程的图画就展现了出来，化学反应的机理也就昭然若揭了。如光合作用的反应机理被揭开，按此机理对农副产品进行大规模的工厂化生产，不但可很轻松地解决粮食、棉花问题，同时也解决了温室气体问题。泽维尔用飞秒光谱打开了研究化学反应过渡态的大门，给化学和相关学科带来了一场革命，但里面还有许多未知的、重要的和有趣的问题有待化学家们去深入研究。

(2) 超分子化学 长期以来，人们认为保持物质性质的最小微粒是分子，分子是原子间通过化学键结合在一起的集团。但在实际的应用功能体系中总是研究众多分子的聚集体，它们通过定向的分子间相互作用可以呈现出单个分子所不具有的特性。就像砖块能构筑形形色色的建筑群一样，按照分子组装的思想，成千上万种分子能被设计组装出更多的具有各种性能的超分子体系。例如众多单个中性分子本身并不表现出电性能，但它们在按一定的方式有序地发生电荷转移后，就可能呈现导电或超导性。另一方面，我们熟知的很多体系中的分子只有采取一定的几何方式取向和排列，并在电子能量匹配下才能在外界光电作用下，发挥一定的信息存储、传递和交换功能。

超分子体系中分子间的相互作用力是强度较微弱的分子间力或氢键，也称弱相互作用力，因此，超分子化学可定义为分子间弱相互作用和分子组装的化学。弱相互作用力要形成稳定的复合物，即超分子，只有当主体和客体分子在空间的位置取得某种构象，以保持较多的弱作用和较多的结合点协调时，分子间才能形成较强结合力或选择性。因此分子间相互作用是形成高度选择性识别、反应、传递、调节以及发生在生物过程中的基础。大自然把生物分子安排得如此有序：DNA链组成右手双螺旋，蛋白质链形成α螺旋、β折叠和β转角；酶和底物、抗体和抗原的结合均显示出这种分子识别互补性。超分子化学与生命科学、材料科学和信息科学有着密切的关系，必将成为21世纪优先发展的研究方向。

(3) 组合化学 每种新药的产生，常常要经过一个繁琐和冗长的合成和筛选过程。由于对所谓的构效关系的了解往往非常粗浅，所以在设计药物分子时，由于存在着许多尚不确定的因素，不得不同时把类似物和衍生物一并考虑在内，然后进行逐一的筛选。为了提供足够的供筛选的对象，往往要合成多达上千个基本相似但组成不同的化合物，尽管其中包含着大量的“无效劳动”。这样，从设计药物到动物试验，生理毒理试验，临床试验，一般要十几年或更长的时间，许多医药化学家毕其一生也只能做出一两种可用药物。

组合化学的出现大大加速了化合物的合成与筛选速度。组合化学最早称为同步多组合成，传统的方法一次只得到一批产物，而组合方法由于同时使用n个单元和另外m个单元反应，得到所有组合的混合物，通过先进的分离鉴别手段，得到$n \times m$批产物。有人做过这样的统计：1个化学家用组合化学方法2～6周的工作量，就需要10个化学家用传统化学方法花费一年的时间来完成。由此，组合化学的出现是药物合成化学上的一次革新，是近年来药物领域的最显著的进步之一。由于具有简便、快速、高效和易于自动化等特点，组合化学已迅速扩展到材料合成领域、催化学科以及蓬勃发展的芯片技术中。

0.3 化学在国民经济中的作用

将物质发生的化学变化的客观规律运用于工农业生产的化学工业，与国民经济各部门、尖端科学技术各个领域和人民日常生活都有着密切的关系，可以说化学工业在国民经济中起到了支撑的作用。

0.3.1 化学与能源

随着我国工业生产的不断发展，能源已成了进一步发展的瓶颈。化学虽不能直接产生能源，但能够改变能源形式，更有效、更环保地使用能源。如石油炼制中轻组分（炼油厂火炬）的回收利用，重油裂解催化重整成汽油，煤变油技术，用单晶硅收集太阳能，研究燃料电池使燃料的效率从直接燃烧的30%～40%提高到90%等。对于主要燃料为煤炭，石油近一半需进口的中国，煤的液化和气化尤为重要。目前，全国已有三十余家煤化企业投巨资发展煤变油生产，并已取得较好效益，为缓解高价石油进口做了很好的尝试。

0.3.2 化学与农业

在人力和畜力时代，一个农民生产的粮食只够4个人吃；在机械化时代，一个农民可养活7个人；到了化学工业发达的化学时代，由于化学工业提供了大量的化肥、农药、塑料薄膜、排灌胶管和植物生长激素，加上使农业增产的其他因素，一个农民可养活六七十个人。更重要的是，石油化工发展以后，生产了大量的合成材料，可以节省大面积的耕地，较好地解决了人多地少的矛盾。例如，生产1万吨合成纤维，相当于30万亩棉田所产的棉花；建设1万吨人造羊毛工厂（腈纶），相当于250万只羊所产的羊毛，而放牧这些羊群需要牧草地1亿多亩。可见在当今世界人口增加很多，而耕地面积日益减少的情况下，化学对农业的重要性。

我国化肥产量居世界前三位，在我国农业增产中有40%是依靠化肥的作用。农药生产近百万吨，一些高残留农药如六六六、滴滴涕已经停产，高效、低残留农药不断增加，特别是无公害的生物农药及利用生物间相克作用而发展起来的生物防治技术近几年发展很快，逐渐适应了我国农作物防治病虫害的需要。

0.3.3 化学与材料

(1) 化工产品可以代替天然物质和补充天然物质的不足 化学工业特别是石油化工提供的三大合成材料，具有质轻、易加工、耐磨损、耐腐蚀等优良性能，广泛应用于许多特殊领域，为其他物质所不及。世界合成橡胶的年产量已超过天然橡胶产量一倍多；世界化学纤维的年产量也已经与天然纤维的产量持平；世界塑料的年产量已近亿吨，在生产和生活及其他领域起到了重要作用。轻、纺织工业原材料已经越来越多地采用化学合成的办法生产。许多原来是以农产品为原料的轻、纺织工业产品，诸如呢绒布匹、皮革皮毛、洗涤用品等，现已经可以用合成材料代替，并且还大量生产出性能相似甚至更好的适应多种用途的产品。

(2) 大量合成材料在国民经济其他部门的应用 化学合成材料不仅代替和补充天然物质的不足，还制造了大量自然界里没有的而又需要的特殊性能的材料，不仅支持了国民经济建设，也支持促进了其他学科的发展。如光导纤维使通信发生了革命性变化，使电话、有线电视的普及变成可能；单晶硅的大量生产使清洁能源——太阳能的使用迅速增加；形状记忆材料做的卫星天线使现在的卫星通信和卫星定位变得百姓都能享受；高温超导材料的使用能使磁悬浮列车更节能，跑得更快，使发电热效率更高，输电损耗更小；储氢材料使环保的氢能汽车成为可能；各种复合材料的使用使得飞机的重量变轻，载货更多，飞得更远。

0.3.4 化学与环境科学

化学在带给人们大量有用物质的同时，也产生了大量的副产物，即废渣、废液、废气，俗称三废，环境污染影响人们的身体健康。煤的燃料发电产生的大量二氧化碳引起全球温度升高的温室效应，产生的二氧化硫引起了酸雨；冰箱和空调制冷剂氟里昂破坏了大气臭氧层，引起臭氧层空洞，若无臭氧层，大量紫外线直接射到地面，就会给地球生命带来灾难性的后果；大量汽车排出的废气引起光化学污染，使人呼吸困难；化工厂的废液排入水体，引起了大量地表水甚至地下水的严重污染，我国80%的地表水被污染，被污染水不仅严重影响人们的健康，还严重影响生态平衡；各种废旧塑料的随意丢弃，形成了“白色污染”，甚至是“白色恐怖”……

虽然三废如此恶劣，但我们也不能不使用化学制品，三废的处理，大部分还是要用化学的方法解决。如用二氧化碳在催化下与氢气生成甲醇，燃煤中的二氧化硫用来制硫酸；用绿色制冷剂代替氟里昂；化工厂的废液经过严格处理，有时还能通过化学方法变废为宝，如有毒的重金属离子通过沉淀反应或配位反应回收，有机物通过萃取或其他方法提取有用的原料；用易降解的玉米塑料代替难降解塑料。总之，化学是解决环境问题的重要途径。

0.4 化学学科的体系

随着化学研究不断深化和领域的不断扩大，化学产生了许多分支。按研究内容或方法的不同可把化学分为四大分支，无机化学以研究无机物和无机反应规律为主，研究有机化合物性质和有机物反应的分支为有机化学，分析化学是对各种物质进行分析、分离、鉴定的实验科学，物理化学是用数学和物理方法来研究物质性质和反应规律的学科。化学与其他学科的不断融合，产生了许多新的分支，如与生物学的融合产生了生物化学，与环境学交叉产生了环境化学，与海洋学的交汇产生了海洋化学等等，化学的分支已有几百门乃至上千门。工程化学是在普通化学、物理化学、结构化学、高分子化学、材料化学和环境化学等学科基础上发展起来的一门实用科学。

第1章 化学反应的基本原理

用化学的观点讨论问题，自然要联系到化学反应，而对于一个化学反应，首先要考虑的就是在给定的条件下是否可以进行，进行到什么限度，速率如何，有哪些影响因素，以及在反应过程中的能量转换关系。所以本章要解决的主要问题是：

① 化学反应中的能量转换关系；

② 化学反应进行的方向；

③ 化学反应进行的限度；

④ 化学反应速率及其影响因素。

解决上述问题，首先得了解一些基本概念。

1.1 化学反应热效应及其计算

1.1.1 几个热力学基本概念

1.1.1.1 系统、环境与相

(1) 系统 自然界的物质很多，且有一定的联系，我们不能同时讨论自然界的全部物质。具体讨论时，为了方便，总是人为地将一部分物质与其他物质分开，作为研究的对象，这种被划定的研究对象即为系统。

(2) 环境 由于系统是人为地从周围物质中划分出来的，那么，系统之外，必然还有与系统密切相关的周围部分，而这些周围部分往往会对系统产生这样或那样的影响，亦需要重点讨论，故将与系统密切相关的周围部分谓之环境。

按照系统和环境之间物质和能量的交换情况，可以将系统分为三种类型：

① 敞开系统。敞开系统是指与环境之间既有物质交换又有能量交换的系统。

② 封闭系统。封闭系统是指与环境之间只有能量交换而无物质交换的系统。

③ 孤立系统。孤立系统是指与环境之间既无物质交换亦无能量交换的系统。孤立系统又称隔离系统。显然孤立系统只能近似实现，很难百分之百地达到。

例如，烧杯中Zn粒与稀H_2SO_4的反应，若把Zn粒作为研究对象，则Zn粒是系统，稀H_2SO_4是环境；若把Zn粒＋稀H_2SO_4作为系统，则烧杯和周围的空气就是环境。另外，若同样把Zn粒和稀H_2SO_4及反应容器作为系统，若是在敞口容器内反应，则为敞开系统；若是在不绝热的密闭容器中进行，则为封闭系统；若是在绝热容器中进行，则为孤立系统。由于多数化工过程涉及的系统为封闭系统，故若不加特殊说明，一般都按封闭系统来处理。需要指出的是，系统与环境的划分完全是人为的，二者之间并没有客观存在的明确的界限。

(3) 相 在系统中物理和化学性质完全相同的均匀部分被称为相，有气相、液相和固相，不同的相之间存在着明显的相界面。同一物质可因不同聚集状态形成不同的相，且能同时存在，例如水、水蒸气、冰是同一物质水的不同相。一个相并不一定是一种物质，例如硫酸铜和氯化钠的混合溶液为一个相，但其中有三种物质。多种气相物质，只要它们之间不发生化学反应生成非气相物质，由于气体的无限扩散性，使得这些气体最终会形成一个均匀的

单相系统。对于液态物质，或有液态物质的体系，根据能否溶解，来判断系统的相数，例如，水和乙醇能无限混溶，所以该系统为单相系统；而水和油，由于它们彼此不溶，即使将它们混合在一起，稳定后明显地分成两层，有明显的界面，水和油成为液-液两相系统。对于固态物质，只要它们之间不形成固溶体合金（凝固时仍保持熔融时相互溶解的彼此分布），有几种固体物质，就是几相。

1.1.1.2 状态与状态函数

(1) 状态 状态是系统性质的综合表现，系统性质是指决定系统状态的参变量（如温度、压力、体积、能量、密度、组成等）。状态和状态性质之间有一一对应的关系，即状态性质一定，状态就一定，反过来，状态一定，状态性质也就有确定的值与之对应。但由于状态性质间往往有联系，不一定需要全部状态性质确定后状态才能确定，只要把那些最主要的状态性质确定后，状态便确定了。

(2) 状态函数 状态函数是指决定状态性质的参变量，即决定状态的性质的物理量。原则上所有状态性质都是状态函数，但习惯上通常把那些不易直接测得的状态性质作为状态函数，而把那些容易直接测得的状态性质作为状态参变量。如一般把内能（又称热力学能 U）、焓（H）、吉布斯函数（G）等作为状态函数，而把温度（T）、压力（p）、体积（V）等作为状态参变量。状态一定，状态函数就有了确定值与状态对应。状态函数是状态的单值函数，状态发生变化，状态函数的改变量只取决于系统的始态和终态，而与变化过程无关。如一杯水的始态是 20℃、100kPa、50g，加热后终态是 80℃、100kPa、50g，无论是一次加热到 80℃，还是先加热到 40℃，再加热到 80℃，其热力学能的改变都是相同的。

1.1.1.3 热力学能

系统的能量由三部分组成，即系统整体运动的动能、系统在外力场中的势能以及系统内部的能量。在化学热力学中一般只注意系统内部能量，称为热力学能，也称内能，用符号 U 表示。热力学能是指系统内分子运动的平动能、转动能、振动能、电子及核的运动能量，以及分子与分子相互作用的势能等能量的总和。由于至今人类还不能完全认识微观粒子的全部运动形式，所以热力学能的绝对值还无法知道。热力学能的变化值可以通过系统与环境交换能量——热或功，或者热与功的总和来度量。

1.1.1.4 热和功

热力学中的热量是指当系统与环境之间存在温差时，高温物体向低温物体传递的能量，用符号 Q 表示。

在热力学中除热以外，系统与环境所交换的其他能量均称为功。功包括体积功、电功、表面功等，用符号 W 表示。本章主要讨论体积功，它是伴随着系统体积变化而产生的能量传递。

1.1.2 热力学第一定律

热力学第一定律就是能量守恒定律，它的文字叙述为：自然界一切物质都有能量，能量有不同形式，能从一种形式转换为另一种形式，在转化过程中能量的总量不变。

在化学变化或相变化时，要涉及系统的状态变化，即引起系统热力学能变化，同时伴随系统向环境放热或吸热，也可以伴随系统体积变化对环境做功或环境对系统做功。如果在封闭系统中，根据能量守恒定律，应有式(1-1) 的关系：

$$\Delta U = Q + W \tag{1-1}$$

Q 和 W 前的正负号在不同版本的书中不同，故我们不妨把式子写成：

$$\Delta U = \pm Q \pm W$$

判断 Q 和 W 前的正负号的原则是：以体系为中心，体系得到为正，体系失去为负。

【例 1-1】 一个化学反应系统在反应过程中放出热量 50.0kJ，环境对体系做功 35.5kJ，该系统的热力学能变化是多少？

解： 因体系放出热量，即体系失去热量，为负值，环境对体系做功，体系得到功，为正值，则

$$\Delta U = \pm Q \pm W = -50.0 + 35.5 = -14.5\ (\text{kJ})$$

答：该体系热力学能降低 14.5kJ。

1.1.3 化学反应热与焓变

物质发生化学变化时，常常伴有热量的放出或吸收。化学热力学中，常把反应物和生成物的温度相同，且反应过程中系统只做体积功时所吸收或放出的热量称为化学反应热。

由于工程技术上碰到的大部分化学反应通常是在定容或定压条件下进行的，下面就从热力学第一定律来分析定容反应热和定压反应热的特点。

1.1.3.1 定容反应热

系统变化时体积不变且不做非体积功时：

$$W = -p\Delta V = 0 \qquad \Delta U = Q + W = Q_V \tag{1-2}$$

式中，Q_V 表示定容反应热。

式(1-2) 表明，在不做非体积功的条件下，定容反应的热效应在数值上等于系统热力学能的变化。

1.1.3.2 定压反应热

许多过程是在定压条件下进行的。例如，敞开容器中液相反应，保持恒定压力的气相反应（外压不变，系统的压力等于外压），均为定压过程。为保持系统定压，一般来说系统的体积会发生变化。定压下，系统只做体积功时，以 Q_p 表示定压反应热，则

$$\Delta U = Q_p + W = Q_p - p\Delta V$$

$$Q_p = \Delta U + p\Delta V = (U_2 - U_1) + p(V_2 - V_1) = (U_2 + pV_2) - (U_1 + pV_1)$$

在热力学中把 $U + pV$ 定义为焓，以符号 H 表示，即

$$H = U + pV$$

则

$$Q_p = H_2 - H_1 = \Delta H \tag{1-3}$$

式(1-3) 表明，定压下，系统只做体积功时的热效应在数值上等于系统的焓变。

由于 U、p、V 都是状态函数，则由它们组合而成的焓也是状态函数。它由两部分组成，一部分为反应系统的热力学能变化，另一部分为系统在反应过程中所做的体积功。由于人们不能测定热力学能的绝对值，因此，自然也不能测定焓的绝对值。

① 若反应物、生成物都为固态或液态，反应前后体积变化不大，$\Delta V \approx 0$。

$$\Delta U \approx \Delta H$$

② 若反应前后有气体体积变化，由于固体或液体变为气体时，体积会增大 1000 倍左右，此时，体积功不能忽略。

$$\Delta H = \Delta U + p\Delta V$$

在温度不太低、压力不太高时，可近似作为理想气体处理，$pV_1 = n_1RT$，$pV_2 = n_2RT$，因此，$p\Delta V = \Delta nRT$，得出：

$$\Delta H = \Delta U + \Delta nRT \quad 或 \quad \Delta U = \Delta H - \Delta nRT \tag{1-4}$$

【例 1-2】 在 100℃和 100kPa 下，由 1mol $H_2O(l)$ 汽化为 1mol $H_2O(g)$。在此汽化过程中 ΔH 和 ΔU 是否相等？若在此状态下，水的汽化热 Q_p 为 40.63kJ · mol^{-1}，则 ΔU 为多

少？

解：该汽化过程 $H_2O(l) \longrightarrow H_2O(g)$

是在恒温恒压和只做体积功的条件下进行的。根据式(1-4)

$$\Delta U = \Delta H - \Delta nRT = 40.63 - (1-0) \times 8.314/1000 \times (273.15 + 100)$$
$$= 40.63 - 3.10 = 37.53\ (\text{kJ} \cdot \text{mol}^{-1})$$

可见，此汽化过程中 ΔH 和 ΔU 不相等，但相差不大。

1.1.4 化学反应热的计算

1.1.4.1 热化学方程式

表示化学反应及其反应的标准摩尔焓变的化学反应方程式，叫做热化学方程式，例如：

$$2H_2(g) + O_2(g) \longrightarrow 2H_2O(g) \qquad \Delta_r H_m^{\ominus}(298.15\text{K}) = -483.64\text{kJ} \cdot \text{mol}^{-1}$$

式中，$\Delta_r H_m^{\ominus}$ 称为反应的标准摩尔焓变，单位为 $\text{kJ} \cdot \text{mol}^{-1}$（或 $\text{J} \cdot \text{mol}^{-1}$）；左下标“r”表示反应（reaction）；右下标“m”表示 1mol 反应，即表示各物质按所写化学反应方程式进行了完全反应，如上述反应是指 2mol H_2(g) 与 1mol O_2(g) 完全反应生成 2mol H_2O(g) 为 1mol 反应，注意 1mol 反应的意义与化学计量方程有关；上标“$\ominus$”表示反应是在标准态时进行的。

标准状态（简称标准态）是热力学上为了便于比较和应用而选定的一套标准条件。温度为任意，压力 $p^{\ominus} = 100\text{kPa}$，浓度 $c^{\ominus} = 1\text{mol} \cdot \text{L}^{-1}$ 或纯液体，固体为纯固体。

书写热化学方程式时应注意以下几点：

① 必须注明化学反应方程式中各物质的聚集状态，通常以 g、l、s 表示气（g）、液（l）、固（s）态，还以 aq 表示水溶液（aqua）。

② 同一反应，以不同的计量方程式表示时，其热效应不同。如：

$$2H_2(g) + O_2(g) \longrightarrow 2H_2O(g) \qquad \Delta_r H_m^{\ominus}(298.15\text{K}) = -483.64\text{kJ} \cdot \text{mol}^{-1}$$
$$H_2(g) + 1/2\ O_2(g) \longrightarrow H_2O(g) \qquad \Delta_r H_m^{\ominus}(298.15\text{K}) = -241.82\text{kJ} \cdot \text{mol}^{-1}$$

这是因为反应的热效应是 1mol 反应（根据所给方程式）时所放出或吸收的热量，前者表示 2mol H_2(g) 与 1mol O_2(g) 完全反应生成 2mol H_2O(g) 时放出的热量，而后者表示 1mol H_2(g) 与 1/2 mol O_2(g) 完全反应生成 1 mol H_2O(g) 时放出的热量。

③ 注明反应的温度和压力，若为 298.15K 和 100kPa 时可不予注明。

1.1.4.2 盖斯定律

1840 年，瑞士籍俄国化学家盖斯 G. H. Hess（1802—1850）在总结大量实验事实的基础上提出：“一个化学反应不管是一步完成的，还是分为数步完成的，其热效应总是相同的。”这叫做盖斯定律。可见，对于恒容或恒压化学反应来说，只要反应物和产物的状态确定了，反应的热效应 Q_V 或 Q_p 也就确定了 。虽然 Q_V、Q_p 本身不是状态函效，但是在数值上等于 ΔU 和 ΔH，具有状态函数的特点，实际上盖斯定律是“内能和焓是状态函数”这一结论的进一步体现。盖斯定律的重要意义在于能使热化学方程式像普通代数式一样计算，据此，可计算一些很难直接用或尚未用实验方法测定的反应热效应。

此外，根据正逆反应的代数和为零可以得出一个推论：正逆反应的热效应数量相等，正负号相反。

【例 1-3】 已知 298.15K 标准态下：

(1) $C(\text{石墨}) + O_2(g) \longrightarrow CO_2(g)$；$\Delta_r H_m^{\ominus}(1) = -393.51\text{kJ} \cdot \text{mol}^{-1}$

(2) $CO(g) + 1/2O_2(g) \longrightarrow CO_2(g)$；$\Delta_r H_m^{\ominus}(2) = -282.99\text{kJ} \cdot \text{mol}^{-1}$

求反应 (3) $C(\text{石墨}) + 1/2O_2(g) \longrightarrow CO(g)$；$\Delta_r H_m^{\ominus}(3) = ?$

解： 生成 CO_2 可以设计经过如下两种途径：

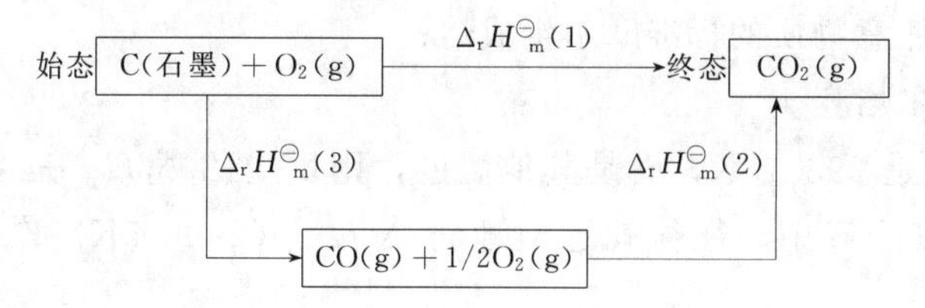

根据盖斯定律：

$$\Delta_r H_m^\ominus(1)=\Delta_r H_m^\ominus(2)+\Delta_r H_m^\ominus(3)$$
$$\Delta_r H_m^\ominus(3)=\Delta_r H_m^\ominus(1)-\Delta_r H_m^\ominus(2)$$
$$=-393.51-(-282.99)$$
$$=-110.52\ (kJ\cdot mol^{-1})$$

因为碳燃烧时很难控制碳的氧化产物只有CO而无 CO_2 生成，即反应（3）的热效应很难直接测定，而反应（1）和（2）的热效应易于直接测定，因此盖斯定律可以间接计算像反应（3）这样难于直接测定或不能直接测定的反应的热效应。

1.1.4.3　标准摩尔生成焓和标准摩尔焓变

用盖斯定律求算反应热，需要知道许多反应的热效应，要将反应分解成几个反应，有时这是很复杂的过程。如果知道了反应物和产物的状态函数 H 的值，反应的 $\Delta_r H_m^\ominus$ 即可由产物的焓值减去反应物的焓值而得到。从焓的定义式看到 $H=U+pV$，由于有 U 的存在，H 值不能实际求得。人们采取了一种相对的方法去定义物质的焓值，从而求出反应的 $\Delta_r H_m^\ominus$。

（1）物质的标准摩尔生成焓　化学热力学规定，某温度下，由处于标准状态的各种元素的最稳定的单质生成标准状态下单位物质的量（即1mol）某纯物质的热效应，叫做这种温度下该纯物质的标准摩尔生成焓，用符号 $\Delta_f H_m^\ominus$ 表示，其单位为 $kJ\cdot mol^{-1}$。当然处于标准状态下的各元素的最稳定的单质的标准摩尔生成焓为零。一些物质在298K下的标准摩尔生成焓列于附表2。

标准摩尔生成焓的符号 $\Delta_f H_m^\ominus$ 中，ΔH 表示恒压下的摩尔反应热效应，f是formation的字头，有生成之意，$^\ominus$表示物质处于标准状态。

（2）反应的标准摩尔焓变　在标准条件下反应或过程的摩尔焓变叫做反应的标准摩尔焓变，以 $\Delta_r H_m^\ominus$ 表示，根据盖斯定律和标准摩尔生成焓的定义，可以得出关于298.15K时反应标准焓变 $\Delta_r H_m^\ominus$（298.15K）的一般计算规则。

有了标准摩尔生成焓就可以很方便地计算出许多反应的热效应。对于一个恒温恒压下进行的化学反应来说，都可以将其途径设计成：

反应物→指定单质→产物

即

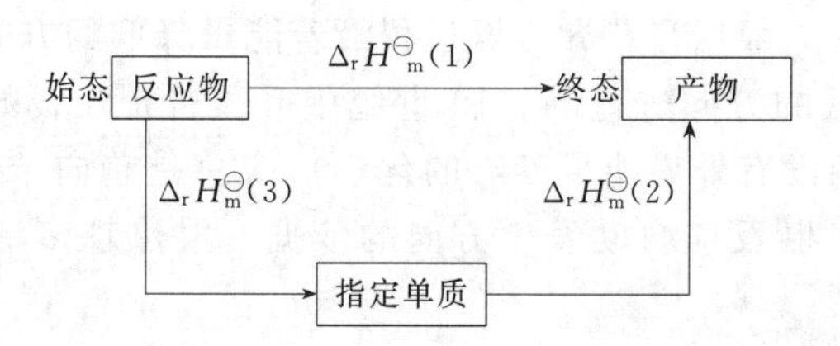

根据盖斯定律：

$$\Delta_r H_m^\ominus(298.15K)=\sum\nu_B\Delta_f H_m^\ominus(298.15K)(生成物)-\sum\nu_B\Delta_f H_m^\ominus(298.15K)(反应物) \tag{1-5}$$

式中　B——反应中的任一物质；

ν_B——反应物和产物的化学计量系数；

$\Delta_f H_m^{\ominus}$——反应中任意物质的标准摩尔生成焓；

$\Delta_r H_m^{\ominus}$——标准摩尔焓变。

如果系统温度不是 298.15K，而是其他温度，则反应的 $\Delta_r H_m^{\ominus}$ 是会有所改变的，但一般变化不大。在近似计算中，往往就近似地将 $\Delta_r H_m^{\ominus}$（298.15K）作为其他温度 T 时的 $\Delta_r H_m^{\ominus}(T)$。

【例 1-4】 试计算铝粉和三氧化二铁反应的 $\Delta_r H_m^{\ominus}$（298.15K）。

解： 写出有关的化学方程式，并在各物质的下面标出其标准生成焓的值。

$$2Al(s)+Fe_2O_3(s)\longrightarrow Al_2O_3(s)+2Fe(s)$$

$$\Delta_f H_m^{\ominus}(298.15K)/kJ\cdot mol^{-1}\qquad 0\qquad -824.2\qquad -1675.7\qquad 0$$

$$\begin{aligned}\Delta_r H_m^{\ominus}(298.15K) &= \{\Delta_f H_m^{\ominus}(298.15K)[Al_2O_3(s)]+2\Delta_f H_m^{\ominus}(298.15K)[Fe(s)]\}\\ &\quad -\{\Delta_f H_m^{\ominus}(298.15K)[Fe_2O_3(s)]+2\Delta_f H_m^{\ominus}(298.15K)[Al(s)]\}\\ &= [(-1675.7)+0]-[(-824.2)+0]=-851.5\ (kJ\cdot mol^{-1})\end{aligned}$$

1.2 化学反应进行的方向

前面讨论了化学反应过程中能量转化的问题。一切化学变化中的能量转化，都遵循热力学第一定律。但是，不违背热力学第一定律的化学变化，却未必都能自发进行。那么，在给定条件下，什么样的化学反应才能进行？这就需要用热力学第二定律来解决。

1.2.1 化学反应自发性的判断

1.2.1.1 自发过程的共同特征

自然界中发生的过程都有一定的方向：从体系的非平衡状态趋向一定条件下的平衡态。例如，热自发地从高温物体传给低温物体，直至两物体温度相等；水自发地从高水位处流向低水位处，直至两处水位相等。又如，铁自然会生锈，而铁锈不会自动变成铁。

这种在给定条件下不需外加能量而能自己进行的反应或过程叫做自发反应或过程。自发过程的逆过程一定是非自发过程。非自发过程是不能自动发生的，外界必须对系统做功，非自发过程才可以发生。如开动制冷机，使热自低温物体传给高温物体，利用水泵把水从低处送往高处。又如，水分解成氢和氧的反应在常温和常压下是非自发的，对它做电功，分解反应就能进行。

1.2.1.2 自发过程与焓变

长期以来，人们十分关心反应的自发性，一直在寻找用于判断反应能否自发进行的判据。一百多年前，曾经有人根据自然界自发过程沿着能量降低的方向进行这一思路，指出化学反应也是沿着能量降低的方向进行的。19 世纪中叶，曾提出汤姆逊（Thomsen)-贝塞罗(Berthelot）原理：“任何没有外界能量参与的化学反应总是趋向于向放热更多的方向。”显然，这就是以焓变作为判断反应自动发生方向的依据：放热越多，焓变越负，系统能量越低，反应越能自动进行。

实验结果表明，许多自发反应是放热反应。但是，人们也发现不少吸热反应或吸热过程也能自发进行。例如，在常温常压下，冰融化成水，硝酸铵溶解于水，固体氯化铵分解成氨气和氯化氢气体等都能自发进行，它们是吸热反应或吸热过程。事实说明，要判断反应或过程能否自发进行，不能只用反应或过程的焓变作依据，还要考虑其他因素。

1.2.1.3 熵变与反应的方向

进一步的研究发现，自发性还与系统内的混乱度有关，例如冰融化成水，硝酸铵溶解于水，固体氯化铵分解成氨气和氯化氢气体都使系统的混乱度增加。这些事实说明，自发反应或过程趋向于系统取得最大混乱度，即向系统混乱程度增加的方向进行。

(1) 熵的概念 1864年，克劳修斯为表示混乱程度提出了熵（S）的概念，但它非常抽象，既看不见也摸不着，很难直接感觉到熵的物理意义。1872年玻尔兹曼首先对熵给予微观的解释，他认为：在大量微观粒子（分子、原子、离子等）所构成的体系中，熵就代表了这些微观粒子之间无规排列的程度，或者说熵代表了系统的混乱度。后来的统计热力学还给出了关系式 $S=k\ln\Omega$，Ω 表示微观粒子可能的状态数，k 为玻尔兹曼常数，其值为 $1.380658\times10^{-23}\mathrm{J\cdot K^{-1}}$。

系统内物质微观粒子的混乱度是与物质的聚集状态有关的。在热力学零度时，理想晶体内分子的热运动（平动、转动和振动等）可认为完全停止，物质中微观粒子处于完全整齐有序的情况。热力学中规定：在热力学零度时，任何纯净的完整晶态物质的熵等于零。因此，若知道某物质从热力学零度到指定温度下的一些热化学数据，如热容等，就可以求算出此温度时的熵值，称为这一物质的规定熵（与内能和焓不同，物质的内能和焓的绝对值是难以求得的）。单位物质的量的纯物质在标准条件下的规定熵叫做该物质的标准摩尔熵，以 S 表示，附表2中也列出了一些单质和化合物在298.15K时的标准摩尔熵 $S_\mathrm{m}^{\ominus}$（298.15K）的数据，注意：$S_\mathrm{m}^{\ominus}$（298.15K）的SI单位为 $\mathrm{J\cdot mol^{-1}\cdot K^{-1}}$。

(2) 影响熵值的因素 熵是用来描述系统状态的，因此它也是状态函数，同时熵也与系统所含物质的量有关。熵值大小的粗略判断如下：

① 同一物质，S(高温)$>S$(低温)，S(低压)$>S$(高压)，$S(\mathrm{g})>S(\mathrm{l})>S(\mathrm{s})$，$S(\mathrm{aq})>S(\mathrm{s})$；

② 相同条件下的不同物质，分子结构越复杂，熵值越大；

③ S(混合物)$>S$(纯净物)；

④ 对于化学反应，由固态物质变成液态物质或由液态物质变成气态物质（或气体物质的量增加的反应），熵值增加。

(3) 化学反应熵变的计算 化学反应熵变的计算与焓变类似，只与反应的始态和终态有关，而与所经历的途径无关。反应的标准摩尔熵变等于生成物的标准摩尔熵之和减去反应物的标准摩尔熵之和。即

$$\Delta_\mathrm{r}S_\mathrm{m}^{\ominus}(298.15\mathrm{K})=\sum\nu_\mathrm{B}S_\mathrm{m}^{\ominus}(298.15\mathrm{K})(\text{生成物})-\sum\nu_\mathrm{B}S_\mathrm{m}^{\ominus}(298.15\mathrm{K})(\text{反应物}) \quad (1\text{-}6)$$

根据附表2中数据由此式一般得到298.15K时的 $\Delta_\mathrm{r}S_\mathrm{m}^{\ominus}$。物质的熵值随温度的升高而增加，但当温度升高时，产物的熵增与反应物的熵增相差不大，基本抵消，所以化学反应的熵变和焓变一样，可近似地将 $\Delta_\mathrm{r}S_\mathrm{m}^{\ominus}$（298.15K）作为其他温度 T 时的 $\Delta_\mathrm{r}S_\mathrm{m}^{\ominus}(T)$。

【例1-5】 计算298.15K，反应 $2NH_3(g)\longrightarrow N_2(g)+3H_2(g)$ 在298.15K时的标准熵变 $\Delta_\mathrm{r}S_\mathrm{m}^{\ominus}$。

解： $2NH_3(g)\longrightarrow N_2(g)+3H_2(g)$

查表得 $S_\mathrm{m}^{\ominus}/\mathrm{J\cdot mol^{-1}\cdot K^{-1}}$ 192.45 191.61 130.68

$$\begin{aligned}\Delta_\mathrm{r}S_\mathrm{m}^{\ominus}(298.15\mathrm{K})&=\sum\nu_\mathrm{B}S_\mathrm{m}^{\ominus}(298.15\mathrm{K})(\text{生成物})-\sum\nu_\mathrm{B}S_\mathrm{m}^{\ominus}(298.15\mathrm{K})(\text{反应物})\\&=(191.61+3\times130.68)-2\times192.45\\&=198.75\ (\mathrm{J\cdot mol^{-1}\cdot K^{-1}})\end{aligned}$$

(4) 熵变与化学反应的自发性 在历史上，曾有人提出过用系统熵的增大来判断反应的自发性。但有些自发反应的系统熵却减少，例如298.15K时，反应

$$HCl(g)+NH_3(g)\longrightarrow NH_4Cl(s)$$

在标准状态下是自发反应，但系统 $\Delta_r S_m^\ominus = -284.6 J \cdot mol^{-1} \cdot K^{-1} < 0$。因此，仅用系统的熵的增加来判断反应的自发性是不全面的。

上述方程式，从能量角度看是放热反应，在较高温度下其逆反应能自发进行。故系统发生自发变化有两种驱动力：一是通过放热使系统趋向于最低能量状态，一是系统趋向于最大混乱度。恒温恒压条件下，单独用 $\Delta_r H_m^\ominus$ 或 $\Delta_r S_m^\ominus$ 来判断过程的方向都是不充分的，必须两者综合起来。所以需要引入一个使用起来更加方便的判断化学反应方向的标准。

1.2.2 吉布斯自由能变与化学反应的方向

1.2.2.1 吉布斯自由能变

1876 年，美国数理学家吉布斯（J. W. Gibbs）综合了焓和熵，引入了一个新的状态函数，称为吉布斯自由能，用符号 G 表示，它反映了系统做有用功的能力，定义为：

$$G = H - TS \tag{1-7}$$

恒温过程中，化学反应的吉布斯自由能变可表示为：

$$\Delta_r G = \Delta_r H - T\Delta_r S \tag{1-7a}$$

由上式可以看出，$\Delta_r G$ 包含着焓变 $\Delta_r H$ 和熵变 $\Delta_r S$ 两个因子，体现了这两种效应的对立和统一，也可看出温度 T 对 $\Delta_r G$ 的影响。

1.2.2.2 吉布斯自由能变与化学反应的方向

从热力学可以导出，封闭系统中，恒温恒压和只做体积功的条件下，化学反应自发性的吉布斯自由能变判据为：

$\Delta_r G < 0$ 反应自发进行

$\Delta_r G = 0$ 反应达到平衡

$\Delta_r G > 0$ 反应不能自发进行，逆反应可以自发进行　　(1-8)

由式(1-8) 可知，在恒温恒压条件下，一个化学反应必然自发地朝着吉布斯自由能变 ($\Delta_r G$) 减小的方向进行，达到平衡时，系统的 G 降到最小，此时，化学反应的吉布斯自由能变 $\Delta_r G = 0$。因此，这一判据又称为最小吉布斯自由能变原理。

对于焓变和熵变不同的任意反应，焓变和熵变既可以为正值，又可以为负值或零，温度也可高可低，不同条件对反应方向的影响概括起来有下列六种情况。

① 若反应是放热（$\Delta_r H < 0$）和熵增加（$\Delta_r S > 0$）

$$\Delta_r G = \Delta_r H - T\Delta_r S < 0$$

即放热和熵增加的反应在任何温度下都能自发进行。例如：

$$2H_2O_2(g) \longrightarrow 2H_2O(g) + O_2(g)$$

② 若反应是吸热（$\Delta_r H > 0$）和熵减少（$\Delta_r S < 0$）

$$\Delta_r G = \Delta_r H - T\Delta_r S > 0$$

即吸热和熵减少的反应在任何温度下都不能自发进行。例如：

$$2CO(g) \longrightarrow 2C(s) + O_2(g)$$

③ 若反应是放热（$\Delta_r H < 0$）和熵减少（$\Delta_r S < 0$），要反应自发进行

$$\Delta_r G = \Delta_r H - T\Delta_r S < 0$$

$T < \Delta_r H / \Delta_r S$（因 $\Delta_r S < 0$，计算时不等号反向）

即放热和熵减少的反应在低温度下能自发进行，在高温下不能自发进行，$\Delta_r H / \Delta_r S$ 值是转变温度。例如：

$$HCl(g)+NH_3(g)\longrightarrow NH_4Cl(s)$$

④ 若反应是吸热($\Delta_r H>0$)和熵增加($\Delta_r S>0$),要反应自发进行

$$\Delta_r G_m=\Delta_r H-T\Delta_r S<0$$

$$T>\Delta_r H/\Delta_r S$$

即吸热和熵增加的反应在低温度下不能自发进行,在高温下能自发进行,$\Delta_r H/\Delta_r S$ 值是转变温度。例如:

$$CaCO_3(s)\longrightarrow CaO(s)+CO_2(g)$$

⑤ 若反应的熵变化不大($\Delta_r S\approx 0$),即反应前后均为固态或液态,或者反应前后气体体积不变,要反应自发进行

$$\Delta_r G=\Delta_r H-T\Delta_r S<0$$

$$\Delta_r H<0$$

即对于熵变化不大的反应,可用 $\Delta_r H$ 作为判断反应是否能自发进行的判据,放热反应($\Delta_r H<0$)自发进行,吸热反应($\Delta_r H>0$)不自发进行。

⑥ 若反应或过程的热效应为零($\Delta_r H=0$),即孤立体系,要反应自发进行

$$\Delta_r G=\Delta_r H-T\Delta_r S<0$$

$$\Delta_r S>0$$

即在孤立体系中的反应或过程永远向熵增加的方向进行,直至熵值达到最大值。这就是所谓的熵增加原理或热力学第三定律。

1.2.2.3　吉布斯自由能变的计算

(1) 标准摩尔生成自由能　与标准摩尔生成焓相似,化学热力学规定,某温度下,由处于标准状态的各种元素的最稳定的单质生成标准状态下单位物质的量(即 1mol)某纯物质的自由能变,叫做这种温度下该纯物质的标准摩尔生成自由能,用符号 $\Delta_f G_m^{\ominus}$ 表示,其单位为 $kJ\cdot mol^{-1}$。当然处于标准状态下的各元素的最稳定的单质的标准摩尔生成自由能为零。一些物质在 298K 下的标准摩尔生成自由能列于附表 2 中。

(2) 标准态,298.15K 时吉布斯自由能变的计算　与标准摩尔焓变的计算公式类似,可得标准摩尔自由能变的计算式为:

$$\Delta_r G_m^{\ominus}(298.15K)=\sum\nu_B\Delta_f G_m^{\ominus}(298.15K)(\text{生成物})-\sum\nu_B\Delta_f G_m^{\ominus}(298.15K)(\text{反应物}) \quad (1\text{-}9)$$

与 $\Delta_r H$ 和 $\Delta_r S$ 不同的是,温度非 298.15K 时,$\Delta_r G_m^{\ominus}$ 值与用上述公式计算出的值相差较大,不能用该公式计算值来判断反应方向,要用带温度项的吉布斯公式计算。

(3) 任意温度时吉布斯自由能变的计算　在标准态时:

$$\Delta_r G_m^{\ominus}=\Delta_r H_m^{\ominus}-T\Delta_r S_m^{\ominus} \quad (1\text{-}10)$$

式中,$\Delta_r G_m^{\ominus}$、$\Delta_r H_m^{\ominus}$ 和 $\Delta_r S_m^{\ominus}$ 均为温度 T 时的值。由前述可知,$\Delta_r H_T\approx\Delta_r H_{m298}^{\ominus}$,$\Delta_r S_T\approx\Delta_r S_{m298}^{\ominus}$,所以吉布斯方程可近似表示成:

$$\Delta_r G_{m298}=\Delta_r H_{m298}^{\ominus}-T\Delta_r S_{m298}^{\ominus} \quad (1\text{-}10a)$$

$$\Delta_r G_T\approx\Delta_r H_{m298}^{\ominus}-T\Delta_r S_{m298}^{\ominus} \quad (1\text{-}10b)$$

【例 1-6】　制取半导体材料硅可用下列反应:

$$SiO_2(s,\text{石英})+2C(s,\text{石墨})\longrightarrow Si(s)+2CO(g)$$

(1) 计算上述反应的 $\Delta_r H_m^{\ominus}$(298.15K)及 $\Delta_r S_m^{\ominus}$(298.15K);

(2) 计算上述反应的 $\Delta_r G_m^{\ominus}$(298.15K),判断此反应在标准态,298.15K 下可否自发进行;

(3) 计算用上述反应制取硅时,该反应自发进行的温度条件。

解：(1) $\Delta_r H_m^{\ominus}(298.15K)=\{2\Delta_f H_m^{\ominus}[CO(g)]+\Delta_f H_m^{\ominus}[Si(s)]\}-\{\Delta_f H_m^{\ominus}[SiO_2(s)]+2\Delta_f H_m^{\ominus}[C(s)]\}$

$=[2\times(-110.525)+0]-[(-910.94)+2\times 0]$

$=689.89\ (kJ\cdot mol^{-1})$

$\Delta_r S_m^{\ominus}(298.15K)=\{2S_m^{\ominus}[CO(g)]+S_m^{\ominus}[Si(s)]\}-\{S_m^{\ominus}[SiO_2(s)]+2S_m^{\ominus}[C(s)]\}$

$=(2\times 197.674+18.83)-(41.84+2\times 5.740)$

$=360.858\ (J\cdot mol^{-1}\cdot K^{-1})$

(2) $\Delta_r G_m^{\ominus}(298.15K)=\{2\Delta_f G_m^{\ominus}[CO(g)]+\Delta_f G_m^{\ominus}[Si(s)]\}-\{\Delta_f G_m^{\ominus}[SiO_2(s)]+2\Delta_f G_m^{\ominus}[C(s)]\}$

$=[2\times(-137.168)+0]-[(-856.64)+2\times 0]$

$=582.304\ (kJ\cdot mol^{-1})>0$

298.15K 时反应不能自发进行。

(3) 要使反应自发进行 $\Delta_r G_m \approx \Delta_r H_{m298}^{\ominus}-T\Delta_r S_{m298}^{\ominus}<0$

$T>\Delta_r H_{m298}^{\ominus}/\Delta_r S_{m298}^{\ominus}=689.89/(360.858\times 10^{-3})$

$=1911.8\ (K)$

即该反应自发进行的最低温度是 1911.8K。

1.3 化学反应速率

化学反应的速率千差万别。例如，炸药的爆炸、酸碱中和反应、照相底片的感光反应等几乎瞬间完成，而反应釜中乙烯的聚合过程按小时计，室温下橡胶的老化按年计，而地壳内煤和石油的形成要经过几十万年时间。前面所述的汽车尾气的治理反应，从热力学角度考虑能自发进行，而且推动力很大，但遗憾的是反应很慢，难以实施。热力学只提供反应的可能性即能否自发，而没有解决反应的现实性，即反应快慢问题，也就是化学动力学问题。在实际生产中，通过这一研究工作，人们可以控制反应速率来加速反应提高生产效率或减慢反应速率来延长产品的使用寿命。化学反应速率除了与反应本性有关外，还与反应物浓度、反应温度、催化剂等因素有关。

1.3.1 反应速率与浓度的关系

1.3.1.1 反应速率的表示方法

表示或比较化学反应快慢程度的概念化学反应速率是指在一定条件下，反应物或生成物在单位时间内的浓度变化。由于反应物或产物可能不止一种，而且由于反应方程式中物质前的系数可能不同，故用不同的物质浓度变化来表示反应速率的数据可能不同，例如：

【例 1-7】 在一定条件下，由 N_2 和 H_2 合成 NH_3 反应，$N_2+3H_2 \longrightarrow 2NH_3$，设开始时，$c(N_2)=1.0mol\cdot L^{-1}$，$c(H_2)=3.0mol\cdot L^{-1}$，3s 后，测得 $c(N_2)=0.7mol\cdot L^{-1}$，求反应速率。

	N_2	+ $3H_2$	$\longrightarrow 2NH_3$
c(开始)/$mol\cdot L^{-1}$	1.0	3.0	0
c(3s 后)/$mol\cdot L^{-1}$	0.7		
c(变化)/$mol\cdot L^{-1}$	0.3	3×0.3	2×0.3
$v(mol\cdot L^{-1}\cdot s^{-1})=\Delta c/\Delta t$	0.1	0.3	0.2

对于某一给定的化学反应，其计量方程式为

$$eE + fF \longrightarrow yY + zZ$$

根据 IUPAC（国际纯粹和应用化学联合会）推荐，其反应速率定义为：

$$v = -1/e \times dc(E)/dt = -1/f \times dc(F)/dt = 1/y \times dc(Y)/dt = 1/z \times dc(Z)/dt$$

即

$$v = \frac{1}{\nu_B} \times \frac{dc_B}{dt}$$

式中，dc_B/dt 表示反应中任一物质 B 的浓度 c_B 对时间 t 的变化率，这时速率 v 与物质 B 的选择无关。若要计算在 Δt 时间内的平均速率，则 $v = \Delta c/\Delta t$。

1.3.1.2　反应物浓度与反应速率的关系

锅炉加热时，用鼓风机鼓入大量空气，这样燃烧反应更剧烈，温度更高。这说明煤与氧气的燃烧反应随着氧气浓度的增加而加快。

大量事实证明，恒温下，化学反应的速率主要取决于反应物的浓度或分压。反应物浓度越大，化学反应速率越快。

化学反应速率与反应物浓度之间有怎样的定量关系呢？大量研究表明，在一定条件下，化学反应速率与反应物的浓度幂的乘积成正比，这就是质量作用定律或速率定律。如反应：

$$aA + bB \longrightarrow dD + eE$$

$$v = kc^x(A)c^y(B) \tag{1-11}$$

式中，浓度指数 x、y 分别为反应物 A、B 的反应级数，各反应物浓度指数之和称为该反应的级数 n，即 $n = x + y$。x、y 与化学方程式中物质前的系数 a、b 无一定关系，由实验确定。

化学反应一般较复杂，所写方程式仅表示开始的反应物和最终的产物，中间经过了许多我们并不了解的中间步骤，只有我们确实知道的一步完成的反应即基元反应，才可根据化学方程式直接写出速率方程式，例如：

若 $n=1$，则为一级反应

$$SO_2Cl_2(g) \longrightarrow SO_2(g) + Cl_2(g) \qquad v = kc(SO_2Cl_2)$$

若 $n=3$，则为三级反应

$$2NO(g) + O_2(g) \longrightarrow 2NO_2(g) \qquad v = kc^2(NO)c(O_2)$$

上述关系的原因是：当反应物浓度增大时，单位体积内活化分子（能量较高，彼此碰撞后能发生反应的分子）数目增大，分子间的有效碰撞（发生化学反应的碰撞）次数增加，因而反应速率加快。相反，若反应物浓度减小，则反应速率减慢。

对于有一定量气体参加的反应，在温度不变时，增大压强，气体的体积就会缩小，单位体积内气体分子数就增加，相当于增大了气体的浓度。因此，对有气体参加的反应，增大压强，反应速率加快；反之，若减小压强，反应速率就减小。

1.3.2　反应速率与温度的关系

1.3.2.1　反应速率与温度的关系概述

对任意的化学反应，升高温度，化学反应速率会明显加快。根据实践，van't Hoff 归纳出一个近似规律：对于一般反应，在浓度不变的情况下，温度每升高 10℃，反应速率提高 2～4 倍。该规律用于数据缺乏时进行粗略的估计。研究发现，并非所有的反应都符合 van't Hoff 规则。实际上，各种反应的速率和温度的关系要复杂些。

1887 年，瑞典化学家 A. Arrhenius 根据实验结果，提出了在一定温度范围内，反应的速率和温度的关系式：

$$k = A\exp\frac{-E_a}{RT} \tag{1-12}$$

若以对数的形式表示：

$$\ln k=\ln A-\frac{E_a}{RT} \tag{1-12a}$$

式中，A 为指前因子（正值，由实验确定）；E_a 为反应的活化能；R 为摩尔气体常数；T 为热力学温度。

式(1-12) 和式(1-12a) 均为 Arrhenius 公式。根据 Arrhenius 公式，可知：

① 温度升高，反应速率加快。

② 速率常数不仅与温度有关，还与反应的本性即反应的活化能 E_a 有关。

1.3.2.2 反应活化能

化学反应是物质分子内原子重新组合的过程，反应物分子中存在着强烈的化学键，为了反应的发生，必须破坏反应物分子的化学键，才能形成产物分子中的化学键。

以 673K 时，NO_2 和 CO 的基元反应为例，见图 1-1。

$$NO_2+CO \longrightarrow NO+CO_2$$

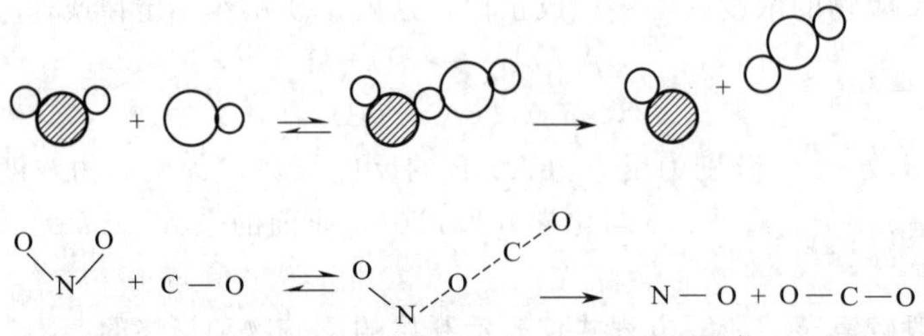

反应物　　　活化分子　　　产物

图 1-1　NO_2 和 CO 反应过程示意图

要使 NO_2 和 CO 发生反应，首先反应物分子间必须相互碰撞，当 NO_2 分子和 CO 分子接近时，如图 1-1 所示，既要克服两分子外层电子云之间的斥力，又要克服反应物分子内旧的 N—O 键和 C—O 键间的引力。为了克服旧键断裂前的引力和新键形成前的斥力，两个相碰撞的分子必须具备足够大的能量，否则就不能破坏旧键形成新键，即反应不能发生。因此，只有运动速度快的高能量分子相碰撞，才有足够大的力量使分子在碰撞中破坏旧键形成新键，即发生化学反应，生成产物。

活化能就是活化分子所具有的最低能量（临界能）与体系分子平均能量的差值。

过渡状态理论认为：具有足够能量的反应物分子在运动中相互接近，发生碰撞，有可能生成一种不稳定的过渡态，通常称为活化配合物或活化中间体。这种活化中间体的能量比反应物和产物都高，因而很不稳定，很快就转变为产物，放出能量。在这一步才真正发生新键的生成和旧键的断裂。

$$A—B+C \longrightarrow [A \cdots B \cdots C] \longrightarrow A+B—C$$

反应物　　　活化中间体　　　产物

通常把活化中间体的能量与反应物分子平均能量的差值作为该反应的活化能 E_a，由图 1-2 可见，产物分子平均能量与活化中间体的能量的差值则为逆反应的活化能 E_a（逆），该反应的热效应则为：

$$\Delta_r H_m=E_a(\text{正})-E_a(\text{逆}) \tag{1-13}$$

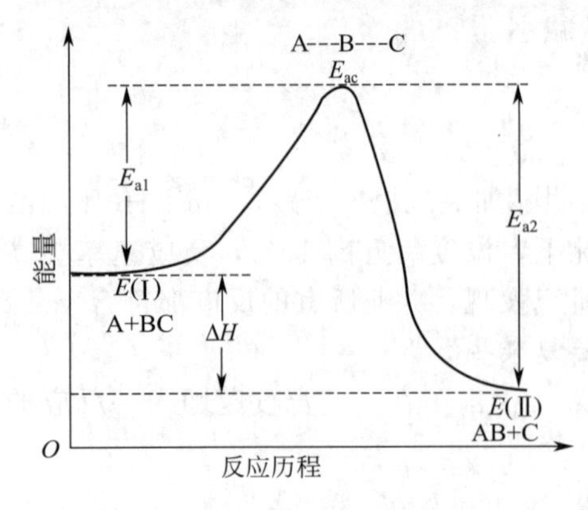

图 1-2　反应系统中活化能示意图

1.3.3 催化剂与反应速率的关系

催化剂是一种能显著加快反应速率，而在反应前后自身的组成、质量和化学性质不发生变化的物质。催化剂改变反应速率的作用非常明显，如在生产硫酸的重要步骤 SO_2 的催化氧化中，催化剂提高反应速率达 1.5 亿倍，使生产效率大为提高；又如，若人体消化道中无消化酶，欲消化一顿饭，需花费 50 年时间。

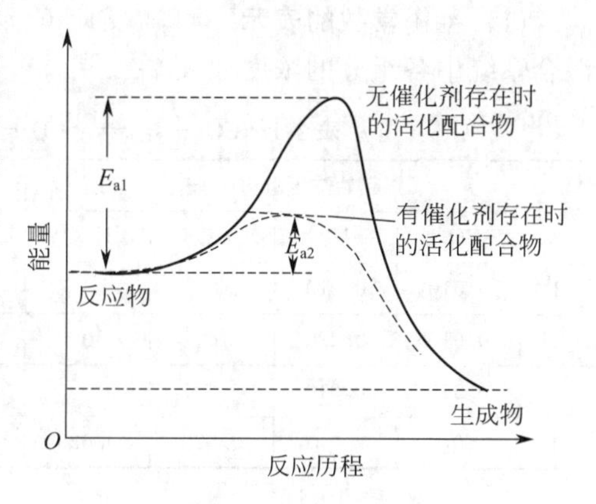

图 1-3　催化剂改变反应途径示意图

虽然反应前后催化剂的组成、质量和化学性质不发生变化，但并不意味着催化剂不参与化学反应。实验证明，催化剂实实在在地参加了反应，改变了反应的历程，即催化剂与反应物先生成中间体，然后中间体分解最后生成了产物，中间可能经过了一系列的反应，而这些反应的活化能比原反应的活化能要低，故反应速率大大增加。由图 1-3 可见，催化剂参加反应，但并不改变该反应的热效应。

1.4　化学平衡

1.4.1　可逆反应与化学平衡

对于一个化学反应，我们不仅关心反应的速率，还关心在一定条件下反应进行的程度，有多少反应物转化为产物即反应的转化率问题。这就是化学平衡的问题。

1.4.1.1　可逆反应与化学平衡

对于多数化学反应，在一定条件下反应既能按反应方程式从左向右进行（正反应），又能从右向左进行（逆反应），这种同时能向正逆方向进行的反应，称为可逆反应。例如在高温下，CO_2 和 H_2 作用生成 CO 和 $H_2O(g)$，同时 CO 和 $H_2O(g)$ 也可以生成 CO_2 和 H_2。这两个反应可用方程式表示为：

$$CO_2 + H_2 \rightleftharpoons CO + H_2O(g)$$

在一定温度下，把一定量的 CO_2 和 H_2 置于一密闭容器中使反应开始。每隔一定时间取样分析，反应物 CO_2 和 H_2 的浓度逐渐减小，而产物 CO 和 $H_2O(g)$ 的浓度逐渐增加。若保持温度不变，当反应进行到一定时间，将发现混合气体中各组分的浓度不再随时间而改变，维持恒定，此时即达到了化学平衡状态。这一过程可用反应速率解释。反应刚开始时，反应物浓度最大，具有最大的正反应速率 v(正)，此时尚无产物，故逆反应速率 v(逆) 为零。随着反应的进行，反应物不断消耗，浓度减小，正反应速率随之减小。另一方面，产物浓度不断增加，逆反应速率逐渐增大，至某一时刻 v(正)$=v$(逆)（但并不等于零）（图 1-4），即单位时间内正反应使反应物浓度减小的量等于逆反应使反应物浓度增加的量。此时宏观上，各种物质的浓度不再改变，达到平衡状态；在微观上，反应并未停止，正逆反应仍在进行，故化学平衡是一种动态平衡。

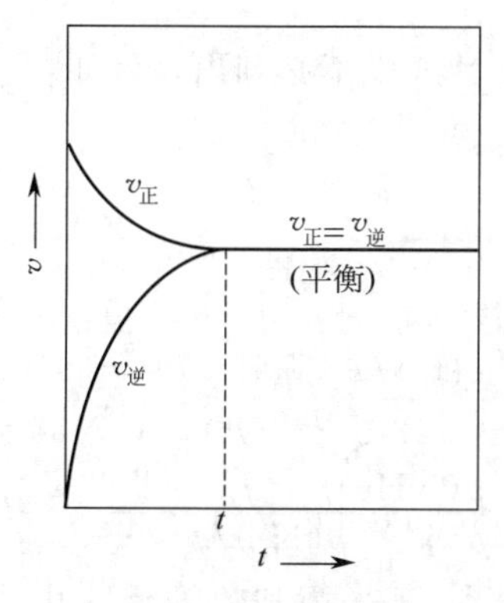

图 1-4　化学平衡

1.4.1.2　平衡常数

平衡常数是衡量平衡状态的一种数量标志，可以用来计算平衡系统中各组分之间的关系，以及反应物的转化率等。

(1) 平衡常数的表示 可逆反应 $CO_2+H_2 \rightleftharpoons CO+H_2O(g)$ 在1200℃达到平衡时，混合系统中各组分的浓度如表1-1。

表1-1 $CO_2+H_2 \rightleftharpoons CO+H_2O(g)$ 平衡体系实验数据（1200℃）

编号	起始浓度/mol·L^{-1}				平衡浓度/mol·L^{-1}				$\frac{[CO][H_2O]}{[CO_2][H_2]}$
	$[CO_2]$	$[H_2]$	$[CO]$	$[H_2O]$	$[CO_2]$	$[H_2]$	$[CO]$	$[H_2O]$	
1	0.010	0.010	0	0	0.004	0.004	0.006	0.006	2.3
2	0.010	0.020	0	0	0.0022	0.01222	0.0078	0.0078	2.4
3	0.010	0.010	0.001	0	0.0041	0.0041	0.0069	0.0059	2.4
4	0	0	0.020	0.020	0.0082	0.0082	0.0118	0.0118	2.4

从表中可以看出，无论改变反应系统开始的组成，还是反应从正向开始（编号1、2、3）或从逆向开始（编号4），达到平衡时，$\frac{[CO][H_2O]}{[CO_2][H_2]}$比值几乎相等，是一常数。

通过大量的实验事实并从理论上也可推导出，对于一般的可逆反应：

$$aA(g)+bB(g) \rightleftharpoons gG(g)+dD(g)$$

在一定温度下，化学反应达到平衡时，产物浓度（或分压力）（以产物化学式前的化学计量数为指数）的乘积与反应物浓度（或分压力）（以反应物化学式前的计量数为指数）的乘积之比是一个常数。即

$$K_p^{\ominus}=\frac{\{p(G)/p^{\ominus}\}^g\{p(D)/p^{\ominus}\}^d}{\{p(A)/p^{\ominus}\}^a\{p(B)/p^{\ominus}\}^b} \tag{1-14a}$$

$$K_c^{\ominus}=\frac{\{c(G)/c^{\ominus}\}^g\{c(D)/c^{\ominus}\}^d}{\{c(A)/c^{\ominus}\}^a\{c(B)/c^{\ominus}\}^b} \tag{1-14b}$$

式中，$c^{\ominus}$为1mol·L^{-1}，而气体分压$p^{\ominus}$为100kPa。

(2) 平衡常数的特征 不同反应的平衡常数数值不同。平衡常数越大，表示反应达到平衡时产物浓度越大，即正反应进行得越彻底。因此可以根据平衡常数数值的大小判断反应进行的程度。

对于给定的化学反应，$K_p^{\ominus}$（$K_c^{\ominus}$）只随温度而改变，与物质浓度或分压力无关。

(3) 平衡常数的书写

① 反应式中若有纯固态、纯液态，它们的浓度在平衡常数表达式中不必列出，例如：

$$Fe_3O_4(s)+4H_2(g) \rightleftharpoons 3Fe(s)+4H_2O(g)$$

$$K_p^{\ominus}=\frac{\{p(H_2O)/p^{\ominus}\}^4}{\{p(H_2)/p^{\ominus}\}^4}$$

② 平衡常数表达式与化学方程式的书写形式有关，如：

$$N_2(g)+3H_2(g) \rightleftharpoons 2NH_3(g) \qquad K_p^{\ominus}=\frac{\{p(NH_3)/p^{\ominus}\}^2}{\{p(H_2)/p^{\ominus}\}^3\{p(N_2)/p^{\ominus}\}}$$

如写成 $\frac{1}{2}N_2(g)+\frac{3}{2}H_2(g) \rightleftharpoons NH_3(g)$ 　　则 $K_p^{\ominus}=\frac{\{p(NH_3)/p^{\ominus}\}}{\{p(H_2)/p^{\ominus}\}^{3/2}\{p(N_2)/p^{\ominus}\}^{1/2}}$

③ 在相同温度下，一个平衡可由几个平衡反应相加或相减得到，其平衡常数等于后几个平衡常数的乘积或商。例如：

$$SO_2(g)+\frac{1}{2}O_2(g) \rightleftharpoons SO_3(g) \qquad (1) \qquad K_1^{\ominus}=\frac{\{p(SO_3)/p^{\ominus}\}}{\{p(SO_2)/p^{\ominus}\}\{p(O_2)/p^{\ominus}\}^{1/2}}$$

$$NO_2(g) \rightleftharpoons NO(g)+\frac{1}{2}O_2(g) \quad (2) \qquad K_2^{\ominus}=\frac{\{p(NO)/p^{\ominus}\}\{p(O_2)p^{\ominus}\}^{1/2}}{\{p(NO_2)/p^{\ominus}\}}$$

$SO_2(g)+NO_2(g) \rightleftharpoons SO_3(g)+NO(g)$ (3) $K_3^{\ominus}=\dfrac{\{p(SO_3)/p^{\ominus}\}\{p(NO)/p^{\ominus}\}}{\{p(NO_2)/p^{\ominus}\}\{p(SO_2)/p^{\ominus}\}}$

可见式(3)=式(1)+式(2)，若将 K 相乘，可得 $K_3^{\ominus}=K_1^{\ominus}K_2^{\ominus}$。

④ 在稀溶液中进行的反应，如有水参加，水的浓度不必写在平衡常数表达式中。例如：

$NH_3+H_2O \rightleftharpoons NH_4^++OH^-$ $K_c^{\ominus}=\dfrac{\{c(NH_4^+)/c^{\ominus}\}\{c(OH^-)/c^{\ominus}\}}{\{c(NH_3)/c^{\ominus}\}}$

1.4.1.3 有关化学平衡的计算

根据化学平衡的表达式，若已知反应体系内各物质的平衡浓度或分压力，就可求得该反应在某一温度时的平衡常数。在温度不变的情况下，改变物质浓度或分压力，若要求得新平衡中各物质的浓度或分压力，则因平衡常数未改变，以此为桥梁，容易计算出新平衡时各物质的浓度或分压力。平衡转化率是指反应达到平衡时，反应物生成产物的百分率，也叫最大转化率，用 α 表示。

$$\alpha=\frac{\text{反应物已转化浓度}}{\text{反应物总浓度}}\times 100\% \tag{1-15}$$

【例 1-8】 水煤气的转化反应为：

$$CO(g)+H_2O(g) \rightleftharpoons CO_2(g)+H_2(g)$$

在 850℃时，平衡常数 $K_p^{\ominus}$ 为 1.0。在该温度下，于 5.0L 密闭容器中加入 0.040mol CO 和 0.040mol H_2O，求该条件下 CO 的转化率，达到平衡时各组分的分压。

解：设 CO 的转化率为 α

	$CO(g)$ +	$H_2O(g) \rightleftharpoons$	$CO_2(g)$ +	$H_2(g)$
起始物质的量/mol	0.040	0.040	0	0
转化物质的量/mol	-0.040α	-0.040α	0.040α	0.040α
平衡时物质的量/mol	$0.040-0.040\alpha$	$0.040-0.040\alpha$	0.040α	0.040α

平衡时各物质的分压：

$$p_i=nRT/V$$

将分压代入表达式：

$$K_p^{\ominus}=\frac{\{p(CO_2)/p^{\ominus}\}\{p(H_2)/p^{\ominus}\}}{\{p(CO)/p^{\ominus}\}\{p(H_2O)/p^{\ominus}\}}$$

$$=\frac{n(CO_2)n(H_2)}{n(CO)n(H_2O)}=\frac{(0.04\alpha)^2}{(0.04-0.04\alpha)^2}=\frac{\alpha^2}{(1-\alpha)^2}=1.0$$

则 $\alpha=50\%$

平衡时各组分的分压为：

$$p(CO)=n(CO)RT/V=\{(0.04-0.04\times0.5)\times8.314\times1123\}/5\times10^{-3}=37.3\ (kPa)$$

$$p(H_2O)=p(CO)=37.3kPa$$

$$p(CO_2)=n(CO_2)RT/V=\{0.04\times0.5\times8.314\times1123\}/5\times10^{-3}=37.3\ (kPa)$$

$$p(H_2)=p(CO_2)=37.3kPa$$

1.4.2 化学平衡的移动

一切平衡都是相对的、暂时的和有条件的，化学平衡也不例外，它是一种动态平衡。一旦外界条件改变，就会使平衡遭到破坏，正逆反应速率不再相等，可逆反应从暂时的平衡变为不平衡。随着反应的进行，经过一定时间，正逆反应速率再次相等，从而建立起新的平衡状态。这种因外界条件的改变，而使可逆反应从一种平衡状态转变到另一种平衡状态的过程，叫做化学平衡的移动。浓度、压力和温度等因素都可以引起化学平衡的移动，下面分别讨论影响平衡移动的几种因素。

1.4.2.1 浓度（或分压）对化学平衡的影响

在 K_2CrO_4 溶液中，逐滴加入 H_2SO_4 溶液，溶液颜色由黄色变为橙色，之后再往溶液中滴加 NaOH 溶液，溶液又由橙色变为黄色。

$$\underset{\text{黄色}}{2CrO_4^{2-}} + 2H^+ \rightleftharpoons \underset{\text{橙色}}{Cr_2O_7^{2-}} + H_2O$$

加入反应物后，正反应速率加快，变成更多产物，然后随着反应物的不断消耗，正反应速率逐渐降低，随着产物浓度的逐渐增加，逆反应速率 v(逆) 也不断增大，当再次 v(正)$=v$(逆) 时，达到了新的平衡，此时净结果是更多的反应物变成了产物，即平衡向正反应方向移动，或向右移动。反之，加入产物或减少反应物浓度，则平衡向左移动。

由此可以得出结论：要使一个可逆反应向正反应方向进行得完全，可采取增加反应物浓度或降低产物浓度的方法。利用这一原理，化工生产中常采用下列措施，提高反应物的转化率。

① 为了充分利用某一成本较高的反应物，常采用过量的另一较价廉的反应物和它作用。例如接触法生产硫酸中的一个重要反应：

$$2SO_2(g) + O_2(g) \rightleftharpoons 2SO_3(g)$$

生产中用过量的来自空气中的氧气（是理论量的 2.6 倍）与 SO_2 反应，使 SO_2 得到充分利用。

② 不断地分离出某一产物，使平衡不断地向着产生生成物的方向移动。例如合成氨的反应：

$$N_2(g) + 3H_2(g) \rightleftharpoons 2NH_3(g)$$

通过循环压缩把产物氨不断移走，平衡不断向右移动，使反应物全部变成产物。

1.4.2.2 系统压力改变对平衡的影响

系统压力的改变对液态和固态反应体系影响不大，因为压力改变对液体或固体的影响极小。因此对于无气态物质参加的化学反应，系统压力的改变对平衡体系几乎没有影响。对于有气体参加的反应，系统压力改变时，则有可能引起化学平衡的移动。因为改变系统总压力，会使气体的体积发生变化，从而使气态反应物或产物的浓度发生改变，例如可逆反应：

$$2NO_2(g) \rightleftharpoons N_2O_4(g)$$

当反应在一定温度下达到平衡时，各组分的分压为 $p(NO_2)$、$p(N_2O_4)$，则

$$K^{\ominus} = \frac{\{p(N_2O_4)/p^{\ominus}\}}{\{p(NO_2)/p^{\ominus}\}^2}$$

如果平衡系统的总压力增加到原来的两倍（即体积缩小一半），这时，各组分的分压均增加到原来的两倍，但它们在反应式中的系数不同，对正逆反应速率影响的程度不同，使 v(正)$\neq v$(逆)，平衡发生移动。如上述反应中，反应物和产物浓度均增加一倍后，正反应的速率大于逆反应的，致使平衡向右移动。

系统总压力对平衡的影响，可根据反应物气体分子与产物气体分子计量系数之差 Δn 来判断。

若 $\Delta n>0$，增大体系压力，平衡向右（正向）移动；

若 $\Delta n<0$，增大体系压力，平衡向左（逆向）移动；

若 $\Delta n=0$，增大体系压力，平衡不移动。

换言之，在其他条件不变的情况下，增大系统总压力会使化学平衡向着减少气体分子数（即气体体积缩小）的方向移动；减小系统总压力会使化学平衡向着增多气体分子数（即气

体体积增大）的方向移动。根据压力对化学平衡的影响，为了提高反应物（原料）的转化率，可根据具体情况采用增大或降低体系的总压力来实现。

① 例如合成氨时，气体分子数减小，为使反应得率提高，需采取较高的压力使平衡向右移动。

$$N_2(g)+3H_2(g)\rightleftharpoons 2NH_3(g)$$

② 石油裂解时，气体分子数增加，为使反应得率提高，需采取较低的压力使平衡向右移动。

$$C_{16}H_{34}(g)\rightleftharpoons C_8H_{16}(g)+C_8H_{18}(g)$$

1.4.2.3　温度改变对平衡的影响

化学反应总是伴随着热量的变化。如可逆反应的正反应是吸热的，其逆反应必然是放热的。大量实验证明，在其他条件不变的情况下，升高温度，化学平衡向着吸热方向移动，降低温度，化学平衡向着放热方向移动。

若把化学反应热效应写在化学方程式中，则在判断平衡移动方向时，可把热量 Q 也作为反应物或产物来看待，按升高温度即增加 Q 的浓度，降低温度即减小 Q 的浓度来判断，例如：

$$N_2(g)+3H_2(g)\rightleftharpoons 2NH_3(g)+Q$$

合成氨是个放热反应，升高温度相当于增加产物 Q 的浓度，使平衡向左移动，产率减少，故合成氨反应的温度不能太高。

1.4.2.4　催化剂对化学平衡的影响

实践和理论证明，催化剂能同等程度地增加正逆反应的速率，没有改变 v（正）$=v$（逆）的局面，故不影响化学平衡的移动。但催化剂可以大大缩短反应达到平衡所需要的时间，这对提高单位时间内的产量有重大意义。

1.4.2.5　平衡移动总规律——吕·查德里原理

法国科学家吕·查德里于1887年提出：对于一个平衡体系来说，如果改变能影响平衡的任何一个条件（如浓度、压力、温度），平衡就向着能减弱这种改变的方向移动。这就是平衡移动原理。根据吕·查德里原理，可以得出以下结论：

① 当物质浓度改变时，平衡向着消耗掉部分所加物质或弥补部分所减物质的方向移动。即增加反应物浓度，平衡向着正反应方向移动以消耗掉反应物，减少反应物浓度，平衡向着逆反应方向移动以弥补反应物。

② 当增大压力时，平衡向着减小压力（即气体分子数减小）的方向移动，以使压力比平衡不移动少增加。降低压力，平衡向着增大压力（即增加气体分子）的方向移动，以使压力少减少。

③ 当升高温度时，平衡向降低温度（即吸热）的方向移动。降低温度时，平衡向升高温度（即放热）的方向移动。

根据吕·查德里原理，我们可采取相应的反应条件，使所需反应进行得更完全。但吕·查德里原理只适用于平衡体系，对未达到平衡的体系不适用。

化学视野

1. 热力学第一定律的创立

焦耳——能量守恒与转化定律的确立人之一，1818年出生在英国，他是一位终生从事科学研究的业余科学家。焦耳很早就对电学和磁学发生了兴趣，极力想从实验上证明能的不灭。他首先研究了电流的热效应，他使一个绕在铁芯上的小线圈，在一电磁体的两极间转动，把线圈放进一个盛水的量热器里，测定水温升高获得的热量。结果证明，水温的升高完全是由于机械能转化为电，电又转化为热的结果，而不是由于热质从电路的这一部分输送到另一部分所致。焦耳测定热功当量的工作用了近40年的时间（从1840年到1878年），先后进行了400多次实验，证明了能量守恒与转化定律。

迈尔——能量守恒与转化定律的确立人之一，1814年出生在德国海尔布隆，1838年开始行医，但他对医生的工作不感兴趣。1840年他在一艘驶往印度的船上做随船医生的旅行中，发现生病船员的静脉血不像生活在温热带的人那样颜色暗淡，而是像动脉血那样新鲜。他询问当地医生，又得知这种现象在辽阔的热带地区随处可见，而且又听海员说，暴风雨时海水的温度比较高。迈尔据此想到食物中含有化学能，它像机械能一样可以转化为热；在热带高温情况下，机体只需要吸收食物中较少的热量，因而机体中食物的燃烧过程减弱了，这样静脉血中就留下了较多的氧，血便显得新鲜。另外，雨滴降落过程中所获得的活力也会产生出热来，由此使海水变热。1842年，他在《论无机界的力》论文中，从“无不生有，有不变无”等哲学观点出发，叙述了物理、化学过程中力的守恒思想。1845年，迈尔出版了他的《与有机运动相联系的新陈代谢》，进一步发展了其力的转化与守恒是支配宇宙普遍规律的思想。

然而，迈尔的思想在当时却一直没有得到普遍承认。1841年他写的《论力的量和质的测定》一文，被德国的主要物理学杂志主编认为缺少精确的实验根据，拒绝发表；1848年以后，迈尔被斥为“肤浅的局外人”等，遭到了粗暴的、侮辱性的中伤。迈尔的精神比较脆弱，想一死了之，便于1849年5月28日从二层楼跳了下来，但自杀未遂，却摔断了一条腿，成了终生残废，加上焦耳向迈尔发起了能量守恒与转化定律这一发现的优先权争论，迈尔于1851年发疯被送进了疯人院。迈尔因为承受不住压力，发疯而险些使自己的科学发现被埋没。而英国的科学家格罗夫和焦耳一直坚持探索，才使这一发现被人们接受下来。

吉布斯——世界上最出色的科学家之一，1839年生在美国，于1863年获耶鲁大学哲学博士学位，他一直任耶鲁大学的数学物理教授。他在数学上造诣尤为高深，而且治学极其谨慎，在他所发表的论文和著作里每一字都有严格的含义，没有多余一字，当时能够读懂并理解其内在含义的人很少。吉布斯并不因自己的论文未立即引起别人的注意而气馁，他从不怀疑自己所从事的研究的重要性和正确性，也从不乞求同行人对他的承认，更不去考虑别人是否了解自己做了些什么，只要解决自己脑海中的问题也就觉得心满意足了。1876年《康乃狄格科学院报》上发表了题为《论非均相物质之平衡》的著名论文的第一部分，化学热力学的基础也就奠定了。吉布斯单凭这一贡献就足以使他名列科学史上最伟大的理论学者的行列之中。几代实验科学家曾因在实验室证明了吉布斯在书桌上推导出来的关系式的正确性而建立了他们的声誉。

2. 人体体温的调节

在实验室中，人们想保持水或溶液的温度恒定，使温度在一个非常小的范围内波动是很困难的，人体的体温哪怕只变化几度，都说明人生病了。尽管外界的气温不断变化，人体不断运动，在不同时间区间内体内代谢活动不同（如饭后代谢比较快），但是我们的体温总能维持在一个恒定的数值，那么，我们的身体是如何做到这一点的呢？

保持近乎恒定的体温是人体的主要生理机能。正常体温在35.8～37.2℃，这个很小的变化范围对于适当的肌肉运动机能和控制体内的生化反应速率是非常必要的。体温的调节是由人大脑中的下丘脑来控制的，它作为自动调节器来控制温度。当体温超过体温上限时，下丘脑就会引发各种机制来降低体温，当体温降低太多时，下丘脑就会引发升温机制。

人体升温和降温的运行机制可以通过把人体作为一个热力学系统来理解。身体通过从外界吸收食物来增加体内的能量，如葡萄糖的代谢是体内主要的能量来源：

$$C_6H_{12}O_6(s)+6O_2(g) \longrightarrow 6CO_2(g)+6H_2O(l) \qquad \Delta_r H_m^{\ominus}(298.15K)=-2803kJ \cdot mol^{-1}$$

产生的能量中大约40%以肌肉和神经收缩的形式做功消耗掉了，剩余的能量以热的形式释放出来，这其中的大部分用来维持体温。当体内产生的热量太多时，如在剧烈体力活动时，则把多余的热量排放到环境中去。

热量从体内传递到环境的主要方式为辐射、对流和蒸发。辐射是热量从身体传递到冷环境中的直接热量损失，就如同一个火炉向环境释放热量；对流是通过加热与身体接触的空气的方式损失热量，加热后的空气上升被冷空气取代，之后重复上述过程。人们穿保暖衣，是由于保暖衣有绝热层，绝热层之间空气不流通，降低了对流损失的热量；蒸发是通过皮肤表面的汗腺排汗实现降温的，热量随着汗蒸发到空气中而被带走，汗主要是水，这个过程包括了体内液态水转化成水蒸气：

$$H_2O(l) \longrightarrow H_2O(g) \qquad \Delta_r H_m^{\ominus}(298.15K)=44.0kJ \cdot mol^{-1}$$

随着环境温度的增加，蒸发降温的速率会不断下降，这就是人们在湿热天气里感到闷热和不舒服的原因。当体温上升得太高时，下丘脑会通过两种方式加快身体的热量损失。首先，增加皮肤表面血液流动速度以提高辐射和对流降温速度。常见的脸色微红就是皮肤表面血液流动加快的原因。其次，下丘脑刺激汗腺分泌，增加蒸发的热量损失。在剧烈活动过程中，以汗的形式分泌的液体可达2～3dm^3/h。因此，在剧烈活动中出汗失水过多后，人体就不能再通过蒸发降低体温，并且血液的体积减小。这将导致中暑，严重时体温升至41～45℃。

当体温下降得太多时，下丘脑就会降低皮肤表面的血液流动，减少热量损失，这个过程也会引发肌肉无意识的微收缩，同时加快产生热量的化学反应以补充身体的热量。当身体感觉寒冷刺骨时，这种肌肉收缩就会大到一定程度而导致人体战栗。如果不能使体温保持在35℃以上，这是非常危险的体温过低现象。人体通过下丘脑控制产生热量和将热量转移到环境中的方式来维持体温在一个很小的范围内波动的能力非常强，我们自己意识到了吗？

网络导航　　开航前的话——初识重要网站

国际互联网Internet的出现以及其迅猛的发展，使当今世界跨入了真正的信息时代。

Internet拥有着世界上最大的信息资源库，已成为人们生活、学习和工作中不可缺少的工具，在这信息的海洋中，人们能够以前所未有的速度在网上索取自己需要的信息和知识。

当我们面对浩如烟海的信息世界时，我们多么希望有一个方便的工具，帮助我们在信息世界中遨游。本书“网络导航”将为你在Internet中开辟一条便捷的通道。

获取Internet信息资源的工具大体上可分为两类。一类是Internet资源搜索引擎(search engine)，它是一种搜索工具站点，专门提供自动化的搜索工具。只要给出主题词，搜索引擎就可迅速地在数以千万计的网页中筛选出你想要的信息。另一类是针对某个专门领域或主题，进行系统收集、组织而形成的资源导航系统，WWW（World-Wide Web，全球网，又简称Web）有很多联机指南、目录、索引以及搜索引擎。

百度网：http：//www.baidu.com/是国内最大的网站之一。只要把所需信息的关键词输入，就会出现大量（甚至几千万条）的相关信息，把所需相关信息作一些限制（即再输入一些限制条件词），再次搜索，能够在较小范围内找到相关信息。google网：http：//

www.google.com/的搜索方法也类似，但信息量更多。

与大学化学（普通化学）课程相关的网站：

① 中国开放教育资源协会网站：http：//www.core.org.cn/。中国开放教育资源协会是一个以部分中国大学及全国省级广播电视大学为成员的联合体，是在中国走向信息化和教育国际化，国际教育资源共享运动潮流的推动下诞生的。他引进以美国麻省理工学院为代表的国外大学的优秀课件、先进教学技术、教学手段等资源，应用于中国的教学中。同时将中国高校的优秀课件与文化精品推向世界，搭建一个国际教育资源交流与共享的平台。他始终坚持公益的原则，大力推崇资源共享的理念，为中外学习者提供高质量、免费的教育资源，让更多的学习者享有平等的学习机会，为广大的学习者提供了方便和机会，受到了中国大学师生及社会学习者的欢迎，目前网站年点击率达1000万次。该网站有国内精品课程、国外开放课程，还能看到视频课程。

② 国家精品课程资源网：http：//jingpinke.com/。该网站有各课程的电子教案、教学课件及教学录像。

思考题

1. 什么是状态函数？它具有哪些性质？下列哪些物理量是系统的状态函数：功（W）、焓（H）、热（Q）、体积（V）、热力学能（U）、密度（ρ）、熵（S）、温度（T）。

2. 在化学中热和功的符号是怎样规定的？

3. 热化学方程式与一般方程式有何异同？书写热化学方程式要注意什么？

4. 化学热力学中的“标准状态”意指什么？

5. 何谓自发过程？何谓可逆过程？自发过程有哪些特点？

6. 不用查表，试比较下列物质的 $S_m^{\ominus}$ 大小：

(1) $Ag(s)$，$AgCl(s)$，Ag_2SO_4；

(2) $O(g)$，$O_2(g)$，$O_3(g)$，$SO_3(g)$。

7. 下列说法是否正确？说明理由。

(1) 放热反应都是自发进行的；

(2) $\Delta_r S$ 为正值的反应都是自发进行的；

(3) 如果 $\Delta_r S$ 和 $\Delta_r H$ 都是正值，当温度升高时，$\Delta_r G$ 将减小。

8. 什么叫活化能？它与反应速率有何关系？试判断活化能为 $180kJ \cdot mol^{-1}$ 的反应和活化能为 $58kJ \cdot mol^{-1}$ 的反应在相似条件下，哪个反应较快？

9. 什么是质量作用定律？基元反应与非基元反应有何区别？

10. 什么叫反应级数？能否根据化学方程式来确定反应的级数？

11. 试解释温度对反应速率的影响比浓度对反应速率的影响大得多。

12. 对于逆反应：

$$C(s) + H_2O(g) \rightleftharpoons CO(g) + H_2(g) \qquad \Delta_r H_m^{\ominus} = -121.3kJ \cdot mol^{-1}$$

下列说法你认为正确与否？

(1) 达到平衡时各反应物和生成物的浓度相等；

(2) 达到平衡时各反应物和生成物的浓度不再随时间的变化而改变；

(3) 加入催化剂可以缩短反应达到平衡的时间；

(4) 增加压力对平衡无影响；

(5) 升高温度，平衡向右移动。

习题

1. 计算下列各系统的 ΔU：

(1) 系统吸热 60kJ，并对环境做功 70kJ；

（2）系统吸热 50kJ，环境对系统做功 40kJ；

（3）$Q=-75kJ$，$W=-180kJ$；

（4）$Q=100$，$W=100kJ$。

2. 在 100kPa 和 298.15K 时，反应

$$2KClO_3(s) \longrightarrow 2KCl(s)+3O_2(g)$$

等压热 $Q_p=-89kJ$，求反应系统 $\Delta_r H_m^\ominus$、ΔU 及体积功 W。

3. 根据物质的标准摩尔生成焓数据（查附表 2），计算下列反应的 $\Delta_r H_m^\ominus$。

（1）$8Al(s)+3Fe_3O_4(s) \longrightarrow 4Al_2O_3(s)+9Fe(s)$

（2）$4NH_3(g)+3O_2(g) \longrightarrow 2N_2(g)+6H_2O(l)$

4. 应用附表 2 的热力学数据，计算下列反应的 $\Delta_r S_m^\ominus$。

（1）$1/2H_2(g)+1/2Cl_2(g) \longrightarrow HCl(g)$

（2）$2NH_3(g) \longrightarrow N_2(g)+3H_2(g)$

5. 已知反应

	$2Hg(g)$	$+O_2(g) \longrightarrow$	$2HgO(s)$
$\Delta_f H_m^\ominus/kJ \cdot mol^{-1}$	61.3	0	−90.8
$S_m^\ominus/J \cdot mol^{-1}$	175	205	70.3

（1）通过计算说明在 298.15K、标准条件下反应能否自发进行；

（2）试估计反应自发进行的温度范围；

（3）试计算温度为 900K 时反应的 $\Delta_r G_m^\ominus$（忽略反应的 $\Delta_r H_m^\ominus$ 和 $\Delta_r S_m^\ominus$ 随温度的变化），并判断 900K 时反应能否自发进行。

6. 反应 $2NO+Cl_2 \longrightarrow 2NOCl$ 为基元反应。

（1）写出该反应的速率方程式；

（2）计算反应级数；

（3）其他条件不变，若将容器体积增加到原来的 2 倍，反应速率如何变化？

（4）如果容积不变，将其浓度增加到原来的 3 倍，反应速率如何变化？

7. 已知基元反应 $2NO(g)+O_2(g) \longrightarrow 2NO_2(g)$ 在密闭容器中进行。

（1）试求反应物初始浓度 $c(NO)=0.3mol \cdot L^{-1}$，$c(O_2)=0.2mol \cdot L^{-1}$ 时的反应速率。

（2）恒温下增加 NO 浓度，使其达到 $c(NO)=0.6mol \cdot L^{-1}$，$c(O_2)$ 不变，反应速率改变了多少倍？

（3）若保持温度不变，增加体系压力到原来的 3 倍，正反应速率将如何变化？

8. 写出下列反应标准平衡常数的表达式：

（1）$NO(g)+1/2O_2(g) \rightleftharpoons NO_2(g)$

（2）$2SO_2(g)+O_2(g) \rightleftharpoons 2SO_3(g)$

（3）$CaCO_3(s) \rightleftharpoons CaO(s)+CO_2(g)$

（4）$Fe_3O_4(s)+4H_2(g) \rightleftharpoons 3Fe(s)+4H_2O(g)$

9. 298.15K 时反应 $ICl(g) \rightleftharpoons 1/2I_2(g)+1/2Cl_2(g)$ 的标准平衡常数 $K^\ominus=2.2\times10^{-3}$，计算下列反应的 $K^\ominus$。

（1）$2ICl(g) \rightleftharpoons I_2(g)+Cl_2(g)$

（2）$I_2(g)+Cl_2(g) \rightleftharpoons 2ICl(g)$

10. 已知

$$H_2(g)+S(s) \rightleftharpoons H_2S(g) \qquad K^\ominus=1.0\times10^{-3}$$

$$S(s)+O_2(g) \rightleftharpoons SO_2(g) \qquad K^\ominus=5.0\times10^{6}$$

求反应 $H_2(g)+SO_2(g) \rightleftharpoons H_2S(g)+O_2(g)$ 的 $K^\ominus$。

11. 水煤气是通过水蒸气与炽热的焦炭反应制取的：

$$C(s)+H_2O(g) \rightleftharpoons CO(g)+H_2(g) \qquad \Delta_r H_m^\ominus=159.3kJ$$

反应在 1073.15K 建立起平衡后，已知：$c(H_2O)=0.02mol \cdot L^{-1}$，$c(CO)=0.04mol \cdot L^{-1}$，$c(H_2)=0.04mol \cdot L^{-1}$。

(1) 计算该温度下反应的 $K^{\ominus}$；

(2) 若温度不变，通入水蒸气，使其平衡浓度为 0.04mol·L^{-1}，CO 和 H_2 的平衡浓度为多少？

12. 可逆反应 $CO(g)+H_2O(g) \rightleftharpoons CO_2(g)+H_2(g)$ 在 1073K 建立平衡时，已知 $c(CO)=0.25mol \cdot L^{-1}$，$c(H_2O)=2.25mol \cdot L^{-1}$，$c(CO_2)=0.75mol \cdot L^{-1}$，$c(H_2)=0.75mol \cdot L^{-1}$，计算：

(1) 该温度下的平衡常数 $K^{\ominus}$；

(2) CO 和 H_2O 的起始浓度；

(3) CO 的平衡转化率。

13. 在某温度下，反应 $2A \rightleftharpoons B+C$ 达到平衡时：

(1) 若升高温度，已知平衡向正方向移动，则正反应为________热反应；

(2) 若增加或减少 B 物质的量，平衡都不移动，则 B 为________态或________态；

(3) 若 A 为气态，增大压强，平衡不移动，则 B 为________态，C 为________态。

14. 对于基元反应 $2A(g)+B(s) \rightleftharpoons C(g)$：

(1) 当反应开始时，A 的浓度为 2mol·L^{-1}，反应 2s 后 A 的浓度下降为 1.5mol·L^{-1}，则 $v_C=$________；

(2) 该反应质量作用定律表达式为________，其反应级数为________；

(3) 当反应达到平衡后，v（正）________v（逆），其平衡常数表达式为________；

(4) 若升高温度，平衡向右移动，则正反应为________反应，C 物质的量________。

(5) 若使平衡体系体积增大，则平衡________移动，$K^{\ominus}$ 值________；

(6) 若使用正催化剂，反应速率________，平衡________。

15. 下面左边条件改变时，对右边的平衡值有何影响？

$$2Cl_2(g)+2H_2O(g) \rightleftharpoons 4HCl(g)+O_2(g) \qquad \Delta_r H_m^{\ominus}>0$$

(1) 增大容器体积	水蒸气的物质的量
(2) 减小容器体积	Cl_2 物质的量
(3) 升高温度	$K^{\ominus}$
(4) 加入氯气	HCl 物质的量
(5) 加入催化剂	HCl 物质的量

第2章 水溶液中的化学

溶液是由溶质和溶剂组成的，它与人类的生产、生活和生命现象都有极为密切的关系。溶液有许多种类，根据其聚集状态不同，可分为气态溶液、固态溶液和液态溶液。大家熟知的空气是由 O_2、N_2、Ar、CO_2 等多种气体混合而成的气态溶液；有一些合金属于固态溶液；海水、葡萄糖注射液、酒、汽水是液态溶液。常见的溶液是以水为溶剂而形成的液态溶液。根据溶质的不同，又可分为电解质溶液和非电解质溶液两大类。酸、碱、盐等电解质在水溶液中解离成离子，离子之间的反应可分为酸碱反应、配位反应、沉淀反应和氧化还原反应四大类。许多化学反应是在溶液中进行的，许多物质的性质也是在溶液中呈现的。溶液的某些性质决定于溶质，而溶液的另一些性质则与溶质的本性无关。本章先介绍难挥发的非电解质稀溶液的通性，再讨论电解质溶液中离子的酸碱反应、配位反应和沉淀反应的平衡规律。关于氧化还原反应将在第3章中讨论。

2.1 溶液的通性

由不同的溶质溶解在水或其他溶剂中所组成的溶液可以有不同的性质，例如溶液的颜色、体积、导电性、溶解度等的变化，取决于溶质的本性，但是所有的溶液都具有一些通性，例如溶液的蒸气压、沸点、凝固点等的变化仅仅与溶质的粒子（分子或离子）数有关，而与溶质的本性无关，故称为依数性。这种依数性的定性结论是普遍适用的，但严格的定量关系式只适用于难挥发的非电解质稀溶液。稀溶液的依数性在工程技术中有广泛的应用。

2.1.1 溶液的蒸气压下降

2.1.1.1 蒸气压

如果把一杯液体置于密闭的容器中，液面上那些能量较大的分子就会克服液体分子间的引力从表面逸出，扩散在液体表面成为蒸气分子。这个过程叫做蒸发。蒸发是吸热过程，也是系统熵增大的过程。相反，蒸发出来的蒸气分子在液面上的空间不断运动时，某些蒸气分子可能撞到液面，为液体分子所吸引而重新进入液体中，这个过程叫凝聚，凝聚是放热过程，同时系统的熵值减小。由于液体在一定温度时的蒸发速率是恒定的，蒸发刚开始时，蒸气分子不多，凝聚的速率远小于蒸发的速率。随着蒸发的进行，蒸气浓度逐渐增大，凝聚的速率也就随之加大。当凝聚的速率和蒸发的速率相等时，液体和它的蒸气就处于平衡状态，此时，液体蒸气所具有的压力叫做该温度下液体的饱和蒸气压，或简称蒸气压。

以水为例，在一定温度下达到如下相平衡时：

$$H_2O(l) \underset{凝聚}{\overset{蒸发}{\rightleftharpoons}} H_2O(g)$$

$H_2O(g)$ 所具有的压力 $p(H_2O)$ 即为该温度下的蒸气压。例如100℃时，$p(H_2O)=101.325kPa$。

2.1.1.2 蒸气压下降

由实验可测出，若往溶剂（如水）中加入任何一种难挥发的溶质，使它溶解而生成溶液时，溶剂的蒸气压力便下降。即在同一温度下，溶有难挥发溶质R的溶液中，溶剂A的蒸气压总是低于纯溶剂 A 的蒸气压。同一温度下，纯溶剂蒸气压力与溶液蒸气压力之差叫做溶液的蒸气压下降。见图 2-1。

溶液的蒸气压比纯溶剂的要低是由于溶剂溶解了难挥发的溶质后，溶剂的一部分表面被溶质颗粒所占据，从而使得单位时间内从溶液中蒸发出的溶剂分子数比原来从纯溶剂中蒸发出的分子数要少，使得溶剂的蒸发速率变小。纯溶剂气相与液相之间原来平衡的蒸发与凝聚两个过程，在加入难挥发溶质后，由于溶剂蒸发速率的减小，使凝聚占了优势，系统在较低的蒸气压力下，溶剂的气相与溶剂的液相重建平衡。因此，在达到平衡时，难挥发溶质溶液中溶剂的蒸气压力低于纯溶剂的蒸气压力。溶液的浓度越大，溶液的蒸气压下降越多。

1887 年，拉乌尔（F. M. Raoult）根据许多难挥发非电解质溶液所得出的实验结果，发现在一定温度时，难挥发的非电解质稀溶液中溶剂的蒸气压下降（Δp）与溶质的摩尔分数成正比。其数学表达式为：

$$\Delta p = p_A^{\ominus} n(\mathrm{B})/n \tag{2-1}$$

式中，$n(\mathrm{B})$ 表示溶质 B 的物质的量；$n(\mathrm{B})/n$ 表示溶质 B 的摩尔分数；$p_A^{\ominus}$表示纯溶剂的蒸气压。

2.1.2 溶液的沸点上升和凝固点下降

2.1.2.1 沸点和凝固点

恒温、恒压下，液态物质吸热成为气态物质，我们称之为汽化，在敞口容器中加热液体，汽化先在液体表面发生，随着温度的升高，液体蒸气压将不断地增大，当温度增加使液体蒸气压等于外界压力时，汽化不仅在液面上进行，而且在液体内部发生。内部液体的汽化产生大量的气泡上升至液面，气泡破裂而逸出液体，我们称此现象为沸腾，液体在沸腾时的温度即为液体的沸点（以符号 t_b 表示）。

应该指出的是，在沸腾过程中，液体所吸收的热量仅仅是用来把液体转化为蒸气，这个过程温度保持恒定，直至液体全部汽化。

液体在一定的外压下，有固定的沸点，如水在 101.325kPa 的压力下，沸点为 100℃。当外部压力增加时，可使沸点升高。相反，降低外界压力时，可使液体在较低的温度下沸腾。如昆明地势高，气压低，那里水的沸点只有 96℃，西藏高原气压则更低，水的沸点可低至 76℃。

凝固点就是固相与液相共存的温度，也就是固相蒸气压与液相蒸气压相等时的温度，常压下水和冰在 0℃时蒸气压相等（610.5Pa），两相达成平衡，所以水的凝固点是 0℃ 。

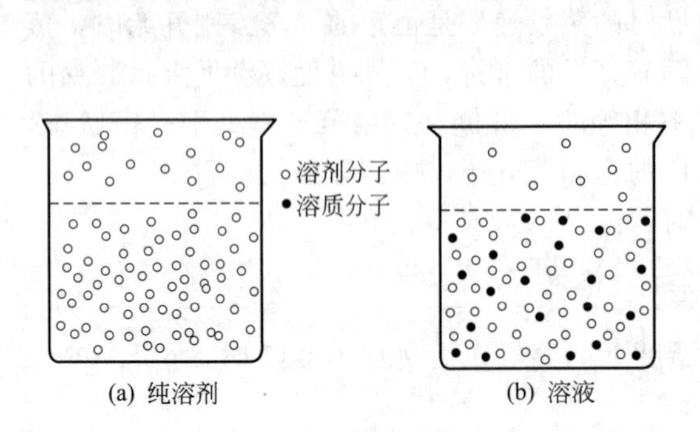

图 2-1 纯溶剂与溶液的蒸气压

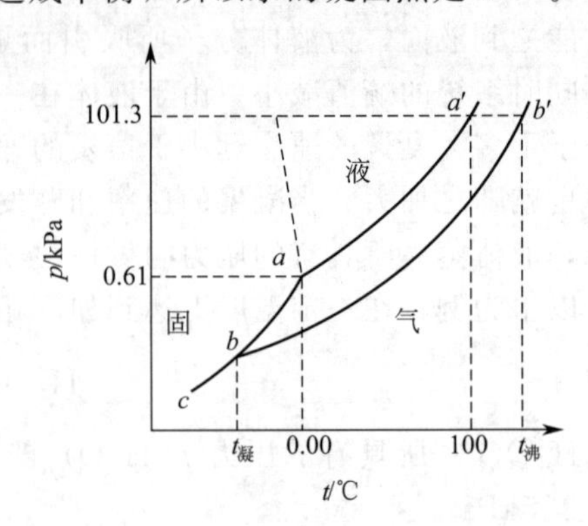

图 2-2 水、冰和溶液的蒸气压曲线

aa'表示纯溶剂的蒸气压

bb'表示溶液的蒸气压

2.1.2.2　沸点上升和凝固点下降

如果在水中溶解了难挥发的溶质，其蒸气压就要下降（如图 2-2）。溶液在 100℃时蒸气压就低于 101.325kPa，要使溶液的蒸气压与外界压力相等，以使其沸腾，就必须把溶液的温度升高到 100℃以上。

水和冰在凝固点（0℃）时蒸气压相等（如图 2-2）。由于水溶液是溶剂水中加入了溶质，它的蒸气压曲线下降，冰的蒸气压曲线没有变化，造成溶液的蒸气压低于冰的蒸气压，在 0℃时冰与溶液不能共存，即溶液在 0℃时不能结冰，只有在更低的温度下才能使溶液的蒸气压与冰的蒸气压相等。

溶液的蒸气压下降程度取决于溶液的浓度，而溶液的蒸气压下降又是沸点上升和凝固点下降的根本原因，因此，溶液的沸点上升与凝固点下降必然与溶液的浓度有关。拉乌尔用实验的方法确立了下列关系：溶液的沸点上升与凝固点下降与溶液的质量摩尔浓度成正比。这个关系也称为拉乌尔定律，可用下式表示：

$$\Delta t_{\mathrm{b}}=K_{\mathrm{b}}^{\ominus}b \tag{2-2}$$

$$\Delta t_{\mathrm{f}}=K_{\mathrm{f}}^{\ominus}b \tag{2-3}$$

式中，$K_{\mathrm{b}}^{\ominus}$与 $K_{\mathrm{f}}^{\ominus}$分别叫做溶剂的沸点上升常数和凝固点下降常数，它们取决于溶剂的特征，而与溶质的本性无关；b 为溶液的质量摩尔浓度。现将几种溶剂的沸点、凝固点、$K_{\mathrm{b}}^{\ominus}$与 $K_{\mathrm{f}}^{\ominus}$的数值列于表 2-1 中。

表 2-1　一些溶剂的沸点上升常数和凝固点下降常数

溶剂	沸点/℃	$K_{\mathrm{b}}^{\ominus}$	凝固点/℃	$K_{\mathrm{f}}^{\ominus}$
乙酸	118.1	2.93	17	3.9
苯	80.2	2.53	5.4	5.12
三氯甲烷	61.2	3.63	—	—
萘	218.1	5.80	80	6.8
水	100.0	0.51	0	1.86

2.1.3　渗透压

溶液除了蒸气压下降、沸点上升和凝固点下降三种通性之外，还有一种通性，也取决于溶液的浓度，这就是渗透压。

渗透必须通过一种膜来进行，这种膜上的孔只能容许溶剂分子透过，而不能容许溶质分子透过，因此叫做半透膜（如动植物细胞膜、胶棉、醋酸纤维膜等）。若被半透膜隔开的两边溶液的浓度不同，就会发生渗透现象。如按图 2-3 所示装置用半透膜把溶液和纯溶剂隔开，这时溶剂分子在单位时间内进入溶液内的数目，要比溶液内的溶剂分子在同一时间内进入纯溶剂的数目为多，结果使得溶液的体积逐渐增大，垂直的细玻璃管中的液面逐渐上升。渗透是溶剂通过半透膜进入溶液的单方向扩散过程。

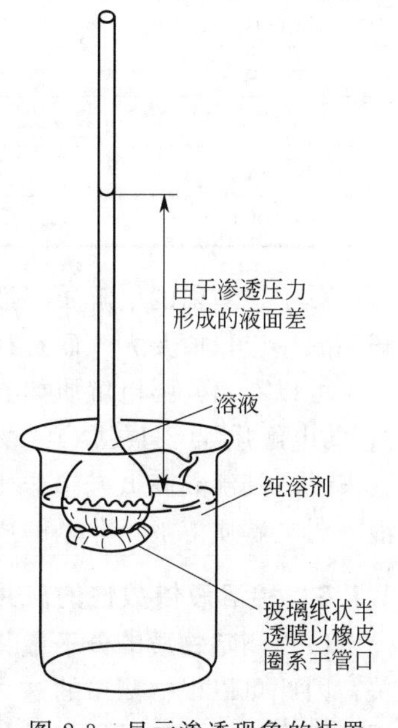

图 2-3　显示渗透现象的装置

若要使膜内溶液与膜外纯溶剂的液面相平，即要使溶液的液面不上升，必须在溶液液面上增加一定压力。此时单位时间内，溶剂分子从两个相反的方向通过半透膜的数目彼此相等，即达到渗透平衡。这样，溶液液面上所增加的压力就是这个溶

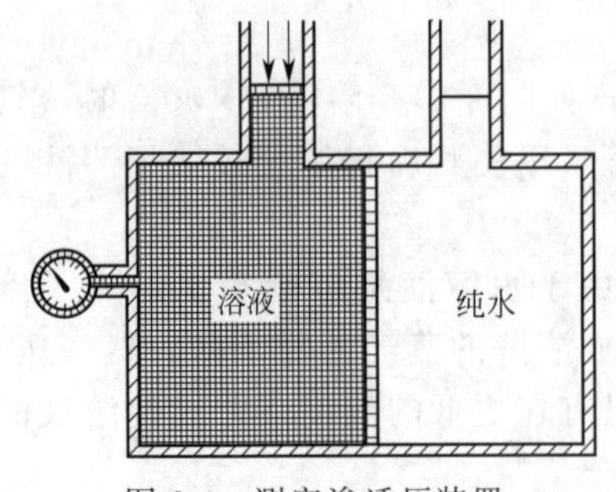

图 2-4 测定渗透压装置

液的渗透压力。因此渗透压是为维持被半透膜所隔开的溶液与纯溶剂之间的渗透平衡而需要的额外压力。

图 2-4 中描绘了一种测定渗透压装置的示意图。在一只坚固（在逐渐加压时不会扩张或破裂）的容器里，溶液与纯水间有半透膜隔开，溶剂有通过半透膜流入溶液的倾向。加压力于溶液上方的活塞上，使观察不到溶剂的转移。这时所必须施加的压力就是该溶液的渗透压，可以从与溶液相连接的压力计读出。

如果外加在溶液上的压力超过渗透压，则反而会使溶液中的溶剂向纯溶剂方向流动，使纯溶剂的体积增加，这个过程叫做反渗透。

当温度一定时，稀溶液的渗透压和溶液的质量摩尔浓度成正比；当浓度不变时，其渗透压与热力学温度成正比。若以 π 表示渗透压，c 表示浓度（注意单位是 $mol \cdot m^{-3}$），T 表示热力学温度，m 表示溶质的物质的量，V 表示溶液的体积（单位是 m^3），则：

$$\pi = cRT = nRT/V$$
$$\pi V = nRT \tag{2-4}$$

2.1.4 电解质溶液的通性

电解质溶液与非电解质溶液一样，具有蒸气压下降、沸点上升、凝固点下降和渗透压等性质。如海水的冰点在 0℃以下，沸点高于 100℃等。但是，稀溶液定律所表达的这些依数性与溶液浓度的定量关系不适用于浓溶液和电解质溶液。这是因为在浓溶液中，溶质的微粒较多，溶质之间的相互影响以及溶质微粒和溶剂分子之间的影响大大加强。这些复杂的因素使稀溶液定律的定量关系产生了偏差。而在电解质溶液中，这些偏差的产生则是由于电解质的解离。例如，一些电解质水溶液的凝固点下降数值都比同浓度（b）非电解质的凝固点下降数值要大。这一偏差可用电解质溶液与同浓度的非电解质溶液的凝固点下降比值 i 来表达，见表 2-2。

表 2-2 几种电解质质量摩尔浓度为 0.100mol·kg⁻¹ 时在水溶液中的 i 值

电解质	观察到的 $\Delta t'_f/K^{\ominus}_f$	按式(2-3)计算的 $\Delta t'_f/K^{\ominus}$	$i=\Delta t'_f/\Delta t_f$
NaCl	0.348	0.186	1.87
HCl	0.355	0.186	1.91
K_2SO_4	0.458	0.186	2.46
CH_3COOH	0.188	0.186	1.01

对于这些稀的电解质溶液，蒸气压下降、沸点升高和渗透压的数值也都比同浓度的非电解质的相应数值要大，而且存在着与凝固点下降的类似情况。

可以看出，强电解质如 NaCl、HCl（AB 型）的 i 接近于 2，K_2SO_4（A_2B 型）的为2～3；弱电解质如 CH_3COOH 的 i 略大于 1。因此，对同浓度（$mol \cdot L^{-1}$或 $mol \cdot kg^{-1}$）的溶液来说，其沸点高低或渗透压大小顺序为：A_2B 或 AB_2 型强电解质溶液＞AB 型强电解质溶液＞弱电解质溶液＞非电解质溶液，而蒸气压或凝固点的顺序则相反。

2.1.5 稀溶液依数性的应用

(1) 测定物质的分子量 溶液的凝固点下降、沸点升高和渗透压均与溶质的摩尔浓度有关，因此可以根据测出的这些数据求出溶质的分子量，尤其是凝固点随压力变化较小，用凝固点下降法测定物质的相对分子质量误差较小。

【例 2-1】 吸烟对人体有害，香烟中的尼古丁是致癌物质。现将 0.6g 尼古丁溶于 12.0g 水中，所得溶液在 101.325kPa 下的凝固点为－0.62℃，试确定尼古丁的相对分子质量。

解： 已知水的凝固点为 0℃，凝固点下降常数为 $1.853\text{K}\cdot\text{kg}\cdot\text{mol}^{-1}$。

$$\Delta t_f = 0-(-0.62)=0.62\ (\text{K})$$

$$\Delta t_f = K_f^{\ominus} b = K_f^{\ominus} m_B/(M_B m_A)\times 1000 \qquad M_B=\frac{K_f^{\ominus} m_B}{\Delta t_f m_A}\times 1000$$

式中，M_B 为溶质的摩尔质量，$\text{g}\cdot\text{mol}^{-1}$；$m_B$ 为溶质的质量，g；m_A 为溶剂的质量，g。故尼古丁的摩尔质量 M_B 为：

$$M_B=\frac{K_f^{\ominus} m_B}{\Delta t_f m_A}\times 1000=\frac{1.853\times 0.6}{0.62\times 12.0}\times 1000=149.4\ (\text{g}\cdot\text{mol}^{-1})$$

即尼古丁的相对分子质量为 149.4。

（2）生产和科学实验中的应用　利用凝固点的下降，在冷冻机的循环水中加入氯化钙，可使其凝固点下降到－65℃，汽车发动机的冷却水中加入乙二醇，可使其在严寒中不结冰保持液态。利用溶液沸点上升的原理，用含 NaOH 和 $NaNO_2$ 的水溶液，能使工件在 140℃以上的水溶液中进行表面处理。利用渗透压及等渗溶液知识，医院给病人进行大量补液时，常用 0.9%氯化钠溶液和 5%葡萄糖溶液，利用反渗透原理进行海水淡化。

2.2　酸碱平衡

无机化学反应大多在水溶液中进行，参与反应的无机物主要是酸、碱和盐类，它们在水溶液中均不同程度地发生了解离，其反应实际上是离子反应。水溶液中的酸碱平衡以及随后将讲到的沉淀-溶解平衡、配位平衡，这些反应的共同特点是：①反应的活化能较低，反应速率快；②反应的热效应较小，温度对平衡常数的影响可以不予考虑。

2.2.1　电解质的分类及其解离

2.2.1.1　电解质的分类

在三个烧杯中分别放入浓度同为 $0.1\text{mol}\cdot\text{L}^{-1}$ 的氯化钠溶液、醋酸溶液和酒精溶液，插上电极，接上同样的电池和灯泡构成电路，如图 2-5。就可以发现，氯化钠溶液上的灯泡最亮，醋酸溶液上的灯泡较暗，而酒精溶液上的灯泡根本不亮。

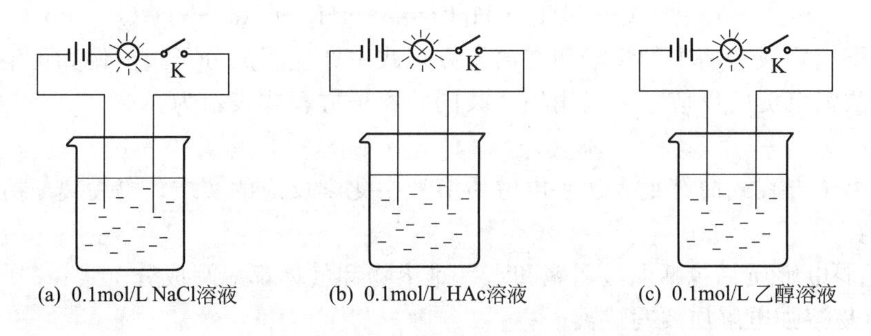

图 2-5　三种同浓度不同物质溶液导电试验图

在水溶液中（或熔融态）不能导电的化合物（如上例中的酒精）是非电解质，它在溶液中仍以分子的形式存在，不能导电，故灯泡不亮。在水溶液中（或熔融态）能导电的化合物（如上例中的氯化钠溶液、醋酸溶液）是电解质，它们在水溶液中能解离成阴、阳离子，在外加电场作用下定向移动形成电流，故灯泡能亮。氯化钠溶液、醋酸溶液虽均能导电，但导电能力不同（灯泡亮度不同），这是由于氯化钠和醋酸分属不同的电解质，解离程度不同，溶液中定向移动的离子浓度不同引起的。

强电解质：在溶液中完全解离成离子的电解质是强电解质。强酸、强碱和大多数盐属于强电解质。

弱电解质：在溶液中部分解离成离子的电解质是弱电解质。弱酸、弱碱和少量盐（如 Hg_2Cl_2、$HgCl_2$）属于弱电解质。

2.2.1.2 电解质的解离和离子方程式

(1) 电解质的解离 强电解质在水溶液中完全解离成离子，不存在解离平衡，即使某些难溶盐，如 AgCl、$BaSO_4$，溶解于水的部分也完全解离。如 NaCl、$BaSO_4$ 在水溶液中的解离反应式为：

$$NaCl \longrightarrow Na^+ + Cl^-$$

$$BaSO_4 \longrightarrow Ba^{2+} + SO_4^{2-}$$

但是，有溶液导电性实验测知并非百分之百地解离，这是由于阴、阳离子间相互静电作用，在阴、阳离子周围形成带有相反电荷离子的“离子氛”，使离子不能单个自由运动，并非电解质没有解离。上一节稀溶液依数性中电解质溶液也有类似原因的现象。

弱电解质在水溶液中部分解离成离子，大部分仍以分子形式存在于溶液中，如 CH_3COOH 的解离反应式为：

$$CH_3COOH \rightleftharpoons CH_3COO^- + H^+$$

(2) 离子反应方程式 离子反应包括酸碱反应、沉淀反应、配位反应和氧化-还原反应四大类。本节只讨论前两类反应。从中学化学可知，所有离子互换反应的实质是降低了溶液中某些离子的浓度。如强酸和强碱在溶液中发生中和反应的实质是 H^+ 和 OH^- 结合生成 H_2O 的过程。不论何种强酸与强碱之间的反应均可用同一离子方程式表示为：

$$H^+ + OH^- \rightleftharpoons H_2O$$

对于有弱酸或弱碱参与的中和反应情况则不同，它们在溶液中大部分以分子形式存在。反应过程中因为解离平衡移动而不断提供 H^+ 或 OH^- 进行反应，故在离子方程式中写成分子形式。例如：

$$H^+ + NH_3 \cdot H_2O \rightleftharpoons NH_4^+ + H_2O$$

$$OH^- + HAc \rightleftharpoons Ac^- + H_2O$$

$$HAc + NH_3 \cdot H_2O \rightleftharpoons NH_4^+ + Ac^- + H_2O$$

同理，反应物或产物中的难溶物在离子方程式中亦应写成分子式。例如可溶性钡盐与硫酸盐生成硫酸钡沉淀的反应，可以用一个共同的离子方程式表示为：

$$Ba^{2+} + SO_4^{2-} \longrightarrow BaSO_4 \downarrow$$

可见，离子方程式简练地表达了电解质溶液中化学反应的实质。书写离子方程式时应遵循下列原则：

① 凡是弱电解质（包括弱酸弱碱和水）难溶物和气体都应写成分子式；

② 只有易溶强电解质要写成离子；

③ 未参加反应的离子都不写人。

应当看到，由于强电解质和弱电解质在水溶液中的行为不同，弱电解质又有相对强弱程度的差异，离子反应和任何化学反应一样，也有一个向何方进行和进行的程度问题，要弄清这些问题，关键在于掌握好弱电解质的解离平衡和沉淀溶解平衡。下面几节对这些问题作较详细的讨论。

2.2.2　水的解离和溶液的 pH

2.2.2.1　水的解离平衡

水是一种极弱的电解质（有微弱的导电性），绝大部分以水分子形式存在，仅能解离出极少量的 H^+ 和 OH^-。水的解离平衡可表示为：

$$H_2O \rightleftharpoons H^+ + OH^-$$

其平衡常数：

$$K^{\ominus}=\frac{\{c(H^+)/c^{\ominus}\}\{c(OH^-)/c^{\ominus}\}}{\{c(H_2O)/c^{\ominus}\}}$$

由于极大部分水仍以水分子形式存在，因此可将 $c(H_2O)$ 看作一个常数合并入 $K^{\ominus}$ 项，得到：

$$c(H^+)c(OH^-)=K^{\ominus}c(H_2O)=K_w^{\ominus} \tag{2-5}$$

上式表明，在一定温度下，水中 $c(H^+)$ 和 $c(OH^-)$ 的乘积为一个常数，叫做水的离子积，用 $K_w^{\ominus}$ 表示。$K_w^{\ominus}$ 可从实验测得，也可由热力学计算求得。25℃时，有实验测得纯水中 H^+ 和 OH^- 浓度均为 $1.0\times10^{-7}mol\cdot L^{-1}$，因此 $K_w^{\ominus}=10^{-14}$。

水的离子积不仅适用于纯水，对于电解质的稀溶液同样适用。若在水中加入少量盐酸，H^+ 浓度增加，水的解离平衡向左移动，OH^- 浓度则随之减少。达到新平衡时，溶液中 $c(H^+)>c(OH^-)$，但 $c(H^+)c(OH^-)=K_w^{\ominus}$ 这一关系依然存在。并且 $c(H^+)$ 越大，$c(OH^-)$ 越小，但 $c(OH^-)$ 不会等于零。反之，若在水中加入少量氢氧化钠溶液，OH^- 浓度增加，平衡亦向左移动，此时 $c(H^+)<c(OH^-)$，仍满足 $c(H^+)c(OH^-)=K_w^{\ominus}$。同样，$c(OH^-)$ 越大，$c(H^+)$ 越小，但 $c(H^+)$ 不会等于零。即水溶液中，$c(H^+)$ 和 $c(OH^-)$ 永远存在，且浓度是一个此消彼长的关系。

2.2.2.2　溶液的酸碱性和 pH

(1) 溶液的酸碱性和 pH 的对应关系　由上所述，可以把水溶液的酸碱性和 H^+、OH^- 浓度的关系归纳如下：

$c(H^+)=c(OH^-)=10^{-7}mol\cdot L^{-1}$　　　溶液为中性

$c(H^+)>c(OH^-)$　$c(H^+)>10^{-7}mol\cdot L^{-1}$　　　溶液为酸性

$c(H^+)<c(OH^-)$　$c(H^+)<10^{-7}mol\cdot L^{-1}$　　　溶液为碱性

溶液中的 H^+ 或 OH^- 浓度可以表示溶液的酸碱性，但因水的离子积是一个很小的数值 (10^{-14})，在稀溶液中 $c(H^+)$ 或 $c(OH^-)$ 也很小，直接用摩尔浓度表示十分不便，1909 年索伦森提出用 pH 表示。所谓 pH，是溶液中 $c(H^+)$ 的负对数：

$$pH=-\lg c(H^+) \tag{2-6}$$

溶液的酸碱性与 pH 的关系为：

酸性溶液　　$c(H^+)>10^{-7}mol\cdot L^{-1}$　　$pH<7$

中性溶液　　$c(H^+)=10^{-7}mol\cdot L^{-1}$　　$pH=7$

碱性溶液　　$c(H^+)<10^{-7}mol\cdot L-1$　　$pH>7$

可见，pH 越小，溶液的酸性越强；反之，pH 越大，溶液的碱性越强。

同样，也可以用 pOH 表示溶液的酸碱性，定义为：

$$pOH=-\lg c(OH^-) \tag{2-6a}$$

常温下，在水溶液中：

$$c(H^+)c(OH^-)=K_w^{\ominus}$$

在等式两边分别取负对数：

$$-\lg\{c(H^+)c(OH^-)\}=-\lg K_w^{\ominus}$$

$$pH+pOH=14$$

(2) 强酸或强碱混合或稀释时的计算

① 稀释。强酸或强碱的稀释会使溶液中 $c(H^+)$ 或 $c(OH^-)$ 相应地减小，在计算 pH 或 pOH 的变化时，因浓度变化要换算成对数，稍复杂些。

【例 2-2】 某强酸溶液中 $c(H^+)=0.01mol\cdot L^{-1}$，pH=2.0。该溶液加水稀释 1000 倍，求稀释后溶液的 pH。

解： 溶液稀释 1000 倍后，$c(H^+)=0.01/1000=1.0\times10^{-5}$ $(mol\cdot L^{-1})$

$$pH=-\lg 1.0\times10^{-5}=5.0$$

由上题可知，强酸溶液，一般每稀释 10^n 倍，pH 增加 n，如上题溶液稀释 10^3 倍，pH 增加 3。但在 pH 接近 7 时，不能这样计算，因 pH 在远离 7 时，水本身解离出的 H^+ 比溶液中强酸解离出的 H^+ 少得多，完全可以忽略，但在 pH 接近 7 时，水本身解离出的 H^+ 与溶液中强酸解离出的 H^+ 相差减小，此时就不能忽略水本身的解离了。故 pH 为 6 的强酸溶液稀释 10 倍或 100 倍，pH 不会超过 7。强碱稀释的计算也类似。

② 混合。两种不同 pH 的强酸溶液混合不是 pH 的简单平均，而是要通过溶液 $c(H^+)$ 的变化计算出混合后 $c(H^+)$，然后再算出混合后溶液的 $c(H^+)$ 值。若是不同 pH 的强酸和强碱溶液混合，会发生酸碱中和反应，H^+ 和 OH^- 等摩尔反应，就得计算反应结束后所剩 H^+ 或 OH^- 的浓度，再求出 pH。

【例 2-3】 将 pH=2.0 和 pH=4.0 的两种强酸溶液等体积混合，求混合溶液的 pH。

解： pH=2.0　　$c(H^+)=1.0\times10^{-2}mol\cdot L^{-1}$

pH=4.0　　$c(H^+)=1.0\times10^{-4}mol\cdot L^{-1}$

混合后　　$c(H^+)=\dfrac{1.0\times10^{-2}+1.0\times10^{-4}}{2}=5.05\times10^{-3}$ $(mol\cdot L^{-1})$

$$pH=-\lg c(H^+)=-\lg 5.05\times10^{-3}=2.30$$

【例 2-4】 将 pH=2.0 的强酸溶液和 pH=11.0 的强碱溶液等体积混合，求混合溶液的 pH。

解： pH=2.0　　$c(H^+)=1.0\times10^{-2}mol\cdot L^{-1}$

pH=11.0　　$c(H^+)=1.0\times10^{-11}mol\cdot L^{-1}$

$c(OH^-)=K_w^{\ominus}/c(H^+)=10^{-14}/10^{-11}=1.0\times10^{-3}$ $(mol\cdot L^{-1})$

混合后　　$H^+ + OH^- \rightleftharpoons H_2O$

H^+ 和 OH^- 等摩尔反应后，H^+ 过量。

$$c(H^+)=\frac{c(H^+)-c(OH^-)}{2}=\frac{1.0\times10^{-2}-1.0\times10^{-3}}{2}=4.5\times10^{-3}\ (mol\cdot L^{-1})$$

$$pH=-\lg c(H^+)=-\lg 4.5\times10^{-3}=2.34$$

2.2.3 弱电解质的酸碱性

几个世纪以来，人们对酸碱的认识经历了一个由浅入深、由表及里、由感性到理性的漫长过程。早在 300 多年前，英国著名物理学家波义耳指出：酸有酸味，使蓝色石蕊变红，能溶解许多金属和难溶盐；碱有涩味和滑润感，使红色石蕊变蓝。1887 年，阿伦尼乌斯提出了著名的电离理论：在水溶液中电离出的阳离子全部是 H^+ 的电解质叫做酸，在水溶液中电离出的阴离子全部是 OH^- 的电解质叫做碱。这一理论对酸碱理论的发展起了积极的作用。但是电离理论只限于水溶液系统，对于非水溶液中进行的酸碱反应及不含 H^+ 和 OH^- 成分也能表现出酸性和碱性的性质，如 NH_4^+ 呈酸性，NH_2^- 呈强碱性，则无法解释。针对这些情况，1923 年丹麦化学家布朗斯特和英国化学家劳瑞分别提出了酸碱质子理论。

2.2.3.1　酸碱质子理论

质子理论认为：凡能给出质子（H^+）的物质（分子或离子）是酸，凡能与质子结合的物质（分子或离子）是碱。简单地说，酸是质子的给体，碱是质子的受体。根据酸碱质子理论，下列反应均属于酸碱反应：

$$HCl \longrightarrow H^+ + Cl^-$$

$$HAc \longrightarrow H^+ + Ac^-$$

$$NH_4^+ \longrightarrow H^+ + NH_3$$

$$HS^- \longrightarrow H^+ + S^{2-}$$

$$H^+ + HS^- \longrightarrow H_2S$$

其中 HCl、HAc、NH_4^+ 和 HS^- 都能给出质子，所以都是酸；Cl^-、Ac^-、NH_3，S^{2-} 和 $[Al(OH)_5]^{2+}$ 可以接受质子又生成酸，它们属于碱。HS^-、$H_2PO_4^-$ 和 HPO_4^{2-} 等在不同条件下，既能给出质子又能结合质子，所以它们既是酸又是碱。

以上反应表明酸与对应的碱存在如下相互依存的关系：

$$\text{酸} \longrightarrow \text{碱} + \text{质子}$$

这种相互依存、相互转化的关系称为共轭关系。酸失去一个质子形成的碱，称为该酸的共轭碱；碱结合质子后形成的酸叫做该碱的共轭酸。例如，HAc 是 Ac^- 的共轭酸，Ac^- 是 HAc 的共轭碱。将酸与它的共轭碱（或碱与它的共轭酸）一起叫做共轭酸碱对，例如，$H_3PO_4^-$-$H_2PO_4^-$、$H_2PO_4^-$-HPO_4^{2-}、NH_4^+-NH_3 和 H_2S-HS^- 等都是共轭酸碱对。

盐的水解在质子理论中认为是离子酸或离子碱与溶剂水之间的质子转移过程，如 NaAc 的水解可看作是 HAc 的共轭碱 Ac^- 与水之间的质子转移反应。

$$Ac^- + H_2O \rightleftharpoons HAc + OH^-$$

2.2.3.2　弱电解质的解离平衡

在弱电解质的水溶液中，只有很少一部分分子解离，大部分以水合分子的形式存在。从微观角度看，水合分子不断解离为离子，离子也不断结合成分子，当这两个过程的速率相等时，弱电解质达到了解离平衡。解离平衡的平衡常数称为解离平衡常数，简称解离常数（弱酸用 $K_a^\ominus$，弱碱用 $K_b^\ominus$ 表示）。

(1) 一元弱酸弱碱的解离　一元弱酸是指每个弱酸分子只能解离出一个 H^+ 的弱酸，如 HAc，其解离平衡和解离平衡常数表达式为：

$$HAc(aq) \rightleftharpoons H^+(aq) + Ac^-(aq)$$

$$K_a^\ominus(HAc) = \frac{\{c(H^+)/c^\ominus\}\{c(Ac^-)/c^\ominus\}}{\{c(HAc)/c^\ominus\}} \tag{2-7}$$

因 $c^\ominus = 1mol \cdot L^{-1}$，在不考虑 $K_a^\ominus$ 的单位时，可将上式简化为：

$$K_a^\ominus(HAc) = \frac{\{c(H^+)c(Ac^-)\}}{\{c(HAc)\}} \tag{2-7a}$$

同理，一元弱碱，如 $NH_3 \cdot H_2O$ 的解离平衡和解离常数为：

$$NH_3 \cdot H_2O(aq) \rightleftharpoons NH_4^+(aq) + OH^-(aq)$$

$$K_b^\ominus(NH_3 \cdot H_2O) = \frac{c(NH_4^+)c(OH^-)}{c(NH_3 \cdot H_2O)} \tag{2-7b}$$

书末附表 3 中列出了一些常见的弱电解质的解离常数。解离常数 $K_i^\ominus$ 与其他平衡常数一样，在一定温度下与浓度无关；当温度变化时，$K_i^\ominus$ 随温度变化不大。一般说来，弱电解质的解离常数可表达弱电解质的相对强弱。相同浓度下，$K_a^\ominus$值大者酸性强。例如：

$$K_a^\ominus(HAc)=1.76\times10^{-5}$$
$$K_a^\ominus(HCN)=4.93\times10^{-10}$$

说明 HAc 比 HCN 酸性强。

(2) 解离度（α）和离子浓度计算 解离度（α）也可以表示弱电解质解离程度的大小：

$$\alpha=\text{弱电解质已解离的浓度}/\text{弱电解质解离前的浓度}\times100\%$$

解离度和解离常数之间存在一定的关系，现以 HB 代表任意弱电解质加以说明。

$$HB(aq) \rightleftharpoons H^+(aq)+B^-(aq)$$

	HB	H^+	B^-
起始浓度/mol·L^{-1}	c	0	0
平衡浓度/mol·L^{-1}	$c-c\alpha$	$c\alpha$	$c\alpha$

则
$$K_a^\ominus(HB)=\frac{c(H^+)c(B^-)}{c(HB)}=\frac{c\alpha c\alpha}{c(1-\alpha)}=\frac{c\alpha^2}{1-\alpha}$$

分析化学证明，当$c/K_a^\ominus\geqslant500$时，取$1-\alpha\approx1$，其误差小于0.2%，小于测量误差，则有：

$$\alpha=\sqrt{\frac{K_a^\ominus}{c}} \tag{2-8}$$

上式表明了弱电解质的解离度与其浓度之间的关系，即弱电解质的浓度越稀，解离度越大。这一规律称为稀释定律。α和$K_a^\ominus$都可以表示酸的强弱，但α随c而变；在一定温度下，$K_a^\ominus$不随c而变，是一个常数。

$$c(H^+)=c\alpha=\sqrt{cK_a^\ominus} \tag{2-9}$$

【例 2-5】 计算 0.100mol·L^{-1} HAc 溶液中 H^+ 的平衡浓度和 HAc 的解离度。

解：查表可得 $K_a^\ominus(HAc)=1.76\times10^{-5}$，设解离平衡时 H^+ 的浓度为 x，则有：

$$HAc(aq) \rightleftharpoons H^+(aq)+Ac^-(aq)$$

	HAc	H^+	Ac^-
初始浓度/mol·L^{-1}	0.100	0	0
平衡浓度/ mol·L^{-1}	$0.100-x$	x	x

$$K_a^\ominus(HAc)=\frac{c(H^+)c(Ac^-)}{c(HAc)}$$
$$1.76\times10^{-5}=\frac{x^2}{0.100-x}$$

因为$c/K_a^\ominus=\dfrac{0.100}{1.76\times10^{-5}}\geqslant500$，可作近似计算$(0.100-x)\approx0.100$。

$$1.76\times10^{-5}=\frac{x^2}{0.100}$$
$$x=\sqrt{0.100\times1.76\times10^{-5}}\approx1.33\times10^{-3}$$
$$c(H^+)\approx1.33\times10^{-3}\text{mol}\cdot\text{L}^{-1}$$
$$\alpha=\frac{x}{0.100}\times100\%\approx\frac{1.33\times10^{-3}}{0.100}\times100\%=1.33\%$$

(3) 多元弱电解质的解离平衡 在水溶液中，每个弱酸分子能给出两个或两个以上的 H^+，就称为多元弱酸。多元弱酸是分步解离的，现以 H_2S 的解离为例。

$$H_2S(aq) \rightleftharpoons H^+(aq)+HS^-(aq)$$
$$K_{a1}^\ominus(H_2S)=\frac{c(H^+)c(HS^-)}{c(H_2S)}=9.1\times10^{-8}$$
$$HS^-(aq) \rightleftharpoons H^+(aq)+S^{2-}(aq)$$

$$K_{a2}^{\ominus}(H_2S)=\frac{c(H^+)c(S^{2-})}{c(HS^-)}=1.1\times10^{-12}$$

$K_{a1}^{\ominus}(H_2S)$ 和 $K_{a2}^{\ominus}(H_2S)$ 分别表示 H_2S 的一级解离和二级解离平衡常数表达式。在两式中 H^+ 平衡浓度为体系中 H^+ 的总浓度，等于一级解离的和二级解离的 H^+ 浓度之和；HS^- 浓度等于一级解离出的 HS^- 减去二级解离掉的 HS^- 浓度之差；S^{2-} 产生于二级解离。由于一级解离常数远远大于二级解离常数（一般相差 10 万倍左右），也就是一级解离程度远远大于二级解离的程度，因此二级解离产生的 H^+ 和消耗的 HS^- 浓度可以忽略不计，即

$$c(H^+)=c(H^+)_1+c(H^+)_2\approx c(H^+)_1$$

$$c_{eq}(HS^-)=c(HS^-)_1-c(HS^-)_2\approx c(HS^-)_1$$

而 S^{2-} 由二级解离产生，故不可忽略二级解离，即

$$c_{eq}(S^{2-})=c(S^{2-})_2$$

【例 2-6】 计算 $0.10mol\cdot L^{-1}$ H_2S 溶液（H_2S 的饱和溶液）中的 H^+、HS^- 和 S^{2-} 平衡浓度以及溶液的 pH。[$K_{a1}^{\ominus}(H_2S)=9.1\times10^{-8}$，$K_{a2}^{\ominus}(H_2S)=1.1\times10^{-12}$]

解：由于 $K_{a1}^{\ominus}(H_2S)\gg K_{a2}^{\ominus}(H_2S)$，因此二级解离产生的 H^+ 和消耗的 HS^- 浓度可以忽略不计，又 $c/K_{a1}^{\ominus}=\frac{0.100}{9.1\times10^{-8}}\geqslant500$

(1)　$$c(H^+)=c(H^+)_1+c(H^+)_2\approx c(H^+)_1=\sqrt{K_{a1}^{\ominus}c(H_2S)}=\sqrt{0.10\times9.1\times10^{-8}}$$
$$=9.5\times10^{-5}\ (mol\cdot L^{-1})$$
$$pH=-\lg c(H^+)=-\lg(9.5\times10^{-5})=4.0$$

(2)　$$c(HS^-)=c(HS^-)_1-c(HS^-)_2\approx c(HS^-)_1\approx c(H^+)=9.5\times10^{-5}mol\cdot L^{-1}$$

(3)　$$K_{a2}^{\ominus}(H_2S)=\frac{c(H^+)c(S^{2-})}{c(HS^-)}$$

$$c(S^{2-})=\frac{K_{a2}^{\ominus}c(H_2S)}{c(H^+)}\approx K_{a2}^{\ominus}(H_2S)$$
$$=1.1\times10^{-12}mol\cdot L^{-1}$$

2.2.4　同离子效应和缓冲溶液

2.2.4.1　同离子效应

在弱电解质如 $NH_3\cdot H_2O$ 的溶液中，加入易溶的强电解质如 NH_4Cl，由于 NH_4Cl 全部解离，产生 NH_4^+ 和 Cl^-，使溶液中的 NH_4^+ 增多，从而使氨的解离平衡向左移动，$NH_3\cdot H_2O$ 的解离度降低。

$$NH_3\cdot H_2O(aq)\rightleftharpoons NH_4^+(aq)+OH^-(aq)$$

这种在弱电解质溶液中加入与该弱电解质具有相同离子的强电解质，引起弱电解质解离度降低的现象，称为同离子效应。

同理，在 HAc 溶液中加入 NaAc 或 HCl 也发生同离子现象。

【例 2-7】 由【例 2-5】计算知，$0.100mol\cdot L^{-1}$ HAc 溶液的解离度 α 为 1.33%，在此溶液中加入 NaAc 固体，使其溶解后的浓度为 $1.0mol\cdot L^{-1}$，求此时 HAc 的解离度。

解：由于在溶液中 NaAc 完全解离，其解离出的 Ac^- 浓度为 $1.0mol\cdot L^{-1}$。

$$NaAc\longrightarrow Na^++Ac^-$$

设此时 HAc 的解离度为 α_2，则

	$HAc(aq)\rightleftharpoons$	$H^+(aq)+$	$Ac^-(aq)$
初始浓度/$mol\cdot L^{-1}$	0.100	0	1.0
平衡浓度/$mol\cdot L^{-1}$	$0.100-x$	x	$1.0+x$

$$K_a^{\ominus}(HAc)=\frac{c(H^+)c(Ac^-)}{c(HAc)}$$

$$1.76\times10^{-5}=\frac{x\times(1.0+x)}{0.100-x}$$

由于 NaAc 的加入，大大抑制了 HAc 的解离，$x\ll0.100$，从而 $(1.0+x)\approx1.0$

$$0.100-x\approx0.100$$

$$x=1.76\times10^{-6}\text{mol}\cdot\text{L}^{-1}$$

$$\alpha_2=\frac{x}{0.1}\times100\%=\frac{1.76\times10^{-6}}{0.1}\times100\%$$

$$=1.76\times10^{-3}\%$$

$$\alpha/\alpha_2=\frac{1.33\%}{1.76\times10^{-3}\%}=755.6\text{（倍）}$$

解离度降低了 755.6 倍，可见同离子效应对平衡的影响很大。

2.2.4.2　缓冲溶液

25℃时纯水的 pH 为 7.00，0.10mol · L^{-1} HAc 溶液的 pH 值为 2.89。然而，它们的 pH 不易保持稳定，外加少量的强酸或强碱后 pH 均有明显的变化。但是，由 HAc 和 NaAc 或 $NH_3\cdot H_2O$ 和 NH_4^+ 或 NaH_2PO_4 和 Na_2HPO_4 等组成的溶液，其 pH 比较稳定。这种当溶液中加入少量的酸或碱，或者溶液中的化学反应产生少量的酸或碱，或者使溶液稀释，其 pH 并无明显变化的溶液叫做缓冲溶液。

(1) 缓冲作用的原理　现以 HAc-NaAc 混合溶液为例说明缓冲作用的原理。在 HAc-NaAc 混合溶液中存在以下解离过程：

$$HAc \rightleftharpoons H^+ + Ac^-$$

$$NaAc \longrightarrow Na^+ + Ac^-$$

由于 NaAc 完全解离，所以溶液中存在着大量的 Ac^-。弱酸 HAc 本来只有少部分解离，加上由解离出来的大量 Ac^- 产生的同离子效应，使得 HAc 解离度变得极小，因此溶液中除了有大量的 Ac^- 外，还存在着大量 HAc 分子。这种在溶液中同时存在大量弱酸分子及该弱酸根离子（或大量的弱碱和该弱碱的阳离子），就是缓冲溶液组成的特征。缓冲溶液中的弱酸及其盐（或弱碱及其盐）称为缓冲对。

当向此混合溶液中加入少量强酸时，溶液中大量的 Ac^- 将与加入的 H^+ 结合而生成难解离的 HAc 分子，以致溶液中的 H^+ 浓度几乎不变。换句话说，Ac^- 起了抗酸的作用。当加入少量强碱时，由于溶液中的 H^+ 将与 OH^- 结合并生成 H_2O，使 HAc 的解离平衡向右移动，继续解离出的 H^+ 仍与 OH^- 结合，致使溶液中 OH^- 的浓度几乎不变，因而 HAc 分子在这里起了抗碱的作用。

由此可见，缓冲溶液的缓冲作用就在于溶液中存在着大量的未解离的弱酸（或弱碱）分子及其盐的离子。此溶液中的弱酸（或弱碱）好比 H^+（或 OH^-）的仓库，当外界引起 $c(H^+)$［或 $c(OH^-)$］降低时，弱酸（或弱碱）就及时地解离出 H^+（或 OH^-）；当外界引起 $c(H^+)$［或 $c(OH^-)$］增加时，大量存在的弱酸盐（或弱碱盐）的离子则将其“吃掉”，从而维持溶液的 pH 基本不变。

(2) 缓冲溶液 pH 的计算　设缓冲溶液由一元弱酸 HA 和相应的盐 MA 组成，一元弱酸的浓度为 c(酸)，盐的浓度为 c(盐)，由 HA 解离得 $c(H^+)=x\text{mol}\cdot\text{L}^{-1}$。则由盐：

$$\begin{array}{llll} & MA \longrightarrow & M^+ \quad + & A^- \\ c_0/\text{mol}\cdot\text{L}^{-1} & & c(\text{盐}) & c(\text{盐}) \end{array}$$

$$\mathrm{HA} \rightleftharpoons \mathrm{H^+} \quad + \quad \mathrm{A^-}$$

平衡时 $c/\mathrm{mol\cdot L^{-1}}$　　c（酸）$-x$　　x　　c（盐）$+x$

$$K_a^{\ominus}(\mathrm{HA})=\frac{c(\mathrm{H^+})c(\mathrm{A^-})}{c(\mathrm{HA})}=\frac{x[c(盐)+x]}{c(酸)-x}$$

$$x=\frac{K_a^{\ominus}(\mathrm{HA})[c(酸)-x]}{c(盐)+x}$$

由于 x 值较小，且因存在同离子效应，此时 x 很小，因而 c（酸）$-x\approx c$（酸），c（盐）$+x\approx c$（盐），则：

$$c(\mathrm{H^+})=x=\frac{K_a^{\ominus}(\mathrm{HA})c(酸)}{c(盐)} \tag{2-10}$$

$$-\lg c(\mathrm{H^+})=-\lg K_a^{\ominus}(\mathrm{HA})-\lg\frac{c(酸)}{c(盐)}$$

$$\mathrm{pH}=\mathrm{p}K_a^{\ominus}-\lg\frac{c(酸)}{c(盐)} \tag{2-10a}$$

这就是计算一元弱酸及其盐组成的缓冲溶液 $\mathrm{H^+}$ 浓度及 pH 的通式。

同样，也可以推导出一元弱碱及其盐组成的缓冲溶液 pH 计算的通式。

$$c(\mathrm{OH^-})=x=\frac{K_b^{\ominus}c(碱)}{c(盐)}$$

$$\mathrm{pOH}=-\lg K_b^{\ominus}-\lg\frac{c(碱)}{c(盐)}$$

$$\mathrm{pOH}=\mathrm{p}K_b^{\ominus}-\lg\frac{c(碱)}{c(盐)} \tag{2-10b}$$

除了弱酸-弱酸盐、弱碱-弱碱盐的混合溶液可作为缓冲溶液外，某些正盐和它的酸式盐（如 $NaHCO_3$-Na_2CO_3）、多元酸和它的酸式盐（如 H_2CO_3-$NaHCO_3$），或者同一种多元酸的两种酸式盐（如 KH_2PO_4-K_2HPO_4）也可以组成缓冲溶液。常用的缓冲溶液的配制方法可查阅有关手册。

【例 2-8】 将 $2.0\mathrm{mol\cdot L^{-1}}$ 的 HAc 与 $2.0\mathrm{mol\cdot L^{-1}}$ 的 NaAc 溶液等体积混合。

① 计算此缓冲溶液的 pH。

② 向 90mL 该溶液中加入 10mL $0.10\mathrm{mol\cdot L^{-1}}$ 的 HCl，求该溶液的 pH。

③ 向 90mL 该溶液中加入 10mL $0.10\mathrm{mol\cdot L^{-1}}$ 的 NaOH，求该溶液的 pH。

解： ① 等体积混合后各物质的浓度为：

$$c(\mathrm{HAc})=1.0\mathrm{mol\cdot L^{-1}} \qquad c(\mathrm{Ac^-})=1.0\mathrm{mol\cdot L^{-1}}$$

查表得 $K_a^{\ominus}(\mathrm{HAc})=1.76\times10^{-5}$

设平衡时解离出 $\mathrm{H^+}$ 的浓度为 x，则有

$$\mathrm{HAc(aq)} \rightleftharpoons \mathrm{H^+(aq)}+\mathrm{Ac^-(aq)}$$

初始浓度/$\mathrm{mol\cdot L^{-1}}$　　1.0　　0　　1.0

平衡浓度/$\mathrm{mol\cdot L^{-1}}$　　$1.0-x$　　x　　$1.0+x$

$$K_a^{\ominus}(\mathrm{HAc})=\frac{c(\mathrm{H^+})c(\mathrm{Ac^-})}{c(\mathrm{HAc})}$$

$$1.76\times10^{-5}=\frac{x(1.0+x)}{1.0-x}$$

因为 $c/K_a^{\ominus}=\dfrac{0.100}{1.76\times10^{-5}}\geqslant500$，可作近似计算，$1.0-x\approx1.0$，$1.0+x\approx1.0$。

$$x\approx K_a^{\ominus}=1.76\times10^{-5}$$

$$c(H^+)=1.76\times10^{-5}mol\cdot L^{-1}$$

$$pH=-\lg(1.76\times10^{-5})=4.75$$

② 计算加入 HCl 后，各物质的初始浓度。

$$c(HAc)=90/100\times1.0mol\cdot L^{-1}=0.9mol\cdot L^{-1}$$

$$c(Ac^-)=90/100\times1.0mol\cdot L^{-1}=0.9mol\cdot L^{-1}$$

$$c(H^+)=10/100\times0.1mol\cdot L^{-1}=0.01mol\cdot L^{-1}$$

考虑所加入的 H^+ 与 Ac^- 生成 HAc，所以

$$c(HAc)=(0.9+0.01)mol\cdot L^{-1}=0.91mol\cdot L^{-1}$$

$$c(Ac^-)=(0.9-0.01)mol\cdot L^{-1}=0.89mol\cdot L^{-1}$$

	$HAc(aq)\rightleftharpoons$	$H^+(aq)+$	$Ac^-(aq)$
解离前浓度/$mol\cdot L^{-1}$	0.91	0	0.89
平衡浓度/$mol\cdot L^{-1}$	$0.91-y$	y	$0.89+y$

$$K_a^{\ominus}(HAc)=\frac{c(H^+)c(Ac^-)}{c(HAc)}$$

$$1.76\times10^{-5}=\frac{y(0.89+y)}{0.91-y}\approx\frac{y\times0.89}{0.91}$$

$$y=1.80\times10^{-5}$$

$$pH=-\lg c(H^+)=-\lg(1.80\times10^{-5})=4.74$$

与①相比，pH 只降低了 0.01。

③ 溶液中加入 NaOH 后，NaOH 与 HAc 反应，其计算与加入 HCl 相似，结果为：

$$pH=4.76$$

与①相比，pH 只升高了 0.01。

(3) 缓冲溶液的应用 缓冲溶液在工业、农业、生物学和化学领域应用很广。如电镀时常常需要控制电镀液在一定的 pH；在土壤中，由于含有 H_2CO_3 和 $NaHCO_3$、NaH_2PO_4 和 Na_2HPO_4 以及其他有机酸及盐组成的复杂的缓冲系统，能让土壤维持一定的 pH，从而保证了植物的正常生长；人体血液中有 H_2CO_3-$NaHCO_3$ 等缓冲体系，以维持 pH 在 7.45 附近，才适合细胞正常活动，否则将发生酸或碱中毒，使机体无法生存；在化学和化工领域，缓冲溶液应用更普遍。

2.3 沉淀溶解平衡

沉淀反应是无机化学中极为普遍的一种反应。在化工生产和科学实验中都普遍应用沉淀反应来制备、分离和提纯物质。而在许多情况下，又需要防止沉淀的生成或促使沉淀溶解。本节就这方面的基本原理及规律作一些讨论。

2.3.1 沉淀溶解平衡与溶度积

2.3.1.1 难溶电解质的沉淀溶解平衡与溶度积

通常把在 100g 水中的溶解度小于 0.01g 的物质叫难（或不）溶物质，绝对不溶于水的物质是没有的。例如，AgCl 在水中的溶解度虽然很小，但还会有一定数量的 Ag^+ 和 Cl^- 离开晶体表面而溶入水中。同时，已溶解的 Ag^+ 和 Cl^- 又会不断地从溶液中回到晶体表面析出。在一定条件下，当溶解与结晶的速率相等时，便建立了固体和溶液中离子之间的动态平衡，这叫做溶解-沉淀平衡。

$$AgCl(s)\rightleftharpoons Ag^+(aq)+Cl^-(aq)$$

其平衡常数表达式为：

$$K=K_{sp}^{\ominus}(AgCl)=c(Ag^+)c(Cl^-)$$

上式表明：难溶电解质的饱和溶液中，当温度一定时，其离子浓度的乘积（若离子前系数不是 1，则以此系数作离子浓度的指数）为一常数，这个平衡常数 $K_{sp}^{\ominus}$ 叫做溶度积常数，简称溶度积。

根据平衡常数表达式的书写原则，对于通式：

$$A_nB_m(s) \rightleftharpoons nA^{m+}(aq)+mB^{n-}(aq)$$

溶度积的表达式简写为：$K_{sp}^{\ominus}(A_nB_m)=\{c(A^{m+})\}^n\{c(B^{n-})\}^m$ (2-11)

与其他平衡常数一样，$K_{sp}^{\ominus}$ 的数值既可由实验测定，也可以热力学数据来计算。书后附表 4 有常见难溶电解质的溶度积常数。

2.3.1.2　溶度积与溶解度

溶度积（$K_{sp}^{\ominus}$）和溶解度（以 S 表示）在概念上虽有所不同，但它们都可以表示难溶电解质在水中的溶解情况，都是反映溶解能力的特征常数。可以根据溶度积表达式进行溶度积与溶解度之间的相互换算。在换算时要注意，溶解度应以物质的量浓度的单位为单位，即单位为 $mol \cdot L^{-1}$。

【例 2-9】 已知 298.15K 时 $K_{sp}^{\ominus}(AgBr)=5.3\times10^{-13}$，$K_{sp}^{\ominus}(BaCrO_4)=1.2\times10^{-10}$，求各自的溶解度。

解： 设 AgBr 和 $BaCrO_4$ 的溶解度分别为 S_1、S_2（$mol \cdot L^{-1}$），则由

$$AgBr(s) \rightleftharpoons Ag^+(aq)+Br^-(aq)$$

可知：$c(Ag^+)=c(Br^-)=S_1(mol \cdot L^{-1})$，根据溶度积表达式：

$$K_{sp}^{\ominus}(AgBr)=c(Ag^+)c(Br^-)=S_1^2$$

$$S_1=\sqrt{K_{sp}^{\ominus}(AgBr)}=\sqrt{5.3\times10^{-13}}$$
$$=7.3\times10^{-7}\ (mol \cdot L^{-1})$$

$$BaCrO_4(s) \rightleftharpoons Ba^{2+}(aq)+CrO_4^{2-}(aq)$$

同理

$$K_{sp}^{\ominus}(BaCrO_4)=c(Ba^{2+})c(CrO_4^{2-})=S_2^2$$

$$S_2=\sqrt{K_{sp}^{\ominus}(BaCrO_4)}=\sqrt{1.2\times10^{-10}}$$
$$=1.1\times10^{-5}\ (mol \cdot L^{-1})$$

【例 2-10】 已知 298.15K 时 $K_{sp}^{\ominus}(AgCl)=1.8\times10^{-10}$，$K_{sp}^{\ominus}(Ag_2CrO_4)=1.1\times10^{-12}$，求各自的溶解度。

解： 设 AgCl 和 Ag_2CrO_4 的溶解度分别为 S_1、S_2（$mol \cdot L^{-1}$），则由

$$AgCl\ (s) \rightleftharpoons Ag^+(aq)\ +Cl^-(aq)$$

可知：$c(Ag^+)=c(Cl^-)=S_1$（$mol \cdot L^{-1}$），根据溶度积表达式：

$$K_{sp}^{\ominus}(AgCl)=c(Ag^+)c(Cl^-)=S_1^2$$

$$S_1=\sqrt{K_{sp}^{\ominus}(AgCl)}=\sqrt{1.8\times10^{-10}}$$
$$=1.34\times10^{-5}\ (mol \cdot L^{-1})$$

$$Ag_2CrO_4(s) \rightleftharpoons 2Ag^+(aq)+CrO_4^{2-}(aq)$$

平衡浓度/$mol \cdot L^{-1}$　　　　$2S_2$　　　　S_2

$$K_{sp}^{\ominus}(Ag_2CrO_4)=\{c(Ag^+)\}2c(CrO_4^{2-})=(2S_2)^2S_2=4S_2^3$$

$$S_2=\sqrt[3]{\frac{K_{sp}^{\ominus}(Ag_2CrO_4)}{4}}=6.5\times10^{-5}\ (mol \cdot L^{-1})$$

由以上两例题可知，对于同一类型的难溶电解质，可以通过溶度积的大小来比较它们的溶解度大小。例如，均属 AB 型的难溶电解质 AgCl、$BaSO_4$ 和 $CaCO_3$ 等，在相同温度下，溶度积越大，溶解度也越大；反之亦然。但对不同类型的难溶电解质，则不能认为溶度积小的，溶解度也一定小，而要通过计算来比较溶解度大小。

2.3.2 溶度积规则及其应用

2.3.2.1 溶度积规则

难溶电解质的沉淀-溶解平衡与其他平衡一样，也是一种动态平衡。如果改变平衡条件，可以使沉淀向着溶解的方向移动，即沉淀溶解；也可以使平衡向着沉淀的方向移动，即沉淀析出。

对于难溶电解质的有关离子浓度幂的乘积（以 Q 表示）为：

$$Q=\{c(A^{m+})\}^n\{c(B^{n-})\}^m$$

式中，$c(A^{m+})$、$c(B^{n-})$ 分别为在任意时候 A^{m+} 和 B^{n-} 的浓度。

在沉淀反应中，根据溶度积的概念和平衡移动原理，用溶液中构成难溶电解质的有关离子浓度幂的乘积与该温度下的难溶电解质的溶度积比较，可以推断：

当 $Q>K_{sp}^{\ominus}$ 时，沉淀从溶液中析出，直至溶液达到饱和；

当 $Q=K_{sp}^{\ominus}$ 时，溶液饱和，处于平衡状态；

当 $Q<K_{sp}^{\ominus}$ 时，溶液未饱和，无沉淀析出，若有沉淀，会溶解，直至饱和。

此原则为溶度积规则，它是判断沉淀生成或溶解的依据。从溶度积规则可以看出，沉淀的生成与溶解之间的转化关键在于构成难溶电解质的有关离子浓度，我们可以通过控制这些有关的离子浓度，设法使反应向我们希望的方向进行。

2.3.2.2 沉淀的生成及同离子效应

(1) 沉淀的生成 根据溶度积规则，在难溶电解质的溶液中，只要 $Q>K_{sp}^{\ominus}$，沉淀就能生成。当加入的沉淀剂能使溶液中几种离子生成沉淀时，离子浓度幂的乘积首先达到溶度积的难溶电解质先沉淀，随着沉淀剂的不断加入，浓度增大后离子浓度幂的乘积达到溶度积的难溶电解质随后沉淀，若这些难溶电解质达到沉淀所需沉淀剂浓度相差较大并控制沉淀剂滴加方法，则能做到分步沉淀。

另外，只要 $Q>K_{sp}^{\ominus}$，沉淀就能生成，而形成沉淀的阴、阳离子的比例，并不一定要按分子式中离子的比例关系，是任意的。这样，在难溶电解质的饱和溶液中，形成沉淀的阴、阳离子的浓度幂乘积在一定温度下是恒定的，但阴、阳离子的浓度之间关系是此消彼长的。

(2) 同离子效应 在难溶电解质的饱和溶液中加入含有与难溶电解质相同离子的易溶强电解质，会使难溶电解质的溶解度降低，这种现象叫做同离子现象。例如在 $CaCO_3$ 的饱和溶液中加入 Na_2CO_3 溶液，由于 CO_3^{2-} 浓度增加，溶液中 $c(Ca^{2+})\,c(CO_3^{2-})>K_{sp}^{\ominus}(CaCO_3)$，破坏了原来 $CaCO_3$ 的溶解平衡，平衡向生成 $CaCO_3$ 沉淀的方向移动，直至溶液中 $c(Ca^{2+})c(CO_3^{2-})=K_{sp}^{\ominus}(CaCO_3)$ 为止。达到新平衡后，溶液中 Ca^{2+} 浓度降低了，也就是降低了 $CaCO_3$ 的溶解度。

【例 2-11】 求 298.15K 时 AgCl 在 $0.1\mathrm{mol\cdot L^{-1}}$ NaCl 溶液中的溶解度。已知 $K_{sp}^{\ominus}(AgCl)=1.8\times10^{-10}$

解： 设 AgCl 在 $0.1\ \mathrm{mol\cdot L^{-1}}$ NaCl 溶液中的溶解度为 $x\ \mathrm{mol\cdot L^{-1}}$，则

$$AgCl(s) \rightleftharpoons Ag^+(aq)+Cl^-(aq)$$

平衡浓度/$\mathrm{mol\cdot L^{-1}}$ $\qquad x \qquad x+0.1$

代入溶度积表达式中　　　$x(x+0.1)=1.8\times10^{-10}$

由于 AgCl 溶解度很小，$(x+0.1)\approx0.1$　　所以　　$x=1.8\times10^{-9}$

与【例 2-10】AgCl 在纯水中的溶解度比较，在 0.1mol・L^{-1} NaCl 溶液中，AgCl 的溶解度减少了 $(1.34\times10^{-5}/1.8\times10^{-9})$ 7444 倍。

2.3.2.3　沉淀的溶解

根据溶度积原理，只要设法降低难溶电解质饱和溶液中有关离子的浓度，使其离子浓度幂的乘积小于溶度积，沉淀就能溶解。通常可采用下列方法。

(1) 生成弱电解质使沉淀溶解　许多难溶物能在酸（或铵盐）溶液中溶解生成水，如 $Fe(OH)_3$、$Mg(OH)_2$、$Cu(OH)_2$ 等金属氢氧化物和难溶盐如 $CaCO_3$、ZnS 等。这是由于酸中的 H^+（或 NH_4^+）与金属氢氧化物沉淀中解离出的少量 OH^- 结合生成 H_2O（或氨水)，降低了 OH^- 浓度，使得金属（以 M 表示）离子的浓度与 OH^- 浓度幂的乘积小于溶度积，即 $Q<K_{sp}^{\ominus}$，沉淀溶解。发生如下反应：

$$M(OH)_n(s) \rightleftharpoons M^{n+}(aq) + nOH^-(aq) \quad + \; nH^+(aq) \longrightarrow nH_2O$$

$$M(OH)_n(s) \rightleftharpoons M^{n+}(aq) + nOH^-(aq) \quad + \; nNH_4^+(aq) \longrightarrow nNH_3 + nH_2O$$

$$ZnS(s) \rightleftharpoons Zn^{2+}(aq) + S^{2-}(aq) \quad + \; 2H^+(aq) \longrightarrow H_2S$$

(2) 通过氧化还原反应使沉淀溶解　有些金属硫化物，如 CuS、PbS、AgS 等，它们的溶度积非常小，即溶液中 S^{2-} 浓度很小，不足以与 H^+ 结合生成 H_2S，若使用具有氧化性的硝酸，能将 S^{2-} 氧化成单质 S，从而大大降低 S^{2-} 的浓度，使沉淀溶解。例如：

$$3CuS(s) \rightleftharpoons 3Cu^{2+}(aq) + 3S^{2-}(aq) \quad + \; 8H^+ + 2NO_3^- \longrightarrow 3S(s) + 2NO(g) + 4H_2O$$

(3) 生成配合物使沉淀溶解　当难溶电解质中解离出的简单离子生成配离子后，由于配离子具有较强的稳定性，使简单离子的浓度小于原来的浓度，从而达到 $Q<K_{sp}^{\ominus}$ 的目的，使沉淀溶解。如 AgCl 不溶于强酸，但能溶于氨水，其反应是：

$$AgCl(s) \rightleftharpoons Ag^+(aq) + Cl^-(aq) \quad Ag^+ + 2NH_3 \longrightarrow [Ag(NH_3)_2]^+(aq)$$

2.3.2.4 沉淀的转化

借助于某一试剂，将一种难溶物向另一种难溶物转变的过程，称为沉淀的转化。例如，有一种锅垢的主要成分是 $CaSO_4$。由于锅垢的导热能力很小，阻碍传热，浪费能源。但 $CaSO_4$ 不溶于酸，难以除去。若用 Na_2CO_3 溶液处理，则可使 $CaSO_4$ 转化为疏松而可溶于酸的 $CaCO_3$ 沉淀，便于锅垢的清除。其反应是：

$$\begin{array}{l} CaSO_4(s) \rightleftharpoons Ca^{2+}(aq) + SO_4^{2-}(aq) \\ \qquad\qquad\qquad\quad + \\ \qquad\qquad\quad CO_3^{2-}(aq) \\ \qquad\qquad\qquad\quad \downarrow \\ \qquad\qquad\quad CaCO_3(s) \end{array}$$

一般说来，由一种难溶的电解质转化为更难溶的电解质的过程是很容易实现的；反过来，由一种很难溶的电解质转化为不太难溶的电解质就比较困难。但沉淀的生成和转化除与溶度积有关外，还与离子浓度有关。当涉及两种溶度积相差不大的难溶电解质的转化，尤其是有关离子浓度有较大差别时，应进行具体分析和计算，才能判断反应进行的方向。

2.4 配位平衡

配位化合物简称配合物，是一类组成较为复杂的化合物。早在 18 世纪初，普鲁士人发现了第一个配合物亚铁氰化钾｛俗称普鲁士蓝，分子式为 $K_4[Fe(CN)_6]$｝。到了 18 世纪末，Tassaert 合成了第一个配合物氯化六氨合钴（Ⅲ）｛分子式为 $[Co(NH_3)_6]Cl_3$｝，直到今日，人类已合成了成千上万种配合物，不仅数量极大，而且种类繁多，应用范围非常广泛，不仅在化学中，而且在生物学、医药学等领域也有很多应用。

2.4.1 配位化合物的基本概念

我们向 $CuSO_4$ 溶液中加入一定浓度的 $NH_3 \cdot H_2O$，可以看到先有浅蓝色 $Cu(OH)_2$ 的沉淀生成，随着 $NH_3 \cdot H_2O$ 的不断加入，沉淀溶解，变为深蓝色的溶液，这是因为溶液中的 Cu^{2+} 与 $NH_3 \cdot H_2O$ 生成了铜氨溶液，离子式为：

$$Cu^{2+} + 4NH_3 \cdot H_2O \rightleftharpoons [Cu(NH_3)_4]^{2+} + 4H_2O$$

下面简述有关配合物的基本概念。

2.4.1.1 配位化合物的组成

(1) 内界与外界 配位化合物通常是由配离子和带相反电荷的离子以离子键结合而成的，在水溶液中配合物完全解离成相应的组成离子，如 $[Cu(NH_3)_4]SO_4$。

$$[Cu(NH_3)_4]SO_4 \longrightarrow [Cu(NH_3)_4]^{2+} + SO_4^{2-}$$

由于配离子内部的结合是配位键，比配离子与外部离子间的结合牢固得多，因而在水溶液中，配离子通常作为一个独立的实体存在，这就是配合物的内界，是配合物性质的主要部分。与配离子带有异种电荷的部分称为配合物的外界。

(2) 配合物及配位个体 具有类似 $[Cu(NH_3)_4]^{2+}$ 这样复杂的离子的化合物称为配合物。由中心离子（或中心原子）与配位体以配位键结合而成配位个体，这种含有配位个体的化合物叫做配位化合物，简称配合物。其中位于配合物几何中心，能够提供空轨道的原子或离子统称为中心体，也称形成体，如在 $[Cu(NH_3)_4]^{2+}$ 中 Cu^{2+} 就是中心离子，它可以提供空轨道。大多数金属离子特别是过渡金属离子都可以作为中心体。

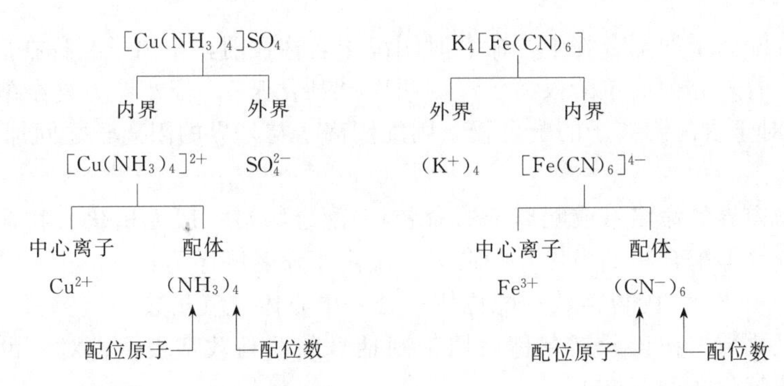

(3) 配位体与配位原子　在配合物中，位于中心离子（或中心原子）周围，能够提供孤对电子的分子或离子称为配位体，简称配体。如在 $[Cr(H_2O)_4Cl_2]^+$ 中配体是 H_2O 分子和 Cl^-，在 $[Cu(NH_3)_4]^{2+}$ 中 NH_3 分子都是配体。所谓配位原子，就是指在配体中能够提供孤对电子与中心体直接配位的原子。如在 $[Cr(H_2O)_4Cl_2]^+$ 中 O 原子和 Cl 原子是配位原子。常见的配位原子有 C 、N 、O 、S 和卤素等原子。

① 单齿配体与多齿配体。每个配体如果只能提供一个配位原子，这样的配体称为单齿配体。如在 $[Cu(NH_3)_4]^{2+}$ 中 NH_3 就是单齿配体，因每个 NH_3 分子只能提供一个 N 原子。而有一些配体则不然，一个配体可以提供两个或两个以上的配位原子与中心体形成多个配位键，这样的配体称为多齿配体。如乙二胺（结构简式 $H_2N—CH_2—CH_2—NH_2$，简写为 en）就是多齿配体，其中 2 个 N 原子均可作为配位原子。又如乙二胺四乙酸根离子（简写为 EDTA ，或 Y^{4-}）就是六齿配体，它的结构简式为：

$$\begin{array}{ccc} ^-OOC—H_2C & & CH_2COO^- \\ & \diagdown\ \ N—CH_2—CH_2—N\ \ \diagup & \\ ^-OOC—H_2C & \diagup\qquad\qquad\qquad\diagdown & CH_2COO^- \end{array}$$

其中 2 个 N 和 4 个 O 共 6 个原子均可作为配位原子。

② 配位数。一个配合物中直接与中心体结合的配位原子的总数目称为配位数。在只有单齿配体存在的配合物中配位数就是配体的个数，如在 $[Co(NH_3)_3Cl_3]$ 配合物分子中配位数是 6，在 $[Cu(NH_3)_4]^{2+}$ 配离子中配位数是 4。在有多齿配体存在的配合物中配位数要大于配体的个数，如乙二胺与 Cu^{2+} 形成的配离子 $[Cu(en)_2]^{2+}$ 中，每个 en 分子与 Cu^{2+} 都能形成 1 个五原子环，在这个配离子中有两个 en 分子即两个配体，每个配体可以提供两个配位原子，则配位数是 2×2=4 ，又如乙二胺四乙酸根离子与 Ca^{2+} 形成五个五元环配离子 $[CaY]^{2-}$，在这个配离子中一个配体 Y^{4-} 提供六个配位原子，所以配位数是 6。

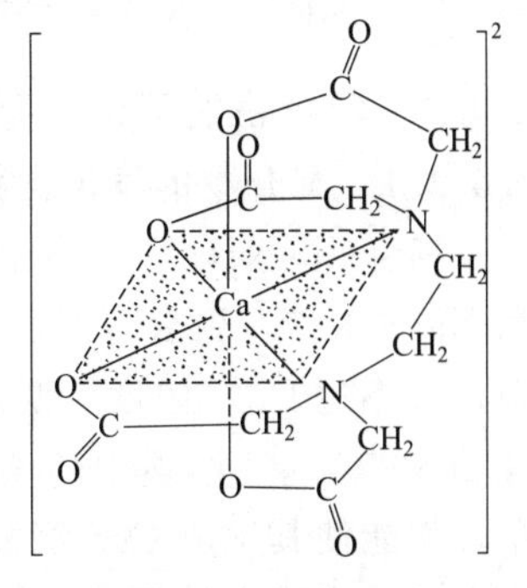

图 2-6　$[CaY]^{2-}$ 的结构示意图

(4) 螯合物　像 $[Cu(en)_2]^{2+}$、$[CaY]^{2-}$（如图 2-6 所示）这类由中心离子和多齿配体所形成的具有环状结构的配合物称为螯合物，能和中心离子形成螯合物的含有多齿配体的配位剂称为螯合剂。在螯合物中，配体与中心离子的结合犹如蟹爪般牢牢钳住中心离子，从而形成环状结构。大多数螯合物具有五元环或六元环形成非常稳定的结构。

2.4.1.2　配位化合物的命名

配合物的命名遵循无机化合物命名的一般原则，说明如下。

(1) 内、外界之间的命名　内、外界之间的命名与无机化合物的命名一样，叫做某化某或某酸某。在含配离子的配合物中，命名时阴离子名称在前，阳离子名称在后。对于含配阳离子的配合物，若外界为简单酸根离子，则叫做“某化某”；若外界为复杂酸根离子，则叫做“某酸某”。对于含配阴离子的配合物，则配阴离子与外界的阳离子之间加“酸”字连接，即“某酸某”。

(2) 配合物内界的命名（或配离子的命名） 配合物与一般无机化合物命名的主要不同点是配离子部分（即配合物的内界）的命名，配离子命名顺序为：

配位体数—配位体—合—中心体（氧化数）

中心体的氧化数可在该元素名称后用带圆括号的罗马数字表示；对于没有外界的配合物，中心原子的氧化数可不标出。

各配位体按以下原则进行命名：

① 无机配体在前，有机配体在后。

② 先列出阴离子配体，后列出中性分子配体，不同配位体之间以小黑点“·”分开，氢氧根被称为羟基，亚硝酸根被称为硝基。

③ 若为同类配体，则按配位原子元素符号的英文字母顺序排列；若同类配体的配位原子相同，则将较少原子数的配体排在前。

④ 配位体个数以“一、二、三”等数字表示，常常可以将“一”省略。

配合物命名示例如下：

$[CrCl_2(H_2O)_4]Cl$	氯化二氯·四水合铬（Ⅲ）
$[Co(NH_3)_5(H_2O)]Cl_3$	氯化五氨·水合钴（Ⅲ）
$[Ag(NH_3)_2]OH$	氢氧化二氨合银（Ⅰ）
$[Cu(NH_3)_4]SO_4$	硫酸四氨合铜（Ⅱ）
$H_2[PtCl_6]$	六氯合铂（Ⅳ）酸
$Na_2[CaY]$	乙二胺四乙酸根离子合钙（Ⅱ）酸钠
$Fe_4[Fe(CN)_6]_3$	六氰合铁（Ⅱ）酸铁
$[Fe(CO)_5]$	五羰基合铁
$[Pt(NH_2)(NO_2)(NH_3)_2]$	氨基·硝基·二氨合铂（Ⅱ）

2.4.2 配合物的配位平衡

2.4.2.1 配合物的稳定常数

向 $[Cu(NH_3)_4]^{2+}$ 溶液中滴加稀 NaOH 溶液，并不产生 $Cu(OH)_2$ 沉淀。但若滴加少量 Na_2S 溶液，就会有黑色 CuS 沉淀产生。说明在 $[Cu(NH_3)_4]^{2+}$ 溶液中有自由的 Cu^{2+} 存在，只不过 Cu^{2+} 浓度极低。外加少量 OH^- 时，由于 $Cu(OH)_2$ 的 $K_{sp}^{\ominus}$ 比较大，所以不能使 $[Cu(NH_3)_4]^{2+}$ 溶液中的微量 Cu^{2+} 以沉淀析出。而外加 Na_2S 溶液时，由于 CuS 的 $K_{sp}^{\ominus}$ 很小，就能使其生成 CuS 沉淀析出。从上面的例子可以看出，在水溶液中，配离子本身或多或少地解离成它的组成部分——中心离子和配体；与此同时，中心离子和配体又会重新结合成配离子，这两者之间存在着一种平衡：

$$Cu^{2+} + 4NH_3 \underset{\text{解离}}{\overset{\text{配合}}{\rightleftharpoons}} [Cu(NH_3)_4]^{2+}$$

根据化学平衡原理，配离子的平衡常数为：

$$K^{\ominus}(\text{稳}) = c([Cu(NH_3)_4]^{2+}) / \{c(Cu^{2+})c^4(NH_3)\} \tag{2-12}$$

上式是配离子形成的常数，故叫做配离子的稳定常数 $K^{\ominus}$(稳)或形成常数 $K_f^{\ominus}$，若反应反向即配离子解离反应，则平衡常数叫做 $K^{\ominus}$(不稳)或 $K_d^{\ominus}$，正好是稳定常数的倒数，$K_f^{\ominus} = 1/K_d^{\ominus}$。

$K^{\ominus}$（稳）值越大，表示形成配离子的趋势越大，该配离子在水中越稳定。对于同种类型的配离子，可以直接用 $K^{\ominus}$（稳）比较其稳定性，对于不同类型的配离子，只有通过计算才能比较它们的稳定性。常见配离子的 $K_f^{\ominus}$可在附表 5 中查到。

实际上在溶液中配离子的生成一般是分步进行的，每一步都对应一个稳定常数，称为逐级稳定常数，但由于配位剂往往是远远过量的，故常计算总平衡常数。

2.4.2.2　配离子的稳定常数的应用

利用配离子的稳定常数，可以计算配合物溶液中有关离子的浓度，判断配离子与沉淀之间、与其他配离子之间转化的可能性，此外还可利用 $K^{\ominus}$（稳）值计算有关电对的电极电势。

注意：配离子之间的转化，或与沉淀之间的转化，反应通常向着生成更稳定的物质的方向进行，即向着使自由的中心离子浓度更小的方向进行。

【例 2-12】 在 1.0L 9mol·L^{-1} 氨水溶液中，加入 0.5L 0.3mol·L^{-1} $CuSO_4$，求溶液中各组分的浓度。

解：混合后，各物质的浓度为：

$$c(NH_3)=9\times1.0/(1.0+0.5)=6.0\ (mol\cdot L^{-1})$$

$$c(Cu^{2+})=0.3\times0.5/(1.0+0.5)=0.1\ (mol\cdot L^{-1})$$

由于加入的 Cu^{2+} 较少，认为 Cu^{2+} 几乎与 NH_3 完全反应，生成配离子，则溶液中应有 0.1mol·L^{-1}的 $[Cu(NH_3)_4]^{2+}$，此时 NH_3 的浓度为 $6.0-4\times0.1=5.6$(mol·L^{-1})，并设 $c(Cu^{2+})=x$ mol·L^{-1}。

$$Cu^{2+}+4NH_3 \rightleftharpoons [Cu(NH_3)_4]^{2+}$$

平衡浓度/mol·L^{-1}　　x　　$5.6+x$　　$0.1-x$

$$K^{\ominus}(稳)=\frac{c\{[Cu(NH_3)_4]^{2+}\}}{c(Cu^{2+})c(NH_3)^4}=\frac{0.1-x}{x(5.6+x)^4}$$

由于稳定常数 K（稳）（2.09×10^{13}）相当大，溶液中 Cu^{2+} 浓度非常小，$5.6+x\approx5.6$，$0.1-x\approx0.1$。

$$x=0.1/(5.6^4\times2.09\times10^{13})=4.87\times10^{-18}\ (mol\cdot L^{-1})$$

因此，平衡时溶液中各组分的浓度为：

$$c([Cu(NH_3)_4]^{2+})=0.10mol\cdot L^{-1}\qquad c(NH_3)=5.6mol\cdot L^{-1}$$

$$c(Cu^{2+})=4.87\times10^{-18}mol\cdot L^{-1}$$

【例 2-13】 求在 298.15K 时 AgCl 在 6.0mol·L^{-1} 氨水溶液中的溶解度。［已知 $K_f^{\ominus}([Ag(NH_3)_2]^+)=1.12\times10^7$，$K_{sp}^{\ominus}(AgCl)=1.77\times10^{-10}$］

解：设 AgCl 在 6.0mol·L^{-1} 氨水溶液中的溶解度为 x mol·L^{-1}，由于在 AgCl 溶解后，溶液的体积可视为不变，因此反应中各物质之间的物质的量变化关系即为物质的量浓度的数值的变化关系。

$$AgCl(s)+2NH_3(aq) \rightleftharpoons [Ag(NH_3)_2]^+(aq)+Cl^-(aq)$$

起始浓度/mol·L^{-1}　　6.0　　0　　0

平衡浓度/mol·L^{-1}　　$6.0-2x$　　x　　x

$$K^{\ominus}=\frac{c([Ag(NH_3)_2]^+)c(Cl^-)}{c(NH_3)^2}$$

$$=\frac{c([Ag(NH_3)_2]^+)c(Cl^-)}{c(NH_3)^2}\times\frac{c(Ag^+)}{c(Ag^+)}$$

$$=K_f^{\ominus}([Ag(NH_3)_2]^+)\times K_{sp}^{\ominus}(AgCl)$$

$$1.12\times10^{7}\times1.77\times10^{-10}=\frac{x^2}{(6.0-2x)^2}$$

$$x=0.245$$

故 298.15K 时 AgCl 在 6.0mol·L^{-1} 氨水溶液中的溶解度为 0.245mol·L^{-1}。

2.4.3 配位反应的应用

随着科学技术的发展，配位化合物在科学研究和生产实践中的应用也日益广泛。

(1) 在元素分离和分析中的应用 同一种元素与不同配体或同一种配体与不同元素形成的配合物颜色常常有差异，分析化学中的许多鉴定反应都是形成配合物的反应。如 $[Fe(SCN)_n]^{3-n}$ 呈血红色，$[Cu(NH_3)_4]^{2+}$ 为深蓝色，$[Co(SCN)_4]^{2-}$ 在丙酮中显鲜蓝色等。在用 SCN^- 鉴定 Co^{2+} 时，Fe^{3+} 的存在会产生干扰，但只要在溶液中加入 NaF，F^- 与 Fe^{3+} 可以形成更稳定的无色配离子 $[FeF_6]^{3-}$，使 Fe^{3+} 不再与 SCN^- 配位，而把 Fe^{3+} “掩蔽”起来，避免了对 Co^{2+} 鉴定的干扰。

溶剂萃取是富集分离提纯金属元素的有效方法之一，金属元素与萃取剂（主要是多齿配体）形成的螯合物为中性时，一般可溶于有机溶剂，因此可用萃取法进行分离。

(2) 在电镀工业中的应用 电镀液中常加配位剂来控制被镀离子的浓度。只有控制金属离子以很小的浓度在阴极的金属制件上源源不断地放电沉积，才能得到均匀、致密、光亮的金属镀层。若用硫酸铜溶液镀铜，虽操作简单，但镀层粗糙、厚薄不均、镀层与基体金属附着力差。若采用焦磷酸钾（$K_4P_2O_7$）为配位剂配成含 $[Cu(P_2O_7)_2]^{6-}$ 的电镀液，会使金属晶体在镀件上析出的过程中成长速率减小，有利于新晶核的产生，从而得到比较光滑、均匀和附着力较好的镀层。

(3) 在湿法冶金中的应用 金属的提炼过程若是在溶液中进行，就称为湿法冶金。贵金属很难氧化，但有配位剂存在时可形成配合物而溶解。例如，用稀 NaCN 的溶液在空气中处理已粉碎的含金、银的矿石，反应式如下：

$$4Au+8NaCN+2H_2O+O_2 \longrightarrow 4Na[Au(CN)_2]+4NaOH$$

$$4Ag+8NaCN+2H_2O+O_2 \longrightarrow 4Na[Ag(CN)_2]+4NaOH$$

然后用活泼金属（如锌）还原，可得单质金或银：

$$2[Au(CN)_2]^-+Zn \longrightarrow [Zn(CN)_4]^{2-}+2Au$$

目前湿法冶金也向无毒无污染的方向发展，例如用 $S_2O_3^{2-}$ 代替 CN^- 浸出贵金属时，在溶液中加入 $[Cu(NH_3)_4]^{2+}$ 配离子，加速贵金属的溶解。在此过程中发生了贵金属的氧化、配位等化学反应，反应式如下：

$$Au+5S_2O_3^{2-}+[Cu(NH_3)_4]^{2+} \longrightarrow [Au(S_2O_3)_2]^{3-}+4NH_3+[Cu(S_2O_3)_3]^{5-}$$

根据 $[Au(S_2O_3)_2]^{3-}$/Au 和 $[Cu(S_2O_3)_3]^{5-}$/Cu 的电极电势的差别，用电沉积法先后析出金和铜。

(4) 在生物化学中的应用 配合物在生物化学方面也起着重要作用。如输氧的血红素是含 Fe^{2+} 的配合物；叶绿素是含 Mg^{2+} 的复杂配合物；起血凝作用的是 Ca^{2+} 的配合物等等。豆科植物根瘤菌中的固氮酶也是一种配合物，它可以把空气中的氮气直接转化为可被植物吸收的氮的化合物。如果能实现人工合成固氮酶，人们就可以在常温常压下实现氮的合成，从而极大地改变工农业生产的面貌。

化学视野

阿伦尼乌斯

阿伦尼乌斯——电离理论的创始人，他于 1859 年生于瑞典，24 岁时他在博士论文中提出了电解质分子在水溶液中会“离解”成带正电荷和负电荷的离子，而这一过程并不需给溶液通电。然而这一观点完全超出了当时学术界的认识，有悖于当时流行的观点，因此引起了他所在的乌普萨拉大学一些知名教授的不满。答辩结果，他的论文只得了四等，而答辩只得了三等。最后，因考虑到该论文的思想新颖以及论文的实验部分数据详尽可靠，论文才算勉强通过。但是阿伦尼乌斯为了让国外的科学家了解自己的研究，把论文的副本寄给了国外的一些著名化学家，其中得到了德国化学家奥斯特瓦尔德和荷兰化学家范特霍夫的赞赏和支持。并于 1887 年发表了完整的有关电离理论的论文，电离学说才逐渐被人们所接受，为此阿伦尼乌斯在 1903 年获得了诺贝尔化学奖。

网络导航　　从网上查出所需的化学数据

化学发展至今，积累了大量物理化学参数和各种化合物结构数据。本章给出的热力学数据是从有关手册上摘录的。现在我们可以通过访问 Internet 方便而快速地查得物质的热力学数据。

目前，在 Internet 上的化学数据库按照承载化学信息的内容可以划分为化学文献资料数据库、化学结构信息库、物理化学参数数据库和其他包括机构、科学家数据及化工产品和来源数据库等。

在众多的数据库中有些是非常规范的具有专业水准的数据库，如美国国家标准与技术研究院（National Institute of Standards and Technology，NIST）的物性数据库：http：//webbook. nist. gov/chemistry/。输入上述网址，我们可以看到 Search Options（检索途径）：有 Name（英文名）、Formular（分子式）、Molecular weight（相对分子质量）等。点击其中的任一种方式，按照要求输入具体物质（如查苯可输入 benzen、C_6H_6 或 78. 11）、确定热力学单位和需要查的数据类型以后，点击 Search，即可给出 Gas phase thermochemistry data（气相热化学数据）、Condensed phase thermochemistry data（凝聚相热化学数据）、Phase change data（相变数据）、Reaction thermochemistry data（反应热化学数据）等一系列的数据。如果输入分子式或相对分子质量，会给出相应的很多同分异构体，在此基础上进一步选取你要查的物质再点击它，就能给出相应的检索数据。

Cambridgesoft 公司的网站 chemfinder 也有大量的化学数据库：http：//chembicfinderbeta. cambridgesoft. com。输入 Name（英文名）、Formular（分子式）、Molecular weight（相对分子质量）等，可查到熔点（Melting point）、沸点（Boiling point）、密度（Density）、折射率（Refractive index）、闪点（Flash point）、蒸气压（Vapour pressure）、蒸气密度（Vapour density）、水溶性（Water solubility）等物理化学数据。

思　考　题

1. 何谓沸点？何谓凝固点？外界压力对它们有无影响？为什么高山上可以烧开水却不能煮熟饭？

2. 何谓饱和蒸气压？其大小受哪些因素影响？

3. 为什么水中加入乙二醇可以防冻？比较在内燃机水箱中使用乙醇或乙二醇的优缺点。

4. 什么叫溶液的渗透现象？何谓渗透压？渗透压产生的条件是什么？如何用渗透现象解释盐碱地难以生长农作物？

5. 沸点上升、凝固点降低有何实际应用？

6. 什么是分级解离？为什么多元弱酸的分级解离常数逐级减小？

7. 什么是同离子效应？在 HAc 溶液中加入下列物质时，HAc 的电离平衡将向何方移动？

(1) NaAc；(2) HCl；(3) NaOH。

8. 若要比较一些难溶电解质溶解度的大小，是否可以根据各难溶电解质的溶度积大小直接比较，即溶度积较大的，溶解度就较大，溶度积较小的，溶解度也就较小？为什么？

9. 试用溶度积规则解释下列事实：

(1) $CaCO_3$ 溶于稀 HCl 中；

(2) $Mg(OH)_2$ 溶于 NH_4Cl 溶液中；

(3) AgCl 溶于氨水，加入 HNO_3 后沉淀又出现；

(4) 往 $ZnSO_4$ 溶液中通入 H_2S 气体，ZnS 往往沉淀不完全，甚至不沉淀。若在 $ZnSO_4$ 溶液中先加入适量的 NaAc，再通入 H_2S 气体，ZnS 几乎完全沉淀。

10. 在多相离子体系中，同离子效应的作用是什么？

11. 在草酸（$H_2C_2O_4$）溶液中加入 $CaCl_2$ 溶液后得到 $CaC_2O_4 \cdot H_2O$ 沉淀，将沉淀过滤后，在滤液中加入氨水后又有 $CaC_2O_4 \cdot H_2O$ 沉淀产生。试从离子平衡的观点加以说明。

12. 下列几组等体积混合物溶液中哪些是较好的缓冲溶液，哪些是较差的缓冲溶液，还有哪些根本不是缓冲溶液？

(1) $10^{-5}mol \cdot L^{-1}$ HAc+$10^{-5}mol \cdot L^{-1}$ NaAc

(2) $1.0mol \cdot L^{-1}$ HCl+$1.0mol \cdot L^{-1}$ NaCl

(3) $0.5mol \cdot L^{-1}$ HAc+$0.7mol \cdot L^{-1}$ NaAc

(4) $0.1mol \cdot L^{-1}$ NH_3+$0.1mol \cdot L^{-1}$ NH_4Cl

(5) $0.2mol \cdot L^{-1}$ HAc+$0.002mol \cdot L^{-1}$ NaAc

13. 欲配制 pH 值为 3 的缓冲溶液，已知有下列物质的 $K_a^{\ominus}$ 值：

(1) HCOOH　　　$K_a^{\ominus}=1.77\times10^{-4}$

(2) HAc　　　$K_a^{\ominus}=1.76\times10^{-5}$

(3) NH_4^+　　　$K_a^{\ominus}=5.65\times10^{-10}$

选择哪一种弱酸及其共轭碱较合适？

14. 配离子的不稳定性可用什么平衡常数来表示？是否所有的配离子都可用该常数直接比较它们的不稳定性的大小？为什么？

15. 用 EDTA 作重金属解毒剂是否是因为其可以降低金属离子的浓度？

16. 用配平的离子方程式说明下列现象：

(1) AgCl 固体不能溶于 NH_4Cl 溶液，却能溶于氨水。

(2) 在 $[Cu(NH_3)_4]^{2+}$ 溶液中加入 H_2SO_4，溶液的颜色由绛蓝色变为浅蓝色。

(3) 用 KSCN 溶液在白纸上写字或画图，干后，喷射 $FeCl_3$ 溶液会呈现血红色字或画。

(4) 用 NH_4SCN 溶液检出 Co^{2+} 时，加入 NH_4F 可消除 Fe^{3+} 的干扰。

习　题

1. 将下列水溶液按蒸气压增加的顺序排列：

(1) $0.1mol \cdot L^{-1}$ NaCl　(2) $1mol \cdot L^{-1}$ $C_6H_{12}O_6$　(3) $1mol \cdot L^{-1}$ H_2SO_4

(4) $0.1mol \cdot L^{-1}$ HAc　(5) $1.0mol \cdot L^{-1}$ NaCl　(6) $0.1mol \cdot L^{-1}$ $C_6H_{12}O_6$

2. 已知某水溶液的凝固点为−1℃，求出下列数据：

(1) 溶液的沸点；

(2) 20℃时溶液的蒸气压；

(3) 0℃时溶液的渗透压（设 $c\approx b_B$）（已知 20℃时纯水的蒸气压为 2.34kPa）。

3. 将 0.450g 某非电解质溶于 30.0g 水中，使凝固点降到−0.150℃。计算该非电解质的相对分子质量。

4. 将下列 pH 换算为 H^+ 浓度，或将 H^+ 浓度换算为 pH。

(1) pH：0.24，1.36，6.52，10.23。

(2) $c(H^+)(mol \cdot L^{-1})$：2.00×10^{-2}，4.50×10^{-5}，5.00×10^{-10}。

5. 在氢硫酸和盐酸混合溶液中，$c(H^+)$ 为 $0.3mol \cdot L^{-1}$，已知 $c(H_2S)$ 为 $0.1mol \cdot L^{-1}$，求该溶液

中的 S^{2-} 浓度。

6. 配制 1.00L pH=5.00 的缓冲溶液，如此溶液中 HAc 浓度为 $0.20mol\cdot L^{-1}$，需 $1.00mol\cdot L^{-1}$ 的 HAc 和 $1.00mol\cdot L^{-1}$ 的 NaAc 溶液各多少升？

7. (1) 写出下列各种物质的共轭酸。

(a) CO_3^{2-}　(b) HS^-　(c) H_2O　(d) HPO_4^{2-}　(e) NH_3　(f) S^{2-}

(2) 写出下列各种物质的共轭碱。

(a) H_3PO_4　(b) HAc　(c) HS^-　(d) HNO_2　(e) HClO　(f) H_2CO_3

8. 已知氨水溶液的浓度为 $0.20mol\cdot L^{-1}$。

(1) 求该溶液中 OH^- 的浓度、pH 和氨的解离度。

(2) 在上述溶液中加入 NH_4Cl 晶体，使其溶解后 NH_4Cl 的浓度为 $0.20mol\cdot L^{-1}$，求所得溶液的 OH^- 浓度、pH 和氨的解离度。

9. 在烧杯中盛放 20.00mL $0.100mol\cdot L^{-1}$ 氨的水溶液，逐步加入 $0.100mol\cdot L^{-1}$ HCl 溶液。试计算：

(1) 当加入 10.00mL HCl 后，混合液的 pH；

(2) 当加入 20.00mL HCl 后，混合液的 pH；

(3) 当加入 30.00mL HCl 后，混合液的 pH。

10. 已知 298.15K 时 $Mg(OH)_2$ 的溶度积为 5.56×10^{-12}。计算：

(1) $Mg(OH)_2$ 在纯水中的溶解度（$mol\cdot L^{-1}$），Mg^{2+} 及 OH^- 的浓度；

(2) $Mg(OH)_2$ 在 $0.01mol\cdot L^{-1}$ NaOH 溶液中的溶解度；

(3) $Mg(OH)_2$ 在 $0.01mol\cdot L^{-1}$ $MgCl_2$ 溶液中的溶解度。

11. 某难溶电解质 AB_2（相对分子质量是 80），常温下在水中的溶解度为每 100mL 溶液含 2.4×10^{-4}g AB_2，求 AB_2 的溶度积。

12. 将 $Pb(NO_3)_3$ 溶液与 NaCl 溶液混合，设混合液中 $Pb(NO_3)_3$ 的浓度为 $0.20mol\cdot L^{-1}$，问：

(1) 当混合液中 Cl^- 的浓度等于 $5.0\times10^{-4}mol\cdot L^{-1}$ 时，是否有沉淀生成？

(2) 当溶液中 Cl^- 的浓度多大时，开始生成沉淀？

(3) 当混合溶液中 Cl^- 的浓度为 $6.0\times10^{-2}mol\cdot L^{-1}$ 时，残留于溶液中 Pb^{2+} 的浓度为多少？

13. 填表

化学式	名　称	中心离子	配位体	配位原子	配位数	配离子电荷数
$[Pt(NH_3)_4(NO_2)_2]SO_4$						
$[Ni(en)_3]Cl_2$						
$[Fe(EDTA)]^{2-}$						
	四(异硫氰酸根)二氨合钴(Ⅲ)酸铵					
	二氯化亚硝酸根三氨二水合钴(Ⅲ)					
	三草酸根合铬(Ⅲ)配离子					

14. 在 40mL $0.1mol\cdot L^{-1}$ 的 $AgNO_3$ 溶液中加入 10mL $15mol\cdot L^{-1}$ 的氨水，溶液中 Ag^+、NH_3、$[Ag(NH_3)_2]^+$ 的浓度各是多少？{$K_f^{\ominus}[Ag(NH_3)_2^+]=1.1\times10^7$}

15. 将 $0.20mol\cdot L^{-1}$ $K[Ag(CN)_2]$ 溶液与 $0.20mol\cdot L^{-1}$ KI 溶液等体积混合，是否会产生 AgI 沉淀？{$K_f^{\ominus}[Ag(CN)_2]^-=1.3\times10^{21}$，$K_{sp}^{\ominus}(AgI)=8.51\times10^{-17}$}

第3章　电化学基础

我们知道，在氧化还原反应中会发生电子的转移，那么能否利用电子转移产生的电能对外做功呢？如果可能，通过什么装置实现？电子转移的方向和能力的大小由哪些因素决定？这一系列问题都涉及电化学。电化学就是研究化学能与电能相互转化的科学。

铁器生锈，银器表面变暗以及铜器表面生成铜绿等都是金属在环境中发生腐蚀的现象。金属腐蚀现象十分普遍，造成的损失也很惊人。因此，研究腐蚀的成因与金属防护技术无疑具有十分重要的意义。

3.1　原电池和电极电势

3.1.1　原电池

1799年，意大利物理学家 A. Volta 用锌片和铜片放入盛有盐水的容器中，制成了世界上第一个原电池——Volta 电池，为电化学的建立和发展开辟了道路。后来人们把利用自发的氧化还原化学反应产生电流的装置都称为原电池。

将锌板放入硫酸铜溶液中，发生典型的自发反应：

$$Zn+Cu^{2+} \longrightarrow Zn^{2+}+Cu \quad \Delta_r H_m^{\ominus}=-218.66kJ \cdot mol^{-1}$$

由于 Cu^{2+} 直接与锌接触，因此电子便由锌直接传递给 Cu^{2+}，并没有电子的流动。在这个氧化还原反应中，释放出的能量（化学能）都转化成了热能。

如果利用特定装置，让电子的传递通过导体进行，便可产生电流，使化学能转变成电能。这种利用氧化还原反应产生电流的装置，即使化学能转变为电能的装置叫做原电池。

3.1.1.1　原电池的组成

在实验室，使锌的氧化反应与 Cu^{2+} 的还原反应分别在两只烧杯中进行。一只烧杯中放入硫酸锌溶液和锌片，为氧化半电池，其中 Zn^{2+}/Zn 构成一电对；另一只烧杯中放入硫酸铜溶液和铜片，为还原半电池，其中 Cu^{2+}/Cu 构成另一电对。将两只烧杯中的溶液用盐桥联系起来，用导线连接锌片和铜片，并在导线中间连一只电流计，就可以看到电流计的指针发生偏转。这说明此时反应吉布斯自由能的降低转变为电能。这个原电池是英国科学家 Daniell 发明的，称为 Daniell 电池。图3-1是铜锌原电池的简图。

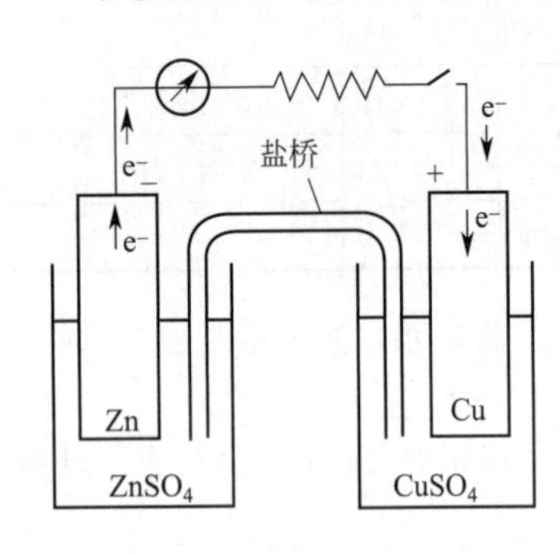

图3-1　铜锌原电池的结构简图

原电池中的盐桥通常是一U形管，其中装入含有琼胶的饱和氯化钾溶液，其作用是接通内电路和进行电性中和。因为在氧化还原反应进行过程中 Zn 氧化成 Zn^{2+}，使硫酸锌溶液因 Zn^{2+} 增加而带正电荷；Cu^{2+} 还原成 Cu 沉积在铜片上，使硫酸铜溶液因 Cu^{2+} 减少而带负电荷。这两种电荷都会阻碍原电池中反应的继续进行。当有盐桥时，盐桥中的 K^+ 和 Cl^- 分别向硫酸铜溶液和硫酸锌溶液扩散（K^+ 和 Cl^- 在溶液中迁移速率近于相等），从而保持了溶液的电中性，使电流继续产生。

3.1.1.2 原电池的半反应式和图式

(1) 原电池的半反应式 原电池中给出电子发生氧化反应的电极叫做负极，如上述的锌板为负极；接受电子发生还原反应的叫做正极，如上述的铜板为正极。Daniell 电池的两极反应和电池反应如下：

负极 $Zn(s) \longrightarrow Zn^{2+}(aq) + 2e^-$ 氧化反应

正极 $Cu^{2+}(aq) + 2e^- \longrightarrow Cu(s)$ 还原反应

电池总反应 $Zn(s) + Cu^{2+}(aq) \longrightarrow Cu(s) + Zn^{2+}(aq)$

若用 Cu 片和硫酸铜溶液与 Ag 片和硝酸银溶液组成银铜原电池，由于铜比银要活泼，铜为负极，银为正极。两极反应和电池反应分别为：

负极 $Cu(s) \longrightarrow Cu^{2+}(aq) + 2e^-$ 氧化反应

正极 $Ag^+(aq) + e^- \longrightarrow Ag(s)$ 还原反应

电池总反应 $2Ag^+(aq) + Cu(s) \longrightarrow Cu^{2+}(aq) + 2Ag(s)$

从上面的半反应式可以看出，每一个电极反应中都有两类物质：一类是可作为还原剂的物质，称为还原态物质，如上面所写的半反应中的 Zn、Cu 等，另一类是可作为氧化剂的物质，称为氧化态物质，如 Cu^{2+}、Ag^+ 等。氧化态物质与其对应的还原态物质构成电对，通常记为氧化态/还原态。如上面例子中 Zn^{2+}/Zn、Cu^{2+}/Cu 和 Ag^+/Ag。电池的半反应式可用一个通式表示：

$$氧化态 + ne^- \longrightarrow 还原态$$

式中，n 为电极反应中转移电子的化学计量数。

(2) 原电池的图式 原电池的装置可用符号来表示。按惯例，负极写在左边，正极写在右边，以双垂线（‖）表示盐桥，以单垂线（|）表示两个相之间的界面。盐桥的两边应该是半电池组成中的溶液。例如 Daniell 电池可用下列图式来表示：

$$(-)Zn \mid Zn^{2+}(c_1) \parallel Cu^{2+}(c_2) \mid Cu(+)$$

同一个铜电极，在铜锌原电池中作为正极，这时表示为 $Cu^{2+}(c_2) \mid Cu(+)$。但是在银铜原电池中作为负极，这时表示为 $(-)Cu \mid Cu^{2+}(c_2)$。可用来组成半电池电极的氧化还原电对的，除金属及其对应的金属盐溶液以外，还有非金属单质及其对应的非金属离子（如 H_2 和 H^+、O_2 和 OH^-、Cl_2 和 Cl^-）、同一种金属不同价的离子（如 Fe^{3+} 和 Fe^{2+}、Sn^{4+} 和 Sn^{2+}）等。对于后两者，在组成电极时常需外加惰性导电材料如 Pt，以氢电极为例，可表示为 $H^+(c_1) \mid H_2(p_1) \mid Pt$。

原则上，任何一个氧化还原反应都可以装成原电池。例如，对于下述反应：

$$2Fe^{2+}(c_1) + Cl_2(p_1) \longrightarrow 2Fe^{3+}(c_2) + 2Cl^-(c_3)$$

可分解为两个半反应式：

还原反应 $Cl_2(p_1) + 2e^- \longrightarrow 2Cl^-(c_3)$

氧化反应 $Fe^{2+}(c_1) \longrightarrow Fe^{3+}(c_2) + e^-$

因此组成原电池时 $Pt \mid Fe^{2+}(c_1)$，$Fe^{3+}(c_2)$ 是原电池的负极；电对 $Pt \mid Cl_2(p_1) \mid Cl^-(c_3)$ 是原电池的正极。所以此原电池的图式为：

$$(-)Pt \mid Fe^{2+}(c_1), Fe^{3+}(c_2) \parallel Cl^-(c_3) \mid Cl_2(p_1) \mid Pt(+)$$

这是由不同价态的金属离子和非金属单质及其离子组成的原电池。

3.1.2 电极电势

3.1.2.1 电极电势的产生

原电池能产生电流，说明两电极之间存在电势差，即构成电池的两个电极的电势是不等的。那么，电极电势是如何产生的呢？

1889年，德国科学家W. Nernst首先提出，后经其他科学家的完善，建立了双电层理论，对电极电势产生的机理做了较好的解释。

当把金属插入其盐溶液时，在金属与其盐溶液的界面上会发生两种不同的过程。一是金属表面的正离子受极性水分子的吸引，有形成溶剂化离子进入溶液而将电子留在金属表面的倾向。金属越活泼，溶液中金属离子浓度越小，上述倾向就越大。二是溶液中的金属离子也有从溶液中沉积到金属表面的倾向。溶液中金属离子浓度越大，金属越不活泼，这种倾向就越大。当溶解与沉积这两个相反过程的速率相等时，即达到动态平衡。

$$M(s) \rightleftharpoons M^{n+}(aq) + ne^-$$

当金属溶解倾向大于金属离子沉积倾向时，则金属表面带负电层，靠近金属表面附近处的溶液带正电层，这样便构成"双电层"，如图3-2(a)所示。相反，若沉积倾向大于溶解倾向，则在金属表面形成正电层，金属附近的溶液带负电层，也形成"双电层"，如图3-2(b)所示。

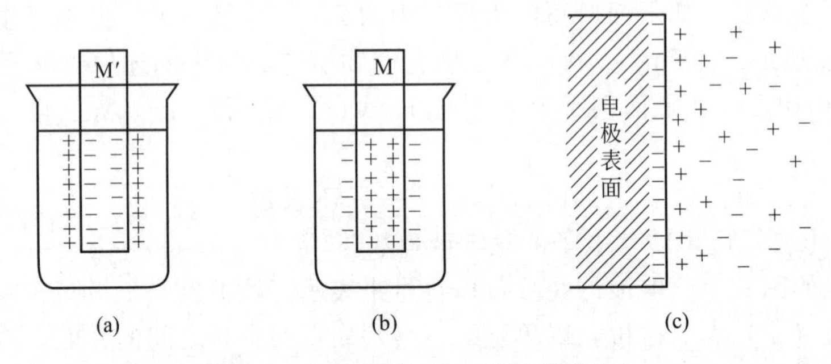

图3-2 双电层图（金属表面带负电）

无论形成何种双电层，在金属与其盐溶液之间都产生电势差。这种电势差叫金属电极的平衡电极电势，也叫可逆电极电势，简称电极电势。由于金属的活泼性不同，显然各种金属电极的电极电势是不同的。因此，可以用电极电势来衡量金属失电子的能力。尽管每种金属电极单独的电极电势无法测定，但如果将电极电势不同的两种电极组成原电池，就能产生电流。原电池的电动势（E）等于两个电极电势之差。即

$$E = \text{正极电极电势} - \text{负极电极电势}$$

3.1.2.2 标准电极电势

既然电极电势的大小反映了金属得失电子能力的大小，如果能确定电极电势的绝对值，就可以定量地比较金属在溶液中的活泼性。但迄今为止，人们尚无法测定电极电势的绝对值。为了对所有电极的电极电势大小做系统的、定量的比较，按照1953年国际纯粹和应用化学联合会的建议，采用标准氢电极作为标准电极，规定其电极电势为零，以此来衡量其他电极的电极电势。这个建议已被接受和承认。

(1) 标准氢电极 如图3-3(a)所示，标准氢电极是将镀有一层海绵状铂黑的铂片浸入氢离子标准浓度的溶液中，并不断通入压力为100kPa的纯氢气，使铂黑吸附H_2至饱和，被铂黑吸附的H_2与溶液中的H^+在298.15K时建立如下平衡：

$$2H^+(1.0\text{mol} \cdot L^{-1}) + 2e^- \rightleftharpoons H_2(100\text{kPa})$$

这样，在铂片上吸附的氢气与溶液中的H^+组成电对H^+/H_2，构成标准氢电极。此时，铂片吸附的氢气与酸溶液H^+之间的电极电势称为氢电极的标准电极电势，并规定标准氢电极的电极电势为零（但在氢电极与H^+溶液间的电势差并不是零），即$E^{\ominus}$（H^+/

H_2）＝0V。

(2) 标准电极电势的测定　欲测定某电极的标准电极电势，可把该电极与标准氢电极组成原电池，测定该原电池的电动势。由于标准氢电极的电极电势规定为零，通过计算就可确定待测电极的标准电极电势。测定时必须使待测电极处于标准态（即若为溶液，其浓度为 1.0mol·L^{-1}；若为气体，其压力为 100kPa)，温度通常取 298.15K。例如，欲测锌电极的标准电极电势，可组成原电池：

$$(-)Zn \mid Zn^{2+}(1.0mol\cdot L^{-1}) \parallel H^{+}(1.0mol\cdot L^{-1}) \mid H_2(100kPa) \mid Pt(+)$$

测定时，通过电流计指针偏转方向，可知电子从锌电极流向氢电极。所以锌电极为负极，氢电极为正极。在 298.15K 时，测得该原电池的标准电动势 $E^{\ominus}$ 为 0.762V。

$$E^{\ominus}=E^{\ominus}(+)-E^{\ominus}(-)=E^{\ominus}(H^+/H_2)-E^{\ominus}(Zn^{2+}/Zn)=0.762V$$

因为
$$E^{\ominus}(H^+/H_2)=0V$$
所以
$$E^{\ominus}(Zn^{2+}/Zn)=-0.762V$$

用类似的方法可测得许多电极的标准电极电势，见附表 6。此表是按标准电极电势代数值由小到大的顺序排列的。查阅标准电极电势数据时，要与所给条件相符。

标准氢电极要求氢气纯度很高，压力要稳定，且铂要较好地镀黑，以使吸氢良好。但是铂在溶液中易吸附其他物质而中毒，失去活性，条件不易掌握。因此，在实际测定中常用易于制备、使用方便且电极电势稳定的甘汞电极［见图 3-3(b)］或氯化银电极作为参比电极(它们的电极电势也是通过与标准氢电极组成原电池测得的)。

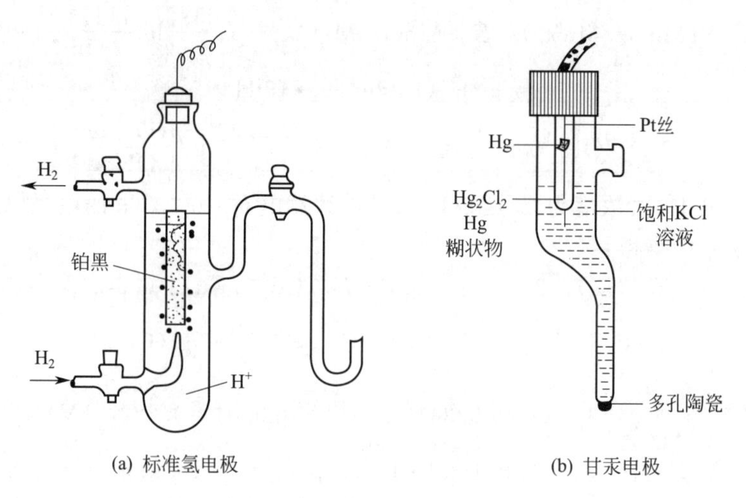

图 3-3　标准氢电极和甘汞电极

3.2　电极电势的应用

3.2.1　Nernst 方程式

标准电极电势是在标准状态下测定的，而氧化还原反应不一定都是在标准状态下进行的。对于任意状态，原电池的电动势和电极电势如何计算？德国科学家 Nernst 从理论上推导出电池的电动势和电极电势与溶液中离子浓度（或气体分压)、温度的关系。

对于一般的化学反应：

$$a\,\text{氧化态}+ne^- \longrightarrow b\,\text{还原态}$$

其电极电势 E 与标准电极电势 $E^{\ominus}$ 间的关系可用 Nernst 方程表示为：

$$E=E^{\ominus}+\frac{RT}{nF}\ln\frac{c(\text{氧化态})^{a}}{c(\text{还原态})^{b}} \tag{3-1}$$

式中，E 为电对中离子在某一浓度（气体为某一分压）时的电极电势；$E^{\ominus}$ 为该电极的标准电极电势；n 为电极反应的得失电子数；F 称为法拉第常数，其值为 96500C·mol^{-1}；R 为通用气体常数，其值为 8.31Pa·m^{3}·mol^{-1}·K^{-1}；T 为开尔文温度；c（氧化态）、c（还原态）分别为电对中氧化态物质和还原态物质的相对浓度 $c/c^{\ominus}$（或相分压 $p/p^{\ominus}$）；a、b 分别为电极反应中氧化态物质和还原态物质的计量系数。

在 298.15K 时，将上述三个常数 F、R、T 的值代入式(3-1) 中，并进行对数底的换算，则式(3-1) 可简化为：

$$E=E^{\ominus}+\frac{0.0592}{n}\lg\frac{c(\text{氧化态})^{a}}{c(\text{还原态})^{b}} \tag{3-1a}$$

在应用 Nernst 方程式时，应注意以下几点：

① 电极反应中各物质的计量系数为其相对浓度或相对分压的指数。

② 电极反应中的纯固体或纯液体，不列入 Nernst 方程式中。由于反应常在稀的水溶液中进行，H_2O 也可作为纯物质看待而不列入式中。

③ 若在电极反应中有 H^+ 或 OH^- 参加反应，则这些离子的相对浓度应根据反应式计入 Nernst 方程式中。例如：

$$MnO_2(s)+4H^+(aq)+2e^- \longrightarrow Mn^{2+}(aq)+2H_2O$$

$$E(MnO_2/Mn^{2+})=E^{\ominus}(MnO_2/Mn^{2+})+\frac{0.0592}{2}\lg\frac{c(H^+)^4}{c(Mn^{2+})}$$

$$O_2(g)+2H_2O+4e^- \longrightarrow 4OH^-(aq)$$

$$E(O_2/OH^-)=E^{\ominus}(O_2/OH^-)+\frac{0.0592}{4}\lg\frac{p(O_2)/p^{\ominus}}{c(OH^-)^4}$$

【例 3-1】 若 Cu^{2+} 浓度为 0.01mol·L^{-1}，计算电对 Cu^{2+}/Cu 的电极电势。

解：从附表 6 中查得：

$$Cu^{2+}(aq)+2e^- \longrightarrow Cu(s)；E^{\ominus}(Cu^{2+}/Cu)=0.3419V$$

$$E(Cu^{2+}/Cu)=E^{\ominus}(Cu^{2+}/Cu)+\frac{0.0592}{2}\lg c(Cu^{2+})$$

$$=0.3419+\frac{0.0592}{2}\lg 0.01=0.2827\ (V)$$

【例 3-2】 计算 OH^- 浓度为 0.1mol·L^{-1}、$p(O_2)$ 为 100kPa、$T=298.15K$ 时，电对 O_2/OH^- 的电极电势。

解：从附表 6 中查得：

$$O_2(g)+2H_2O+4e^- \longrightarrow 4OH^-(aq)；E^{\ominus}(O_2/OH^-)=0.401V$$

$$E(O_2/OH^-)=E^{\ominus}(O_2/OH^-)+\frac{0.0592}{4}\lg\{p(O_2)/p^{\ominus}\}/c(OH^-)^4$$

$$=0.401+\frac{0.0592}{4}\lg 1/(0.100)^4$$

$$=0.460\ (V)$$

若将电极反应式写成 $1/2O_2(g)+H_2O+2e^- \longrightarrow 2OH^-(aq)$，计算结果仍为 $E(O_2/OH^-)=0.460V$。这说明只要是已配平的电极反应，反应式中各物质的化学计量数各乘以一定的倍数，对电极电势的数值并无影响。根据 Nernst 方程式还可以看出：许多氧化剂（含氧酸及其盐）在进行还原反应时，半反应式中有 H^+ 参与反应，H^+ 浓度越大，氧化剂的电极电势越高，换言之，氧化剂（含氧酸及其盐）在酸性溶液中的氧化性比在碱性溶液中强。

【例 3-3】 分别计算电对 MnO_4^-/Mn^{2+} 在酸性 [$c(H^+)=1.0mol\cdot L^{-1}$]、中性 [$c(H^+)=10^{-7}mol\cdot L^{-1}$] 时的电极电势（设其他物质均处于标准态）。

解： 从附表 6 中查得：

$$MnO_4^-(aq)+8H^+(aq)+5e^- \longrightarrow Mn^{2+}+4H_2O;\quad E^\ominus(MnO_4^-/Mn^{2+})=1.507V$$

当 $c(H^+)=1.0mol\cdot L^{-1}$ 时， $E(MnO_4^-/Mn^{2+})=E^\ominus(MnO_4^-/Mn^{2+})=1.507V$

当 $c(H^+)=10^{-7}mol\cdot L^{-1}$ 时，

$$E(MnO_4^-/Mn^{2+})=E^\ominus(MnO_4^-/Mn^{2+})+\frac{0.0592}{5}\lg\{c(MnO_4^-)c(H^+)^8\}/c(Mn^{2+})$$

$$=1.507+\frac{0.0592}{5}\lg(10^{-7})^8=0.844\ (V)$$

3.2.2 电极电势的应用

电极电势在电化学中有广泛的应用，如计算原电池的电动势，判断氧化还原反应进行的方向以及比较氧化剂和还原剂的相对强弱等。

3.2.2.1 计算原电池的电动势

当电极中的物质均在标准状态时，电池中电极电势代数值大的为正极，代数值小的为负极，原电池的标准电动势为 $E^\ominus=E^\ominus(+)-E^\ominus(-)$；当电极中的物质为非标准状态时，应先用 Nernst 方程计算出正、负极的电极电势，再由 $E=E(+)-E(-)$ 求算出原电池的电动势。

【例 3-4】 在 298.15K 时，求下列原电池的电动势。

$$(-)Ag \mid Ag^+(0.010mol\cdot L^{-1}) \parallel Fe^{3+}(0.1mol\cdot L^{-1}),Fe^{2+}(1.0mol\cdot L^{-1}) \mid Pt(+)$$

解： 由所给原电池的符号可知：

正极 $Fe^{3+}+e^- \longrightarrow Fe^{2+}$ 还原反应

负极 $Ag-e^- \longrightarrow Ag^+$ 氧化反应

查附表 6 得 $E^\ominus(Fe^{3+}/Fe^{2+})=0.770V$ $E^\ominus(Ag^+/Ag)=0.7396V$

$$E(Fe^{3+}/Fe^{2+})=E^\ominus(Fe^{3+}/Fe^{2+})+0.0592\lg\frac{c(Fe^{3+})}{c(Fe^{2+})}$$

$$=0.770+0.0592\times\lg0.1/1.0$$

$$=0.7108\ (V)$$

$$E(Ag^+/Ag)=E^\ominus(Ag^+/Ag)+0.0592\lg c(Ag^+)$$

$$=0.7396+0.0592\times\lg0.010$$

$$=0.6112\ (V)$$

则 $E=E(+)-E(-)$

$$=0.7108-0.6112$$

$$=0.0996\ (V)$$

【例 3-5】 计算下列电池在 298.15K 时的电动势。

$$(-)Pt \mid H_2(100kPa) \mid H_2SO_4(0.017mol\cdot L^{-1}) \mid Hg_2SO_4(s),Hg(+)$$

解： 由所给原电池的符号可知：

正极 $Hg_2SO_4(s)+2e^- \longrightarrow 2Hg(l)+SO_4^{2-}(aq)$ 还原反应

负极 $H_2(g)-2e^- \longrightarrow 2H^+(aq)$ 氧化反应

电池反应 $H_2(g)+Hg_2SO_4(s) \longrightarrow 2H^+(aq)+2Hg(l)+SO_4^{2-}(aq)$

查表得 $E^{\ominus}(Hg/Hg_2SO_4)=0.615V$ $E^{\ominus}(H^+/H_2)=0.00V$

$$E(Hg/Hg_2SO_4)=E^{\ominus}(Hg/Hg_2SO_4)+\frac{0.0592}{2}\lg\frac{1}{c(SO_4^{2-})}$$
$$=0.615+\frac{0.0592}{2}\times\lg\frac{1}{0.017}$$
$$=0.667\ (V)$$
$$E(H^+/H_2)=E^{\ominus}(H^+/H_2)+\frac{0.0592}{2}\lg\frac{c(H^+)^2}{p(H_2)/p^{\ominus}}$$
$$=0+\frac{0.0592}{2}\times\lg\frac{(2\times0.017)^2}{1}$$
$$=-0.0869\ (V)$$
$$E=E(+)-E(-)$$
$$=0.667-(-0.0869)$$
$$=0.7539\ (V)$$

3.2.2.2 判断氧化还原反应进行的方向

电池在恒温、恒压下可逆放电，所做的最大电功 W 等于电池电动势 E 与所通过的电量 Q 的乘积。当电池反应中得失电子数为 n 时，则通过全电路的电量 $Q=nF$，F 为法拉第常数。

$$W=nFE$$

在恒温、恒压下，电池反应发生过程中，吉布斯自由能（G）的降低等于该电池所做的最大电功，即

$$-\Delta G=W$$

故

$$\Delta G=-nFE=-nF[E(+)-E(-)]$$

由于吉布斯自由能变化 ΔG 是判断化学反应自发性的判据。即

$\Delta G<0$ 过程自发

$\Delta G>0$ 过程非自发

可知当 $E=E(+)-E(-)>0$ 时，反应自发进行

当 $E=E(+)-E(-)<0$ 时，反应非自发进行

若电池反应中，各物质均处于标准状态，或 $E^{\ominus}(+)$、$E^{\ominus}(-)$ 相差较大（一般大于 0.2V），则可用标准电池电动势和标准电极电势来判断。

当 $E^{\ominus}=E^{\ominus}(+)-E^{\ominus}(-)>0$ 时，反应自发进行

当 $E^{\ominus}=E^{\ominus}(+)-E^{\ominus}(-)<0$ 时，反应非自发进行

【例 3-6】 判断在 298.15K 的标准状态下，铁离子能否依下式使碘离子（I^-）氧化为碘（I_2）。

$$I^-(aq)+Fe^{3+}(aq)\longrightarrow Fe^{2+}(aq)+1/2I_2(s)$$

解： 按已知反应可知，I^- 是还原剂，可作负极，Fe^{3+} 是氧化剂，可作正极。

查附表 6 得 $E^{\ominus}(+)=E^{\ominus}(Fe^{3+}/Fe^{2+})=0.771V$ $E^{\ominus}(-)=E^{\ominus}(I_2/I^-)=0.536V$

$$E^{\ominus}=E^{\ominus}(+)-E^{\ominus}(-)=E^{\ominus}(Fe^{3+}/Fe^{2+})-E^{\ominus}(I_2/I^-)$$
$$=0.771-0.536=0.235(V)>0$$

可见，上述反应是自发反应，逆反应是非自发的，即 Fe^{3+} 能使 I^- 氧化为碘 I_2。

【例 3-7】 当 $c(Pb^{2+})=0.010mol\cdot L^{-1}$，$c(Sn^{2+})=0.5mol\cdot L^{-1}$ 时，下述反应能否发生？

$$Sn(s)+Pb^{2+}(aq)\longrightarrow Sn^{2+}(aq)+Pb(s)$$

解：按已知反应可知，Sn 是还原剂，可作负极，Pb^{2+} 是氧化剂，可作正极，且

$$E^{\ominus}(Pb^{2+}/Pb)=-0.1263V,\ E^{\ominus}(Sn^{2+}/Sn)=-0.1364V$$

$$E(+)=E(Pb^{2+}/Pb)=E^{\ominus}(Pb^{2+}/Pb)+\frac{0.0592}{2}\lg c(Pb^{2+})$$

$$=-0.1263+\frac{0.0592}{2}\times\lg 0.010$$

$$=-0.186\ (V)$$

$$E(-)=E(Sn^{2+}/Sn)=E^{\ominus}(Sn^{2+}/Sn)+\frac{0.0592}{2}\lg c(Sn^{2+})$$

$$=-0.1364+\frac{0.0592}{2}\times\lg 0.50$$

$$=-0.145\ (V)$$

故　$E=E(+)-E(-)=-0.186-(-0.145)=-0.041(V)<0$

因此，上述反应为非自发反应，相反，其逆反应是自发的。

3.2.2.3　比较氧化剂和还原剂的相对强弱

氧化剂和还原剂的相对强弱，可通过电极电势数值大小进行比较。一般地，标准电极电势 $E^{\ominus}$ 的代数值越大，电对中的氧化态物质越易得到电子，是越强的氧化剂；对应的还原态物质越难失去电子，是越弱的还原剂。反之，标准电极电势 $E^{\ominus}$ 的代数值越小，该电对中的还原态物质越易失去电子，是越强的还原剂；对应的氧化态物质越难得到电子，是越弱的氧化剂。

例如：

$$F_2(g)+2e^-\longrightarrow 2F^-(aq)\qquad E^{\ominus}=2.87V$$

氧化态物质 F_2 易得 2 个电子，F_2 是强氧化剂；还原态物质 F^- 难失去电子，F^- 是弱还原剂。

$$Li^+(aq)+e^-\longrightarrow Li\qquad E^{\ominus}=-3.045V$$

还原态物质 Li 易失去 1 个电子，Li 是强还原剂；氧化态物质 Li^+ 难得到 1 个电子，Li^+ 是弱氧化剂。

【例 3-8】　在标准态时，下列电对中，哪种是最强的氧化剂，哪种是最强的还原剂？列出各氧化态物质氧化能力和各还原态物质还原能力的强弱次序。

MnO_4^-/Mn^{2+}　Fe^{3+}/Fe^{2+}　Fe^{2+}/Fe　$S_2O_8^{2-}/SO_4^{2-}$　I_2/I^-

解：查附表 6 得各电对的 $E^{\ominus}$ 值分别为：

$E^{\ominus}(MnO_4^-/Mn^{2+})=1.49V$，$E^{\ominus}(Fe^{3+}/Fe^{2+})=0.770$，$E^{\ominus}(Fe^{2+}/Fe)=-0.4402$，$E^{\ominus}(S_2O_8^{2-}/SO_4^{2-})=2.0V$，$E^{\ominus}(I_2/I^-)=0.535V$

比较可知，$E^{\ominus}(S_2O_8^{2-}/SO_4^{2-})$ 的代数值最大，$E^{\ominus}(Fe^{2+}/Fe)$ 的代数值最小，故 $S_2O_8^{2-}$ 是最强的氧化剂，Fe 是最强的还原剂。各氧化态物质氧化能力由强到弱的次序为：

$$S_2O_8^{2-}>MnO_4^->Fe^{3+}>I_2>Fe^{2+}$$

各还原态物质还原能力由强到弱的次序为：

$$Fe>I^->Fe^{2+}>Mn^{2+}>SO_4^{2-}$$

3.2.2.4　确定氧化还原反应进行的程度

确定氧化还原反应可能进行的最大程度也就是计算该氧化还原反应的标准平衡常数。

我们知道任一氧化还原反应，若在标准态下进行，则有 $\Delta_r G_m^{\ominus}=nFE^{\ominus}$；另外根据标准

平衡常数的定义，有 $\Delta_r G_m^{\ominus} = -2.303RT\lg K^{\ominus}$。所以

$$-nFE^{\ominus} = -2.303RT\lg K^{\ominus}$$

$$\lg K^{\ominus} = \frac{nFE^{\ominus}}{2.303RT}$$

在 $T=298.15\text{K}$ 时： $\lg K^{\ominus} = nE^{\ominus}/0.0592$ (3-2)

从式(3-2) 可以看出，在 298.15K 时，氧化还原反应的标准平衡常数只与标准电动势有关，而与溶液的起始浓度（或分压）无关。也就是说，只要知道氧化还原反应所组成的原电池的标准电动势，就可以确定氧化还原反应可能进行的最大限度。

【例 3-9】 计算 298.15K 时反应 $Cu^{2+}(aq) + Fe = Fe^{2+}(aq) + Cu$ 可能进行的最大限度。

解： 将此反应分成两个半电池反应：

负极 $Fe - 2e^- \longrightarrow Fe^{2+}(aq)$ $E^{\ominus}(Fe^{2+}/Fe) = -0.4402\text{V}$

正极 $Cu^{2+}(aq) + 2e^- \longrightarrow Cu$ $E^{\ominus}(Cu^{2+}/Cu) = 0.3419\text{V}$

$$E^{\ominus} = E^{\ominus}(Cu^{2+}/Cu) - E^{\ominus}(Fe^{2+}/Fe) = 0.3419 - (-0.4402) = 0.7821\ (\text{V})$$

代入式(3-2) 可得：

$$\lg K^{\ominus} = nE^{\ominus}/0.0592 = 2 \times 0.7821/0.0592 = 26.42$$

$$K^{\ominus} = 2.63 \times 10^{26}$$

同理，根据式(3-2) 还可以求得某些弱电解质的解离常数、难溶盐的溶度积和配合物的稳定常数等。

3.3 化学电源

化学电源是一种实用的电池，按其使用特点分为三大类，即一次电池、二次电池和燃料电池。

一次电池，也叫原电池，属于化学电池。电池中的活性物质用完后，电池即失去效用，而不能用简单的方法再生。一次电池不能充电。如铜锌电池、锌锰电池、锌汞电池、锂电池和镁锰电池等均属于一次电池。

二次电池，又称蓄电池，也属于化学电池。电池中的活性物质经过反应后，可以用简单的方法（如通常以反方向的电流——充电）使其再生，恢复到放电前的状态，因此电池可以反复使用，如铅酸蓄电池、碱性镉镍蓄电池、银锌蓄电池等。

燃料电池，是一种将燃料的化学能直接转换为电能的装置，又称为连续电池。一般以氢气或含氢化合物以及煤等作为负极的反应物质，以空气中的氧或纯氧作为正极的反应物质，例如氢-氧燃料电池、有机化合物-空气燃料电池、氨-空气燃料电池等。

3.3.1 一次电池

(1) 锌锰电池 锌锰电池是民用的主要干电池。其负极是锌，正极是 MnO_2，电解液以 NH_4Cl 为主（也有 $ZnCl_2$ 或者用苛性碱作电解液的），见图 3-4。例如：

$$(-)Zn \mid NH_4Cl, ZnCl_2 \mid MnO_2, C(+)$$

负极反应 $Zn - 2e^- \longrightarrow Zn^{2+}$

正极反应 $2MnO_2 + 2NH_4^+ + 2e^- \longrightarrow 2MnO(OH) + 2NH_3$

电池反应 $Zn + 2MnO_2 + 2NH_4^+ \longrightarrow 2MnO(OH) + [Zn(NH_3)_2]^{2+}$

该电池的正常电动势在 1.45～1.50V 范围内，在有效放电期间电压比较稳定。但在低温下放电性能较差，如 20℃时 100mA 电流放电电压降低 40mV ，在－20℃以同样大小电流

放电电压下降 90mV。电池的防漏性能较差。

(2) 锌汞电池　锌汞电池是较新型的干电池，电池符号可表示为：

$$(-)Zn(s), ZnO(s) \mid KOH(c) \mid HgO(s), Hg(+)$$

电极反应如下：负极反应　$Zn + 2OH^- - 2e^- \longrightarrow Zn(OH)_2$

正极反应　$HgO + H_2O + 2e^- \longrightarrow Hg + 2OH^-$

电池反应　$HgO + Zn + H_2O \longrightarrow Zn(OH)_2 + Hg$

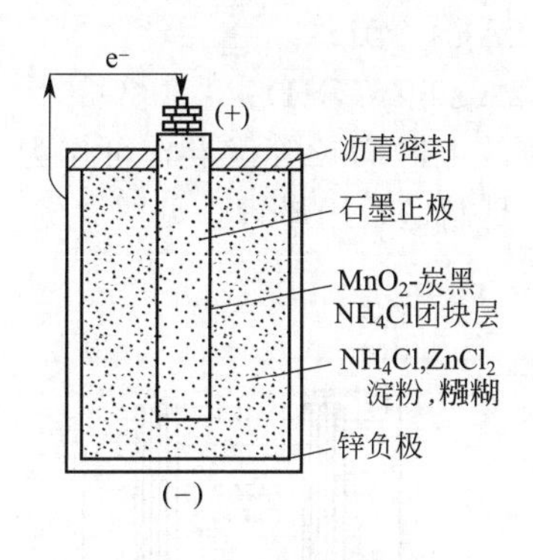

图 3-4　锌锰电池

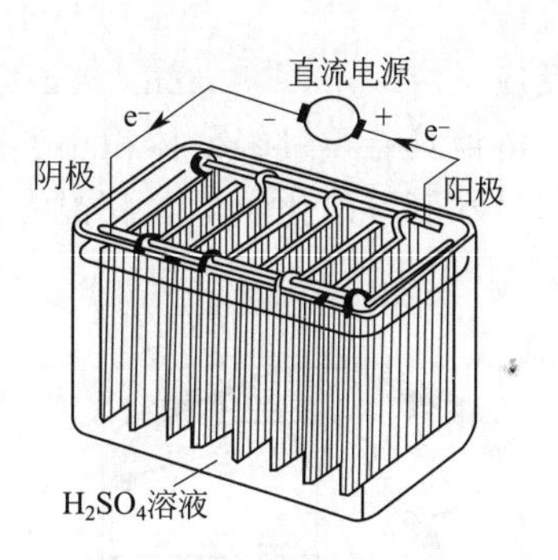

图 3-5　铅酸蓄电池

锌汞电池的电动势约为 1.35V，其成本较高，但可做成体积很小的纽扣电池，适用于需小体积、大容量电池的场所，如计算器、助听器和照相机等之中。

3.3.2　二次电池

(1) 铅酸蓄电池　通常在汽车和轮船上使用的电源是铅酸蓄电池，是用量最大、应用最广的“二次电池”。铅酸蓄电池是用填满海绵状金属铅的铅板作负极，二氧化铅板作正极，正、负极交替排列，然后浸泡在质量分数为 27%～39%的稀硫酸溶液中而构成的，见图 3-5。

电池符号　$(-)Pb \mid H_2SO_4 \mid PbO_2, Pb(+)$

负极反应　$Pb(s) + SO_4^{2-} - 2e^- \longrightarrow PbSO_4$

正极反应　$PbO_2 + SO_4^{2-} + 4H^+ + 2e^- \longrightarrow PbSO_4 + 2H_2O$

电池总反应　$Pb(s) + PbO_2 + 2H_2SO_4 \longrightarrow 2PbSO_4 + 2H_2O$

当铅酸蓄电池电解质硫酸的密度取 1.25～1.28，理论电压为 2V，电池放电电压降至 1.8V 时，应该停止放电，准备进行充电，充电反应是放电反应的逆反应。

铅酸蓄电池的放电量主要取决于参与反应物质的量，如 PbO_2、Pb 和 H_2SO_4 的浓度。为维持电池的放电量，应该减少自放电。

(2) 爱迪生电池　爱迪生电池的正极是 $Ni(OH)_3$，负极是 Fe，电解液是质量分数为 20%的 KOH 溶液。

负极反应　$Fe + 2OH^- + 2e^- \longrightarrow Fe(OH)_2$

正极反应　$2Ni(OH)_3 + 2e^- \longrightarrow 2Ni(OH)_2 + 2OH^-$

电池反应　$Fe + 2Ni(OH)_3 \longrightarrow 2Ni(OH)_2 + Fe(OH)_2$

从电池反应可见，电解液的浓度对电极反应无影响，它仅起着传递 OH^- 的媒介作用。

当爱迪生电池中负极铁换成镉时，称为镉镍电池，其电池反应为：

$$Cd + 2Ni(OH)_3 \longrightarrow 2Ni(OH)_2 + Cd(OH)_2$$

它具有和爱迪生电池类似的性质，但它的放电反应和自放电速率受温度影响，均比爱迪生电池小。

(3) 银锌蓄电池 银锌蓄电池是一种新型的价格昂贵的高能蓄电池，它以氧化银为正极，锌为负极，KOH溶液为电解液，其符号为：

$$(-)Zn \mid KOH(w=40\%) \mid Ag_2O, Ag(+)$$

银锌蓄电池放电时的两极反应分别为：

负极反应 $Zn+2OH^- -2e^- \longrightarrow Zn(OH)_2$

正极反应 $Ag_2O+H_2O+2e^- \longrightarrow 2Ag+2OH^-$

电池反应 $Zn+Ag_2O+H_2O \longrightarrow 2Ag+Zn(OH)_2$

银锌蓄电池具有重量轻、体积小、能量大、电流放电时间长等优点，可作为人造卫星、宇宙火箭、潜水艇等的化学电源。银锌蓄电池的缺点是制造费用昂贵。见图 3-6。

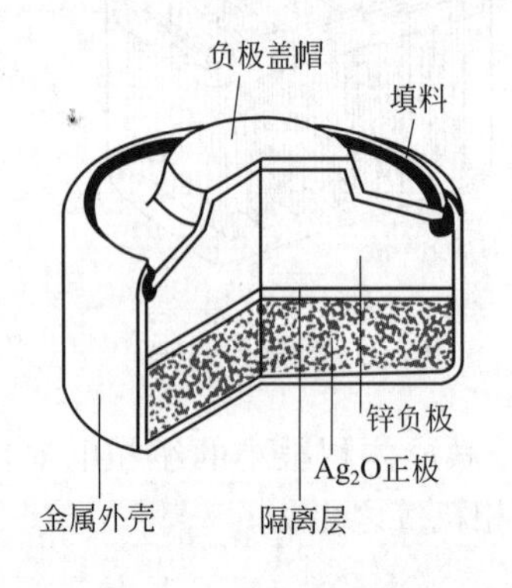

图 3-6 银锌蓄电池

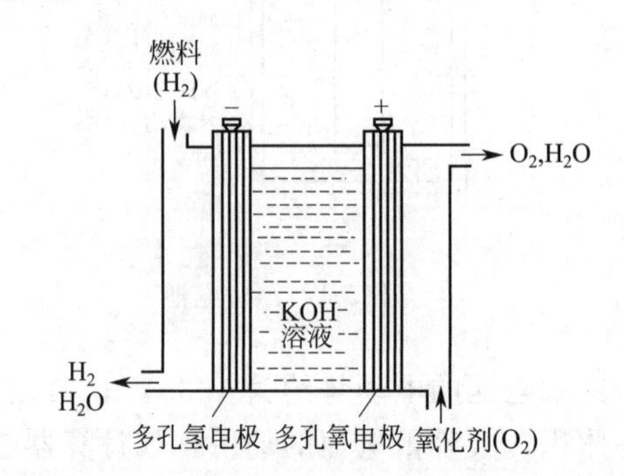

图 3-7 氢气燃料电池

3.3.3 燃料电池

燃料电池是引人注目的一种新型电池。它的种类很多，有固体燃料电池、氧化还原电极燃料电池、气体等。目前研制得比较成功的是氢氧燃料电池。正、负电极用多孔活性炭作为电极导体。负极吸附氢气（燃料），正极吸附氧气（氧化剂）。用氢氧化钾溶液作电池溶液，燃料（氢气）连续输入负极，空气或氧同时输入正极，发生氧化还原反应，从而实现化学能向电能的转换，源源不断地发出电流。见图 3-7。

氢气燃料电池的电池符号为：

$$(-)C, H_2 \mid KOH(w=35\%) \mid O_2, C(+)$$

负极反应 $2H_2+4OH^- -4e^- \longrightarrow 4H_2O$

正极反应 $O_2+2H_2O+4e^- \longrightarrow 4OH^-$

电池总反应 $2H_2+O_2 \longrightarrow 2H_2O$

燃料电池最大的优点是能量转换效率很高。例如，柴油机的能量利用率不超过 40%，火力发电的效率只有 34%左右，而燃料电池的能量利用率可达 80%以上，甚至可接近 100%，并且可以大功率供电。另外，燃料电池不需要锅炉发电机、汽轮机等，对大气不造成污染，电池的容量要比一般化学电源大得多。例如 10～20kW 的碱性燃料电池已应用于阿波罗登月飞行和航天飞机。目前已从磷酸型的第一代燃料电池发展到熔融碳酸盐型的第二代和固体电解质型的第三代燃料电池，并正向高温固体电解质的第四代燃料电池开拓。尽管燃料电池的成本很高，至今未能普遍使用，但随着科学技术的发展，其应用的前景将是十分广阔的，特别是在平衡人类社会的电力负荷方面，必将大显身手。

3.3.4 绿色电池

除燃料电池外，其他新型电池也在研究开发之中，如锂离子电池、钠硫电池以及银锌镍氢电池等。这些新型电池与铅电池相比，具有重量轻、体积小、储存能量大以及无污染等优点，被称为新一代无污染的绿色电池。这里主要介绍锂离子电池和钠硫电池。

(1) 锂离子电池　锂离子电池的负极是由嵌入锂离子的石墨层组成的，正极由 $LiCoO_2$ 组成。锂离子电池在充电或放电情况下，使锂离子往返于正负极之间。外界输入电能（充电），锂离子由能量较低的正极材料“强迫”迁移到石墨材料的负极层间而形成高能态；进行放电时，锂离子由能量较高的负极材料间脱出，迁回能量较低的正极材料层间，同时通过外电路释放电能。图 3-8 为锂离子电池充电放电示意图，锂离子电池的反应如下：

正极反应　$x\mathrm{Li^+} + \mathrm{Li_{1-x}CoO_2} + x\mathrm{e^-} \longrightarrow \mathrm{LiCoO_2}$

负极反应　$\mathrm{Li_xC_6} \longrightarrow x\mathrm{Li^+} + 6\mathrm{C} + x\mathrm{e^-}$

电池总反应　$\mathrm{Li_xC_6} + \mathrm{Li_{1-x}CoO_2} \longrightarrow \mathrm{LiCoO_2} + 6\mathrm{C}$

锂离子电池具有显著的优点：体积小及比能量（质量比能量）密度高。单电池的输出电压高达 4.2V，在 60℃左右的高温条件下仍能保持很好的电性能。它主要用于便携式摄像机、液晶电视机、移动电话机和笔记本电脑等。

(2) 钠硫电池　钠硫电池以 β-Al_2O_3 多晶陶瓷作固体电解质，如图 3-9 所示。钠硫电池的反应式如下：

正极反应　$2\mathrm{Na^+} + 2\mathrm{e^-} \longrightarrow 2\mathrm{Na}$

负极反应　$\mathrm{S_5^{2-}} + x\mathrm{S} \longrightarrow (x+5)\mathrm{S} + 2\mathrm{e^-}$

电池总反应　$\mathrm{Na_2S_5} + x\mathrm{S} \longrightarrow 2\mathrm{Na} + (x+5)\mathrm{S}$

钠硫电池作为一种新型高能密度的电池，具有相当高的比能量，是常用的铅蓄电池的 2～3 倍；钠硫电池的优点是结构简单，工作温度低，电池的原材料来源丰富。在车辆驱动和电站储能方面展现了钠硫电池的广阔发展前景。

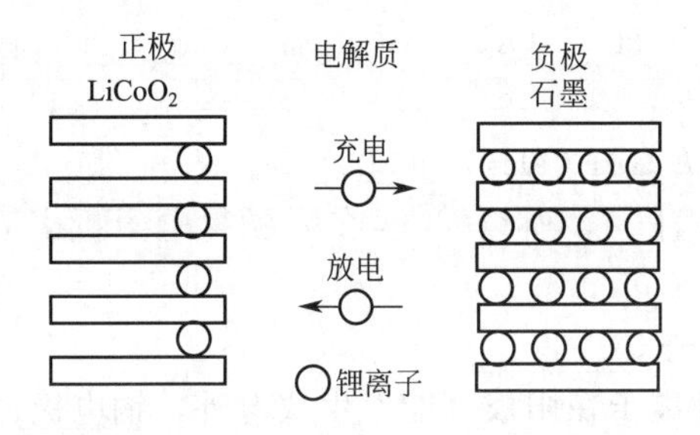

图 3-8　锂离子电池充电放电示意图

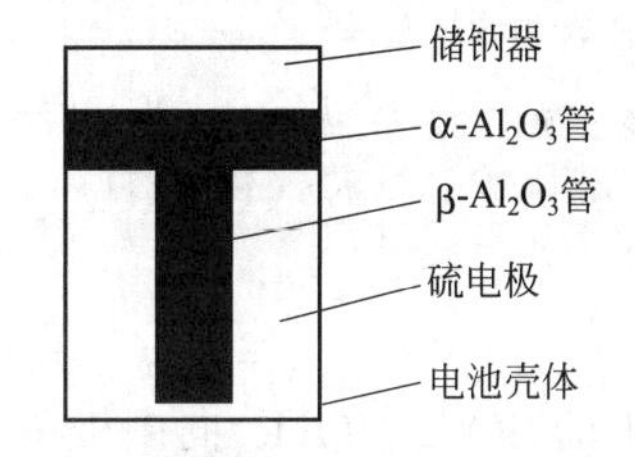

图 3-9　钠硫电池示意图

3.4　电解技术

3.4.1　电解原理

使电流通过电解质溶液（或熔融液），而在两电极上分别发生氧化和还原反应的过程称为电解。这种借助于电流引起氧化还原反应的装置称为电解池。电解池由电极、电解质溶液和电源组成。电极以导线和直流电源相接。电解池中的两极习惯上称阴极和阳极，与电源负极相连接的电极称为阴极，与电源正极相连接的电极称为阳极。电子从直流电源的负极沿导线流至电解池的阴极；另一方面，电子又从电解池的阳极离开，沿导线流回电源的正极。这样在阴极上电子过剩，在阳极上电子缺少。因此，电解质溶液中的正离子移向阴极，从阴极上得到电子，发生还原反应；负离子移向阳极，在阳极上给出电子，发生氧化反应。离子在相应电极上得失电子的过程均称放电。

由此可见，电解池中发生的过程与原电池恰好相反。由于历史原因，化学上，电解池中的电极名称、电极反应及电子流方向均与原电池有区别，切勿相互混淆。

3.4.2 电解时电极上的反应

当电解池上外加电压由小到大逐渐变化时，将造成电解池阳极电势逐渐升高和阴极电势逐渐降低。

(1) 阴极反应 在阴极上发生的是还原反应，即金属离子还原成金属或 H^+ 还原成 H_2。如果电解液中含有多种金属离子，则电极电势越高的离子，越易获得电子而还原成金属。所以在阴极电势逐渐由高变低的过程中，各种离子是按其对应的电极电势由高到低的次序先后析出的。

如某电解液中含有浓度相同的 Ag^+、Cu^{2+} 和 Cd^{2+}，因 $E^\ominus(Ag^+/Ag) > E^\ominus(Cu^{2+}/Cu) > E^\ominus(Cd^{2+}/Cd)$，首先析出 Ag，其次析出 Cu，最后析出 Cd。通常利用此原理，可以把几种金属依次分离。

(2) 阳极反应 在阳极上发生的是氧化反应。电势越低的离子，越易在阳极上失去电子而氧化。因此，在电解时，在阳极电势逐渐由低变高的过程中，各种不同的离子依其电势由低到高的顺序先后放电而进行氧化反应。

当阳极材料是 Pt 等惰性金属，则电解时的阳极反应只是负离子放电，即 Cl^-、Br^-、I^- 及 OH^- 等离子氧化成 Cl_2、Br_2、I_2 和 O_2。

当阳极材料是 Zn、Cu 等较为活泼的金属，电解时的阳极反应既可能是电极分解为金属离子，又可能是 OH^- 等负离子放电，其中哪一个反应所要求的放电电势低，就将会发生哪一个反应。

【例 3-10】 用铜作电极，电解 $CuSO_4$ 水溶液，试指出两电极上的电解产物。

解： 溶液中存在着四种离子，即 Cu^{2+}、SO_4^{2-}、H^+、OH^-，通电后，Cu^{2+}、H^+ 移向阴极，查附表 6 得

$$E^\ominus(Cu^{2+}/Cu) = 0.3402V \qquad E^\ominus(H^+/H_2) = 0.00V$$

因为 $E^\ominus(Cu^{2+}/Cu) > E^\ominus(H^+/H_2)$，$c(Cu^{2+}) > c(H^+)$，所以 Cu^{2+} 在阴极得电子析出 Cu，电极反应为：

$$Cu^{2+} + 2e^- \longrightarrow Cu$$

溶液中的 SO_4^{2-}、OH^- 向阳极移动，除这两种离子在阳极可能发生放电外，铜电极也可能发生氧化反应。查附表 6 得：

$$E^\ominus(Cu^{2+}/Cu) = 0.3402V \qquad E^\ominus(O_2/OH^-) = 0.401V$$

其中 $E^\ominus$ 代数值小的还原物质为 Cu，首先在阳极失去电子，转变为 Cu^{2+}，发生阳极溶解。即

$$Cu - 2e^- \longrightarrow Cu^{2+}$$

总反应为 $$Cu(阳极) \longrightarrow Cu(阴极)$$

3.4.3 工业上电解食盐水

电解食盐水溶液生产氯气、烧碱和氢气的方法较多，但其反应方程式均为：

$$2NaCl + 2H_2O \longrightarrow Cl_2\uparrow + 2NaOH + H_2\uparrow$$

(1) 电解过程的主要反应 在阳极（石墨或金属阳极）上发生氧化反应，即

$$2Cl^- - 2e^- \longrightarrow Cl_2\uparrow$$

在阴极（如铁阴极）上发生还原反应，即

$$2H^+ + 2e^- \longrightarrow H_2\uparrow$$

氯化钠在水溶液中以离子的形式存在：

$$NaCl \longrightarrow Na^+ + Cl^-$$

水中存在以下平衡：

$$H_2O \rightleftharpoons H^+ + OH^-$$

在外电场作用下，Na^+、H^+ 向阴极移动，Cl^-、OH^- 向阳极移动，由于 Cl^- 的放电，在阳极产生 Cl_2，H^+ 的放电，在阴极产生 H_2，溶液中的 OH^- 和 Na^+ 结合，生成氢氧化钠。

$$Na^+ + OH^- \longrightarrow NaOH$$

(2) 电解方法的发展　工业电解食盐水，使用石墨阳极已经有 80 年的历史，目前仍在广泛使用。当前使用的主要设备——电解槽向着新材料、大容量、高负荷、高效率、低电耗的方向发展。现在大多数国家已使用 TiO_2-RuO_2 涂层的金属阳极代替石墨阳极，金属阳极的主要优点为：节能、寿命长，并且避免了石墨阳极因铅和沥青固定电极而可能产生的污染。

3.4.4　电化学技术

利用电解原理发展起一系列的电化学技术，下面简介其中的几种。

3.4.4.1　金属电镀

电镀是应用电解的方法将一种金属覆盖到另一种金属表面上的过程。电镀时，金属制件通常需要经过除锈、去油等处理，然后将其作为阴极放入电解槽中。阳极一般是镀层金属的板或棒。电解液是镀层金属的盐溶液。

(1) 镀锌　电镀锌采用酸性电镀液镀锌和碱性电镀液镀锌两种，阳极使用纯锌。

采用酸性电镀液（如硫酸锌），为增大导电性，可以添加硫酸盐。其优点是酸性电镀液价廉且电流效率大，电镀速率快，容易管理，缺点是均镀能力差。

镀锌液成分为：

硫酸锌	$240g \cdot L^{-1}$
氯化铵	$15 \sim 20g \cdot L^{-1}$
硫酸铝	$30g \cdot L^{-1}$
pH	3.5～4.5
电流密度	$1 \sim 3A \cdot dm^{-2}$
温度	20～30℃

碱性电镀液虽然价格较高，但均镀能力好，因此也有一定应用。

(2) 镀锡　工业生产上应用的镀锡电镀液有酸性溶液和碱性溶液之分。在酸性镀液中，锡以 Sn^{2+} 形式存在，允许的电流密度比碱性电镀液的大，同时阴极电流效率也高。碱性电镀液的主要成分是锡酸钠，锡以 $Sn(OH)_6^{2-}$ 形式存在，要得到同样质量的镀锡层，所消耗的电能将是酸性镀液的 2 倍，并且电流效率低，因此应用不如酸性镀液那样普遍。

(3) 镀铬　镀铬液的成分为：

铬酐（CrO_3）	$200 \sim 300g \cdot L^{-1}$
硫酸	$2 \sim 3g \cdot L^{-1}$
氟化铵	$4.6g \cdot L^{-1}$
电流密度	$25 \sim 35A \cdot dm^{-2}$
温度	50～55℃

镀铬具有美丽的光泽，耐腐蚀，硬度高且摩擦系数小，故可用于装饰、耐磨损和防蚀。

由于锡资源的枯竭，国际上镀锡钢板的价格不断上涨，近年来出现了价廉的无锡钢板。而无锡钢板就是在普通镀铬工艺基础上发展起来的，因此镀铬在工业上应用越来越广泛。

3.4.4.2 塑料电镀

塑料电镀是在塑料基体上通过金属化处理沉积一层薄的金属层，然后在这薄的导电层上再进行电镀加工的方法。经过电镀后的产品，具有美丽的金属外观、重量轻、强度高、硬度大、耐热性好、耐蚀性佳、成本低、经济效益高等许多优点。

非导体塑料的金属化处理，最常用的方法是化学镀，即用化学还原的方法在塑料件表面的催化膜上沉积上一层导电的铜层或镍层，以便随后电镀各种金属。为了使镀层与塑料件具有良好的结合力，在化学镀前，必须对塑料表面进行特殊的前处理。

(1) 塑料表面的前处理 塑料表面的前处理包括消除应力、脱脂、粗化、敏化、活化、还原或解胶等几个步骤。

粗化的目的是使其表面微观粗糙，并使高分子断裂，由长链变成短链，由憎水体变成亲水体，有利于粗化后各道工序的顺利进行，提高镀层与塑料的结合力。

敏化的目的是为了在非导体的塑料表面上吸附上一层容易汽化的物质，以便在活化处理时被氧化，而在塑料件表面上形成“催化膜”。常用的敏化剂是 $SnCl_2$ 的酸溶液。当用水清洗塑料时，生成 $Sn(OH)Cl$ 和 $Sn(OH)_2$ 凝胶状的复合物，在塑料表面形成一层薄膜。

活化处理是将经敏化处理的制件浸入含氧化剂（一般是贵金属盐）的水溶液中，贵金属离子被 Sn^{2+} 所还原，在制件表面上形成具有催化活性的金属膜以加速化学镀的还原反应。银、钯等贵金属都有这种催化能力，成为化学镀的结晶中心。

经活化处理的塑料制件在化学镀之前，还要先用化学镀液的还原剂溶液浸渍，使制件上未被水洗净的活化剂还原，这就是还原处理。

(2) 化学镀 化学镀是在无外电流通过，利用还原剂将溶液中的金属离子还原沉积在制件表面，形成金属镀层的方法。它不需电解设备，镀层厚度均匀，外观光亮，有特殊的耐蚀性，是非金属材料（塑料、玻璃、陶瓷等）电镀的关键步骤，也应用于各种金属材料的耐蚀金属层。化学镀的品种很多，有镀各种贵金属、合金层和复合镀层，最常用的是化学镀镍和化学镀铜。

① 化学镀镍。化学镀镍是用次亚硝酸钠或硼氢化物为还原剂，把溶液中的金属离子（Ni^{2+}）还原为金属，沉积在经过一定处理具有催化活性的非金属基体的表面上。开始时，借助于活化时建立的贵金属或钯的催化中心，催化氧化还原反应的进行，使镍沉积在塑料表面上，新沉积的镍具有催化作用，可使反应不断地进行下去，获得厚的金属镀层，其反应方程式为：

$$2H_2PO_2^- + Ni^{2+} + 4OH^- \longrightarrow 2HPO_3^{2-} + Ni + H_2 + 2H_2O$$

② 化学镀铜。化学镀铜是以甲醛作为还原剂，将溶液中 Cu^{2+} 还原为金属。溶液的主要成分是硫酸铜、氢氧化钠、酒石酸钾钠、甲醛、稳定剂等。反应方程式为：

$$CuSO_4 + 2NaOH + NaKC_4H_4O_6 \longrightarrow NaKCuC_4H_2O_6 + Na_2SO_4 + 2H_2O$$

甲醛在经过活化的镀件表面上将 Cu^{2+} 还原成金属 Cu，沉积在塑料表面上。

$$NaKCuC_4H_2O_6 + HCHO + NaOH \longrightarrow Cu + HCOONa + NaKC_4H_4O_6$$

经过化学镀后的塑料件，其表面已具有导电的能力，因而可以像金属制品一样进行各种金属电镀。

(3) 电抛光 电抛光的原理是阳极金属表面上凸出部分在电解过程中的溶解速率大于凹入部分的溶解速率，经一段时间的电解，可使表面达到平滑而有光泽的要求。

以钢铁制件为例，电抛光时，工件作为阳极，铅板作为阴极，放入含有磷酸、硫酸和铬酸（CrO_3）的电解液中进行电解，此时阳极（工件）铁溶解：

$$Fe-2e^- \longrightarrow Fe^{2+}$$

然后 Fe^{2+} 与溶液中的 $Cr_2O_7^{2-}$（CrO_3 在酸性介质中形成 $Cr_2O_7^{2-}$）发生下述氧化还原反应：

$$6Fe^{2+}+Cr_2O_7^{2-}+14H^+ \longrightarrow 6Fe^{3+}+2Cr^{3+}+7H_2O$$

Fe^{3+} 进一步与溶液中的磷酸氢根和硫酸根离子形成 $Fe_2(HPO_4)_3$ 和 $Fe_2(SO_4)_3$。由于阳极附近盐的浓度不断增加，在金属表面形成一种黏性薄膜（如图 3-10 所示），从而使电解液的电阻增大，导电性降低。由于在金属凹凸不平的表面上的液膜厚度分布不均匀，凹入的部分膜较厚，因而电流密度小，Fe 不易溶解而呈钝化状态（金属不易给出电子的不活泼状态）；凸起的部分膜较薄，而电流密度较大，Fe 易于溶解而呈活化状态。这样凸起部分比凹入部分溶解要快，于是粗糙表面逐渐得以平整：

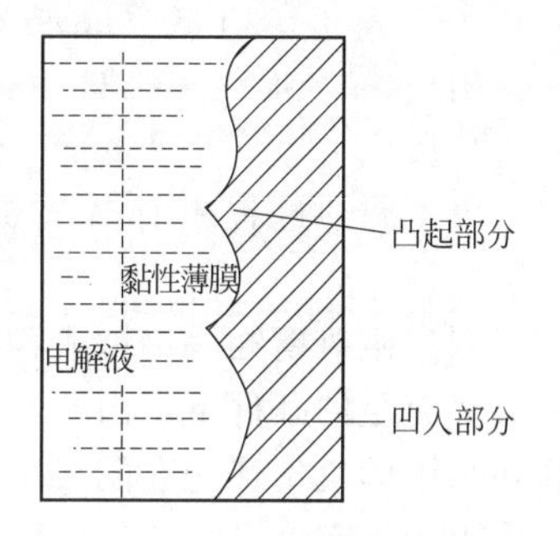

图 3-10　电解抛光形成薄膜示意图

在阴极，主要是 H^+ 和 $Cr_2O_7^{2-}$ 的还原反应：

$$2H^+ +2e^- \longrightarrow H_2$$

$$Cr_2O_7^{2-}+14H^+ +6e^- \longrightarrow 2Cr^{3+}+7H_2O$$

在抛光用的电解液中，磷酸是应用最广的一种成分。因为磷酸能跟金属或其氧化物反应生成各种磷酸盐，使抛光溶液成为导电性较低的黏性胶状液体，这种胶状液体附着于制件的表面，形成液膜，这对于制件的电化学整平抛光起着很大的作用。

3.5　金属的腐蚀与防护

当金属与周围介质接触时，由于发生化学作用或电化学作用而引起的破坏叫做金属腐蚀。金属腐蚀现象十分普遍，如铁器生锈、银器变暗以及铜器表面生成铜绿等。金属腐蚀遍及国民经济各领域，大量的金属物件和设备因腐蚀而报废，造成巨大的经济损失，因此，研究金属腐蚀的成因及防护的方法无疑有着十分重大而现实的意义。

按照金属腐蚀过程的不同特点，金属腐蚀可分为化学腐蚀和电化学腐蚀。化学腐蚀是金属与周围介质直接起化学反应而引起的腐蚀。金属在高温干燥气体中以及非电解质环境中的腐蚀一般都属于化学腐蚀。例如，金属与干燥气体如 O_2、H_2S、SO_2 和 Cl_2 等接触时，在金属表面形成相应的化合物而被腐蚀；钢铁在高温下的脱碳现象以及石油中各种有机物对输油管道和容器的腐蚀等都属于化学腐蚀。

下面简单介绍金属的电化学腐蚀原理及常见的防护方法。

3.5.1　电化学腐蚀

当金属与电解质溶液接触时，由电化学作用而引起的腐蚀称为电化学腐蚀。电化学腐蚀是金属腐蚀最为常见的一种。当金属置于水溶液或潮湿大气中时，金属表面会形成一种微电池，也称腐蚀电池。习惯上，称腐蚀电池的电极为阴极和阳极。阳极上发生氧化反应，使阳极发生溶解，阴极上发生还原反应，起传递电子的作用。

腐蚀电池的形成主要是由于金属表面吸附了空气中的水分，形成一层水膜，因而使空气中的 CO_2、SO_2 和 NO_2 等溶解在这层水膜中形成电解质溶液，而浸泡于水膜中的金属往往不是纯金属。如钢铁，实际上是合金，除 Fe 之外，还含有渗碳体（Fe_3C）、碳以及其他金属和杂质。它们没有铁活泼，这样形成的腐蚀电池阳极是铁，而阴极是杂质，由于铁与杂质紧密接触，使得腐蚀不断进行。

电化学腐蚀可分为析氢腐蚀、吸氧腐蚀和差异充气腐蚀。下面以钢铁的电化学腐蚀为例，逐一进行简单介绍。

(1) 析氢腐蚀（钢铁表面吸附水膜酸性较强时） 析氢腐蚀主要发生如下反应：

阳极(Fe) $Fe(s) \longrightarrow Fe^{2+}(aq) + 2e^-$

$$Fe^{2+}(aq) + 2H_2O(l) \longrightarrow Fe(OH)_2(s) + 2H^+(aq)$$

阴极(杂质) $2H^+(aq) + 2e^- \longrightarrow H_2(g)$

总反应 $Fe(s) + 2H_2O(l) \longrightarrow Fe(OH)_2(s) + H_2(g)$

由于腐蚀过程中有氢气析出，故称为析氢腐蚀。钢铁加工的酸洗过程中就发生析氢腐蚀。

(2) 吸氧腐蚀（钢铁表面吸附水膜酸性较弱时） 当钢铁暴露在中性或弱酸性介质中，在氧气充足的条件下，由于 O_2/OH^- 电对的电极电势大于 H^+/H_2 电对的电极电势，故溶解在水中的氧气优先在阴极上得到电子被还原成 OH^-，阳极上仍然是铁被氧化为 Fe^{2+}。主要发生如下反应：

阳极(Fe) $Fe(s) \longrightarrow Fe^{2+}(aq) + 2e^-$

阴极(杂质) $O_2(g) + 2H_2O(l) + 4e^- \longrightarrow 4OH^-(aq)$

总反应 $2Fe(s) + O_2(g) + 2H_2O(l) \longrightarrow 2Fe(OH)_2(s)$

这类腐蚀主要消耗氧气，故称吸氧腐蚀。析氢腐蚀和吸氧腐蚀生成的 $Fe(OH)_2$ 还可被 O_2 氧化，生成 $Fe(OH)_3$，脱水后形成 Fe_2O_3 铁锈。

一般情况下，水膜接近中性，吸氧腐蚀较析氢腐蚀更为普遍。因此，钢铁在大气中主要发生吸氧腐蚀。

(3) 差异充气腐蚀（钢铁表面氧气分布不均匀时） 当金属表面氧气分布不均时，也会引起金属的腐蚀。例如置于水中或泥土中的铁桩，常常发现浸在水中的下部分或埋在泥土中的部分发生腐蚀，而水中靠近水面的部分或泥土上方却不被腐蚀。这是因为水中接近水面部分溶解的氧气浓度与在水下层和泥土中溶解的氧气浓度不同。相当于铁桩浸入含有氧气的溶液中，构成了氧电极。其电极电势表达式为：

$$O_2(g) + 2H_2O(l) + 4e^- \longrightarrow 4OH^-(aq)$$

$$E(O_2/OH^-) = E^{\ominus}(O_2/OH^-) + 0.0592/4\lg\{[p(O_2)/p^{\ominus}]/c(OH^-)\}$$

显然，水中接近水面部分（上段）由于氧气浓度较大，电极电势代数值较大；而处于水下层（或泥土中部分）氧气浓度较小，电极电势代数值也较小。这样便构成了以铁桩下段为阳极，上段为阴极的腐蚀电池。其结果是铁桩浸在水中下段或埋在泥土中的部分被腐蚀，而接近水面处不被腐蚀。主要反应为：

阳极(下段) $Fe(s) \longrightarrow Fe^{2+}(aq) + 2e^-$

阴极(上段) $O_2(g) + 2H_2O(l) + 4e^- \longrightarrow 4OH^-(aq)$

总反应 $2Fe(s) + O_2(g) + 2H_2O(l) \longrightarrow 2Fe(OH)_2(s)$

这种因金属表面氧气分布不均而引起的腐蚀叫差异充气腐蚀。差异充气腐蚀是生产实践中危害性大而又难以防止的一种腐蚀。地下管道、海上采油平台、桥桩、船体等处于水下或地下部分，往往因差异充气腐蚀而遭受严重破坏。

3.5.2 金属防腐技术

从前面的讨论可知，影响金属腐蚀的因素有内因和外因。内因指金属的活泼性和纯度；

外因指电解质的浓度、酸性强弱和温度的高低等。金属腐蚀的防护就是根据腐蚀的成因，通过提高金属本身的耐腐蚀能力、降低金属活性、减缓腐蚀速率等手段达到防护的目的。金属腐蚀的防护方法很多，下面介绍几种常用的防腐方法。

(1) 组成合金　此法可直接提高金属本身的耐腐蚀性。例如不锈钢，就是铁与铬、镍等的合金。合金能提高电极电势，降低阳极活性，从而使金属的稳定性大大提高。

(2) 覆盖保护层　在金属表面覆盖一层致密的保护膜，使金属与介质隔离，提高耐腐蚀性。例如，金属镀层（镀铬、镀镍等）、非金属涂料层（油漆、搪瓷、塑料膜等）以及金属表面钝化（如钢铁的发蓝处理和磷化处理）等。

(3) 缓蚀剂法　在腐蚀介质中加入少量能减缓腐蚀速率的物质来防止金属腐蚀的方法叫缓蚀剂法，所加的物质称为缓蚀剂。按化学成分，缓蚀剂可分为无机缓蚀剂和有机缓蚀剂两类。

无机缓蚀剂的作用主要是在金属表面形成氧化膜或难溶物质，使金属与介质隔开。通常在碱性介质中使用硝酸盐、亚硝酸盐、磷酸盐、碳酸氢盐等，在中性介质中用亚硝酸盐、铬酸盐、重铬酸盐等。

在酸性介质中，无机缓蚀剂的效果较差，因此常用有机缓蚀剂。常用的有机缓蚀剂有苯胺、乌洛托品［六次甲基四胺（$(CH_2)_6N_4$）］、动物胶、琼脂等。它们一般是含有N、S和O等成分的有机化合物。

有机缓蚀剂的缓蚀作用机理较复杂，目前还不很清楚。最简单的一种机理认为，缓蚀剂被吸附在阴极表面上，阻碍了H^+在阴极放电，从而使金属的腐蚀减缓。

缓蚀剂法在石油开采、石油化工、酸洗除锈、建筑施工、工业用水等方面得到广泛应用。

(4) 电化学保护法　鉴于金属电化学腐蚀是阳极金属（较活泼金属）被腐蚀，可以使用外加阳极将被保护的金属作为阴极保护起来。因此电化学保护法亦称阴极保护法。根据外加的阳极不同，该法又分为牺牲阳极保护法和外加电流法两种。

牺牲阳极保护法是将较活泼金属或合金连接在被保护的金属设备上形成腐蚀电池，较活泼金属作为腐蚀电池的阳极而被腐蚀，被保护金属作为阴极而得到保护。常用的牺牲阳极材料有Mg、Al、Zn及其合金。牺牲阳极法常用于蒸汽锅炉的内壁、海船的外壳和海底设备等。通常牺牲阳极占有被保护金属表面积的1%～5%，分散布置在被保护金属的表面上。如图3-11所示。

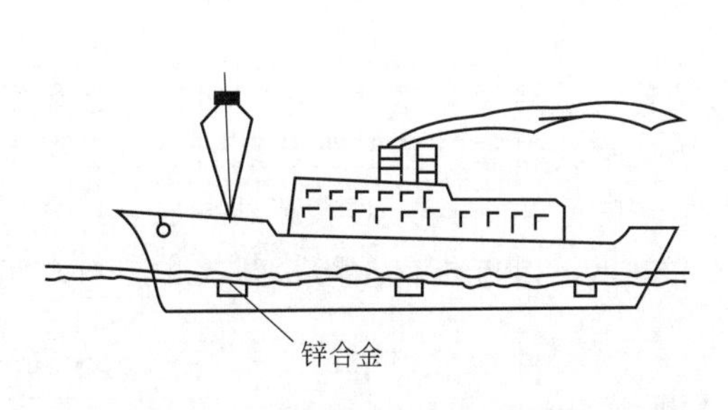

图3-11　牺牲阳极保护法示意图

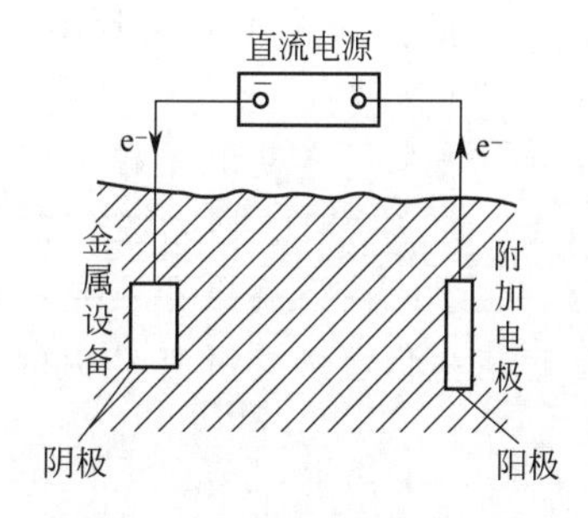

图3-12　外加电流法示意图

外加电流法是将被保护金属与另一附加电极（常用废钢或石墨）组成电解池（见图3-12）。外加直流电源的负极接被保护金属作阴极，附加电极作阳极，在直流电作用下，阴极发生还原反应而受到保护。这种保护法广泛应用于防止土壤、海水及河流中的金属设备的腐蚀。

电化学保护法可单独使用，也可以与涂料防护法联合使用。

化学视野

能 斯 特

能斯特（Walther Hermann Nernst，1864—1941）是德国卓越的物理学家、物理化学家和化学史家，他于1864年6月25日生于波兰的布里森。他的化学老师使他对自然科学产生了浓厚的兴趣。1887年，能斯特在维尔茨堡大学获得了哲学博士学位，同年经阿伦尼乌斯（Arrhenius）推荐，开始在莱比锡大学给奥斯特瓦尔德（W. Ostwald）当助教，1891年任哥廷根大学的副教授，1890年升为物理化学教授。1905～1933年在柏林大学任化学教授，1924～1933年任柏林大学物理化学研究所所长。

能斯特在物理化学方面的第一项成就是于1889年发表了著名的电解质水溶液的电势理论，并由此导出了电极电势与溶液浓度的关系式，即著名的能斯特方程。同年，还引入溶度积这个重要概念，用来解释沉淀反应。能斯特另一项重要成就是1906年提出的热力学第三定律，即随着绝对温度（现在称为热力学温度）趋近于零，凝聚系统的熵变化趋近于零。1911年，普朗克在前人研究基础上又把该内容表述为纯物质完整有序晶体在0K时的熵值为零。该定律有效地解决了计算平衡常数问题和许多工业生产难题，因此，能斯特获得了1920年诺贝尔化学奖。此外能斯特还发明了闻名于世的白炽灯（能斯特灯），研究了低温下固体的比热容，提出了光化学的链反应理论等。

能斯特晚年的工作不顺利。在纳粹分子的排犹浪潮中，曾有人密告称他的妻子具有犹太血统，为此他极为愤慨，后来拒绝讲学，以示抗议。他觉得："教这些心术不正的人，就等于往他们手里塞一把利刃！"

1941年11月18日，能斯特病逝于柏林。

网络导航

专业化学网站

使用Internet通用资源搜索引擎来获取Internet上的化学资源有时还不能满足要求，针对化学学科或化学的某个领域还可用Internet化学资源"导航系统"获得综合性化学信息服务的站点。

化学学科信息门户Chin，http://www.chinweb.com（英文版）；http://www.chinweb.com.cn（中文版）。

化学学科信息门户是中国科学院知识创新工程科技基础设施建设专项"国家科学数字图书馆项目"的子项目。网站提供的化学信息包括化学数据库、网上化学期刊、网上化学教育资源、化学软件下载服务、专利信息、国内化学院系和机构、化学资源导航等。我们还可以通过某一化学系或研究机构的网站获取化学知识，国内外很多院校都提供了网上化学课程。

思 考 题

1. 什么是标准电极电势？标准电极电势的正负号是怎么确定的？

2. 下列说法是否正确？

（1）电池正极所发生的反应是氧化反应；

（2）$E^{\ominus}$值越大则电对中氧化型物质的氧化能力越强；

(3) $E^{\ominus}$值越小则电对中还原型物质的还原能力越弱；

(4) 电对中氧化型物质的氧化能力越强则还原型物质的还原能力越强。

3. 书写电池符号应遵循哪些规定？

4. 简述电池的种类，并举例说明。

5. 怎样利用电极电势来确定原电池的正、负极，计算原电池的电动势？

6. 举例说明电极电势与有关物质浓度（气体压力）之间的关系。

7. 正极的电极电势总是正值，负极的电极电势总是负值，这种说法是否正确？

8. 标准氢电极，其电极电势规定为零，那么为什么作为参比电极常采用甘汞电极而不用标准氢电极？

9. 同种金属及其盐溶液能否组成原电池？若能组成，盐溶液的浓度必须具备什么条件？

10. 判断氧化还原反应进行方向的原则是什么？什么情况下必须用 E 值，什么情况下可以用 $E^{\ominus}$ 值？

11. 由标准锌半电池和标准铜半电池组成原电池：

$$(-)Zn \mid ZnSO_4(1mol \cdot L^{-1}) \| CuSO_4(1mol \cdot L^{-1}) \mid Cu(+)$$

(1) 改变下列条件时电池电动势有何影响？

① 增加 $ZnSO_4$ 溶液的浓度；

② 增加 $CuSO_4$ 溶液的浓度；

③ 在 $CuSO_4$ 溶液中通入 H_2S。

(2) 当电池工作 10min 后，其电动势是否发生变化？为什么？

(3) 在电池工作过程中，锌的溶解与铜的析出，质量上有什么关系？

12. 试述原电池与电解槽的结构和原理，并从电极名称、电极反应和电子流动方向等方面进行比较。

13. 影响电解产物的主要因素是什么？当电解不同金属的卤化物和含氧酸盐水溶液时，所得的电解产物一般规律如何？

14. 金属发生电化学腐蚀的实质是什么？为什么电化学腐蚀是常见的而且危害又很大的腐蚀？

15. 通常金属在大气中的腐蚀是析氢腐蚀还是吸氧腐蚀？分别写出这两种腐蚀的化学反应式。

16. 镀层破裂后，为什么镀锌铁（白铁）比镀锡铁（马口铁）耐腐蚀？

17. 为什么铁制的工具在沾有泥土处很容易生锈？

18. 用标准电极电势解释：

(1) 将铁钉投入 $CuSO_4$ 溶液时，Fe 被氧化为 Fe^{2+} 而不是 Fe^{3+}；

(2) 铁与过量的氯气反应生成 $FeCl_3$ 而不是 $FeCl_2$。

19. 一电对中氧化型或还原型物质发生下列变化时，电极电势将发生怎样的变化？

(1) 还原型物质生成沉淀；

(2) 氧化型物质生成配离子；

(3) 氧化型物质生成弱电解质；

(4) 氧化型物质生成沉淀。

20. 分别举例说明一次电池、二次电池和燃料电池的特点。

21. 简述各类电池的特点。

22. 什么是电镀？基本原理是什么？

23. 金属的电化学腐蚀是怎样产生的？它与化学腐蚀的主要区别是什么？

24. 金属防护的方法有哪些？并简述之。

25. 什么叫电解抛光？什么叫电解加工？两者有何区别？

习　题

1. 将下列氧化还原反应装配成原电池，试以电池符号表示之。

(1) $Cl_2 + 2I^- \longrightarrow I_2 + 2Cl^-$

(2) $MnO_4^- + 5Fe^{2+} + 8H^+ \longrightarrow Mn^{2+} + 5Fe^{3+} + 4H_2O$

(3) $Zn + CdSO_4 \longrightarrow ZnSO_4 + Cd$

(4) $Pb + 2HI \longrightarrow PbI_2 + H_2$

2. 写出下列原电池的电极反应和电池反应：

(1) (−)Ag | AgCl(s) | Cl^- ‖ Fe^{2+}，Fe^{3+} | Pt(+)

(2) (−)Pt | Fe^{2+}，Fe^{3+} ‖ $Cr_2O_7^{2-}$，Cr^{3+}，H^+ | Pt(+)

3. 由标准氢电极和镍电极组成原电池。当 $c(Ni^{2+})=0.01mol \cdot L^{-1}$时，电池电动势为 0.316V。其中镍为负极，试计算镍电极的标准电极电势。

4. 由标准钴电极和标准氯电极组成原电池，测得其电动势为 1.64V，此时钴为负极，已知 $E^{\ominus}(Cl_2/Cl^-)=1.36V$，试问：

(1) 此时电极反应方向如何？

(2) $E^{\ominus}(Co^{2+}/Co)$＝？(不查表)

(3) 当氯气分压增大或减小时，电池电动势将怎样变化？

(4) 当 Co^{2+} 的浓度降低到 $0.01mol \cdot L^{-1}$时，原电池的电动势如何变化，数值是多少？

5. 判断下列氧化还原反应进行的方向（设离子浓度均为 $1mol \cdot L^{-1}$）。

(1) $2Cr^{3+}+3I_2+7H_2O \longrightarrow Cr_2O_7^{2-}+6I^-+14H^+$

(2) $Cu+2FeCl_3 \longrightarrow CuCl_2+2FeCl_2$

6. 下列物质中，(a) 通常作氧化剂，(b) 通常作还原剂。

(a) $FeCl_3$、F_2、$K_2Cr_2O_7$、$KMnO_4$

(b) $SnCl_2$、H_2、$FeCl_3$、Mg、Al、KI

试分别将 (a) 按它们的氧化能力，(b) 按其还原能力大小排列顺序，并写出它们在酸性介质中的还原产物或氧化产物。

7. 在下列氧化剂中，随着 H^+ 浓度增加，何者氧化能力增加，何者无变化？写出能斯特方程式，说明理由。

$$Fe^{3+}、H_2O_2、KMnO_4、K_2Cr_2O_7$$

8. 已知下列反应均按正向进行：

$$2Fe^{3+}+Sn^{2+} \longrightarrow 2Fe^{2+}+Sn^{4+}$$

$$5Fe^{2+}+MnO_4^-+8H^+ \longrightarrow 5Fe^{3+}+Mn^{2+}+4H_2O$$

不查表，比较 Fe^{3+}/Fe^{2+}、Sn^{4+}/Sn^{2+}、MnO_4^-/Mn^{2+} 三个电对电极电势的大小，并指出哪个物质是最强的氧化剂，哪个物质是最强的还原剂。

9. 利用电极电势的概念解释下列现象：

(1) 亚铁盐在空气中不稳定，配好的 Fe^{2+} 溶液要加入一些铁钉以便保存。

(2) H_2SO_3 溶液不易保存，只能在使用时临时配制。

(3) 海上舰船镶嵌镁块、锌块或铝块防止船只壳体的腐蚀。

10. 用两极反应表示下列物质的主要电解产物：

(1) 电解 $NiSO_4$ 溶液，阳极用镍，阴极用铁；

(2) 电解熔融 $MgCl_2$，阳极用石墨，阴极用铁；

(3) 电解 KOH 溶液，两极都用铂。

11. 粗铜片中常含有杂质 Zn、Pb、Fe、Ag 等，将粗铜作阳极，纯铜作阴极，进行电解精炼，可得到纯度为 99.99% 的铜，试用电化学原理说明这四种杂质是怎样与铜分离的。

第4章　物质结构基础

自然界中，存在着千千万万种不同的物质，而不同的物质均是由不同的原子或不同的分子或按照不同的连接方式所组成的，致使不同的物质具有不同的物理和化学性质，支配这些性质的决定因素是原子和分子的结构。故要从根本上搞清物质的性质，必须弄清其结构。

4.1　原子结构和元素周期律

4.1.1　原子结构

从1803年道尔顿提出原子论以来，科学家们经过两个多世纪的探索，现在已能用扫描隧道显微镜看到氢原子的模糊形象。原子很小，其直径约为10^{-10}m，由原子核和核外电子组成。原子核更小，其直径约为10^{-14}～10^{-15}m，是原子直径的万分之一，其体积更是原子体积的几千亿分之一，但它几乎集中了原子的全部质量。

4.1.1.1　原子核结构

原子核一般由质子和中子组成，每个质子带一个单位的正电荷，中子（用N表示）不带电，每个原子核所带正电荷数即核电荷数（用Z表示）等于核内质子数。质子和中子质量接近，约为1.67×10^{-27}kg，为电子质量的1836倍。单个原子因质量太小，用绝对质量表示不方便，故用一种碳原子（其原子核内有6个质子和6个中子的碳原子）质量的1/12相比较所得相对值作为其质量数（用A表示）。

构成原子的微粒数之间存在如下关系：

$$核电荷数(Z)=核内质子数=核外电子数$$

$$质量数(A)=质子数(Z)+中子数(N)$$

4.1.1.2　有关概念

(1) 原子　原子是化学变化中的最小微粒。在化学反应中，原子只是发生了新的组合，而原子本身并没有变成其他原子。原子一般是不能稳定存在的（除稀有气体），只有原子组合成分子或晶体才能稳定存在。

(2) 元素　含有相同质子数的同一类原子称为元素。只要质子数相同，尽管中子数可能不同，原子的化学性质也完全相同，可归为同一类组成分子的素材，为同一种元素。

(3) 原子序数　即给元素编号，起初是以原子量的大小顺序从小到大给元素编号，其数字恰好等于核电荷数或核内质子数。

(4) 同位素　质子数相同、中子数不同的原子间互称同位素，如$^{1}_{1}$H、$^{1}_{2}$H、$^{1}_{3}$H等。

(5) 相对原子质量　相对原子质量即原子的相对质量，约为质子数和中子数之和，应该为整数，但很多相对原子质量并不是整数，如Cl的相对原子质量为35.45。这是由于很多原子存在着不同质量数的同位素，各种同位素的比例不因物质来源不同而不同，可根据比例计算出平均相对原子质量，我们现在所使用的相对原子质量就是平均相对原子质量。如Cl有两种同位素，分别为$^{17}_{35}$Cl占75.77%，$^{17}_{37}$Cl占24.23%，其平均相对原子质量为$35\times75.77\%+37\times24.23\%=35.45$。

4.1.2 核外电子运动状态

我们知道，在化学反应中，原子核的组成并不发生变化，即不会由一种原子变成另一种原子，但核外电子运动状态是可以改变的，这是化学反应的实质。为了更好地掌握化学变化，我们要研究原子核外电子的运动状态。

前面已提到，原子核的体积只占原子体积的几千亿分之一，所以原子内部十分空旷。想象一下，如果把整个原子慢慢放大，直至放大到教室一样大，原子核也只是像一粒芝麻大小在教室的中央，在周围很大的空域中，电子在核周围作高速的运动。

4.1.2.1 电子的运动特征

电子等微观粒子的运动规律与经典力学中的质点运动规律截然不同，它具有三个重要特征，即能量量子化、波粒二象性和统计性规律。

(1) 能量量子化 电子运动的能量量子化特征是由氢原子光谱实验发现的：当用火焰、电弧或其他方法灼热气体或蒸气时，气体就会发射出不同频率（不同波长）的光线，利用棱镜折射，可把它们分成一系列按波长长短次序排列的线条，称为谱线。原子一系列谱线的总和叫该原子的光谱图。氢原子的光谱图（如图 4-1 所示）由一系列分立的谱线组成，这种光谱叫线状光谱。

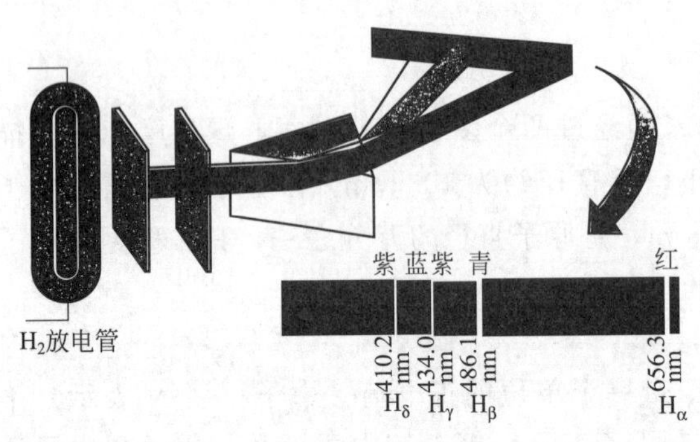

图 4-1 氢原子光谱图示意

为了解释氢原子光谱，1913 年丹麦物理学家玻尔（N. Bohr）提出了一种氢原子结构模型。他假设原子中电子只能以固定半径 r 绕原子核做圆周运动，对应的电子运动状态称为一种定态。玻尔假定，定态的半径 r 只能取某次分立的值，对应的能量也只能是一些分立的数值。即电子运动具有不同的能量状态，叫做能级。当电子在不同的能级间发生跃迁时，就会吸收或发射光能。光的频率与电子跃迁前后的轨道能量差相对应，由于电子运动的能级是不连续的，所以氢原子光谱呈分立的线状光谱。

玻尔模型成功地解释了氢原子和类氢离子的光谱，他提出的电子运动能量量子化的概念（即能级的概念）是正确的。所谓能量量子化就是指电子只能在一定的能量状态（能级）上运动，不同能级之间的能量变化是不连续的。然而，玻尔理论不能正确地解释多电子原子的光谱实验现象及原子间的键合，其主要原因是原子中的电子并非在固定半径的圆形轨道上运动，电子等微观粒子的运动具有波动性特征。

(2) 波粒二象性 所谓波粒二象性是指电子等微观粒子具有波动性和粒子性双重性能。电子具有静止质量，其粒子性易为人们所接受，而其波动性最直接的证据就是电子衍射实验。

1927 年，C. J. Davisson 和 L. H. Germer 应用镍晶体进行电子衍射实验，得到了世界上第一张“电子衍射图”，从而证明了电子运动具有波动性。电子衍射环纹如图 4-2 所示。

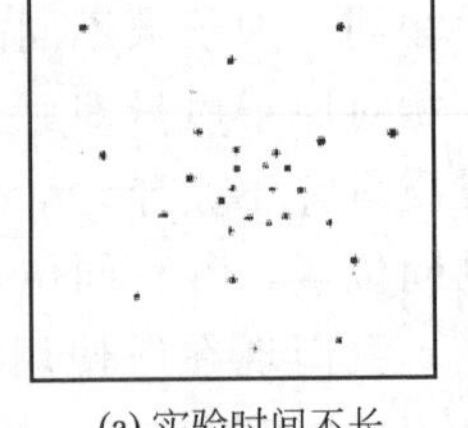

(a) 实验时间不长

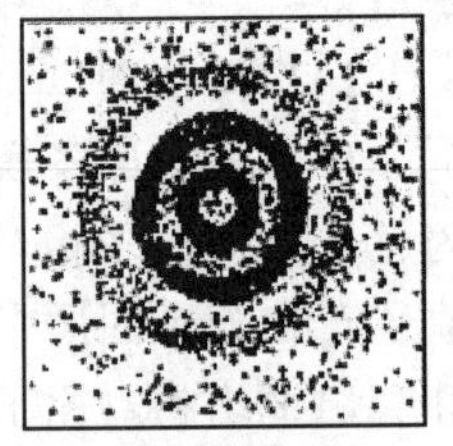

(b) 实验时间较长

图 4-2 电子衍射环纹示意图

电子衍射实验证实了电子运动具有波动性，那么，电子等物质的波究竟是什么样的波呢？对此，玻尔提出了“统计解释”。他认为：由于电子运动具有波动性，所以一个电子某一时刻到达什么地方是不能准确预言的，但若重复进行许多次相同的实验，则在衍射强度较大的区域电子出现的概率较大，衍射强度较小的地方电子出现的概率较小。在空间任一点，波的强度与粒子出现的概率密度成正比。因此，电子等实物粒子所表现的波动性是具有统计意义的概率波，即电子波具有统计性。

4.1.2.2　核外电子运动状态的描述

在认识了电子运动特征后，科学家开始探索用数学语言来描述电子的运动状态，逐渐发展成较完整的量子力学体系。其中最基本的方法就是用波函数 Ψ 描述电子运动状态，Ψ 也叫做原子轨道（或原子轨函，即原子轨道函数），并认为 Ψ 服从一种波动方程（叫做 Schrödinger 方程）。Schrödinger 方程的形式及求解过程相当复杂，已超出本课程的范围，下面仅介绍解 Schrödinger 方程所得的一些重要结论。

(1) 四个量子数　在解 Schrödinger 方程过程中引入了三个参数，n、l 和 m，称为量子数，它是量子力学中描述电子运动的物理量。Ψ 的具体表达式与主量子数 n、角量子数 l、磁量子数 m 有关。当这三个量子数的各自数值一定时，Ψ 的表达式即原子轨道也随之确定。现在介绍这几个量子数的意义和取值规律。

① 主量子数 n。n 的取值范围是 1，2，3，4，… 即正整数。它是决定电子平均离核远近和原子轨道能级高低的主要量子数。n 值越大，则电子平均离核越远，原子轨道能量越高。不同的 n 值代表不同的电子层。主量子数与电子层的对应关系为：

主量子数 n　　　　1，2，3，4，5，6，7，…

电子层（光谱符号）　K，L，M，N，O，P，Q，…

② 角量子数 l。l 是决定电子运动角动量的，它说明原子中电子运动的角动量是量子化的。它决定了电子在空间的角度分布与电子云的形状。l 的取值范围是 0，1，2，3，$(n-1)$，…显然，l 的取值受到 n 值的限制。当 $l=0$，1，2，3 时，原子轨道的光谱符号为 s，p，d，f。$l=0$ 时，求解出的原子轨道是球形的，即原子中电子运动状态与角度无关；当 $l=1$ 时，其原子轨道呈哑铃形分布；$l=2$ 时，则呈花瓣形。

在多电子体系中，l 还影响电子的能量。当 n 相同时，l 数值越大的状态，能量越高：$E_{ns}<E_{np}<E_{nd}<E_{nf}$。$n$、$l$ 相同的电子处于同一能级，称为亚层。第 n 层便有 n 个亚层：

n	1	2	3	4
l	0	0,1	0,1,2	0,1,2,3
n、l 亚层	1s	2s,2p	3s,3p,3d	4s,4p,4d,4f

③ 磁量子数 m。m 的取值范围为 0，±1，±2，±3，…，$\pm l$，共可取 $(2l+1)$ 个数值，m 的数值受 l 数值的制约，例如，当 $l=0$，1，2，3 时，m 依次可取 1，3，5，7 个数值。m 值反映原子轨道的空间取向。

当三个量子数的各自值一定时，波函数即原子轨道也就确定了。例如，当 $n=1$ 时，l 只可取 0，m 也只可取 0 一个数值。n、l、m 三个量子数组合形式有一种，即（1，0，0），此时波函数式也只有一种，$\Psi(1, 0, 0)$，即氢原子基态波函数。当 $n=2$、3、4 时，n、l、m 三个量子数组合的形式有 4、9、16 种，即可得到相应数目的波函数或原子轨道。无外加磁场时，n、l 相同的原子轨道能量相等，称为等价轨道或简并轨道。

氢原子与 n、l、m 三个量子数的关系列于表 4-1 中。

④ 自旋量子数 m_s。m_s 是在研究原子光谱的精细结构时提出的，它是决定电子自旋运动状态的量子数。m_s 可取两个值：+1/2 和 −1/2，对应的有两种电子自旋状态。通常用"↑"和"↓"表示电子的两种自旋状态。用"↑↓"或"↓↑"表示自旋相反，用"↓↓"或"↑↑"表示自旋相同。

表 4-1 氢原子与 n、l、m 三个量子数的关系

n	l	m	轨道符号	轨道数
1	0	0	1s	1
2	0	0	2s	1
	1	0,±1	2p	3
3	0	0	3s	1
	1	0,±1	3p	3
	2	0,±1,±2	3d	5
4	0	0	4s	1
	1	0,±1	4p	3
	2	0,±1,±2	4d	5
	3	0,±1,±2,±3	4f	7

$\Psi(n, l, m, m_s)$ 可全面描述电子的运动状态，它表示电子处于哪一电子层，哪一电子亚层，轨道的形状和空间取向如何，电子的自旋。当电子处于不同运动状态时，四个量子数不完全相同。根据四个量子数的取值情况，每一个电子层中对应的电子状态数为 $2n^2$。

(2) 波函数、原子轨道和电子云

① 波函数和原子轨道。波函数 Ψ 是以直角坐标（x，y，z）或球坐标（r，θ，ϕ）为自变量的函数，对应于一组 n、l、m，就有一个波函数 Ψ，它代表一种电子运动状态，称为一个原子轨道。例如，当 $n=1$，$l=0$，$m=0$ 时，氢原子处在最低的能量运动状态，称为基态。基态氢原子的波函数 $\Psi=[1/(\pi a_0^3)]^{1/2}e^{-r/a_0}$，这时称电子在 1s 轨道上运动。

用球坐标描述的波函数 $\Psi(r, \theta, \phi)$ 在数学上均可表示成两个函数之积：$\Psi(r, \theta, \phi)=R(r)Y(\theta, \phi)$。其中 $R(r)$ 是波函数的径向部分，$Y(\theta, \phi)$ 是波函数的角度部分。

以 $Y(\theta, \phi)$ 对（θ，ϕ）作图，便得到波函数角度部分的图形，通常称为原子轨道角度分布图。几种原子轨道角度分布如图 4-2 所示。

l 值相同、n 值不同的原子轨道具有相同的角度分布图，只是大小（或离核的距离）不同而已。值得注意的是，原子轨道中的正、负号是指 $Y(\theta, \phi)$ 是正值或负值，它反映了波函数 Ψ 在不同的位相是正值还是负值，是电子运动波动性的表现。原子轨道角度分布图在原子形成共价键时具有重要意义。

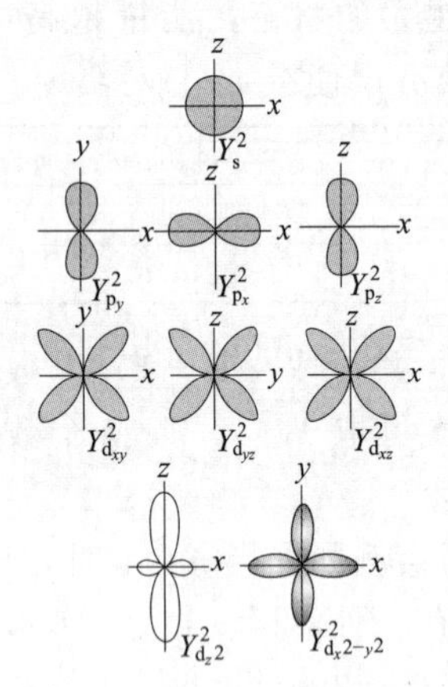

图 4-3 电子云平面示意

② 电子云。波函数 Ψ 没有直观的物理量与之对应，但是 $|\Psi|^2$ 与电子在空间出现的概率密度（即在空间某点单位体积内电子出现的概率）成正比。为了直观起见，可用黑点的疏密程度表示电子出现概率密度的大小，$|\Psi|^2$ 较大的地方，黑点较密；$|\Psi|^2$ 较小的地方，黑点较疏。这种以黑点疏密程度来表示电子出现概率密度分布的图形叫电子云。图 4-3 是几种 s、p、d 轨道的电子云平面示意图。实际上，s 轨道电子云是以原子核为中心的球对称图形，p 轨道和 d 轨道的电子云也是空间图形但不是球对称的。

4.1.3 多电子原子核外电子分布

4.1.3.1 核外电子分布规则

原子核外电子分布基本上遵循三条规则，即 Pauli 不相容原理、最低能量原理和 Hund 规则。

(1) Pauli 不相容原理 Pauli 不相容原理是指在一个原子中不可能存在四个量子数完全相同的两个电子。它限制了在同一原子内的任一原子轨道中最多只能容纳两个电子而且它们

自旋方向相反。

根据 Pauli 不相容原理，可以推出主量子数为 n 的电子层中最多可容纳 $2n^2$ 个电子。各电子层的最大电子容量如下：

电子层（主量子数）	1	2	3	4	…	n
原子轨道数	1	4	9	16	…	n^2
电子容量	2	8	18	32	…	$2n^2$

(2) 最低能量原理　最低能量原理是指基态原子的核外电子尽可能优先占据能量最低的轨道，以便使整个原子的能量降低。该原理阐明了电子在不同能级的原子轨道上分布的先后顺序。

氢原子轨道的能级高低取决于主量子数 n；多电子原子轨道的能量除了主要与 n 有关外，还与角量子数 l 有关，具体有以下规律：

① l 相同时，n 值越大的轨道能级越高，如 $E_{1s}<E_{2s}<E_{3s}<E_{4s}<\cdots$

② n 值相同时，l 值越大的轨道能级越高，如 $E_{ns}<E_{np}<E_{nd}<E_{nf}<\cdots$

③ n 和 l 均不同时，出现能级交错现象，如 $E_{4s}<E_{3d}<$，$E_{6s}<E_{4f}$，…

我国化学家徐光宪提出了原子轨道近似能级次序的（$n+0.7l$）规则，即（$n+0.7l$）值大的轨道能级高，（$n+0.7l$）值小的轨道能级低。该能级顺序与鲍林的光谱实验数据高低顺序一致。

(3) Hund 规则及其特例　在等价轨道上，电子总是尽量分占不同的轨道且自旋平行。等价轨道处于全充满（p^6、d^{10}、f^{14}）、半充满（p^3、d^5、f^7）或全空（p^0、d^0、f^0）的状态时，体系比较稳定，如 Cr、Mo、Cu、Ag 等体系。

4.1.3.2　原子核外电子分布

(1) 原子的电子分布式　书写核外电子分布的表达式时，应将同层的轨道连在一起，主量子数小的轨道置于左边，轨道右上角标明电子数。如 $_{26}Fe$ 的核外电子分布式为：

$$\mathrm{Fe}\quad 1s^2 2s^2 2p^6 3s^2 3p^6 3d^6 4s^2$$

电子填充轨道的顺序是先填 4s，再填 3d。

$_{24}Cr$ 的核外电子分布式为：

$$\mathrm{Cr}\quad 1s^2 2s^2 2p^6 3s^2 3p^6 3d^5 4s^1 \text{ 而不是 } 1s^2 2s^2 2p^6 3s^2 3p^6 3d^4 4s^2$$

这是因为此时 3d 轨道处于半充满，能量较低，较稳定。

在书写核外电子分布时，为简便起见，可将 Cr 的电子分布式写成 [Ar]$3d^5 4s^1$ 形式。即用元素前一周期的稀有气体的元素符号表示原子内层电子 $1s^2 2s^2 2p^6 3s^2 3p^6$，称为“原子实”。

(2) 外层电子分布式　由于原子在化学反应中一般只涉及外层电子的变化，所以也可只写出外层电子分布式，而不需要写出完整的电子分布式。外层电子分布式也称价电子分布式或价层电子构型。主族元素的外层电子分布式就是其最外层电子分布式。例如，钾（K）原子的外层电子分布式为 $4s^1$，氯（Cl）原子的外层电子分布式为 $3s^2 3p^5$。而副族元素，外层电子包括最外层电子及次外层 d 亚层上的电子，因为这些电子在化学反应中也会参与成键，也是价电子。例如锰（Mn）的外层电子分布式为 $3d^5 4s^2$，而铜（Cu）的外层电子分布式为 $3d^{10} 4s^1$。对于镧系和锕系元素，一般还要考虑外数第三层的 f 电子。

(3) 离子的外层电子分布式　原子得、失电子后变成离子。获得电子时，得到的电子填充在最外层。失去电子时，由最外层向内逐个失去。例如，副族元素形成离子时，首先失去最外层 ns 轨道上的电子，当 ns 轨道上电子全部失去后还可能失去（$n-1$）d 轨道上的电子。如 Fe^{2+} 的外层电子排布式为 $3d^6$ 而不是 $3d^4 4s^2$。

(4) 未成对电子　如果一个轨道中仅分布一个电子，称这个电子为未成对电子或单电子，一个原子中未成对电子的总数叫未成对电子数。

表 4-2 列出了周期表中共 109 种元素原子核外电子分布，这是根据光谱数据得到的结果。

表 4-2 原子的核外电子分布

周期	原子序数	元素名称	元素符号	电子层结构	周期	原子序数	元素名称	元素符号	电子层结构
1	1	氢	H	$1s^1$	5	37	铷	Rb	[Kr]$5s^1$
	2	氦	He	$1s^2$		38	锶	Sr	[Kr]$5s^2$
2	3	锂	Li	[He]$2s^1$		39	钇	Y	[Kr]$4d^1 5s^2$
	4	铍	Be	[He]$2s^2$		40	锆	Zr	[Kr]$4d^2 5s^2$
	5	硼	B	[He]$2s^2 2p^1$		41	铌	Nb	[Kr]$4d^4 5s^1$
	6	碳	C	[He]$2s^2 2p^2$		42	钼	Mo	[Kr]$4d^5 5s^1$
	7	氮	N	[He]$2s^2 2p^3$		43	锝	Tc	[Kr]$4d^5 5s^2$
	8	氧	O	[He]$2s^2 2p^4$		44	钌	Ru	[Kr]$4d^7 5s^1$
	9	氟	F	[He]$2s^2 2p^5$		45	铑	Rh	[Kr]$4d^8 5s^1$
	10	氖	Ne	[He]$2s^2 2p^6$		46	钯	Pd	[Kr]$4d^{10}$
3	11	钠	Na	[Ne]$3s^1$		47	银	Ag	[Kr]$4d^{10} 5s^1$
	12	镁	Mg	[Ne]$3s^2$		48	镉	Cd	[Kr]$4d^{10} 5s^2$
	13	铝	Al	[Ne]$3s^2 3p^1$		49	铟	In	[Kr]$4d^{10} 5s^2 5p^1$
	14	硅	Si	[Ne]$3s^2 3p^2$		50	锡	Sn	[Kr]$4d^{10} 5s^2 5p^2$
	15	磷	P	[Ne]$3s^2 3p^3$		51	锑	Sb	[Kr]$4d^{10} 5s^2 5p^3$
	16	硫	S	[Ne]$3s^2 3p^4$		52	碲	Te	[Kr]$4d^{10} 5s^2 5p^4$
	17	氯	Cl	[Ne]$3s^2 3p^5$		53	碘	I	[Kr]$4d^{10} 5s^2 5p^5$
	18	氩	Ar	[Ne]$3s^2 3p^6$		54	氙	Xe	[Kr]$4d^{10} 5s^2 5p^6$
4	19	钾	K	[Ar]$4s^1$	6	55	铯	Cs	[Xe]$6s^1$
	20	钙	Ca	[Ar]$4s^2$		56	钡	Ba	[Xe]$6s^2$
	21	钪	Sc	[Ar]$3d^1 4s^2$		57	镧	La	[Xe]$5d^1 6s^2$
	22	钛	Ti	[Ar]$3d^2 4s^2$		58	铈	Ce	[Xe]$4f^1 5d^1 6s^2$
	23	钒	V	[Ar]$3d^3 4s^2$		59	镨	Pr	[Xe]$4f^3 6s^2$
	24	铬	Cr	[Ar]$3d^5 4s^1$		60	钕	Nd	[Xe]$4f^4 6s^2$
	25	锰	Mn	[Ar]$3d^5 4s^2$		61	钷	Pm	[Xe]$4f^5 6s^2$
	26	铁	Fe	[Ar]$3d^6 4s^2$		62	钐	Sm	[Xe]$4f^6 6s^2$
	27	钴	Co	[Ar]$3d^7 4s^2$		63	铕	Eu	[Xe]$4f^7 6s^2$
	28	镍	Ni	[Ar]$3d^8 4s^2$		64	钆	Gd	[Xe]$4f^7 5d^1 6s^2$
	29	铜	Cu	[Ar]$3d^{10} 4s^1$		65	铽	Tb	[Xe]$4f^9 6s^2$
	30	锌	Zn	[Ar]$3d^{10} 4s^2$		66	镝	Dy	[Xe]$4f^{10} 6s^2$
	31	镓	Ga	[Ar]$3d^{10} 4s^2 4p^1$		67	钬	Ho	[Xe]$4f^{11} 6s^2$
	32	锗	Ge	[Ar]$3d^{10} 4s^2 4p^2$		68	铒	Er	[Xe]$4f^{12} 6s^2$
	33	砷	As	[Ar]$3d^{10} 4s^2 4p^3$		69	铥	Tm	[Xe]$4f^{13} 6s^2$
	34	硒	Se	[Ar]$3d^{10} 4s^2 4p^4$		70	镱	Yb	[Xe]$4f^{14} 6s^2$
	35	溴	Br	[Ar]$3d^{10} 4s^2 4p^5$		71	镥	Lu	[Xe]$4f^{14} 5d^1 6s^2$
	36	氪	Ke	[Ar]$3d^{10} 4s^2 4p^6$		72	铪	Hf	[Xe]$4f^{14} 5d^2 6s^2$

续表

周期	原子序数	元素名称	元素符号	电子层结构	周期	原子序数	元素名称	元素符号	电子层结构
6	73	钽	Ta	$[Xe]4f^{14}5d^{3}6s^{2}$	7	92	铀	U	$[Rn]5f^{3}6d^{1}7s^{2}$
	74	钨	W	$[Xe]4f^{14}5d^{4}6s^{2}$		93	镎	Nb	$[Rn]5f^{4}6d^{1}7s^{2}$
	75	铼	Re	$[Xe]4f^{14}5d^{5}6s^{2}$		94	钚	Pu	$[Rn]5f^{6}7s^{2}$
	76	锇	Os	$[Xe]4f^{14}5d^{6}6s^{2}$		95	镅	Am	$[Rn]5f^{7}7s^{2}$
	77	铱	Ir	$[Xe]4f^{14}5d^{7}6s^{2}$		96	锔	Cm	$[Rn]5f^{7}6d^{1}7s^{2}$
	78	铂	Pt	$[Xe]4f^{14}5d^{9}6s^{1}$		97	锫	Bk	$[Rn]5f^{9}7s^{2}$
	79	金	Au	$[Xe]4f^{14}5d^{10}6s^{1}$		98	锎	Cf	$[Rn]5f^{10}7s^{2}$
	80	汞	Hg	$[Xe]4f^{14}5d^{10}6s^{2}$		99	锿	Es	$[Rn]5f^{11}7s^{2}$
	81	铊	Tl	$[Xe]4f^{14}5d^{10}6s^{2}6p^{1}$		100	镄	Fm	$[Rn]5f^{12}7s^{2}$
	82	铅	Pb	$[Xe]4f^{14}5d^{10}6s^{2}6p^{2}$		101	钔	Md	$[Rn]5f^{13}7s^{2}$
	83	铋	Bi	$[Xe]4f^{14}5d^{10}6s^{2}6p^{3}$		102	锘	No	$[Rn]5f^{14}7s^{2}$
	84	钋	Po	$[Xe]4f^{14}5d^{10}6s^{2}6p^{4}$		103	铹	Lr	$[Rn]5f^{14}6d^{1}7s^{2}$
	85	砹	At	$[Xe]4f^{14}5d^{10}6s^{2}6p^{5}$		104	铲	Rf	$[Rn]5f^{14}6d^{2}7s^{2}$
	86	氡	Rn	$[Xe]4f^{14}5d^{10}6s^{2}6p^{6}$		105	钍	Db	$[Rn]5f^{14}6d^{3}7s^{2}$
7	87	钫	Fr	$[Rn]7s^{1}$		106	镇	Sg	$[Rn]5f^{14}6d^{4}7s^{2}$
	88	镭	Ra	$[Rn]7s^{2}$		107	铍	Bh	$[Rn]5f^{14}6d^{5}7s^{2}$
	89	锕	Ac	$[Rn]6d^{1}7s^{2}$		108	镙	Hs	$[Rn]5f^{14}6d^{7}7s^{2}$
	90	钍	Th	$[Rn]6d^{2}7s^{2}$		109	铸	Mt	$[Rn]5f^{14}6d^{8}7s^{2}$
	91	镤	Pa	$[Rn]5f^{2}6d^{1}7s^{2}$					

4.1.4　元素周期律

4.1.4.1　元素周期表及其分区

(1) 原子的外层电子构型与周期表的分区　由于参加化学反应的是原子最外层的 ns、np 电子和次外层 $(n-1)$d 电子以及镧系、锕系元素原子的 $(n-2)$f 电子，所以掌握元素原子的外层电子构型至关重要，它可以预示元素及化合物的许多性质。根据元素的外层电子构型可把周期表分成五个区：

① s 区。包括ⅠA、ⅡA 主族元素，外层电子构型是 $ns^{1\sim2}$。

② p 区。包括ⅢA～ⅦA 主族元素和零族元素，外层电子构型是 $ns^{2}np^{1\sim6}$。

③ d 区。包括ⅢB～ⅦB 副族和第ⅧB 族元素，外层电子构型一般是 $(n-1)d^{1\sim8}ns^{1\sim2}$。

④ ds 区。包括ⅠB 、ⅡB 副族，外层电子构型是 $(n-1)d^{10}ns^{1\sim2}$。

d 区和 ds 区元素也叫过渡元素。

⑤ f 区。包括镧系和锕系元素，外层电子构型一般是 $(n-2)f^{1\sim14}(n-1)d^{1\sim8}ns^{1\sim2}$。

(2) 周期　每一个横列为一个周期。每个周期开始，出现一个新的主层，出现一个新的主量子数 n。元素所在的周期数等于该元素基态原子的最高电子层数。每个周期从Ⅰ主族元素开始出现一个新的主层 (n)，到排完此主层的 p 电子结束。因此，每个周期元素的数目等于相应电子层中原子轨道能容纳的电子总数。所以每个周期元素的数目 2、8、8、18、18、32 就是必然了。

(3) 族

① 主族元素。最后填充的是 ns 或 np，电子层结构特征是 $ns^{1\sim2}np^{0\sim6}$，族序数等于最外

层电子数。同族元素由于外层电子构型相同，故性质相似。如ⅠA、ⅡA族是典型的金属元素，ⅦA族是典型的非金属元素，零族（或ⅧA族）是性质稳定的稀有气体。

② 副族元素。最后填充的是 $(n-1)$d 电子，在周期表中的 d 区及 ds 区，电子层结构特征是 $(n-1)d^{1\sim10}ns^{1\sim2}$。ⅠB、ⅡB族的族序数等于 ns 的电子数，ⅢB～ⅦB的族序数等于其原子的价电子数（ns＋nd 电子数）。第ⅧB族元素原子价电子数分别为 8、9、10。

元素性质随原子序数的增加呈周期性变化可以用元素周期表直观地反映出来，这种周期性变化是由外层电子分布的周期性引起的。

4.1.4.2 元素性质的周期性变化

原子外层电子构型的周期性变化决定了元素性质的周期性变化。在此主要介绍原子半径、电负性和最高氧化数的周期性。

(1) 原子半径 以近代原子结构的观点看，核外电子并没有固定的轨迹，因此，就单个原子而言，讨论其半径没有实际意义。这里所讲的原子半径是指共价半径或金属半径，其中共价半径是指同种元素原子以共价单键结合形成的分子中相邻原子核间距的一半，而金属半径是指金属晶体中相邻原子核间距的一半。各元素原子半径数据见表 4-3。

表 4-3 原子半径数据/pm

H																	He
32																	93
Li	Be											B	C	N	O	F	Nc
123	89											82	77	70	66	64	112
Na	Mg											Al	Si	P	S	Cl	Ar
154	136											118	117	110	104	99	154
K	Ca	Sc	Ti	V	Cr	Mn	Fe	Co	Ni	Cu	Zn	Ga	Ge	As	Se	Br	Kr
203	174	144	132	122	118	117	117	116	115	117	125	126	122	121	117	114	169
Rb	Sr	Y	Zr	Nb	Mo	Te	Ru	Rh	Pd	Ag	Cd	In	Sn	Sb	Te	I	Xe
216	191	162	145	134	130	127	125	125	128	134	148	144	140	141	137	133	190
Cs	Ba	△ Lu	Hf	Ta	W	Re	Os	Ir	Pt	Au	Hg	Tl	Pb	Bi	Po	At	Rn
235	198	158	144	134	130	128	126	127	130	134	144	148	147	146	146	145	220
Fr	Ra	Lr															

	La	Ce	Pr	Nd	Pm	Sm	Eu	Gd	Tb	Dy	Ho	Er	Tm	Yb
△	169	165	164	164	163	162	185	162	161	160	158	158	158	170

由表 4-3 可见，原子半径有如下规律：

同一周期内，随着原子序数的增加，原子半径逐渐减小，其中长周期中部（d 区）元素的原子半径减小较慢，到了 ds 区原子半径还略有增大。每一周期最后一个元素的原子半径明显增大，这是因为各周期最后一种元素是稀有气体，属单原子分子，它们的原子半径是范德华半径。同一族自上而下原子半径增大，但副族元素原子半径变化没有主族变化明显，特别是镧系以后的各元素。第六周期原子半径比同族第五周期的原子半径增加不多，有的甚至减少。

(2) 电负性 在分子中，不同原子对电子的吸引力大小不同。为了反映分子中原子吸引电子能力的相对大小，Pauling 等人引入电负性概念。表 4-4 列出了 Pauling 根据热化学数据提出的电负性数据。

表 4-4　元素相对电负性数值

Li	Be						H					B	C	N	O	F
1.0	1.6						2.2					2.0	2.6	3.0	3.4	4.0
Na	Mg											Al	Si	P	S	Cl
0.9	1.3											1.6	1.9	2.2	2.6	3.2
K	Ca	Sc	Ti	V	Cr	Mn	Fe	Co	Ni	Cu	Zn	Ga	Ge	As	Se	Br
0.8	1.0	1.4	1.5	1.6	1.7	1.6	1.8	1.9	1.9	1.9	1.7	1.8	2.0	2.2	2.6	3.0
Rb	Sr	Y	Zr	Nb	Mo	Tc	Ru	Rh	Pd	Ag	Cd	In	Sn	Sb	Te	I
0.8	1.0	1.2	1.3	1.6	2.2	1.9	2.2	2.3	2.2	1.9	1.7	1.8	2.0	2.1	2.1	2.7
Cs	Ba	Lu	Hf	Ta	W	Re	Os	Ir	Pt	Au	Hg	Tl	Pb	Bi	Po	At
0.8	0.9	1.3	1.3	1.5	2.4	1.9	2.2	2.2	2.3	2.5	2.0	2.0	2.3	2.0	2.0	2.2
Fr	Ra															
0.7	0.9															

由表 4-4 可见，主族元素的电负性明显呈周期性变化，同周期从左向右电负性依次增大，同族自上而下电负性基本上依次减小；副族元素电负性变化的周期性不明显。

元素的电负性大小反映了分子中原子吸引电子能力的相对大小。电负性越大，则原子吸引电子的能力越强，表现出的非金属性越强。反之，电负性越小，则原子吸引电子的能力越弱，表现出的金属性越强。由表 4-4 可见，金属的电负性一般小于 2.0，而非金属的电负性一般大于 2.0；零族元素没有电负性数据是因为它们一般仅以原子形态存在，不形成分子。

(3) 最高氧化值　所谓氧化值是指某元素的一个原子的荷电数，该荷电数是假定把每一化学键中的电子指定给电负性更大的原子而求得的。具体地说，对离子化合物，某原子（或离子）的氧化值就是它所带的电荷数；对共价化合物，某原子的氧化值就是它形式上的电荷数。例如，在 HCl 分子中，H 的氧化值是＋1，Cl 的氧化值是－1。

元素的最高氧化数也呈周期性变化。在周期表中，同周期主族元素从左向右最高氧化数依次增高，其数值等于元素的族数（或外层电子数）；副族元素除最外层电子参加反应外，次外层的 d 电子也可能参加反应，因此，从ⅢB～ⅦB，最高氧化数依次升高，其数值等于元素所处的族数。例如，第四周期从ⅢB～ⅦB 的五个元素 Sc、Ti、V、Cr 和 Mn 的最高氧化值分别是＋3、＋4、＋5、＋6 和＋7。

4.2　化学键与分子结构

在地球表面的温度、压力下，除稀有气体的单质是以单原子的形式存在外，其他各种元素的单质或化合物都是由原子（或离子）相互结合成分子或晶体的形式存在的。在分子或晶体中，原子或离子之间必然存在着相互作用把它们结合起来，我们把分子或晶体中邻近微粒（原子或离子）间主要的、强烈的、吸引的相互作用称为化学键。化学键可分为离子键、共价键和金属键三种基本类型。

4.2.1　离子键

(1) 离子键的形成　德国化学家柯塞尔（C. Kossel）根据稀有气体原子的电子层结构特别稳定的事实，首先提出了离子键理论。当活泼的金属原子（如ⅠA 族的 K 、Na）和活泼的非金属原子（如ⅦA 族的 F 、Cl）在一定条件下相遇时，由于原子双方电负性相差较大而发生电子转移，前者失去电子形成正离子，后者获得电子形成负离子。正、负离子通过静电引力结合在一起，这种由异种电荷离子的吸引所产生的化学结合力称为离子键，当正、负离子间因库仑引力充分接近时，离子的外层电子云间以及核和核间将产生排斥力而使离子间保持一定的距离。

NaCl 的形成过程可简单表示如下：

$$n\,\mathrm{Na}(3s^1) - ne^- \longrightarrow n\,\mathrm{Na}^+\ (2s^2 2p^6) \searrow$$
$$n\mathrm{Na}^+\ \mathrm{Cl}^-$$
$$n\,\mathrm{Cl}(3s^2 3p^5) + ne^- \longrightarrow n\,\mathrm{Cl}^-\ (3s^2 3p^6) \nearrow$$

(2) 离子键的特征 离子键的本质是静电作用力，由于离子可以看作点电荷，其电场分布是球对称的，因此可在任何方向上吸引异号离子，所以离子键没有方向性；由于只要空间条件许可，每一个离子都能吸引尽可能多的异号离子，故离子键没有饱和性。

由于离子键没有饱和性，形成的是正负离子交替排列的巨大分子，离子型分子只存在于高温的蒸气中（如 NaCl 蒸气），一般情况下主要以离子晶体的形式存在。它们通常具有较高的熔点、硬度，容易溶于极性溶剂（如水）中。其熔融液或水溶液都能导电。

离子键的离子性与成键元素的电负性有关，一般说来，元素的电负性差值越大，电子转移越完全，键的离子性也越大。当两个原子电负性差值为 1.7 时，单键约具有 50%的离子性。离子性大于 50%，可认为是离子键。因此，1.7 是个重要的参考数据，若两个原子电负性差值大于 1.7 时，一般可判断它们之间形成离子键。

4.2.2 共价键

离子键理论对电负性相差很大的两个原子所形成的化学键能较好地予以说明。但对两个电负性相差较小或完全相同的原子所形成的分子（如 HCl、H_2、O_2 等），离子键理论就无法解释了。1916 年，美国化学家路易斯（G. N. Lewis）首先提出了共价键理论，在共价分子中原子间由于共用了一对或数对电子而填满了各个原子的最外层轨道，使每个原子都形成了稀有气体原子的稳定电子层结构。但它很难解释为什么共用一对或数对电子就可以促使两个原子结合起来，共价键的本质究竟是什么。它也不能解释为什么有些分子的中心原子的最外层电子数虽然小于 8（如 BF_3 中的 B）或大于 8（如 SF_6 中的 S），但这些分子仍然是很稳定的。

1927 年，海特勒（W. Heitler）和伦敦（F. London）把量子力学的成就应用于对 H_2 分子结构的研究，才使得共价键的本质获得初步的解答，后经许多人的工作逐步建立了现代价键理论（又称电子配对理论）和分子轨道理论。

4.2.2.1 共价键的形成

海特勒-伦敦用量子力学的方法近似解出了两个氢原子所组成的体系的波函数 Ψ_A 和 Ψ_s，它们描述了 H_2 分子可能出现的两种状态。Ψ_A 称为推斥态，此时 H_2 分子处于不稳定状态，两个氢原子的电子自旋方向相同；Ψ_s 称为基态，是 H_2 分子的稳定状态，两个氢原子的电子自旋方向相反。图 4-4(a) 描述了氢分子能量与核间距的关系，图 4-4(b) 绘出基态时 H_2 分子中两核间距。

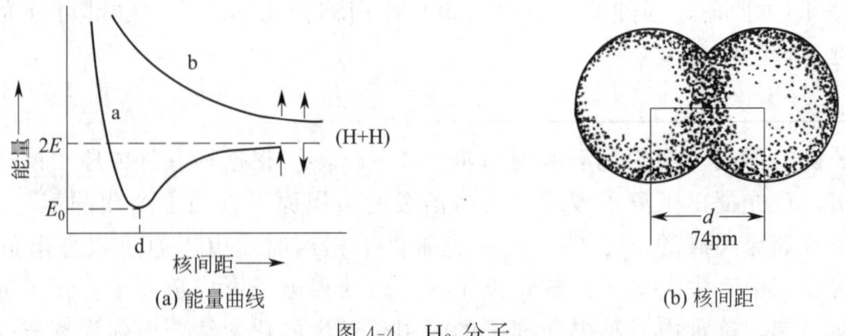

图 4-4 H_2 分子

在推斥态，两个氢原子的电子自旋方向相同。由图 4-4(a) 中的 b 可以看出，在两个氢原子的核间电子云密度较小，两个带正电荷的核互相排斥。从能量曲线可见，在核间距 R 为无穷远处 $E=0$，为孤立的两个氢原子。随着 R 的减小，体系能量 E 不断上升，不能形成稳定的共价键。

在基态，两个氢原子的电子自旋方向相反。在两个氢原子的核间电子云密度较大，增加了对两个核的吸引作用。这是由于两个氢原子的 1s 原子轨道相互叠加，叠加后在两核间 Ψ 增大、Ψ^2 增大的结果。原子轨道重叠越多，核间 Ψ^2 越大，形成的共价键越牢固，分子越稳定。从能量曲线［图 4-4(a)］中的 a 来看，在 $R=7.4\times10^{-11}$ m 处，E_s 有一个极小值，它比两个孤立的氢原子的总能量低 $458\text{kJ}\cdot\text{mol}^{-1}$。所以，两个氢原子接近到平衡距离 R 时，可形成稳定的 H_2 分子。这个核间平衡距离就叫做 H—H 键的键长。

4.2.2.2　共价键理论要点

应用量子力学研究 H_2 分子的结果，从个别到一般，可推广到其他分子体系，从而发展为共价键理论。共价键理论（俗称电子配对法）的基本要点是：

① 两个原子接近时，自旋方向相反的未成对的价电子可以配对，形成共价键。

② 成键电子的原子轨道重叠越多，所形成的共价键就越牢固——最大重叠原理。

4.2.2.3　共价键的特征

由于共价键是由未成对的自旋反向电子配对、原子轨道重叠而形成的，所以一个原子的一个未成对电子只能与另一个未成对电子配对，形成一个共价单键。一个原子有几个未成对电子（包括激发后形成的未成对电子）便可与几个自旋反向的未成对电子配对成键。这就是共价键的饱和性。例如，H 原子的电子和另一个 H 原子的电子配对后，形成 H_2，H_2 则不能再与第三个 H 原子配对，不可能有 H_3 生成。在 HCl 分子中，氯原子的一个未成对电子和氢原子的一个未成对电子已构成共价键，那么 HCl 分子就不能继续与第二个氢原子或氯原子结合了。

由于共价键要尽可能沿着原子轨道最大重叠的方向形成，所以共价键具有方向性。例如，氢原子的 1s 和氯原子的 3p 轨道有四种可能的重叠方式。如图 4-5 所示，其中 (a)、(b) 为同号重叠，是有效的，而 (a) 中 s 轨道是沿向 p 轨道极大值的方向重叠的，有效重叠最大，Ψ^2 增加最大，故 HCl 分子是采取 (a) 方式重叠成键。(c) 为异号重叠，Ψ 相减，是无效的。(d) 由于同号和异号两个部分互相抵消，仍然是无效的。又如在形成 H_2S 分子时，S 原子最外层有两个未成对的 p 电子，其轨道夹角为 90°。两个氢原子只有沿着 p 轨道极大值的方向才能实现有效的最大重叠，在 H_2S 分子中两个 S—H 键间的夹角（键角）近似等于 90°（实测为 92°）。

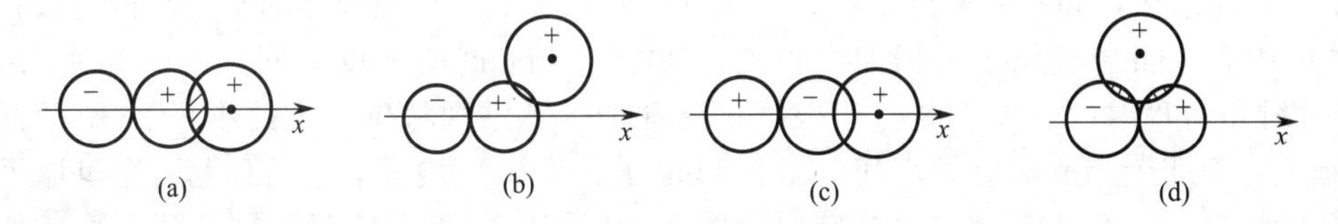

图 4-5　HCl 分子成键示意图

4.2.2.4　共价键的类型

(1) 按极性分　共价键若按是否有极性，可分为非极性共价键和极性共价键两大类型。

极性共价键：成键的两原子不同，电负性不同，共用电子对偏向电负性较大的原子，使该端带部分负电荷，另一端带部分正电荷，这种共价键叫极性共价键。如 H—Cl、H—O—H。

非极性共价键：成键的两原子相同，共用电子对不偏向任一原子，这种共价键叫非极性共价键。

(2) 按重叠类型分 另外可根据原子轨道重叠部分所具有的对称性进行分类。

对于 s 电子和 p 电子，它们的原子轨道有两种不同类型的重叠方式，故形成两种类型的共价键：σ 键和 π 键。

如图 4-6(a) 所示，如 H_2 分子中的 s-s 重叠、HCl 分子中的 p_x-s 重叠、Cl_2 分子中的 p_x-p_x 重叠等，原子轨道沿着键轴（两核间连线）的方向重叠，形象地称为“头碰头”方式，成键后电子云沿两个原子核间进行连线，即键轴的方向呈圆柱形的对称分布。这种键叫做 σ 键，所有的共价单键一般都是 σ 键。

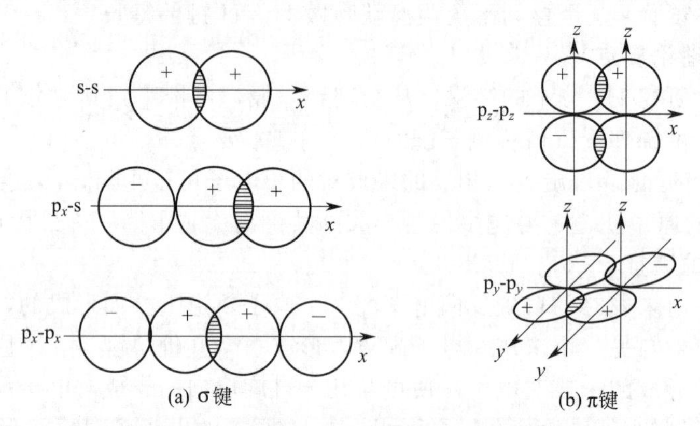

图 4-6 σ 键和 π 键（重叠方式）示意图

在共价双键的化合物（如乙烯）中，C 与 C 之间除有一个 σ 键外，还有一个 π 键，共价三键则由一个 σ 键和两个 π 键组成。π 键的特征是成键的原子轨道沿键轴以“肩并肩”的方式重叠，成键后电子云有一个通过键轴的对称节面，节面上电子云密度为零，电子云的界面图好像两个椭球形的冬瓜分置在节面上、下，如图 4-6(b) 所示。由于 π 键的电子云不像 σ 键那样集中在两核间的连线上，核对 π 电子的束缚力较小，π 键的能量较高，易于参加化学反应（不饱和烃就是因 π 键的存在，易于加成）。

4.2.3 分子的几何构型

4.2.3.1 价键理论的局限性

价键理论成功地说明了许多共价分子的形成，阐明了共价键的本质及饱和性、方向性等特点，但在解释许多分子的空间结构方面遇到了困难。随着近代实验技术的发展，确定了许多分子的空间结构，如实验测定表明，甲烷（CH_4）是一个正四面体的空间结构，碳位于正四面体的中心，四个氢原子占据四个顶点，四个 C—H 键的强度相同，键能为 413.4kJ · mol^{-1}，键角∠HCH 为 109°28′。但根据价键理论，考虑到将碳原子的 1 个 2s 电子激发到 2p 轨道上，有 4 个未成对电子，其中 1 个 2s 电子，3 个 2p 电子，它可以与 4 个氢原子的 1s 电子配对形成 4 个 C—H 键。由于碳原子的 2s 电子与 2p 电子能量不同，那么形成的 4 个 C—H 键也应该是不等同的。这与实验事实不符。鲍林（L. Pauling）和斯莱特（J. C. Slater）于 1931 年提出了杂化轨道理论，进一步发展了价键理论，比较满意地解释了这类问题。

4.2.3.2 杂化轨道理论的基本要点

杂化轨道理论的基本论点是：在共价键的形成过程中，同一个原子中能量相近的若干不同类型的原子轨道可以“混合”起来（即“杂”），组成成键能力更强的一组新的原子轨道（即“化”）。这个过程称为原子轨道的杂化，所组成的新的原子轨道称为杂化轨道。应当强调的是，能量相近的原子轨道才能发生杂化（如 2s 与 2p），能量相差较大的原子轨道（如 1s 与 2p）就不能发生杂化；n 个不同类型的原子轨道杂化后仍有 n 个新的杂化轨道，即杂化过程中轨道总数不变；杂化发生在形成分子的过程中，孤立的原子是不能发生杂化的。

4.2.3.3　杂化类型与分子几何构型

(1) sp 杂化　以 $HgCl_2$ 为例。汞原子的外层电子构型为 $6s^2$，在形成分子时，6s 的一个电子被激发到 6p 空轨道上，而且一个 6s 轨道和一个 6p 轨道进行组合，构成两个等价的互成 180°的 sp 杂化轨道。轨道右上角数字表示形成杂化轨道的原组成轨道数。

汞原子的两个 sp 杂化轨道，分别与两个氯原子的 $3p_x$ 轨道重叠（假设三个原子核连线方向是 x 方向），形成两个 σ 键，$HgCl_2$ 分子是直线形（如图 4-7 所示）。

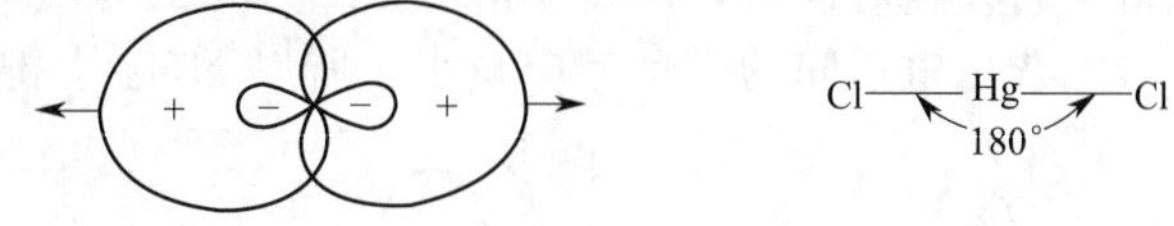

图 4-7　sp 杂化轨道的分布与分子几何构型

(2) sp^2 杂化　以 BF_3 分子为例。中心原子硼的外层电子构型为 $2s^2 2p^1$，在形成 BF_3 分子的过程中，B 原子的 1 个 2s 电子被激发到 1 个空的 2p 轨道上，然后硼原子的 1 个 2s 轨道和 2 个 2p 轨道杂化，形成 3 个 sp^2 杂化轨道。

这 3 个杂化轨道互成 120°的夹角并分别与氟原子的 2p 轨道重叠，形成 σ 键，构成平面三角形分子（图 4-8）。

又如乙烯分子。乙烯分子中的 2 个碳原子皆以 sp^2 杂化形成 3 个 sp^2 杂化轨道，2 个碳原子各出 1 个 sp^2 杂化轨道重叠形成 1 个 σ 键；而每一个碳原子余下的 2 个 sp^2 杂化轨道分别与氢原子的 1s 轨道重叠形成 σ 键；每个碳原子还各剩一个未参与杂化的 2p 轨道，它们垂直于碳氢原子所在的平面，并彼此重叠形成 π 键。

(3) sp^3 杂化　以 CH_4 分子为例。处于激发状态的 C 有 4 个未成对电子，各占一个原子轨道，即 $2s^1$、p_x^1、p_y^1 和 p_z^1。这 4 个原子轨道在成键过程中发生杂化，重新组成 4 个新的能量完全相同的 sp^3 杂化轨道。

这 4 个 sp^3 杂化轨道对称地分布在 C 原子周围，互成 109°28′角，每一个杂化轨道都含有 1/4s 成分和 3/4p 成分。C 原子的这 4 个 sp^3 杂化轨道各自和一个氢原子的 1s 轨道重叠，形成 4 个 sp^3-s 的 σ 键，构成 CH_4 分子，如图 4-9 所示。由于杂化原子轨道的角度分布在上述 4 个方向大大增加，故可使成键的原子轨道重叠部分增大，成键能力增强，所以 CH_4 分子相当稳定。这与实验事实是一致的。

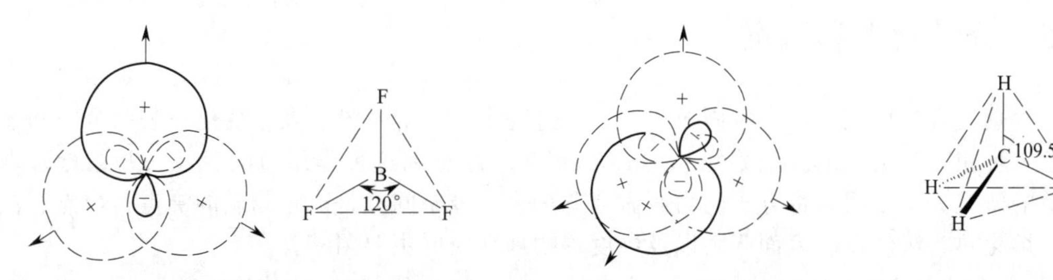

图 4-8　sp^2 杂化轨道的分布与分子几何构型　　图 4-9　sp^3 杂化轨道的分布与分子几何构型

除 CH_4 以外，其他烷烃、SiH_4、NH_4^+ 等的中心原子都是以杂化轨道与其他原子成键的。

(4) 不等性杂化　所谓等性杂化是指参与杂化的原子轨道在每个杂化轨道中的贡献相等，或者说每个杂化轨道中的成分相同，形状也完全一样，否则就是不等性杂化了。我们用 NH_3 和 H_2O 分子结构予以说明。

NH_3 的分子结构通过实验测定是三角锥形，∠HNH=107°，如图 4-10(a) 所示。

N 原子的电子层结构是 $1s^2 2s^2 p^3$，在最外层两个 2s 电子已成对，称孤对电子。按价键理论，这一对孤对电子不参与成键，三个未成对的 p 电子的轨道互成 90°角，可与三个氢的 1s 电子配对成键，那么键角∠HNH 似乎应为 90°，但这与事实不符。根据杂化理论，N 原子在与 H 的成键过程中可能发生杂化，形成 4 个 sp^3 杂化轨道。如果是 sp^3 等性杂化，键角应为 109°28′，也与事实不符。由此提出了不等性杂化的概念。在 NH_3 分子中有一个 sp^3 杂化轨道被未参与成键的孤对电子占据，正因为它未参与成键，电子云较密集于 N 原子周围，其形状更接近于 s 轨道，s 成分比其他三个杂化轨道要多一些。那三个成键电子占据的杂化轨道 s 成分相对少些，p 成分相对多一些。因为纯 p 轨道间夹角为 90°，所以随着 p 成分的增多，杂化轨道间的夹角相应减小，所以 NH_3 中键角∠HNH=107°18′，小于 109°28′，大于 90°。这种由于孤对电子存在，各个杂化轨道中所含成分不等的杂化叫做不等性杂化。

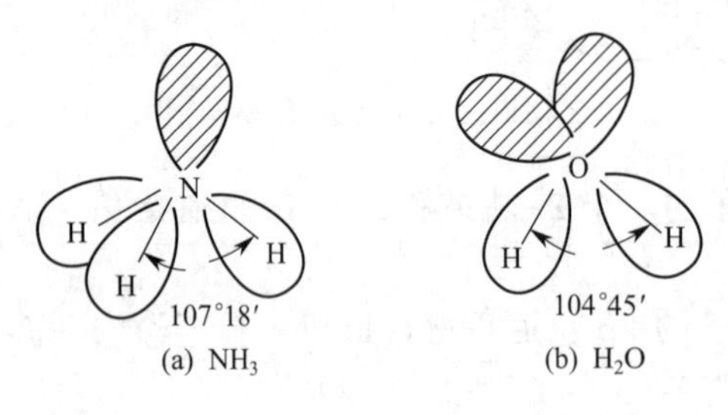

图 4-10　NH_3 和 H_2O 的不等性杂化

H_2O 的结构如图 4-10(b) 所示，也可以用 sp^3 不等性杂化来予以说明，氧的电子层结构 $1s^2 2s^2 p^4$，在最外层有两对孤对电子。同样，采取不等性杂化 sp^3，有两个 sp^3 杂化轨道被未参与成键的孤对电子占据，使成键的杂化轨道成分 s 更少，p 成分更多，使得键角∠HOH 进一步减小为 104°45′。

以上介绍了 s 轨道和 p 轨道的三种杂化形式，现简要归纳于表 4-5 中。

表 4-5　s-p 杂化轨道与分子几何构型

杂化类型	sp	sp^2	sp^3		
杂化轨道几何构型	直线形	三角形	四面体形		
杂化轨道中孤对电子数	0	0	0	1	2
分子几何构型	直线形	三角形	正四面体形	三角锥形	折线形
实例	$BeCl_2$、CO_2	BF_3、SO_3	CH_4、CCl_4	NH_3、PCl_3	H_2O
键角	180°	120°	109°28′	107°18′	104°45′

4.3　分子间力和氢键

水蒸气可凝聚成水，水凝固成冰，这一过程中化学键并没有发生变化，表明分子间还存在着一种相互吸引作用。范德华早在 1873 年就已注意到这种作用力的存在，并进行了卓有成效的研究，所以后人将分子间力叫做范德华力。分子间力是决定物质的沸点、熔点、汽化热、熔化热、溶解度、表面张力以及黏度等物理性质的主要因素。

4.3.1　分子的极性

我们知道，分子有非极性分子和极性分子之分。现在讨论如何定量地表示一个分子的极性及大小。可以设想，在分子中每一种电荷都有一个电荷中心。如图 4-11 所示，正、负电荷中心的相对位置用“＋”和“－”来表示，正、负电荷中心不重合的分子叫做极性分子[图4-11(a)]；正、负电荷中心重合的分子叫做非极性分子［图 4-11(b)］。在极性分子中，正、负电荷中心分别形成了正、负两极，又称为偶极。如图 4-11 所示，偶极间的距离 l 叫做偶极长度，偶极长度 l 与正极（或负极）上电荷的乘积叫做分子电偶极矩（μ）。

$$\mu = lq$$

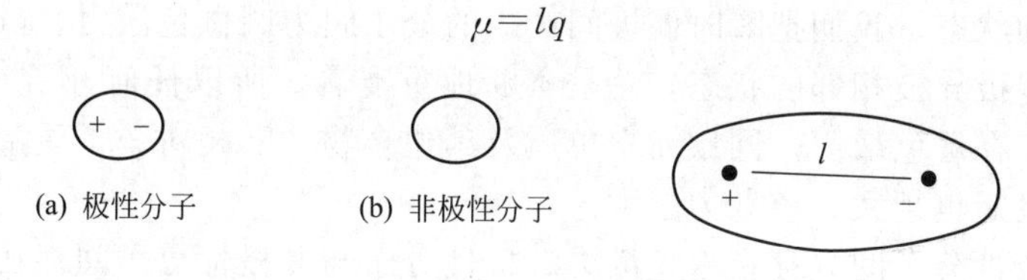

(a) 极性分子　　(b) 非极性分子

图 4-11　分子的极性

对于极性分子，虽然 l 和 q 两个量不能分别测定，但电偶极矩 μ 的数据是可以通过实验测定的。偶极矩是衡量分子有无极性及极性大小的物理量，电偶极矩（μ）值越大，分子的极性也越大，$\mu=0$ 的分子就是非极性分子。

分子之所以表现出极性，实质上是电子云在空间的不对称分布。键的极性是分子极性产生的根本原因。由离子键形成的分子显然是极性分子。由非极性共价键构成的分子必然是非极性分子，如 N_2、O_2。但由极性共价键构成的分子是否有极性则与分子的空间结构有关：双原子分子，键有极性，分子就必然有极性；键的极性越强，分子极性越强。如卤化氢 H—X 键的极性按 H—F→H—I 顺序递减，它们的电偶极矩也依次递减。对于极性共价键构成的多原子分子，若在空间正、负电荷均匀分布，正、负电荷中心重合，是非极性分子。如直线形的 CO_2、平面三角形的 BF_3、正四面体的 CCl_4。若在空间正、负电荷分布不均匀，则正、负电荷中心不重合，是极性分子。如 V 形的 H_2O、SO_2，三角锥形的 NH_3，四面体形的 $CHCl_3$。通常利用由实验测得的分子电偶极矩数据可以帮助我们推断分子的空间构型。

分子的极性对物质的溶解性有一定的影响。通常，非极性分子溶质容易溶于非极性溶剂中，极性分子溶质容易溶于极性溶剂中。水是强极性溶剂，NH_3、HCl 等极性分子溶质在水中溶解度很大，N_2、CH_4、苯等非极性分子溶质在水中的溶解度就很小。

4.3.2　分子间作用力

分子间作用力分为取向力、诱导力和色散力三种。

4.3.2.1　取向力

取向力是指极性分子间的作用力。极性分子是一种偶极子，具有正、负两极。当两个极性分子相互靠近时，同极排斥，异极相吸，使分子按一定的取向排列，从而系统处于一种比较稳定的状态。这种固有偶极之间的静电引力叫做取向力。分子的极性越大，取向力也越大；温度升高会降低分子定向排列的趋势，取向力减弱。

4.3.2.2　诱导力

诱导力是发生在极性分子与非极性分子之间以及极性分子与极性分子之间的作用力。当极性分子与非极性分子相遇时，极性分子的固有偶极所产生的电场使非极性分子电子云变形（电子云偏向极性分子偶极的正极），结果使非极性分子正负电荷中心不再重合，从而形成诱导偶极。极性分子固有偶极与非极性分子诱导偶极间的这种作用力称为诱导力。极性分子的偶极矩越大，非极性分子变形性越大，诱导力越强。在极性分子之间，由于它们相互作用，每一个分子也会由于变形而产生诱导偶极，使极性分子极性增加，从而使分子之间的作用力进一步加强。

4.3.2.3　色散力

非极性分子中虽然从一段时间里测得的电偶极矩值为零，但由于每个分子中的电子和原子核都在不断运动着，不可能每一瞬间正、负电荷中心都完全重合。在某一瞬间总会有一个偶极存在，这种偶极叫做瞬时偶极。靠近的两个分子间由于同极相斥、异极相吸，瞬时偶极间总是处于异极相邻的状态。我们把瞬时偶极间产生的分子间力叫做色散力。虽然瞬时偶极存在的时间极短，但偶极异极相邻的状态，总是不断地重复着，所以任何分子（不论极性与否）相互靠近时，都存在着色散力。同族元素单质及其化合物，随相对分子质量的增加，分子体积越大，瞬时偶极矩也越大，色散力越大。

总之，在非极性分子间只存在着色散力；极性分子与非极性分子间存在着诱导力和色散力；极性分子间既存在着取向力，还有诱导力和色散力。分子间力就是这三种力的总称。分子间力永远存在于一切分子之间，是相互吸引作用，无方向性，无饱和性。其强度比化学键小1～2个数量级，和分子间距离的7次方成反比，并随分子间距离的增大而迅速减小。大多数分子，其分子间力是以色散力为主，只有极性很强的分子（如水分子）才是以取向力为主（表4-6）。

表4-6 分子间力（两分子间距离 $d=500\text{pm}$，温度 $T=298\text{K}$）

分子	$E_{取向}/\text{kJ}\cdot\text{mol}^{-1}$	$E_{诱导}/\text{kJ}\cdot\text{mol}^{-1}$	$E_{色散}/\text{kJ}\cdot\text{mol}^{-1}$	$E_{总}/\text{kJ}\cdot\text{mol}^{-1}$
Ar	0.0000	0.0000	8.49	8.49
CO	0.003	0.0084	8.74	8.75
HCl	3.305	1.004	16.82	21.13
HBr	0.686	0.502	21.92	13.11
HI	0.025	0.1130	25.86	26.00
NH_3	13.31	1.548	14.94	29.80
H_2O	36.38	1.929	8.996	47.30

分子间力对物质物理性质的影响是多方面的。液态物质分子间力越大，汽化热就越大，沸点就越高。固态物质分子间力越大，熔化热就越大，熔点就越高。一般说来，结构相似的同系列物质相对分子质量越大，分子间力越强，物质的熔点、沸点就越高。例如，稀有气体、卤素单质等，其熔点和沸点就是随着相对分子质量的增大而升高的。

分子间力对液体的互溶度以及固态、气态非电解质在液体中的溶解度也有一定影响。溶质或溶剂的分子间力越大，溶解度也越大，即所谓"相似者相溶"经验规则。

另外，分子间力的大小对气体分子的可吸附性也有影响。用防毒面具能滤去空气中分子量较大的毒气（如氯气、光气、甲苯等），原因就是这些毒气的分子量比 O_2、N_2 分子大得多，变形性显著，与活性炭间的吸附作用强。近年来广泛使用的气相色谱分析仪，就是利用色谱柱上的填料与各种不同气体的分子间吸附力不同，从而分离并鉴定混合气体成分的。

还有，分子间力对分子型物质的硬度也有一定的影响。分子极性小的聚乙烯、聚异丁烯等物质，分子间力较小，因而其硬度不大；含有极性基团的有机玻璃等物质，分子间引力较大，具有一定的硬度。

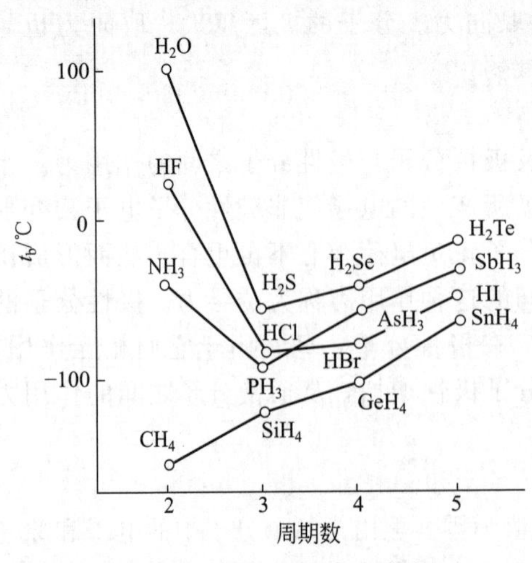

图4-12 氢化物的熔、沸点

4.3.3 氢键

(1) 氢键的形成和特征 大多数同系列氢化物的熔、沸点随着分子量的增大而升高，唯有 H_2O、HF、NH_3 不符合上述递变规律，如图4-12所示。原因是这些分子间除了存在上述分子间作用力外，还存在着一种特殊的作用力即氢键。

```
        F           F
   H        H   H        H
F            F             F
```

当氢原子与电负性大的 X 原子（如 N、O、F）以极性共价键结合时，共用电子对强烈地偏向 X 原子，原只有一个电子的 H 原子几乎成了“裸露”的质子，由于其半径特小，电荷密度大，还能吸引另一电负性大、半径小的 Y 原子（X、Y 原子可以相同，也可以不同）中的孤对电子而形成氢键 X—H…Y。

实验表明，氢键比化学键弱得多而比分子间力稍强（在同一数量级），氢键具有方向性和饱和性。方向性是指 Y 原子与 X—H 形成氢键时，尽可能使 X、H、Y 三个原子在同一直线上。饱和性是指每一个 X—H 只能与一个 Y 原子形成氢键。

（2）氢键形成对物质性质的影响　氢键通常是物质在液态时形成的，但形成后有时也能继续存在于某些晶态甚至气态物质中。例如 H_2O 在气态、液态和固态中都有氢键存在。分子间氢键的生成将对物质的聚集状态产生影响，所以物质的物理性质会发生明显的变化。

分子间有氢键的物质的熔点、沸点和汽化热比同系列氢化物要高。有氢键的液体一般黏度较大，如甘油、浓硫酸等，由于氢键形成易发生缔合现象，从而影响液体的密度；另外，氢键的存在使其在水中的溶解度大为增加。

自氢键被发现以来，人们对氢键的研究至今兴趣不减。这是因为氢键广泛存在于许多化合物和溶液之中。一些无机含氧酸、有机羧酸、醇、胺，甚至生活中常见的纸张、衣物、皮革、煤炭、润滑油脂和棉花等纤维类材料，以及人体中与生命现象密切相关的蛋白质和核酸（DNA）也有大量的氢键存在。肌肉的运动也与氢键的形成和断裂有关。

4.4　晶体结构

CO_2 和 SiO_2 是同族元素的氧化物，分子式写法相似，但性质却完全不同，熔点相差很大，这是由于它们分属不同的晶体，固体结构完全不同造成的。我们把聚集状态是固态的物质称为固体，固体具有一定的体积，且具有一定形状。如果将气体降低温度，它会凝结成液体，如果将液体继续降温，液体就会凝结成固体。固体分为晶体与非晶体。在自然界中大多数固体物质是晶体。

4.4.1　晶体的概念

根据固态物质的结构和性质，可将其分为晶体和非晶体。天然和合成的无机固态物质多为晶体。晶体具有规则的几何外形、确定的熔点和各向异性等特点。晶体的外形是晶体内部结构的反映，是构成晶体的质点（离子、分子或原子）在空间有一定规律的点上排列的结果。

晶体的各向异性指由于晶格各个方向排列的质点的距离不同，而带来晶体各个方向上的性质也不一定相同，称各向异性。如云母的解离性（容易沿某一平面剥离的现象）就不相同，又如石墨在与层垂直的方向上的电导率是与层平行的方向上的电导率的 $1/10^4$。

非晶体（如玻璃、沥青、松香等）也叫做无定形物质。它们没有固定的熔点，只有软化的温度范围。气温升高时，它慢慢变软，直到最后成为流动的熔融体。只有内部微粒具有严格的规则结构的物质才是各向异性的，所以无定形物质都是各向同性的。目前引起广泛重视的非晶体固体有四类：传统的玻璃、非晶态合金（也称金属玻璃）、非晶态半导体、非晶态高分子化合物。

4.4.2 晶体的基本类型

晶体的种类繁多，各种晶体都有它自己的晶格。若按晶体内部微粒的组成和相互间的作用力来划分，可分为离子晶体、原子晶体、金属晶体和分子晶体等四种基本类型的晶体。晶体中微粒间的作用力不同，将直接影响晶体的性质。

(1) 离子晶体 在离子晶体的晶格结点（在晶格上排有微粒的点）上交替地排列着正离子和负离子，在正、负离子间有静电引力（离子键）作用着。离子键由于没有方向性和饱和性，在空间条件许可的情况下，各离子将尽可能吸引多的异号离子，以降低体系能量。拿氯化钠晶体来说（图 4-13），化学式 NaCl 只表示氯化钠晶体中 Na^+ 离子数和 Cl^- 离子数的比例是 1∶1，并不表示 1 个氯化钠分子的组成。在离子晶体中并没有独立存在的小分子，但习惯上仍把 NaCl 叫做氯化钠晶体的分子式。

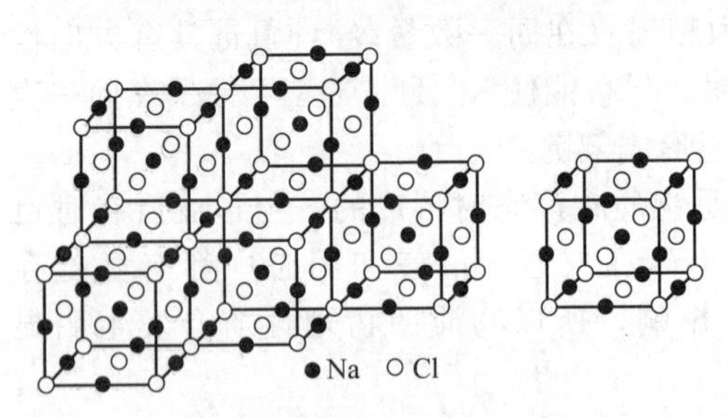

图 4-13 氯化钠的晶体结构

在典型的离子晶体中，离子电荷越多，离子半径越小，则所产生的静电场强度越大，与异号电荷离子的静电作用也越大，因此离子晶体的熔点也越高，硬度也越大。

属于离子晶体的物质通常是活泼金属的盐类和氧化物。例如可作为红外光谱仪棱镜的氯化钠、溴化钾晶体，作为耐火材料的氧化镁晶体，作为建筑材料的碳酸钙晶体等。

(2) 原子晶体 在原子晶体的晶格结点上排列着原子，原子之间由共价键联系着。以典型的金刚石原子晶体为例（图 4-14）。每个碳原子能形成 4 个 sp^3 杂化轨道，可以和 4 个碳原子形成共价键，组成正四面体。属于原子晶体的物质，单质中除金刚石外，还有可作半导体元件的单晶硅和锗，在化合物中如碳化硅、砷化镓、二氧化硅等也属于原子晶体。

原子晶体一般具有很高的熔点和很大的硬度，在工业上常被选为磨料或耐火材料，金刚石的熔点可高达 3550℃，是所有单质中熔点最高的，其硬度也极大。原子晶体的延展性很小，有脆性。由于晶体中没有离子，固态、熔融态都不易导电，所以一般是电的绝缘体。原子晶体在一切溶剂中都不溶。

(3) 分子晶体 在分子晶体的晶格结点上排列着分子（极性分子或非极性分子），如图 4-15，在分子之间有分子间力作用着，在某些分子晶体中还存在氢键。许多非金属单质和非金属元素所组成的化合物（包括绝大多数的有机物）都能形成分子晶体。

由于分子间力较弱，分子晶体的硬度较小，熔点一般低于 400℃，并有较大的挥发性，如碘片、萘晶体等。分子晶体是由电中性的分子组成的，固态和熔融态都不导电，是电绝缘体。但某些分子晶体含有极性较强的共价键，能溶于水产生水合离子，因而能导电，如冰醋酸。

(4) 金属晶体 在金属晶体的晶格结点上排列着原子或正离子（如图 4-16），在这些离子、原子之间，存在着从金属原子脱落下来的电子（图中的黑点表示电子），这些电子并不固定在某些金属离子的附近，而可以在整个晶体中自由运动，叫做自由电子。整个金属晶体中的原子（或离子）与自由电子所形成的化学键叫做金属键。这种键可以看成是由多个原子共用一些自由电子所组成的。金属键的强弱与单位体积内自由电子数（或自由电子密度）有关，半径较小、自由电子较多的金属的金属键较强，熔点就高。

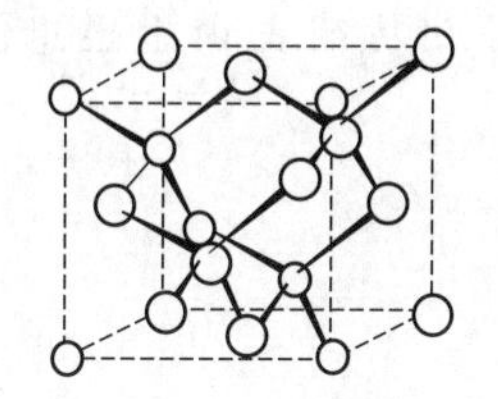

图 4-14　金刚石的晶体结构

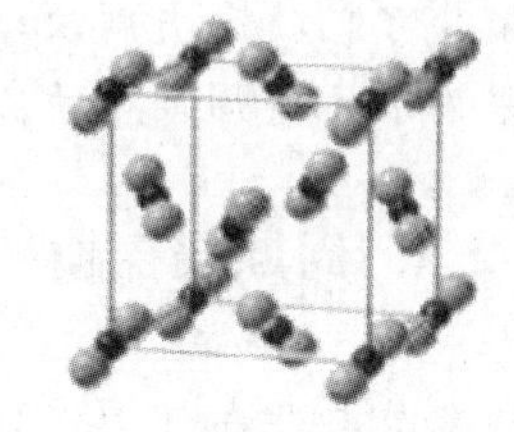
图 4-15　二氧化碳的晶体结构

图 4-16　金属的晶体结构

金属晶体单质多数具有较高的熔点和较大的硬度，通常所说的耐高温金属就是指熔点高于铬的熔点（1857℃）的金属，集中在副族，其中熔点最高的是钨（3410℃）和铼（3180℃）。它们是测高温用的热电偶材料。也有部分金属单体单质的熔点较低，如汞的熔点是－38.87℃，常温下为液体。金属晶体具有良好的导电、导热性，尤其是第Ⅰ副族的Cu、Ag、Au，它们还有良好的延展性等机械加工性能，有金属光泽、对光不透明等特性。

（5）混合型晶体　实际晶体还有晶格粒子间同时存在几种作用力的混合键型晶体。例如层状结构的石墨（如图 4-17）属于混合型晶体。在石墨晶体中同层粒子间是以共价键结合的，而平面结构的层与层之间则以分子间力结合，所以石墨是混合型晶体。由于层间的结合力较弱，容易滑动，所以石墨常被用作润滑材料。

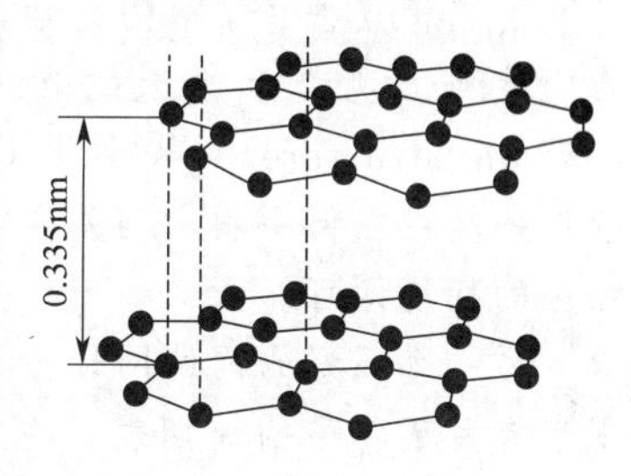

图 4-17　石墨的层状结构

化学视野

元素周期律的发现与发展

俄国化学家门捷列夫，1834 年 1 月 27 日生于西伯利亚的托波尔斯克，当时正是化学界探索元素规律的卓绝时期。这时，人们发现的元素已达 60 余种，并通过长期对形态各异的元素的深入探索，对元素间的内在联系取得了一系列新认识。门捷列夫很早就投入了这场探索元素间内在联系的研究，并在无成果的探索中度过了一个个艰难岁月。直到 1869 年，他才最后发现了元素周期律，并据此预言了一些尚未被发现的元素。门捷列夫的元素周期律的正确性，很快被化学家陆续发现的未知元素所证实。门捷列夫这一伟大发现是在一天之内完成的，真可谓瓜熟蒂落，水到渠成。历史上像元素周期律这样重大的科学发现，假如它的发现者在科学研究方法上没有创造性，而要在一天之内如高屋建瓴，势如破竹，一气呵成是不可能的。门捷列夫形象描述自己的研究方法时说："科学大厦不仅需要材料，而且还需要设计，以科学的宇宙观拟订科学大厦的模型。没有材料的设计方案是空中楼阁，只有材料而无设计便是堆垛，材料加设计并付诸实施，才能使科学大大厦高高耸起。"门捷列夫的科学认识方法可概括为三条，上升法是科学发现的关键，综合法是发现规律的途径，比较法是分类的基础。

然而门捷列夫的思想未能从元素不能转化、原子不可分割等形而上学传统观念的束缚中解脱出来。到了 19 世纪末，人们发现了放射性元素和电子的存在，为揭开原子从量变到质变的内幕，提供了新的实验依据，但他不仅不能利用这些新的科学实验成果进一步发展他的周期律学说，相反却极力否认原子的复杂性和电子的客观存在。可是化学家们在 19 世纪末放射性和电子等一系列伟大发现的基础上，扬弃了门捷列夫的原子不可分和元素不可转化的陈旧观念，根据门捷列夫元素周期律的合理内核，制定出了新的元素周期律。在门捷列夫的元素周期律基础上诞生的新理论，比门捷列夫的理论更具有真理性，它揭示了元素在周期表中是按原子中的质子数排列的，解决了门捷列夫解决不了的问题。门捷列夫由于思想僵化，丧失了应该根据新的科学实验成果发展元素周期律的良机。

网络导航 周期表探趣

化学元素周期表是化学工作者经常使用的工具。Internet 上有很多国内、国外的以化学元素为基本对象的综合性数据库，包括了与元素有关的多种数据和各种各样的信息，可以通过搜索引擎的方法输入关键词“元素周期表”（periodic table）查找。

在众多网上的元素周期表中，英格兰谢菲尔德（Sheffield）大学化学系的 Mark Winter 博士制作的基于 Web 的化学元素周期表全面而又精致，称为“WebElements”，是在 Internet 上具有广泛影响的化学资源。其网址为 http：//www. webelements. com。进入该网页，只要用鼠标点击想了解的元素，页面的中央就出现该元素主要的文字和图片介绍。在页面的右侧就会出现关于所选元素的有关选项，如物理性质（Physics properties）、晶体结构（Crystal structure）、电性质（Electron shell properties）、化合物（Compounds）等。用鼠标点击其中任何一项，相关内容将显示于页面的中央。要想了解更为具体的内容，接着点击相应的标题即可。

另一个很好的网站网址为 http：//www. chemicalelement. com。进入主页后，在右栏出现带有元素符号的周期表，左栏有名称（Name）、熔点（Melting Point）、发现日期（Data of discovery ）等选项。如点击 Name，周期表出现元素的英文名称。

还有一个十分有创意的周期表是“有四条腿的桌子”的周期表（table 一词还有桌子的意思），TheodoreGray 先生设计制造了这个台式周期表。他收集了相关元素的样品放在“桌子”上的元素格子里。这项工作获得 2002 年的“搞笑诺贝尔化学奖”。在网站里有收集来样品的图片及介绍，网址为 http：//www. theodoregray. com/PeriodicTable/。

思 考 题

1. 微观粒子有哪些特性？

2. 量子力学中的原子轨道与玻尔理论中的原子轨道有何区别？每个 p 原子或 d 原子轨道角度分布图上的“+”、“−”号表示什么意义？

3. 原子轨道角度分布图与电子云角度分布图有何异同点？为什么 2p，3p，4p，… 的原子轨道角度分布图完全相同？

4. 说明四个量子数的物理意义、取值要求和相互关系。描写一个电子的运动状态要用哪几个量子数？描写一个轨道的运动状态需用哪几个量子数？

5. 试区别下列各术语：

（1）基态原子与激发态原子；

（2）概率与概率密度；

（3）原子轨道与电子云；

（4）Ψ 与 Ψ^2。

6. 下列说法是否正确，为什么？

（1）p 轨道是 8 字形的，所以 p 电子是沿着 8 字形轨道运动的；

（2）电子云图中黑点越密之处，表示那里的电子越多；

（3）氢原子中原子轨道的能量由主量子数来决定；

（4）磁量子数为零的轨道都是 s 轨道。

7. 核外电子排布应遵循哪些原则？试举例说明。

8. 原子中电子的能级由哪几个量子数决定？当 $n=4$ 时，有几个能级？各能级有几个轨道？最多能容纳多少个电子？

9. 下面的轨道哪些是不可能存在的？为什么？

4f，8s，2d，1p，2f

10. 试指出下列原子的电子分布中，哪些属于基态、激发态或是错误的。

(1) $1s^2 2s^2 2p^1$　　(2) $1s^2 2p^2$　　(3) $1s^2 2s^2$

(4) $1s^2 2s^2 2p^6 3s^2 4d^1$　　(5) $1s^1 2s^1 2p^1$　　(6) $1s^2 2s^2 2p^6 3s^1$

11. 离子键是怎样形成的？它的特征和本质是什么？

12. 共价键的本质是什么？为什么说共价键具有饱和性和方向性？

13. 杂化轨道理论的内容是什么？原子为什么要以杂化轨道成键？

14. sp 型杂化有哪几种类型？相应分子的几何构型如何？

15. 用什么物理量衡量分子的极性？分子的极性与哪些因素有关？

16. 分子间力有哪几种？分子间力大小对物质的物理性质有何影响？

17. 什么是氢键？形成氢键的两个基本条件是什么？

18. 下列说法是否正确？为什么？

(1) s 电子与 s 电子间形成的键是 σ 键，p 电子与 p 电子间形成的键是 π 键；

(2) 直线形分子都是非极性分子，非直线形分子都是极性分子；

(3) 相同原子间双键的键能是单键键能的两倍；

(4) 用 1s 轨道与 3p 轨道混合形成四个 sp^3 杂化轨道；

(5) BF_3 与 NF_3 都是 AB_3 型分子，所以它们都是 sp^2 杂化型，形成平面三角形分子；

(6) HCl 是离子型化合物，因为它溶于水产生 H^+ 和 Cl^-；

(7) 一个具有极性键的分子，其偶极矩一定不等于零；

(8) 色散力只存在于非极性分子之间；

(9) 极性分子间力最大，所以极性分子熔点、沸点比非极性分子都高；

(10) 凡是含氢的化合物，其分子间都能产生氢键。

19. 元素在周期表中所属族数就是它的最外层电子数，这种说法对吗？为什么？

20. 周期表元素分区的主要依据是什么？分区讨论元素及其化合物性质有什么优点？

21. 试述原子半径变化趋势与金属性变化趋势的关系。

22. 电负性的数值与元素的金属性、非金属性有何联系？元素的电负性在周期表中有何递变规律？

23. 为什么干冰与石英的物理性质相差甚远？

习　题

1. 指出下列原子轨道相应的主量子数 n、角量子数 l 的数值。每一种轨道所包含的轨道数各是多少？

3p，4d，5f

2. 写出硼原子中各电子的四个量子数，为什么描写 2p 电子的四个量子数不是唯一的？

3. 指出下列各组量子数哪些是不合理的？并加以改正。

(1) $n=3$　$l=2$　$m=2$　$m_s=1/2$

(2) $n=3$　$l=0$　$m=-1$　$m_s=1/2$

(3) $n=2$　$l=2$　$m=0$　$m_s=2$

(4) $n=2$　$l=-1$　$m=0$　$m_s=1/2$

(5) $n=2$　$l=3$　$m=2$　$m_s=0$

4. 下列基态原子的电子分布式各违背了什么原理？写出正确的电子构型。

(1) $1s^2 2s^2 2p^6 3s^2$　　(2) $1s^2 2s^2 2p_x^3$

(3) $1s^2 2p^2$　　(4) $1s^2 2s^2 2p^6 3s^2 3p^6 3d^3$

5. 写出下列元素的核外电子分布式、原子序数及元素符号。

(1) 在 4p 轨道上有一个电子的元素；

(2) 开始填 4d 轨道的元素；

（3）在 $n=3$、$l=2$ 的轨道上有五个电子，在 $n=4$、$l=0$ 的轨道上有一个电子的元素；

6. 根据价键理论写出下列分子的结构式（可用一短线表示一对共用电子）。

$HClO$，Hg_2Cl_2，HCN，SiH_4，BCl_3，OF_2，N_2H_4，CS_2，N_2

7. 试用杂化轨道理论预测下列分子的几何构型。

OF_2，BBr_3，SiH_4，PCl_3，$BeCl_2$，HCN

8. 判断下列各组中两种物质的熔点高低。

（1）NaF　MgO　（2）BaO　CaO　（3）Br_2　I_2

（4）SiC　$SiCl_4$　（5）NH_3　PH_3　（6）$NaCl$　ICl

9. 填充下表。

原子序数	元素符号	周期	族	区	核外电子排布	价层电子构型
	K					
					[Ar]$3d^{10}4s^24p^1$	
		4	ⅦB			
						$4d^25s^2$
						$5d^{10}6s^2$
		4	ⅡB			

10. 已知 M^{2+} 在 $n=3$、$l=2$ 的轨道内有 6 个电子。试指出：

（1）M 原子的价层电子构型及所属周期、族、区；

（2）写出+3 价离子的外层电子分布式；

（3）此元素+2 、+3 价气态离子的稳定性哪个大？为什么？

（4）此原子中的未成对电子数有几个？

11. 下列各对分子中，哪个分子的极性较强？为什么？

（1）HCl 与 HI　（2）CH_4 与 SiH_4　（3）HCN 与 CS_2　（4）BF_3 与 NF_3

12. 判断下列各组分子之间存在哪些分子间力。

（1）Br_2 与 CCl_4　（2）He 与 H_2O　（3）HBr 与 HI　（4）H_2O 与 NH_3

13. 判断下列各组物质熔点的高低顺序，简要说明之。

（1）SiF_4　$SiCl_4$　$SiBr_4$　SiI_4

（2）PI_3　PCl_3　PF_3　PBr_3

14. 根据周期表找出：

（1）H，Ar，Ag，Ba，Te，Au 中半径最大的原子；

（2）As，Ca，O，P，Ga，Sc，Sn 中电负性最大的原子。

15. 填充下表。

化合物	CO_2	BF_3	NH_3	$SiCl_4$	H_2O
中心原子的杂化轨道类型					
分子的几何构型					
分子的偶极矩是否为零					
在水中的溶解性(难、易)					

第5章　化学与材料科学

人类文明的进步都是以材料发展为其标志的。石器、陶器、瓷器、铜器、铁器、玻璃、钢、水泥、有机高分子、液晶材料等的发明为人类的生活带来了巨大变化。

所谓材料是指人类利用物质的某些功能来制作物件时用的化学物质。目前传统材料有几十万种，而新合成的材料每年大约以5%的速度在增加。若按用途分类，可将材料分为结构材料和功能材料两大类。结构材料主要是利用材料的力学和物理、化学性质，广泛应用于机械制造、工程建设、交通运输和能源等各个工业部门。功能材料则是利用材料的热、电、光、磁等性能，用于电子、激光、通信、能源和生物工程等诸多高科技领域。功能材料的最新发展是智能材料，它具有环境判断功能、自我修复功能和时间轴功能，人们称智能材料是21世纪的材料。若按材料的成分和特性分类，可分为金属材料、无机非金属材料、高分子材料和复合材料。本书采用这种分类方法。

5.1　金属和合金材料

5.1.1　金属的化学性质

由于金属的电负性较小，在化学反应中总是倾向于失电子，因此金属单质最突出的化学性质是还原性，金属单质的还原性与金属的活泼性虽然并不完全一致，但总的变化趋势还是服从元素周期律的。下面先介绍金属单质还原性的一般变化规律，然后结合有关具体反应说明金属单质还原性的相对强弱。

5.1.1.1　金属单质还原性的周期性变化

同一周期从左到右金属单质的还原性逐渐减弱，短周期减弱较快，长周期减弱较慢。这是因为同一周期从左到右，有效核电荷依次增多，电子层数不变，核对外层电子的引力增强，使原子半径逐渐减小，金属失电子更趋困难，故还原性减弱。在长周期中，副族金属元素的有效核电荷和原子半径变化没有主族元素显著，因而金属单质还原性的变化不如主族元素那样明显，甚至彼此还原性较为接近。

同一主族从上到下，金属单质的还原性依次增强。因为从上到下金属的核电荷数虽然依次增多，但外层电子受到的有效核电荷增加不多而原子半径增加明显，两者相比较，原子半径的影响更为显著，故下层的金属更易失电子，金属单质的还原性更强。副族（ⅢB族除外）金属单质的还原性从上到下有减弱的趋势。例如从铬到钨，从铜到金，金属单质的还原性都是减弱的。产生这种变化的原因，除受核电荷数和原子半径的影响外，还主要受到镧系收缩效应的影响。

金属的活泼性与金属的还原性大小不完全一致，因前者不仅包含了电离能（I），还包括金属离子的水合能等。在此还应当特别注意的是，一些还原性较强的金属在特定的条件下表面易形成致密坚硬的氧化物保护膜而表现出“不活泼性”，钛、铬、镍和铝等金属就是其中典型的例子，这往往是动力学因素造成的。

5.1.1.2　金属单质与氧、水、酸、碱的作用

(1) s区金属

① 与氧作用。s区金属较活泼，具有很强的还原性，易被空气中的氧氧化，除了可生成

正常氧化物（如 Li_2O 和 MgO）外，还能生成过氧化物（如 Na_2O_2 和 BaO_2）和超氧化物（如 KO_2 和 BaO_4），过氧化物中存在过氧离子 O_2^{2-}，其中含有过氧键—O—O—。超氧化物中含有超氧离子 O_2^-。离子型过氧化物与水或酸反应生成过氧化氢。例如：

$$Na_2O_2(s)+2H_2O(l) \longrightarrow 2NaOH(aq)+H_2O_2(aq)$$

$$BaO_2+2HCl(aq) \longrightarrow H_2O_2(aq)+BaCl_2$$

过氧化物和超氧化物都是强氧化剂，遇到棉花、木炭或铝粉等还原性物质会发生爆炸，使用时要倍加小心。

过氧化物和超氧化物都是固体储氧物质，遇水可放出氧气，利用这种性质，将超氧化物装在面罩中，可供高空和潜水人员使用。例如：

$$4KO_2(s)+2H_2O(g) \longrightarrow 4KOH(s)+3O_2(g)$$

人呼出的 CO_2 又可以被氢氧化钾吸收。

$$KOH(s)+CO_2(g) \longrightarrow KHCO_3(s)$$

过氧化物、超氧化物也可以直接与 CO_2 作用并放出氧气。例如：

$$2Na_2O_2(s)+2CO_2(g) \longrightarrow 2Na_2CO_3(s)+O_2(g)$$

$$4KO_2(s)+2CO_2(g) \longrightarrow 2K_2CO_3(s)+3O_2(g)$$

② 与水作用。s 区金属能与水作用，置换出氢气并生成相应的氢氧化物。例如：

$$2Na(s)+2H_2O(l) \longrightarrow 2NaOH(aq)+H_2(g)$$

锂、铍和镁与水的作用较慢，主要是生成的氢氧化物难溶于水，覆盖在金属表面上，阻碍了反应的进一步进行。

s 区金属当然更易与酸反应，并产生氢气，但反应过于激烈，无法控制，故禁止使用。

(2) p 区金属 p 区金属的还原性较 s 区弱，常见的 p 区金属如铝、锡、铅、锑、铋等。除铝较活泼外，其余金属在空气中无明显作用，在加热时可生成相应的氧化物。铝虽活泼，但铝表面的氧化膜致密，具有保护作用。因此铝在空气中很稳定。铝的氧化物可被 Cl^- 破坏，所以铝在海水中极易被腐蚀。锡在常温下表面有一层保护膜，在空气和水中都很稳定，有一定的抗腐蚀性，马口铁就是镀锡铁。

p 区金属不能与水作用，其中铝的标准电极电势虽小，但由于表面有保护膜，在水中仍稳定。

p 区金属大都能与非氧化性酸作用，置换出氢气。例如：

$$Sn(s)+2HCl(aq) \longrightarrow SnCl_2(aq)+H_2(g)$$

铝也能与稀酸反应，但在浓硝酸中很稳定（形成保护膜而发生钝化），因此可用纯铝容器储存浓硝酸，用纯铝管道输送浓硝酸。铅与酸作用，例如：

$$Pb(s)+H_2SO_4(aq) \longrightarrow PbSO_4(aq)+H_2(g)$$

由于产物难溶于水，阻碍反应进一步进行，故铅可做耐硫酸设备。

(3) d 区和 ds 区金属 d 区和 ds 区金属单质的还原性差别较大。第四周期金属（铜除外）的标准电极电势的代数值均为负值，但比 s 区金属的值要大，它们不能与水作用，但能从非氧化性稀酸中置换出氢气。例如：

$$Fe(s)+2HCl(aq) \longrightarrow FeCl_2(aq)+H_2(g)$$

铜能与氧化性酸作用。例如：

$$3Cu(s)+8HNO_3(aq) \longrightarrow 3Cu(NO_3)_2(aq)+2NO(g)+4H_2O(l)$$

第四周期金属一般都能与空气中的氧作用，生成相应的氧化物，其中铬、锌、镍等表面的氧化物膜具有保护作用，能阻止氧进一步与内部的金属反应。

第五、第六周期的 d 区和 ds 区金属不与非氧化性酸作用。一些不活泼金属如金、铂只能与王水作用。例如：

$$Au(s)+HNO_3+4HCl \longrightarrow H[AuCl_4]+NO(g)+2H_2O(l)$$

这实际上是酸溶解、氧化还原溶解与配位溶解的共同作用。此法也可溶解其他一些难溶金属，反应与上面的类似。

以上只是简要介绍了金属单质还原性的一些表现。事实上金属单质还原性的表现还有许多，例如，铝、锡、锌还能与碱作用产生氢气：

$$Sn(s)+2NaOH(aq)+2H_2O(l) \longrightarrow Na_2[Sn(OH)_4](aq)+H_2(g)$$

此外，碱金属和一些碱土金属还能与氢气作用形成离子型氢化物，而 Ti、$LaNi_3$ 等金属或合金也能与氢形成氢化物，可用于储氢材料。

5.1.2 金属和合金材料

元素周期系中有80多种金属元素。金属具有金属光泽、传热、导电性和延展性。延性是指金属能被拉伸成金属丝，展性是指金属能被捶打成金属薄片。金属具有优异的机械性能，可被加工成各种材料，现代生产和使用的金属材料种类很多。为了合理地使用金属材料，充分发挥金属材料本身的性能潜力，以达到提高产品的质量、节省金属材料的目的，了解材料的使用性能和工艺性能是十分必要的。使用性能包括机械性能和物理、化学性能等；工艺性能包括铸造性能、锻造性能、焊接性能、热处理性能、切削加工性能等。

金属的优异性能来源于金属内部的结构，金属的一般性质与自由电子密切相关。由于自由电子可以吸收各种波长的可见光，随即又发射出来，因而使金属具有光泽、不透明；自由电子可以在整块金属内自由运动，所以金属的导电性和传热性都非常好；金属键没有方向性和饱和性，层与层之间可以滑动，使金属有优异的延展性。

5.1.2.1 合金的基本结构类型

在工程材料中，凡由金属元素或以金属元素为主形成的具有一般金属特性的材料，统称为金属材料。金属材料包括金属和合金。合金是由一种金属与另一种或几种其他金属或非金属熔合在一起形成的具有金属特性的物质。

一般说来，纯金属都具有良好的塑性、较高的导电性和导热性，但它们的机械性能如强度、硬度等不能满足工程上对材料的要求，而且价格较高。因此，在工程技术上使用最多的金属材料是合金。合金从结构上可分为如下三种基本类型。

(1) 混合物合金 混合物合金是两种或多种金属的机械混合物，是多相体系。此种混合物中组分金属在熔融状态时可完全或部分互溶，而在凝固时各组分金属又分别独自结晶出来。显微镜下可观察到各组分的晶体或它们的混合晶体，混合物合金的导电、导热等性质与组分金属的性质有很大不同，它是其组分金属的平均性质。如纯锡熔点是232℃，纯铅熔点是327.5℃，含锡63%的锡铅合金（通常用的焊锡）其熔点只有181℃。

(2) 固溶体合金 两种或多种金属不仅在熔融时能够互相溶解，而且在凝固时也能保持互溶状态的固态溶液称为固溶体合金。固溶体合金是一种均匀的组织，是单相体系。其中含量多的金属称为溶剂金属，含量少的金属称为溶质金属。固溶体保持着溶剂金属的晶格类型，溶质金属可以有限地或无限地分布在溶剂金属的晶格中。根据溶质原子在晶体中所处的位置，固溶体可分为取代固溶体和间隙固溶体。它们之间的区别如图5-1所示。

(3) 金属化合物合金 当两种金属元素原子的外层电子结构、电负性和原子半径差别较大时，所形成的金属化合物（金属互化物）称为金属化合物合金。金属化合物的晶格不同于原来的金属晶格。通常分为两类：正常价化合物和电子化合物。

正常价化合物是金属原子间通过化学键形成的。其成分固定，符合氧化数规则。例如，

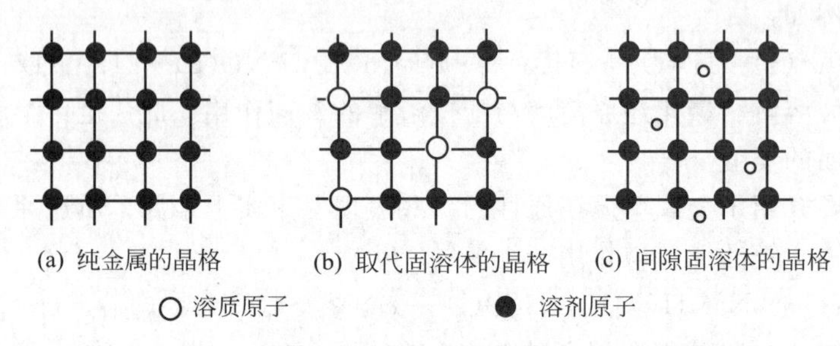

图 5-1　纯金属和固溶体的晶格中原子分布示意图

Mg_2Pb、Na_3Sb 等属于这类合金。这类合金的化学键介于离子键和金属键之间，导热性和导电性比纯金属低，而熔点和硬度却比纯金属高。

大多数金属化合物属于电子化合物，这类化合物以金属键相结合，其成分在一定范围内变化，不符合氧化数规则。例如，Nb_3Sn 可成为超导体。

5.1.2.2　常见的合金材料

(1) 铁的合金——钢　将生铁中的 S、P、Si 等杂质除去，并且将碳的含量调节到规定范围，就得到钢。钢的种类很多，根据其化学成分可分为碳素钢和合金钢两大类。

① 碳素钢。碳素钢基本上是铁和碳的合金。根据含碳量的不同，可将其分为低碳钢、中碳钢和高碳钢。低碳钢（碳含量<0.25%）韧性好、强度低、焊接性能优良，主要用于制造薄铁皮、铁丝和铁管等；中碳钢（碳含量 0.25%～0.6%）强度较高，韧性及加工性能较好，用于制造铁轨、车轮等；高碳钢（碳含量 0.6%～1.7%）硬而脆，经热处理后有较好的弹性，用于制造医疗器具、弹簧和刀具等。

② 合金钢。在钢中添加不同的合金元素可得到各种性能的合金钢。应用最广的合金元素有铬、锰、钼、钨、钴、镍、硅和铝等，它们除显著提高并改善钢的机械性能外，还赋予钢许多新的特性。合金钢种类繁多，分类方法也有多种，最方便的是按用途分类。不锈钢是一种具有很高耐腐蚀性的特殊性能钢，已在石油、化工、原子能、航天、海洋开发和一些尖端科学技术领域以及日常生活中得到广泛应用。不管哪类不锈钢，都具有下列特点：

a. 碳含量。耐蚀性要求愈高，碳含量应愈低。因为碳与铁能形成稳定的碳化物，并在晶界析出，引起晶间腐蚀。晶间腐蚀是沿着金属或合金的晶粒边界或它的邻近区域发生的腐蚀。晶间腐蚀是由于合金在受热不适当时，组织发生改变使晶粒与晶界之间存在一定的电势差而引起的。所以晶间腐蚀是一种由于组织的电化学不均匀性而引起的局部腐蚀。

b. 合金元素铬。铬能提高基体的电极电势。铬含量为 12.5%，基体的电极电势可由 −0.56V 跃升至 +0.12V。铬在氧化性介质（如水蒸气、大气、海水、氧化性酸等）中极易钝化，生成致密的氧化膜，使钢的耐蚀性大大提高。

c. 辅助元素 Ni、Mo、Cu、Ti、Nb、Mn 中，Ni 虽然与 O_2 的结合能力比 Fe 弱，但 Ni 能无限固溶在铁中，使组织均匀，减小了“晶间腐蚀”的可能；Mo、Cu 可提高钢在非氧化性酸（如盐酸、稀硫酸）和碱溶液中的耐蚀能力（因 Cr 在非氧化性酸中钝化能力差）；Ti 和 Nb 能优先同碳形成稳定的碳化物，使 Cr 保留在基体中，避免晶界面贫铬；Mn 能提高铬不锈钢在有机酸中的耐蚀性。

(2) 轻质合金　轻质合金是以轻金属为主要成分的合金材料。常用的轻金属是镁、铝、钛及锂、铍等。

① 铝合金。纯铝的机械性能差，导电性较好，大量用于电气工业。在铝中加入少量其他合金元素，其机械性能可以大大改善。铝合金密度小、强度高，是轻型结构材料。经过热

处理使强度大为提高的铝合金称为硬铝合金。根据合金元素含量，硬铝合金也有不同种类。增加铜和镁的含量可提高合金的强度，但铜含量的增加会降低合金的抗蚀性。加入少量锰能提高合金的耐热性，还可降低合金在焊接时形成裂纹的倾向。硬铝制品的强度和钢相近，而质量仅为钢的 1/4 左右，因此在飞机、汽车等制造方面获得了广泛的应用。但硬铝的耐蚀性较差，在海水中易发生晶间腐蚀，不宜用于造船工业。

② 钛合金。钛合金比铝合金密度大，但强度高，几乎是铝合金的 5 倍。经热处理，它的强度可与高强度钢媲美，但密度仅为钢的 57%，如用钛合金制造的汽车车身，其重量仅为钢制车身的一半，Ti-13V-11Cr-14Al（含 13%V、11%Cr、4%Al 的钛合金）的强度是一般结构钢的 4 倍，因此钛合金是优良的飞机结构材料。钛和钛合金的抗蚀性很好。高级合金钢在 $HCl-HNO_3$ 中一年剥蚀 10mm，而钛仅被剥蚀 0.5mm。由 Ti-6Al-4V 合金制造的耐腐蚀零件可在 400℃以下长期工作。钛合金罐可用作液氮或液氦等的低温容器。钢在 300℃便失去其特性，而钛的工作温度范围可宽达－200～500℃。钛合金在－250℃仍保持着较高的冲击韧性。被称为“第三金属”的钛及其合金，由于其质轻、高强、抗蚀、耐温而正在成为十分有发展前途的新型轻金属材料。

(3) 硬质合金　硬质合金是一种以硬质化合物为硬质相，以金属或合金作粘接相的复合材料，是 20 世纪 60 年代初出现的一种新型工程材料。它具有硬质化合物的硬度和耐磨性及钢的强度和韧性，是金属加工、采矿钻井及量具、模具等的重要工具材料。硬质合金的多样化是近年来硬质合金发展的一个突出特点。

(4) 记忆合金　记忆合金是近 20 年发展起来的一种新型金属材料。它具有“记忆”自己形状的本领，有人形容它是金属的“魔术师”，在航天工业、医学和人类生活中具有十分广泛的发展前景。如果某种合金在一定外力作用下使其几何形态（形状和体积）发生改变，而当加热到某一温度时，它又能够完全恢复到变形前的几何形态，这种现象称为形状记忆效应。具有形状记忆效应的合金叫形状记忆合金，简称记忆合金。记忆合金的这种在某一温度下能发生形状变化的特性，是由于这类合金存在着一对可逆转变的晶体结构的缘故。例如含 Ti、Ni 各 50%的记忆合金，有菱形和立方体两种晶体结构，晶体结构之间具有一定的转化温度。高于这一温度时，会由菱形结构转变为立方结构，低于这一转变温度时，则向相反方向转变。晶体结构类似的改变导致了材料形状的改变。

如用记忆合金制成的因温度变化而涨缩的弹簧，可用于暖房、玻璃房顶窗户的启闭：气温高时，弹簧伸长，顶窗打开，使之通风；气温低时，弹簧收缩，顶窗关闭。在医学方面，也常应用记忆合金：如对脊椎骨弯曲的病人，必须进行脊椎骨校直，可将形状记忆合金制成的器件放在体内脊椎骨上，受热时器件伸长，使脊椎骨校直。目前主要使用 Ni-Ti 合金（抗腐蚀，对人体无害），称镍钛脑，它的优点是可靠性强、功能好，但价格高；铜基形状记忆合金如 Cu-Zn-Al-Ni，价格只有 Ni-Ti 合金的 10%，但是可靠性差；铁基形状记忆合金刚性好，强度高，易加工，价格低，很有开发前途。总之，记忆合金由于具有特殊的形状记忆功能，所以被广泛地用于卫星、航空、生物工程、医药、能源和自动化等方面。而且这一新材料的应用前景将十分广阔。

(5) 储氢合金　所谓储氢合金就是两种特定金属的合金：一种金属可以大量吸进 H_2，形成稳定的氢化物；而另一种金属与氢的亲和力小，使氢很容易在其中移动。第一种金属控制 H_2 的吸藏量，而后一种金属控制着吸收氢气的可逆性。稀土金属是前一种的代表。储氢合金能够像人类呼吸空气那样，大量地“呼吸” H_2，是开发利用氢能源、分离精制高纯氢的理想材料。

氢能源的优点是发热量高，其热值相当于煤的 4 倍，燃烧产物是水，没有任何污染气体产生。氢若作为常规能源，必须解决氢的储存和输送问题，而储氢材料的研究正满足了人类社会发展的需求。然而并不是每一种储氢合金都能作为储氢材料，具有实用价值的储氢材料要求储氢量大，金属氢化物既容易形成，稍稍加热又容易分解，室温下吸、放氢的速度快。目前储氢合金用于氢动力汽车的试验已获得成功，其概念车已在某些场合运行。储氢合金的用途不限于氢的储存和运输，它也用在氢的回收、分离、净化及氢的同位素的吸收和分离等其他方面。

(6) 非晶态合金 非晶态也称玻璃态。非晶态物质中原子没有周期性重复排列，因而没有确定的熔点。与X射线作用只产生散射，没有衍射，表明非晶态物质中原子排列是长程无序的，但短界可以有序。图5-2为物质的晶态和非晶态示意图。

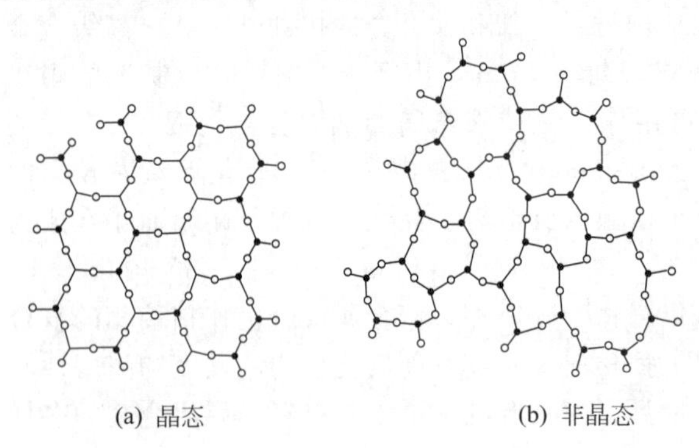

图5-2 物质的晶态和非晶态示意图

熔融状态的合金缓慢冷却得到的是晶态合金，因为从熔融的液态到晶态需要时间使原子排列有序化。如果将熔融状态的合金以极高的速度骤冷，不给原子有序化排列的时间，把原子瞬间冻结在像液态一样的无序排列状态，得到的是非晶态合金。这种结构与玻璃的结构极为相似，所以常把非晶态合金称为金属玻璃。非晶态合金是从熔融液态急冷凝固得到的，合金整体呈现均匀性和各向同性，因而具有优良的力学性能，如拉伸强度大，强度、硬度都比一般晶态合金高。由于非晶态合金中原子是无序排列，没有晶界，不存在晶体滑移、位错、层错等缺陷，使合金具有高电阻率、高导磁率、高抗腐蚀性等优异性能。非晶态合金的电阻率一般要比晶态合金高2～3倍，这可以大大减少涡流损失，故特别适合做变压器和电动机的铁芯材料。采用非晶态合金做铁芯，效率为97%，比用硅钢高出10%左右，所以得到推广应用。此外，非晶态合金在脉冲变压器、磁放大器、电源变压器、漏电开关、光磁记录材料、高速磁泡头存储器、磁头和超大规模集成电路基板等方面均获得应用。

(7) 智能材料 智能材料比较全面、确切的概念是“智能材料与结构系统”，是指在材料或结构中植入传感器、信号处理器、通信与控制器及执行器，使材料或结构具有自诊断、自适应，甚至损伤自愈合等某些智能功能与生命特征。这种系统已被用于一些重要的工程和尖端技术领域中，如建筑、桥梁、水坝、电站、飞行器等的状态监督，振动、形状的自我调节，损伤的自愈合等。具体实例有，在机翼、潜艇甚至汽车上设计安装一个智能系统，控制其外形，达到安全、节油的目的。在这样的系统中，一些具有特殊功能的材料被用于传感器及执行器，它们被称作智能材料，亦称机敏材料。其中，传感器材料使用较多的是光纤和压电材料；执行器材料则以形状记忆合金、压电材料、电流变体和电（磁）致伸缩材料为主；材料的自愈合（又称自修复）是智能材料与系统中另一主题，一般而言，金属材料在使用过程中，一旦发生了疲劳损伤，就意味着要被淘汰更换，没有生物体的自愈感及恢复功能。通过特殊处理，赋予其损伤预警功能并能使扭伤处得到修复，材料就具有“智能”特征。例如，将硼微粒复合到铝合金中，合金破坏时由它发射声波，用声发射器接收该信号，并随即发出预警；在损伤修复方面，成功的典型事例是，已发生疲劳的低碳钢，通以强脉冲电流，使其局部结构状态改变，达到疲劳寿命延长一个数量级的优异效果。又如，制备钼时，添加弥散分布的ZrO_2粒子（粒径约50nm）。金属内一旦形成微裂纹，在裂纹尖端产生的应力集中，将诱发ZrO_2粒子相变，吸收部分能量，并伴随有体积膨胀，从而抑制裂纹发展，使材料的断裂韧性增加。

5.2　无机非金属材料

无机非金属材料又称陶瓷材料，有悠久的历史。近几十年来，又得到飞速发展：它包括各种金属元素与非金属元素形成的无机化合物和非金属单质材料。主要有传统硅酸盐材料（又称传统陶瓷）和新型无机非金属材料（又称精细陶瓷材料），前者主要成分是各种氧化物，而且主要是烧结体，如玻璃、水泥、耐火材料、建筑材料和搪瓷等；后者的成分除了氧化物外，还有氮化物、碳化物、硅化物和硼化物等。可以是烧结体，还可以做成单晶、纤维、薄膜和粉末，具有强度高、耐高温、耐腐蚀，并可有声、电、光、热、磁等多方面的特殊功能，是新一代的特种陶瓷，所以它们的用途极为广泛，遍及现代科技的各个领域。

5.2.1　一些非金属单质及化合物的性质

目前已知的 22 种非金属元素除氢外都集中在周期表的右上方，以硼、硅、砷、碲、砹为界。非金属元素虽然仅占元素总数的 1/5，但在自然界的总量却超过了 3/4。空气和水完全由非金属组成，地壳中氧质量分数为 49.13%，硅质量分数为 29.50%。因此，非金属化学的涵盖面很大，非金属材料的范围也很广。本节只讨论部分非金属单质和无机化合物的一些常见性质，仅介绍部分无机非金属材料及有关新材料的组成、功能和应用。

5.2.1.1　物理性质和晶体结构

非金属元素一般具有较大的电负性，除稀有气体以单原子分子存在外，其他非金属单质都至少由两个原子以共价键结合而成，由单原子或双原子构成的非金属单质多为分子晶体，例如零族元素单质和卤素单质、氢气、氧气、氮气等；由许多个原子构成的非金属单质多为原子晶体或过渡型（层状、链状）晶体，例如金刚石和硅是原子晶体，硼也近似于原子晶体，石墨是过渡型层状结构晶体，磷、砷、硫和硒具有多种晶体结构。同种元素具有的不同结构的晶体叫同素异形体。

非金属单质的熔点、沸点及硬度等物理性质与其晶体结构密切相关。氧、稀有气体和卤素等分子晶体的熔点、沸点低，硬度小，它们大多数在常温常压下呈气态。相反，金刚石、硅以及硼等原子晶体的熔点高、硬度大。过渡型晶体的熔点、硬度一般介于分子晶体和原子晶体之间。

N_2、Ar 和 He 等不活泼气体常用作金属焊接或热处理过程的保护气氛、制冷或超低温工程的低温材料。金刚石用作钻头、刀具以及精密轴承，石墨用作电极、坩埚、润滑剂等。硅是重要的半导体材料。

5.2.1.2　化学性质

(1) 氧化性　非金属单质在形成化合物时易得到电子，表现出氧化性。氧化性较强的有卤素中的 F_2、Cl_2 和 Br_2，氧族的 O_3 和 O_2。其中氧化性最强的是 F_2，它能与除氧、氮和某些稀有气体以外的所有金属和非金属直接化合而且反应强烈。

氯气是一种常用的气体氧化剂，它除了用于合成盐酸外，还用于饮用水的消毒和制造漂白剂等。我国四川盛产井盐，盐卤水中含有碘 0.5～0.7g·L^{-1}，可通入氯气制碘，主要发生下列反应：

$$Cl_2 + 2I^- \longrightarrow 2Cl^- + I_2$$

氧气在空气中的体积分数约为 21%。O_2 是影响最广的氧化剂，钢铁的腐蚀、燃料的燃烧以及生命现象等都与氧气有关。由于太阳的强烈辐射作用，在大气对流层的最上方，氧气在太阳辐射的作用下形成了一层臭氧（O_3）层，它能吸收或过滤太阳辐射的紫外线（200～320nn），保护地球上的生命免遭紫外线伤害。O_3 是比 O_2 更强的氧化剂，它已用于饮用水的消毒，废水和废气的净化，棉、麻、纸等物质的漂白和皮毛的脱臭等。

(2) 还原性 非金属单质 H_2、C 和 Si 等有较明显的还原性。其中氢是一种洁净的还原剂，可用来制备纯净的金属。例如：

$$WO_3 + 3H_2 \longrightarrow W + 3H_2O$$

氢气和氧气燃烧会放出大量热，可作为新型能源。氢与氧在较宽浓度范围内混合可能发生爆炸，使用时应特别小心。碳在高温时还原性很强，能还原出许多金属，所以常用于金属的冶炼。硅能从碱溶液中还原出氢，反应式为

$$Si + 2NaOH + H_2O \longrightarrow Na_2SiO_3 + 2H_2$$

此反应放出大量的热。铸造工程上用水玻璃与砂造型时加入少量碱与硅粉，就是利用上述反应热加速铸型的硬化。

(3) 氧化还原性 大多数非金属单质既有氧化性又有还原性，其中 Cl_2、Br_2、I_2、P_4 和 S_8 等遇碱均能发生歧化反应。例如 Cl_2 在水中发生歧化反应：

$$Cl_2 + H_2O \rightleftharpoons Cl^- + ClO^- + 2H^+$$

在碱性介质中，上述平衡向右移动，歧化反应进行得更完全。

氯气与石灰水反应也是歧化反应：

$$2Cl_2 + 3Ca(OH)_2 \longrightarrow Ca(ClO)_2 + CaCl_2 \cdot Ca(OH)_2 \cdot H_2O + H_2O$$

产物用作固体漂白剂、游泳池的杀菌剂和杀藻剂等。

氢常用作还原剂，但它与活泼金属反应时则表现出氧化性，例如：

$$2Li + H_2 \longrightarrow 2LiH$$

$$Ca + H_2 \longrightarrow CaH_2$$

生成的氢化物是比氢更强的还原剂，它们遇水即反应生成氢气：

$$CaH_2 + 2H_2O \longrightarrow 2H_2 + Ca(OH)_2$$

这一反应用于救生筏、救生衣的充气等用途。

(4) 氧化物和氢氧化物

① 氧化物的熔点。氧化物是指氧与电负性比氧小的元素所形成的二元化合物。氧化物的熔点与形成该化合物的化学键类型、晶体结构的类型密切相关。根据元素周期律，同周期元素随着原子序数的增加，原子失去电子成为正离子的能力降低，致使所形成的氧化物的离子性依次降低而共价性依次增强。在晶体结构方面，则有离子晶体逐渐变成分子晶体。金属性强的元素的氧化物是离子晶体，如 Na_2O、BeO 和 CaO 等，熔点、沸点较高，硬度也较大。大多数金属性不太强的元素的氧化物是过渡型晶体，如 Cr_2O_3、Al_2O_3、Ag_2O 和 CrO_3 等。非金属元素的氧化物大多是分子晶体，熔点、沸点低，例如 SO_2、N_2O_5 和 CO_2 等。但非金属元素硅的氧化物 SiO_2，是原子晶体，熔点、沸点高，硬度大。

② 氧化物的酸碱性。根据氧化物对酸、碱的作用及其水合物的性质，可将其分为酸性氧化物（如 CO_2 和 Mn_2O_7）、碱性氧化物（如 CaO 和 Cu_2O）、两性氧化物（如 Al_2O_3 和 ZnO）和不成盐氧化物（如 NO 和 NO_2）。

氧化物的酸碱性有如下规律：

a. 金属性较强的元素形成碱性氧化物，例如 Na_2O 和 CaO 等；非金属氧化物一般是酸性氧化物，例如 SO_3 和 CO_2 等；周期表中由金属过渡到非金属的交界处前后的元素的氧化物为两性氧化物，如铝、锡、砷、锑、锌的氧化物不同程度地呈现两性，过渡元素由于价态

多，通常都有两性氧化物存在。

b. 同一种元素生成几种不同氧化值的氧化物时，氧化值越高，氧化物的酸性越强、碱性越弱。例如：

MnO	Mn_2O_3	MnO_2	MnO_3	Mn_2O_7
碱性	碱性	两性	酸性	酸性

c. 主族元素同一族从上到下，氧化物碱性递增，酸性递减。

d. 同一周期元素最高氧化值的氧化物，在短周期内从左到右酸性递增，碱性递减，例如：

Na_2O	MgO	Al_2O_3	SiO_2	P_2O_5	SO_3	Cl_2O_7
强碱性	碱性	两性	弱酸性	酸性	酸性强	酸性

在长周期内先是从ⅠA 到ⅦB 族由碱性逐渐变成酸性，后又从ⅠB 族到ⅦA 族再次由碱性逐渐变成酸性，好像经历了两个短周期。

③ 氢氧化物的酸碱性。氢氧化物实际上可认为是氧化物的水合物，一般用 $M(OH)_x$ 表示。氢氧化物的酸碱性规律可以用离子键理论说明。假定 M、O 和 H 都是离子（M^{x+}，O^{2-}，H^+），则在水溶液中有两种解离方式：

$$MO \vdots H \longrightarrow MO^- + H^+ \quad \text{酸式解离}$$
$$M \vdots OH \longrightarrow M^+ + OH^- \quad \text{碱式解离}$$

究竟采用哪种解离方式取决于 M^{x+} 和 H^+ 对 O^{2-} 电子云吸引力的相对大小。如果 M^{x+} 电荷数少，半径大，H^+ 对 O^{2-} 的电子云吸引力较大，即 O^{2-} 与 H^+ 的键合力较强，则 M—OH 键易断裂，发生碱式解离，碱金属、碱土金属的氢氧化物就属这种情况；若 M^{x+} 电荷数多，半径小，M 对 O^{2-} 的电子云吸引力较大，即 O 与 M^{x+} 的键合力较强，则 MO—H 键易断裂，发生酸式解离，非金属氢氧化物脱水所形成的含氧酸就属这种情况；若 M^{x+} 对 O^{2-} 电子云的吸引力与 H^+ 对 O^{2-} 的电子云吸引力接近，则两种解离方式随反应条件而分别存在。周期表中由金属过渡到非金属的交界处前后的元素的氢氧化物就属这种情况，是两性氢氧化物，如铝、锡、铅、砷、锑、锌的氢气化物。

从化学平衡观点来看，氢氧化物的脱水过程是氧化物水合的逆过程，例如：

$$M(OH)_2 \longrightarrow MO + H_2O$$

因此，氢氧化物的酸碱性规律与氧化物的酸碱性规律基本上是一致的：同一周期从左向右碱性依次减弱、酸性增强；主族元素同一族自上而下碱性依次增强、酸性减弱；同一元素高氧化值氧化物的酸性比低氧化值的强。

5.2.2　传统硅酸盐材料

传统陶瓷材料的主要成分是硅酸盐，自然界存在大量天然的硅酸盐，如岩石、砂子、黏土、土壤等，还有许多矿物如云母、滑石、石棉、高岭石、锆英石、绿柱石、石英等，它们都属于天然的硅酸盐。此外，人们为了满足生产和生活的需要，生产了大量人造硅酸盐，主要有玻璃、水泥、各种陶瓷、砖瓦、耐火砖、水玻璃以及某些分子筛等。硅酸盐制品性质稳定，熔点较高，难溶于水，有很广泛的用途。

硅酸盐制品一般都是以黏土（高岭土）、石英和长石为原料。黏土的化学组成为 $Al_2O_3 \cdot 2SiO_2 \cdot 2H_2O$，石英为 SiO_2，长石为 $K_2O \cdot Al_2O_3 \cdot 6SiO_2$（钾长石）或 $Na_2O \cdot Al_2O_3 \cdot 6SiO_2$（钠长石）。这些原料中都含有 SiO_2，因此在硅酸盐晶体结构中，硅与氧的结合是最重要的。

(1) 水泥　水泥是硅酸盐工业制造的最重要材料，大量地用于建筑业。通常的水泥——

硅酸盐水泥，又称为波特兰（Portland）水泥，是由黏土和石灰石调匀，放入旋转窑中于1500℃以上温度煅烧成熔块，再混入少量石膏，磨粉后制成的。硅酸盐水泥熟料的矿物组分及其大致含量见表5-1。

表5-1 硅酸盐水泥熟料的矿物组分及其大致含量

组　分	化学式	符　号	质量分数/%
硅酸三钙	$3CaO \cdot SiO_2$	C_3S	37～60
硅酸二钙	$2CaO \cdot SiO_2$	C_2S	15～37
铝酸三钙	$3CaO \cdot Al_2O_3$	C_3A	7～15
铁铝酸四钙	$4CaO \cdot Al_2O_3 \cdot Fe_2O_3$	C_4AF	10～18

煅烧形成的这四种主要组分是无水物质，对水是不稳定的，所以水泥必须干燥保存。水泥的黏合作用是由于水与水泥中化合物反应而产生的。加入水后，系统便处于不平衡状态，必然发生化学反应。当水泥与适量的水调和时，先形成一种可塑性的浆状物，具有可加工性，随着时间的推移，逐渐失去了可塑性，硬度和强度逐渐增加，直至最后能变成具有相当强度的石状固体。水泥从浆状物向固态的过渡称为凝结。某些工业“废渣”中含有大量硅酸盐，可加以利用。例如，将炼铁炉渣在出炉时淬冷，得到质轻多孔的粒状物，其主要组分为CaO、SiO_2、Al_2O_3等，与石灰石及石膏共磨可制成矿渣水泥，变“废”为宝。除硅酸盐水泥外，还有适应各种不同用途的特种水泥，例如高铝水泥和耐酸水泥等。

(2) 混凝土 由胶凝材料、水及骨料通过拌和，经水化硬化所形成的人造石材称为混凝土。混凝土具有许多优点，可根据不同要求配制各种不同性质的混凝土；在凝结前具有良好的塑性，可浇制各种形状和大小的构件和预制件；它与钢筋有牢固的黏结力，能制作钢筋混凝土结构和构件，大大增强制品的抗拉强度；混凝土制品经硬化后抗压强度高，耐久性好；其组成材料中砂、石等占80%，成本低。因此，混凝土是一种最主要的建筑材料，广泛应用于各种建筑、道路、水利、海洋等工程中。

混凝土中最常用的是以水泥为胶凝材料，配以适当比例的粗细骨料（砂、碎石或卵石）和水，拌制成混合物，经振捣、养护而成，常简称为砼。混凝土的质量是由原材料的性质与相对含水量所决定的，同时也与施工工艺（搅拌、成型、养护）有关，为了改善其性质，还常加些外加剂（如减水剂、速凝剂、早强剂、防水剂等），它的水化硬化基本同水泥石相似。

(3) 玻璃 玻璃具有一般材料难于具备的透明性，且机械强度高，热导率小，耐久性能好，原料来源丰富，价格低廉。普通玻璃（又称为钠玻璃）是用石英砂、纯碱和石灰石共熔而制得的一种无色透明的熔体。

$$Na_2CO_3 + CaCO_3 + 6SiO_2 \longrightarrow Na_2O \cdot CaO \cdot 6SiO_2 + 2CO_2(g)$$

这种熔体不是晶体，称作玻璃态物质，它没有一定的熔点，而是在某一温度范围内逐渐软化。在软化状态时，可以将玻璃制成各种形状的制品。改变玻璃的成分或对玻璃进行特殊处理，可制成有各种特殊性能的玻璃，如玻璃光导纤维、微晶玻璃、微孔玻璃、钢化玻璃、自洁玻璃、光学玻璃和导电玻璃等，作为新型无机工程材料而得以广泛应用。

(4) 陶瓷 一般说的陶瓷，是指以黏土为主要原料，与其他天然矿物原料经配料、粉碎、成型、干燥、高温焙烧而制成的硅酸盐材料。陶瓷是人类最早使用的合成材料，我国有着悠久的历史。陶瓷的主要原料是层状结构的硅酸盐——黏土。黏土与适量水充分调制后，有较好的可塑性，可制成一定形状的坯体。生产中，常需掺入适量的石英粉，以减少坯体在干燥、烧结时的收缩变形；而加入长石等熔剂性原料，可得到不同致密的坯体，并降低其烧成温度。再经低温干燥、高温烧结、保温处理和冷却等阶段，经历了一系列复杂的物理、化学变化，最终生成以 $3Al_2O_3 \cdot 2SiO_2$ 为主要成分的坚硬固体，即为陶瓷材料。

用普通黏土为原料，在不高于1000℃的温度下烧结得到的多孔烧结体，通常为陶器。用较纯净的黏土，在更高的温度下烧成，并经上釉而得到的产品，称带釉陶器。以更纯的黏土为原料，掺入大致等量的石英和长石，成型后经约1200℃下煅烧，再放入长石细粉和水的糊状混合物中，涂上一层长石涂料，再烧至1400℃后，可得带有致密而光亮层的半透明制品，称为细瓷。

陶瓷具有耐高温氧化、耐酸碱腐蚀、高强度（抗压）、高硬度、电绝缘和化学稳定性好等优良性能。同时其制备工艺简单，组成可在较大范围变动，且可通过控制其组成获得许多十分宝贵的新性能。某些材料经适当处理，还可以和晶体材料一样显示各向异性，有的性能甚至比晶体材料还要优越。因此，近30年来，陶瓷材料发展迅速，以“新型无机非金属材料”的名称，在材料世界扩大阵地。

5.2.3　半导体材料

（1）半导体的导电机理　与金属依靠自由电子导电不同，半导体中可以区分出两类载流子（电子和空穴）导电机理，如图5-3所示。由于半导体禁带较窄，不要太多的能量就能使至少有少量具有足够热能的电子从满带（又称为价带）激发到空带（又称为导带），而在价带中留下空穴。在外电场作用下，价带中的其他电子就可受电场作用而移动来填补这些空穴，但这些电子又留下新的空穴，因此空穴不断转移，即带负电荷的电子向正极移动，空穴向负极移动，因此，半导体的导电是借电子和空穴这两类载流子的迁移来实现的。

（2）半导体的种类　按化学组成，半导体可分为单质半导体和化合物半导体；按半导体是否含有杂质又可分为本征半导体和杂质半导体。处于元素周期表p区的金属-非金属交界处大多数元素单质多少都具有半导体性质，但具有实用价值的、目前被公认为最优越的单质半导体是硅和锗。化合物半导体中常见的是第ⅢA与ⅤA主族元素的化合物和第ⅡB与ⅥA族元素的化合物等。

无论是单质半导体还是化合物半导体，实际上最重要的和最常用的都是杂质半导体，其中有p型半导体（空穴半导体）和n型半导体（电子半导体）之分。其载流子是由微量的杂质或晶格的缺陷所决定的。

在杂质半导体中，一般作为杂质的原子所形成的能级正好落在本征半导体的禁带能段间隙 E_g 中。例如在硼掺杂的锗中，一些硼原子取代了具有金刚石结构的锗。按共价键理论，硼有三个价电子，形成一个B—Ge键必然少一个电子；按能带理论，与B—Ge键联系的能级并不形成锗的价带的一部分，而是构成一个略高于价带的分立能级（见图5-3），这种能级称为受主能级，它和价带能级之间的能隙 E_d 很小，约有0.01eV，允许价带中的电子获得较低的能量激发到受主能级上去。留在价带中的正电荷空穴能转移，这种导电过程的材料称为p型半导体或空穴半导体。

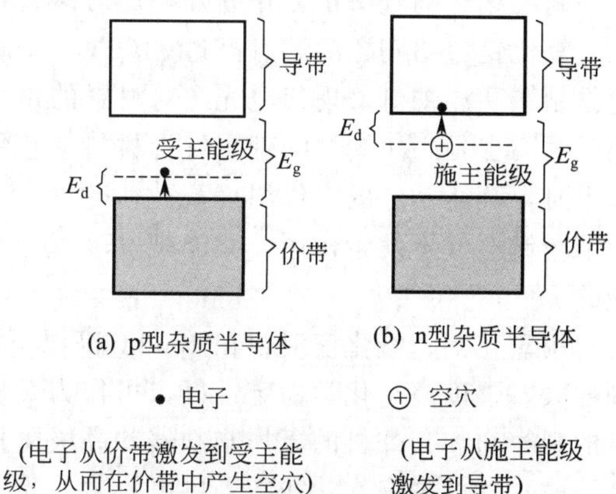

图5-3　杂质半导体能带模型示意图

再如在锑掺杂的锗中，一些锑原子代替了具有金刚石结构的锗，但每个锑原子的价电子比形成四个Ge—Sb键所需的要多一个，这个额外电子占有的能级稍低于导带的下缘，称为施主能级（见图5-3），其中的电子因 E_d 较小，易接受能量激发到导带上去，在导带中自由运动，这种导电过程的材料，称为 n 型半导体或电子半导体。

(3) 半导体的应用 半导体的应用十分广泛，形成了门类众多的半导体技术。半导体的应用主要是制成具有特殊功能的元器件，如晶体管、集成电路、整流器和可控整流器、半导体激光器、发光二极管以及各种发光探测器件、各种微波器件、日光电池等。就半导体材料而言，目前以掺杂的硅、锗、砷化镓应用最多。

5.2.4 新型无机非金属材料

新型无机非金属材料的化学组成已远远超出了硅酸盐的范围。例如透明的氧化铝陶瓷、耐高温的二氧化锆（ZrO_2）陶瓷、高熔点的氮化硅（Si_3N_4）和碳化硅（SiC）陶瓷等，是传统陶瓷材料的发展，是适应社会经济和科学技术发展而发展起来的。信息科学、能源技术、航天技术、生物工程、超导技术、海洋技术等现代科学技术需要大量特殊性能的新材料，促使人们研制新型无机非金属材料，并在超硬材料、高温结构材料、电子陶瓷，光学陶瓷、超导陶瓷和生物陶瓷等各方面取得了很好的进展，下面选择一些实例做简要的介绍。

5.2.4.1 精细陶瓷

(1) 耐高温、耐腐蚀的透明陶瓷材料 汽车发动机一般用铸铁铸造，耐热性能有一定限度。由于需要用冷却水冷却，热能散失严重，热效率只有 30%左右。如果用高温结构陶瓷制造陶瓷发动机，发动机的工作温度能稳定在 1300℃左右，由于燃料充分燃烧而又不需要水冷系统，使热效率大幅度提高。用陶瓷材料做发动机，还可减轻汽车的质量，这对航天航空事业更具吸引力，用高温陶瓷取代高温合金来制造飞机上的涡轮发动机，其效果会更好。目前已有多个国家的大的汽车公司试制无冷却式陶瓷发动机汽车，我国也在 1990 年装配了一辆并完成了试车。陶瓷发动机的材料选用氮化硅，它的机械强度高、硬度高、热膨胀系数低、导热性好、化学稳定性高，是很好的高温陶瓷材料。氮化硅可用多种方法合成，工业上普遍采用高纯硅与纯氮在 1300℃反应后获得，也可用化学气相沉积法，使 $SiCl_4$ 和 N_2 在 H_2 气氛保护下反应，产物 Si_3N_4 沉积在石墨基体上，形成一层致密的 Si_3N_4 层。此法得到的氮化硅纯度较高，其反应如下：

$$3SiCl_4 + 2N_2 + 6H_2 \longrightarrow Si_3N_4 + 12HCl$$

高温结构陶瓷除了氮化硅外，还有碳化硅（SiC）、二氧化锆（ZrO_2）、氧化铝等。氧化钍-氧化钇透明陶瓷的熔点高达 3100℃，比普通硼酸盐玻璃高 1500℃。透明陶瓷的重要用途是制造高压钠灯，现代电光源对材料的耐高温、耐腐蚀性及透光性有非常高的要求。氧化铝透明陶瓷是高压钠灯的理想灯骨材料，它的发光效率比高压汞灯提高一倍，使用寿命达 2 万小时，高压钠灯的工作温度高达 1200℃，压力大、腐蚀性强，氧化铝透明陶瓷材料在高温下与钠蒸气不发生作用，又能把 95%以上的可见光传送出来，是使用寿命最长的高效电光源。

用氧化铝、氧化镁混合在 1800℃高温下制成的全透明镁铝尖晶石陶瓷，外观酷似玻璃，硬度大，强度高，化学稳定性好，可作为飞机的挡风材料，也可作为高级轿车的防弹窗、坦克的观察窗、轰炸机的轰炸瞄准器和高级防护服镜等。

(2) 功能陶瓷 功能陶瓷以电、磁、光、热和力学性能及其相互转换为主要特征，在电子通信、自动控制、集成电路、计算机技术、信息处理等方面日益得到广泛的应用。压电陶瓷具有机械性能与电能之间的转换和逆转换的功能，是一种应用得较早、较广泛的功能陶瓷。热敏陶瓷又称温度敏感陶瓷，它是一种温度传感器。湿敏陶瓷是当外界温度改变时，陶瓷表面通过吸附水分子后改变了表面导电性和电容性，从而指示周围环境的温度。气敏陶瓷是一种对气体敏感的陶瓷。光敏陶瓷是用于可见光范围内的光敏电阻器，其主要材料是

CdS、CdSe 以及 CdS-CdSe 固溶体等。用光敏陶瓷制成的光控元件可用于自动送料给水、自动计数、自动报警、自动曝光等。

高温超导陶瓷的应用十分广泛，用普通导体材料输电，一般在输电线路上电能的损耗约 15%，若改为超导体，则可极大地节省电能；高速电子计算机的集成电路中元件之间的互连线如用超导体来制作，则不存在发热问题；使用超导体的例子还有高速超导磁悬浮列车、可控热核反应等。

(3) 生物陶瓷　人体器官和组织由于种种原因需要修复或再造时，选用的材料要求生物相容性好，对肌体无免疫排异反应；血液相容性好，无溶血、凝血反应；不会引起代谢作用异常现象；对人体无毒，不会致癌。目前已发展起来的生物合金、生物高分子和生物陶瓷基本上能满足这些要求。利用这些材料制造了许多人工器官，在临床上得到广泛的应用。但是这类人工器官一旦植入体内，要经受体内复杂的生理环境的长期考验。例如不锈钢在常温下是非常稳定的材料，但把它做成人工关节植入体内，3～5 年后便会出现腐蚀斑，并且还会有微量金属离子析出，这是生物合金的缺点。有机高分子材料做成的人工器官容易老化，相比之下，生物陶瓷是惰性材料，耐腐蚀，更适合植入体内。

(4) 光导纤维　光导纤维是能够以光信号而不是以电信号的形式传递信息（包括光束和图像）的具有特殊光学性能的玻璃纤维。从高纯度的二氧化硅或称石英玻璃熔融体中，拉出直径 100μm 的细丝，称为石英玻璃纤维。玻璃可以透光，但在传输过程中光损耗很大，用石英玻璃纤维光损耗大为降低，故这种纤维称为光导纤维，是精细陶瓷中的一种，利用光导纤维可进行光纤通信。激光的方向性强、频率高，是进行光纤通信的理想光源。

5.2.4.2　纳米陶瓷

纳米材料是当今材料科学研究中的热点之一。什么是纳米材料呢？材料绝大多数是固体物质，它的颗粒大小一般在微米级，一个颗粒包含着无数原子和分子，这时材料显示的是大量分子的宏观性质。后来人们发现，若用特殊的方法把颗粒加工到纳米级大小，这时一个纳米级颗粒所含的分子数大为减少，用它做成的材料称为纳米材料。纳米材料具有奇特的光、电、磁、热、力和化学等性质，和宏观材料迥然不同。

究竟是什么原因使纳米材料具有如此独特的性质，目前还研究得不深入。总的来说，纳米材料的粒子是超细微的，粒子数多，表面积大，而且处于粒子界面上的原子比例甚高，一般可达总原子数一半左右。这就使纳米材料具有不寻常的表面效应、界面效应和量子效应等，因此呈现出一系列独特的性质。例如金的熔点是 1063℃，而纳米金只有 330℃，熔点降低近 700℃；银的熔点由金属银的 960.8℃降为纳米银的 100℃。纳米金属熔点的降低不仅使低温烧结制备合金成为现实，还可使不互溶的金属冶炼成合金。又如纳米铂黑催化剂，由于表面积大，表面活性高，可使乙烯氢化反应的温度从 600℃降至室温；纳米铁的抗断裂应力比普通铁高 12 倍，等等。

纳米陶瓷被称为 21 世纪陶瓷。纳米陶瓷是纳米材料中的一种，人们用新方法把陶瓷粉体的颗粒加工到纳米级，用这种所谓超细微粉体粒子来制造陶瓷材料，得到新一代纳米陶瓷。纳米陶瓷具有延性，有的甚至出现可塑性。如室温下合成的陶瓷，它可以弯曲，其塑性变形高达 100%，韧性极好。因此人们寄希望于发展纳米技术去解决陶瓷材料的脆性问题。

5.3　高分子化合物材料

高分子化合物主要指有机高分子化合物，其中包括天然高分子化合物和合成高分子化合物两大类。天然橡胶、多糖、多肽、蛋白质和核酸等属于天然高分子化合物，而塑料、合成纤维及合成橡胶等则属于高分子材料，它们是由合成高分子化合物经过加工而制成的。

人们虽然早就开始利用天然高分子化合物，但直到20世纪30年代初才建立了高分子化合物的概念。从此，以研究有机高分子化合物的合成原理、化学转化及化学结构与性能之间关系为主要内容的高分子化学，也从化学中的一个分支演变为一门独立的学科。高分子化学的发展，人类对于塑料、合成纤维、橡胶等的广泛需求以及石油化学工业有可能为高分子化合物的合成提供大量廉价的原料，又推动着高分子化学材料工业的突飞猛进。随着合成高分子材料性能的提高，一大批性能更优的高分子材料的出现（例如用于火箭和超音速飞机机身的碳纤维增强的高分子复合材料），特别是高分子半导体、高分子催化剂、生物膜、人工器官等特种高分子材料的开发，使得合成高分子化合物的应用遍及各行各业。在当代科学技术的三大支柱（以材料、能源、信息）中，高分子材料已成为发展的一个热点。

5.3.1 高分子化合物概述

5.3.1.1 高分子化合物的基本概念

高分子化合物是以其相对分子质量很高而得名的。从化学组成上看，这类化合物的分子都是由成千上万个原子以共价键相互键合而成的。高分子化合物的分子尺寸很大，其长度一般在 $10^2 \sim 10^4$ nm，相对分子质量通常在10000以上。尽管如此，其化学组成却比较简单，一般都是由结构相同的单元多次重复连接而成的。总之，高分子化合物是由许多个结构相同或相似的重复单元以共价键相连，以长链分子为基础的大分子组成的化合物。

高分子化合物通常是以相对分子质量低的化合物为原料，通过聚合反应而制备的，所以又称为聚合物或高聚物。用以制备高分子化合物的相对分子质量低的化合物则称为单体。例如：制备聚氯乙烯的单体是氯乙烯，制备聚己二酰己二胺的单体是己二酸和己二胺，这两种高分子化合物的分子结构式可表示如下：

$$\left[\underset{\displaystyle Cl}{\underset{|}{CH}}-CH_2 \right]_n \qquad \left[NH(CH_2)_6NHOC(CH_2)_4CO \right]_n$$

式中，括号内为高分子的重复单元，称为链节，n 是组成高分子的重复单元个数，称为聚合度。n 通常在 $10^3 \sim 10^5$，可见，同一种高分子化合物所含链节数并不相同，所以高分子化合物实质上是链节相同而聚合度不同的化合物组成的混合物。高分子化合物的相对分子质量和聚合度实际上都具有平均的意义。

5.3.1.2 高分子化合物的命名

与低分子有机化合物类似，高分子化合物的命名方法有习惯命名法和系统命名法。系统命名法虽然比较严谨，但很繁琐，所以常用习惯命名法。

(1) 习惯命名法 高分子化合物习惯在单体名称前加“聚”或在单体名称后加“树脂”进行命名。如聚乙烯、聚氯乙烯、聚甲基丙烯酸甲酯（有机玻璃）等完全按单体名称加“聚”命名，又如聚己二酰己二胺、聚对苯二甲酸乙二酯等为部分按单体名称加“聚”命名。而酚醛树脂（单体是苯酚和甲醛）、醇酸树脂（单体是丙三醇和邻苯二甲酸酐）是以部分单体名称后加“树脂”命名。

(2) 商品名称命名法 例如聚酰胺常用商品名称尼龙称呼，尼龙-66表示聚己二酰己二胺，尼龙后面数字中前一个6表示有六个碳原子的己二胺，后一个6表示有六个碳原子的己二酸；聚对苯二甲酸乙二酯称为涤纶；聚乙烯醇缩甲醛称为维尼纶等。

(3) 系统命名法 系统命名法是把高分子化合物的链节按有机化合物系统命名法命名，再在其前面加“聚”字。如：

聚乙烯 $\left[CH_2-CH_2 \right]_n$ 称为聚1,2-亚乙基，或称聚次甲基

聚甲醛 $[CH_2—O]_n$ 称为聚氧化次甲基

此外高分子化合物的名称还常用英文名称缩写表示。如聚氯乙烯用PVC表示，聚乙烯用PE表示，聚四氟乙烯用PTFE表示，聚甲醛用POM表示，聚酰胺用PA表示。

5.3.1.3 高分子化合物的合成

由低分子化合物经过聚合形成高分子化合物的化学反应称为聚合反应。聚合反应分为加聚反应和缩聚反应。

(1) 加聚反应 由一种或多种单体经过加成反应相互结合生成高分子化合物的反应称为加聚反应。加聚反应的主要特点是反应过程中不生成小分子副产物，高分子化合物结构单元的化学组成和相对分子质量与单体基本相同。在加聚反应中，单体必须有不饱和键或环状结构。反应时，这类单体在光、热或引发剂作用下，不饱和键或环结构打开，然后相互加成结合生成高分子化合物。例如：

$$nCH_2{=}CHCl \xrightarrow{\text{引发剂}} \text{-}[CH_2—\underset{\displaystyle Cl}{\underset{|}{CH}}]_n\text{-}$$

氯乙烯 聚氯乙烯

(2) 缩聚反应 由具有两个或两个以上官能团（例如—OH、—COOH、$—NH_2$ 等）的单体相互缩合形成高分子化合物，同时析出某些低分子化合物（例如水、醇、氨、氯化氢等）的反应称为缩聚反应。由于析出了低分子化合物，所以，生成的高分子化合物的结构单元的化学组成和相对分子质量与单体不同。例如：

$$nNH_2(CH_2)_5COOH \xrightarrow{\text{引发剂}} \text{-}[NH\text{-}(CH_2)_5\text{-}CO]_n\text{-} + nH_2O$$

6-氨基己酸 聚酰胺(尼龙-6)

如果单体中只含有两个能参加反应的官能团，则生成线型缩合物，例如尼龙、涤纶、腈纶等；如果单体分子中含有三个或更多个能参加反应的官能团，则生成体型缩聚物，例如涂料工业中的醇酸树脂是由三元醇（甘油）和二元酸酐（邻苯二甲酸酐）缩聚而成的。

5.3.1.4 高分子化合物的分类

(1) 按高分子主链结构分类 按主链结构，高分子化合物可分为碳链，杂链，元素有机和芳、杂环等四大类。

① 碳链高分子化合物。指主链只含碳原子的高分子化合物，一般由烯烃或二烯烃及其衍生物聚合而成。例如聚乙烯、聚苯乙烯、聚丁二烯等。

② 杂链高分子化合物。指主链中除含碳原子外，还有氧、氮、硫等杂原子的高分子化合物。它们一般由多官能团的低分子有机化合物通过缩合聚合制得。例如聚酯、聚酰胺、聚醚等。

③ 元素有机高分子化合物。指主链中一般没有碳原子，主要由硅、硼、铝、磷和氧、氮等原子组成。例如聚有机硅氧烷。

④ 芳、杂环高分子化合物。这是20世纪60年代发展起来的新型耐热高分子化合物，其特点是主链含有大量芳香环或杂环或芳、杂环兼有。例如聚对羟基苯甲酸酯、聚苯并咪唑。

(2) 按聚合反应类型分类 按聚合反应类型，可将聚合产物分为加成聚合物（加聚物）和缩合聚合物（缩聚物）。

① 加聚物。烯烃类单体通过双键的加成反应聚合得到的产物称为加聚物。例如：

$$nCH_2{=}\underset{\displaystyle Y}{\underset{|}{CH}} \xrightarrow{\text{引发剂}} \text{-}[CH_2—\underset{\displaystyle Y}{\underset{|}{CH}}]_n\text{-}$$

加聚物的化学组成与单体的化学组成完全相同，只是价键结构有所变化，所以加聚物的相对分子质量就是单体相对分子质量的整数倍。

② 缩聚物。通过单体分子中官能团之间的缩合聚合反应所得到的产物称为缩聚物。例如：

$$n\mathrm{HOOC{-}R{-}COOH} + n\mathrm{HOCH_2R'OH} \longrightarrow \left[\mathrm{O{-}\overset{\overset{\large O}{\|}}{C}{-}R{-}\overset{\overset{\large O}{\|}}{C}{-}OCH_2R'{-}O}\right]_n + (n-1)\mathrm{H_2O}$$

缩合聚合反应的产物除了有缩聚物之外，还有水、醇等小分子副产物，所以单体与缩合物的化学组成不完全一样，两者的相对分子质量也就不是整数倍的关系。

(3) 按高分子材料的使用性能分类 按高分子材料的使用性能，可将其分为塑料、橡胶和纤维类，将在后文中讲到。

5.3.2 高分子化合物的结构与性能

5.3.2.1 高分子化合物的结构

高分子化合物的许多特性（例如塑性、弹性、力学性能、电绝缘性、化学稳定性等）都与其结构（例如分子链结构和形态、分子链的排列等）有密切关系。

(1) 分子的结构与形态 高分子化合物根据分子链的形态不同，分为线型高分子化合物和体型高分子化合物。线型高分子化合物分子链很长，除分子链可以运动外，分子链中相邻的以单键（σ 键）相连的两个链节还可以在保持一定的键角的情况下旋转。因此，一个分子链会有许多个分子空间形态，并在不断变化。这样，绝大多数分子以卷曲形态存在。高分子化合物的分子链这种强烈卷曲倾向称为链的柔顺性。它影响着高分子化合物的弹性和塑性。可以预料，当主链含孤立双键、取代基体积和极性较小、分子间作用力较小时，高分子化合物分子链上的内旋转就比较自由，柔顺性就较好，弹性和塑性也较好。

(2) 高分子链的聚集态结构 分子链的聚集态结构是指高分子化合物分子链之间的排列和堆砌结构。固态高分子化合物按其结构形态分为晶态和非晶态两种。晶态高分子化合物的分子链有结晶区和非结晶区部分。在结晶区，分子链按一定方向有规律地排列。在非结晶区，分子链是卷曲的，而且一个高分子化合物的分子链可能贯穿好几个结晶区和非结晶区。非晶态高分子化合物的分子链是一种无规则的排列。通常，高分子化合物的结晶程度增大，它的机械强度、硬度、密度、耐热性、耐溶剂性等都会提高。因此，高分子化合物的分子链的聚集态结构是直接影响其性能的重要因素。

5.3.2.2 高分子化合物的三种物理状态

高分子化合物的刚性、弹性和塑性，主要取决于分子链之间的作用和链的柔顺性，另一个重要因素是温度。

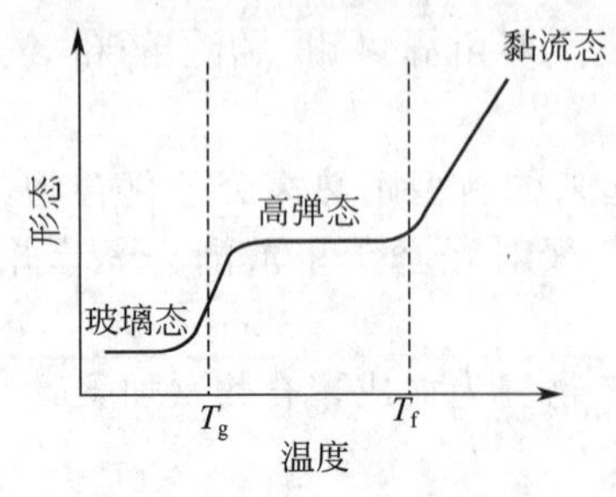

图 5-4 高分子化合物形变和温度的关系

线型高分子化合物随温度的升高会呈现三种不同的物理状态，即玻璃态、高弹态和黏流态。如图 5-4 所示。

(1) 玻璃态 若温度较低，整个分子链以及由若干链节组成的分子链段都处于“冻结”状态，只有键角或基团能运动。高分子化合物内部结构类似玻璃，故称玻璃态。例如，常温下的塑料。

(2) 高弹态 若温度升高达一定程度，高分子化合物整个链仍不能运动，只有分子链段可以通过单键较自由地旋转。此时，若有外力作用，可产生很大的可逆变形，当除去外力作用后，便会恢复原状，表现出很高的弹性，故称为高弹态。例如，常温下的橡胶。

(3) 黏流态　若温度继续升高，使高分子化合物的分子热运动能达到一定程度时，高分子化合物不仅分子链段，而且整个分子链都可以自由运动，高分子化合物成为能流动的黏稠液体，故称为黏流态。例如室温下的胶黏剂和涂料。黏流态的这种流动形变是不可逆的，当除去外力作用后，不能恢复原状，故又称塑性态，塑料加工成型就是在黏流态下进行的。

实验表明，高分子化合物的这三种物理状态是随温度的变化逐渐相互转化的，都有一定的转化温度范围。高弹态与玻璃态的转化温度称为玻璃化温度，用 T_g 表示。高弹态与黏流态转化温度称为黏流化温度，用 T_f 表示。习惯上将 T_g 高于室温的高分子化合物称为塑料，将 T_g 低于室温的高分子化合物称为橡胶。表 5-2 列出了一些高分子化合物的 T_g 值。

表 5-2　几种高分子化合物的玻璃化温度

高聚物	T_g/℃	高聚物	T_g/℃
聚苯乙烯	80～100	尼龙-66	48
有机玻璃	57～68	天然橡胶	−73
聚氯乙烯	75	丁苯橡胶	−75～−63
聚乙烯醇	85	氯丁橡胶	−50～−40
聚丙烯腈	＞100	硅橡胶	−109

高分子化合物的三种物理状态和两个转化温度对加工和使用有重要意义。例如：橡胶是在高弹态下使用的，温度在 T_g 和 T_f 之间，为了保持高的弹性并且耐寒、耐热，要选择低 T_g、高 T_f 的高分子化合物。塑料是在玻璃态下使用的，要求室温下保持固定形状，所以希望 T_g 越高越好。此外，T_f 高低对高分子化合物的加工成型有指导意义，T_f 越低，加工越有利，但耐热性越差。

体型高分子化合物由于分子链被化学键牢固地交联在一起难以改变形态，当温度升高时，没有黏流态；交联程度很大时，甚至没有高弹态，一直保持玻璃态。

5.3.2.3　高分子化合物的性能

(1) 弹性和塑性　线型高分子化合物分子链呈卷曲状态，具有柔顺性。当受外力拉伸时，分子链由卷曲状态变成伸展状态，外力除去后，分子链又恢复原状，表现出弹性。线型高分子化合物都表现出不同程度的弹性。橡胶具有较好的弹性，但经高度硫化的橡胶因交联很多，弹性降低。体型高分子化合物的弹性一般很差。

线型高分子化合物加热达一定程度后，渐渐软化，可加工成型的性质称为可塑性（即塑性）。塑料具有良好的可塑性。其中可以反复使用、反复加热和冷却仍有可塑性的高分子化合物称为热塑性高分子化合物，例如聚乙烯、聚苯乙烯等。不能反复加热成型的高分子化合物称为热固性高分子化合物，例如酚醛树脂等。

(2) 力学性能　高分子化合物的力学性能（例如抗压、抗拉、抗冲击、抗弯等）的衡量指标是机械强度、刚性和抗冲击强度等。高分子化合物的力学性能主要取决于影响分子链之间作用力的因素，如平均聚合度、分子链中取代基的极性、氢键、交联程度、结晶度等。通常，分子链间作用力愈大，力学性能愈好。

(3) 电绝缘性能　一般而言，由于高分子化合物内没有自由电子和离子，其绝缘性能只与分子链的极性有关。对于直流电，绝大多数高分子化合物都具有良好的电绝缘性能，但是，有些分子链节具有不对称极性基团或极性链节（例如聚氯乙烯）的高分子化合物，在交流电场中，极性基团或极性链节会随交变电场方向作周期性移动，具有一定的导电性。

(4) 溶解性 高分子化合物的溶解性一般服从“相似相溶”规则，即极性高分子化合物易溶于极性溶剂，非极性高分子化合物易溶于非极性溶剂。但与低分子物质不同，高分子化合物溶解时，先是溶剂分子钻入高分子化合物内部，体积胀大，称为溶胀，形成凝胶状。随着钻入的溶剂分子增加，使高分子溶剂化，分子链之间距离增大，甚至最后整个分子链进入溶剂中形成均匀的溶液。体型高分子化合物因链间交联形成的化学键作用很强，在溶剂中只有溶胀，不会溶解。

(5) 化学稳定性和老化 高分子化合物含有较少的活性基团，对水、酸、碱和氧等化学因素作用一般较稳定。若高分子化合物中含有—CONH—、COO—、—CN—等基团，在酸或碱的催化下易与水反应，例如，聚酰胺与水反应可表示如下：

$$\left[\!-NH(CH_2)_xNH-\overset{O}{\overset{\|}{C}}-(CH_2)_y-\overset{O}{\overset{\|}{C}}-\right]_n+(n+1)H_2O\longrightarrow nH_2N(CH_2)_xNH_2+nHOOC(CH_2)_yCOOH$$

高分子化合物易发生老化。老化是指它的性能在加工、贮存和使用时，在物理因素（热、光、电、机械力和超声波等）和化学因素以及生物因素（霉菌）等综合作用下发生化学变化，遭到破坏的过程。例如塑料变硬和开裂、橡胶发黏和龟裂、纤维变脆和发黄等。

这些主要是高分子化合物分子链发生交联反应或降解反应引起的。交联反应（简称交联）是高分子化合物的分子链发生交联变成体型结构的反应。它使高分子化合物失去弹性、变硬、变脆。例如，丁苯橡胶的老化以交联为主。降解反应（简称降解）是高分子化合物分子链断链、聚合度降低、相对分子质量减小的反应。它使高分子化合物变软、发黏、丧失机械强度。

为了防止高分子化合物的老化，可加入各种防老剂，如抗氧剂、光稳定剂、热稳定剂等。

5.3.3 传统高分子材料

传统高分子材料根据力学性能和使用状态可分为塑料、橡胶、合成纤维、黏结剂和涂料五类。各类聚合物之间并无严格的界限，同一聚合物，采用不同的合成方式和成型工艺，既可制成塑料，也可制成纤维，如尼龙就是如此。

5.3.3.1 塑料

塑料是指在加温、加压条件下将树脂加工塑制成型，常温下呈固定形状的一类有机高分子材料。塑料质轻、耐腐蚀、电绝缘性好、化学惰性、加工简便。随着高分子化学工业的发展，塑料的品种不断增加。目前世界上已有300多种塑料。在人类生活中，塑料正扮演着越来越重要的角色。

(1) 塑料的组成 塑料以合成树脂为主要成分，再加入填料和用于改善性能的各种添加剂制成。塑料也可以只由单一树脂制成，如用聚甲基丙烯酸甲酯制成的有机玻璃。

由于合成树脂具有热塑性或热固性，塑料也可分为热塑性塑料和热固性塑料。热塑性塑料固化成型后受热可再软化熔融重塑。而热固性塑料一旦固化成型后就变成了体型结构，再加热将不能熔融，也不溶于溶剂。

① 合成树脂。合成树脂是塑料中最基本的组分，常常要占到塑料成分的40%～70%，最高可达100%。合成树脂使塑料具有塑性。它还起着黏结剂的作用，将其他成分黏结在一起使之成型。合成树脂的种类和含量决定了塑料的基本性质，故塑料常以树脂的名称来命名，如聚乙烯塑料、聚苯乙烯塑料、聚四氟乙烯塑料、酚醛塑料等。

② 填料。填料是塑料中另一重要的组分，加入量可达40%～70%。填料的品种、数量、质量等也对塑料的性能有很大的影响。可作为填料的物质很多，多数填料主要起着增加机械

强度的作用，同时又可以降低原料的成本。例如石墨、滑石粉、石灰石、高岭土等。

③ 添加剂。塑料中的添加剂种类很多，各有其不同的作用。例如，固化剂使树脂进一步交联成体型结构而固化，形成体型结构可以使塑料制品的强度增加。热固性塑料中常使用固化剂，如酚醛树脂中加入六次甲基四胺，环氧树脂中加入乙二胺等。

增塑剂用来提高树脂的可塑性，一般是熔点较低、挥发性小、沸点高的有机小分子液体，它们钻到大分子链中，减弱了大分子链间的作用力，增加了高聚物的柔韧性和熔融流动性。如聚氯乙烯加入适量邻苯二甲酸二丁酯增塑后，可以制成聚氯乙烯薄膜。

在塑料中使用的其他添加剂还有着色剂、稳定剂（防老化）、阻燃剂（减缓燃烧）、抗静电剂、发泡剂等。

(2) 通用塑料和工程塑料简介　通用塑料是指产量大、价格低、多用于日常生活和包装材料的塑料。通用塑料的产量占塑料总产量的80%左右，包括聚乙烯、聚氯乙烯、聚苯乙烯、聚丙烯和酚醛塑料、氨基塑料等。其中酚醛塑料和氨基塑料是热固性塑料，4种乙烯类塑料是热塑性塑料。如聚氯乙烯常用于制造塑料门窗、各种管道、塑料薄膜等；聚苯乙烯常用于制造化工储酸槽、仪器外壳、泡沫塑料制品等。

工程塑料是指可作为工程材料和代替金属使用的塑料。这一类塑料机械强度较高，有良好的耐磨性、耐热性和化学稳定性，如聚酰胺、聚甲醛、聚碳酸酯、聚四氟乙烯、聚砜、ABS塑料等。如聚碳酸酯常代替金属和玻璃来制造齿轮、轴承等机械零件和灯壳、仪表板面、防弹玻璃等；聚四氟乙烯俗称“塑料王”，有优异的抗腐蚀性能、耐寒耐热性能和电绝缘性能，特别适用于化工行业高温、腐蚀环境中设备的零件及电绝缘材料和航天、核能、医疗器械等行业的特种材料。

5.3.3.2　合成橡胶

橡胶分为天然橡胶和合成橡胶两大类。天然橡胶来自橡胶树，其产量远远不能满足需要，而且种植橡胶树要受地理位置的限制。于是人们经过反复研究制得合成橡胶，现在合成橡胶的使用量是天然橡胶的6倍。

橡胶可分为通用橡胶和特种橡胶。通用橡胶产量大，价格相对较低，主要有丁苯橡胶、顺丁橡胶。能满足某些特殊性能要求的橡胶称为特种橡胶，它们能耐高温、耐寒、耐化学腐蚀等。特种橡胶有硅橡胶、氟橡胶、丁腈橡胶、聚氨酯橡胶等。

(1) 橡胶制品的组成　橡胶制品的主要成分是生橡胶，再加入各种配合剂，有时还要加入骨架材料。

① 生橡胶。未经硫化配炼的天然橡胶和合成橡胶均称为生橡胶。生橡胶决定橡胶制品的主要性能。天然橡胶的基本组成是聚异戊二烯。最初人们使用异戊二烯单体合成了异戊橡胶，后来用有类似结构的丁二烯等物质开发了一系列合成橡胶。

② 配合剂。在生橡胶里加入各种配合剂：硫化剂、促进剂、补强填充剂、着色剂、防老剂等，以改善生橡胶的性能。其中硫化剂和促进剂是使长链分子间生成部分交链，使聚合物既保持弹性又不会产生分子链间的滑动。常用的补强填充剂有炭黑、白炭黑、陶土等，这类物质可以提高橡胶制品的强度，赋予制品耐磨、耐撕裂、耐热、耐寒及耐油等性能。

③ 加固材料。有些橡胶制品需用纺织材料（帘布、线绳及针织品等）或金属材料加固，以增加强度，防止变形。加固材料可以看作橡胶制品的骨架，如轮胎中加入帘子线增强，胶管中利用金属螺旋线防止其被压扁。

(2) 常用橡胶介绍　丁苯橡胶是合成橡胶中产量最大、用途最广的一种，主要用于生产轮胎、运输带、鞋底及防振橡胶垫等；氯丁橡胶主要用于制造耐老化的电线、电缆、耐油和耐蚀的运输带及胶鞋等；硅橡胶的耐温性和耐老化性能好，主要用作高温高压设备的衬垫、油管衬里、火箭和导弹零件及电绝缘材料。此外，硅橡胶具有生理惰性、无毒，故可用作医用高分子材料和食品工业。

5.3.3.3 涂料

涂料是指涂装于物体表面，并能与表面基材很好黏结，形成完整薄膜的材料，油漆也属于涂料。涂料不仅可以使物体表面美观，更主要的是可以保护物体，延长其使用寿命。有些涂料还具有防火、防水等特殊功能。钢铁、木材、水泥墙面都常使用涂料来达到装饰、防锈、防腐、防水等目的。

(1) 涂料的组成 涂料由多种物质经混合而成。组成涂料的物质可分为基料、颜料、溶剂、助剂四类。

① 基料。基料是主要成膜物质，也是决定膜性能的主要成分。基料将涂料中各组分黏结成整体，牢固地附着在被涂层表面，形成坚韧的保护膜。基料包括油料、树脂。现在多使用耐碱、耐水及硬度高、光泽好的合成树脂。

② 颜料。颜料也是构成涂料的重要物质，是一些固体粉末均匀分散于涂料中，赋予涂料以特定的颜色，并可增加涂膜的机械强度和降低成本。颜料根据其所起作用可分为着色颜料、体质颜料、防锈颜料和特种颜料。

着色颜料主要有氧化铁红（Fe_2O_3）、钛白粉（TiO_2）、铬绿（Cr_2O_3）、炭黑、群青[$Na_6Al_6(SiO_2)_6 \cdot Na_2SO_4$]、甲苯胺红（$C_{17}H_{13}NO_3$）等。体质颜料主要有重晶石粉（$BaSO_4$）、大白粉（$CaCO_3$）、石膏（$CaSO_4 \cdot 2H_2O$）、滑石粉（$3MgO \cdot 4SiO_2 \cdot H_2O$）等。防锈颜料有红丹（$Pb_3O_4$）、锌粉等。

③ 溶剂。溶剂包括有机溶剂和水。溶剂是辅助成膜物质，其作用是降低涂料的黏度，以利于涂装。常用的有机溶剂包括汽油、丙酮、醋酸乙酯、甲苯、香蕉水等。有机溶剂涂装成膜后挥发到大气中，既造成了污染，又浪费了资源和能源。水性涂料无毒、不燃、价廉，是环保涂料品种发展的方向。

④ 助剂。助剂也是辅助成膜物质，其作用是改善涂料和涂膜性质。助剂种类繁多，如催干剂、固化剂、增塑剂、防老剂、防霉剂等。水性涂料有乳化剂、防冻剂等。

(2) 常用涂料介绍

① 醇酸漆。醇酸漆的主要成膜物为醇酸树脂。醇酸漆具有价格便宜、施工方便、对施工环境要求不高、涂膜丰满坚硬、不易老化、装饰性和保护性都比较好等优点；缺点是干燥较慢，涂膜外观不易达到较高的要求，不适于高装饰性的场合。醇酸漆主要用于一般木器、家具及家庭装修的涂装和一般金属装饰及防腐涂装等，是使用量很大的一类涂料。

② 不饱和聚酯漆。不饱和聚酯漆是一种无溶剂涂料。它是由不饱和二元酸与二元醇经缩聚制成聚酯树脂，再以单体稀释而成的。这种涂料在引发剂的作用下，交联成固化膜。

不饱和聚酯漆漆膜装饰作用良好，坚韧耐磨，耐水、耐溶剂、耐化学药品性能较好，主要用作家具、木制地板清漆、金属表面防腐涂料等。不饱和聚酯木器漆不仅具有良好的外观和硬度，而且耐水性、耐热性、耐油性、耐酸碱性、耐磨性优异，是目前国内理想的木器涂料。

③ 环氧漆。环氧漆的主要成膜物质是环氧树脂。环氧漆的主要品种是双组分涂料。树脂和固化剂两个组分在使用时混合。环氧树脂在乙二胺等固化剂的作用下，环氧基进一步交联成体型结构。

环氧漆的主要优点是对水泥和金属等无机材料有很强的附着力，力学性能优良，耐磨、耐冲击、耐腐蚀性突出；主要缺点是耐候性不好，装饰性较差，通常作为底漆或内用漆。环氧树脂涂料主要用于金属防腐、地坪涂装等。环氧树脂地坪涂料涂膜厚，耐磨损，耐油，耐化学品腐蚀，是建筑上常用的地坪涂料。

④ 丙烯酸漆。丙烯酸漆以丙烯酸树脂为主要成膜物质。丙烯酸漆具有极好的耐光性和户外耐老化性能，力学性能优异，耐腐蚀性强，是发展很快的一类涂料。丙烯酸漆品种很多，有传统的溶剂型漆，还有水性漆、粉末涂料、光固化漆等新型丙烯酸漆。

溶剂型丙烯酸漆主要用于建筑涂料、塑料涂料、道路画线涂料、汽车涂料、电器涂料、木器涂料等。丙烯酸乳胶漆是水性漆。乳胶漆是将合成树脂乳化分散在水中，成为水包油型乳液，再加入颜料、水、助剂等制成的。丙烯酸乳胶漆成本适中，耐候性优良，有机溶剂释放极少，是发展十分迅速的一类涂料产品，主要用于建筑物的内外墙涂装、皮革涂装等。

传统高分子材料还有合成黏结剂、合成纤维，将在后面的章节讲到。

5.3.4　功能高分子材料

功能高分子是高分子化学的一个重要分支，是近些年来高分子科学最活跃的研究领域。功能高分子与新技术研究的前沿领域有着密切的关系。

功能高分子材料的种类非常多，用途也很广泛。如光敏高分子材料、导电高分子材料、高分子膜材料、离子交换树脂、高分子吸水性材料、高分子液晶材料、高分子电池材料、医用功能高分子材料等。这里只简单介绍其中的一部分。

5.3.4.1　高分子液晶材料

液晶态是一种特殊的物质状态。液晶既像晶体一样具有各向异性，又具有液体的流动性。液晶态的发现，打破了人们关于物质具有固、液、气三态的常规概念。

液晶的结构会随着外场（电、磁、热、力）的变化而变化，从而导致其各向异性性质的变化。电光效应是液晶最有用的性质之一。所谓电光效应是指在电场作用下，液晶分子的排列方式会发生改变，从而使液晶光学性质发生变化。绝大多效液晶显示器件的工作原理都是基于这种效应。液晶显示的驱动电压低（通常为几伏），可靠性高，外界光线越强，显示反而越清晰。液晶显示无闪烁，不产生对人体有害的辐射，非常适用于电视和电脑的显示屏。

高分子液晶是指在一定条件下能以液晶态存在的高分子。高分子量和液晶相序的有机结合使液晶高分子具有一些优异特性，如很高的强度和高模量、低热膨胀系数、优秀的电光性质。高分子液晶材料品种非常多，其在光信息储存、非线性光学和色谱等领域具有应用价值，还可以用于制备一些高强度、高模量的结构材料。例如，芳香族聚酰胺可制成“梦幻纤维”。

5.3.4.2　导电高分子材料

导电高分子材料是在 20 世纪 70 年代中后期快速发展的新型功能材料。由于导电高分子的结构特征和独特的掺杂机制，使其具有优异的物理化学性质。与金属相比，导电高分子材料具有重量轻、易成型、可通过分子设计调节电阻率等特点，在光电子器件、电磁屏蔽、隐身技术、传感器、分子器件和生命科学等技术领域都有广阔的应用前景。

导电高分子材料按导电原理可以分为结构型和复合型两大类。结构型导电高分子材料指那些本身能导电或经过掺杂处理后能导电的高分子材料。这些聚合物的分子结构为大共轭体系，其 π 电子容易被激发活化而导电。复合型导电高分子是以绝缘高聚物作为基体与导电性颗粒或细丝（如银、铜、炭黑等）通过共混、层压等复合手段而制得的材料。

例如，1977 年发现的掺杂型聚乙炔是世界上第一个导电有机聚合物，它具有类似金属的电导率，是很有发展前途的蓄电池高分子材料。掺杂聚乙炔蓄电池具有重量轻、体积小、容量大、能量密度高、不需维修、加工简便等优点。它比传统的铅蓄电池轻，放电速度快，其最大功率密度为铅蓄电池的 10～30 倍，可以反复充放电近万次。

5.3.4.3 光敏高分子材料

光敏高分子材料是指在光的作用下能够显示特殊性能的聚合物，如感光材料、光刻胶、光固化涂料等。

例如，用于制版技术的感光材料是利用高分子材料在光照下固化或分解，将图形文字制成底片。现在常用的4种印刷方式：凸版印刷、胶印、凹版印刷和丝网印刷都可通过感光树脂来方便地实现，尤其是激光照排（计算机制版），可以用不同的底片在感光树脂上直接制版，是印刷术的一次飞跃性革命，已得到广泛的应用。常用的感光树脂有重氮盐类、聚乙烯醇肉桂酸盐和光聚型聚合物等。

5.3.4.4 生物医用高分子材料

生物医用高分子材料是指用于生物体或治疗过程的高分子材料，按来源可分为天然高分子材料和人工合成高分子材料。生物医用高分子材料的种类繁多，应用范围十分广泛，可用于组织修复、人工器官、治疗用器材、药物释放等。

用于人工器官和植入体的高分子材料，如用硅橡胶等弹性材料制成的人工心脏（又称人工心脏辅助装置）可在一定时间内代替自然心脏的功能，成为心脏移植前的一项过渡性措施；用可降解的高分子材料制作的骨折内固定器植入体内后不需再取出，可使患者避免二次手术的痛苦；有机玻璃可修复损伤的颅骨和面部；高密度聚乙烯、尼龙材料可制关节和骨；人造皮肤、人造角膜、人工血浆等也可以用高分子材料来制造。

用高分子水凝胶可开发制作创伤覆盖片、头部保冷帽、水凝胶型一次性隐形眼镜片；用具有高润滑性表面的高分子材料可制造导线和导管，用于血管造影和心肌梗塞、冠状动脉硬化等的治疗；用可吸收高分子材料可制作手术缝合线、止血材料、创伤覆盖材料等。

5.3.4.5 离子交换树脂

(1) 离子交换树脂的种类 离子交换树脂是一种不溶、不熔的体型高分子化合物，有阳离子交换树脂和阴离子交换树脂之分。其中阳离子交换树脂的分子中含有活泼的酸性基团，能交换阳离子；阴离子交换树脂中含有活泼的碱性基团，能交换阴离子。按照活性基团的酸、碱性强弱，阳离子交换树脂分为强酸性（例如含有—SO_3H）、中等酸性（例如含—PO_3H_2）和弱酸性（例如含有—COOH）三种，阴离子交换树脂有强碱性［例如含$RCH_2N^+(CH_3)_3OH^-$］和弱碱性［例如含$RCH_2N(CH_3)_2$］等。

(2) 离子交换树脂的交换作用 通常，把离子交换树脂装在交换柱中进行离子交换反应。当含有其他阳离子（例如Ca^{2+}和Mg^{2+}）或阴离子（例如Cl^-等）的溶液流经交换柱时，这些阳离子或阴离子就与树脂上的H^+或OH^-发生交换反应。以R—代表树脂母体，则交换反应可表示为：

阳离子交换反应

$$2R—SO_3H + Ca^{2+} \rightleftharpoons (R—SO_3)_2Ca + 2H^+$$
$$2R—SO_3H + Mg^{2+} \rightleftharpoons (R—SO_3)_2Mg + 2H^+$$

阴离子交换反应

$$R—CH_2N(CH_3)_3OH + Cl^- \rightleftharpoons R—CH_2N(CH_3)_3Cl + OH^-$$

交换下来的H^+与OH^-结合生成水，交换过后的水中含电解质极少。

(3) 离子交换树脂的再生 当离子交换树脂使用一段时间后，就会失去交换能力。这时，就需要进行“再生”处理。“再生”处理就是用强的无机酸或碱溶液浸泡已失去交换能力的交换树脂，使其发生离子交换反应的逆过程，即用H^+或OH^-再将树脂上的阳离子（如Mg^{2+}和Ca^{2+}等）或阴离子（如Cl^-等）交换出来。通常用盐酸或硫酸溶液处理阳离子交换树脂使其“再生”，用氢氧化钠溶液处理阴离子交换树脂使其“再生”。经过“再生”处理的离子交换树脂洗净后可继续使用。

离子交换树脂广泛用于离子分离，水的净化、软化，工业废水处理及金属回收等领域。

5.4 复合材料

复合材料是由两种或两种以上的不同材料组合而成的一种多相固体材料。

近几十年来，由于科学技术特别是尖端科学技术的迅猛发展，对材料性能的要求越来越高。传统的金属、陶瓷、高分子等单一材料在许多方面已不能满足需要。复合材料既能保持各组成材料原有的长处，又能弥补其不足。例如，金属材料易腐蚀，陶瓷材料易碎裂，高分子材料不耐热、易老化等缺点，都可以通过复合的手段加以改善或克服。复合材料可以根据对材料性能、结构的需要来进行设计和制造，得到综合性能优异的新型材料。复合材料为新材料的研制和使用提供了更大的自由度，开辟了广阔的应用前景。

5.4.1 复合材料中的基体材料和增强材料

在复合材料中，通常有一种材料为连续相，称为基体；另一种材料为分散相，称为增强材料。增强材料分散分布在整个连续的基体材料中，各相之间存在着相界面。

(1) 基体材料　基体材料可以采用高分子聚合物、金属材料和无机非金属材料。复合材料中的基体主要起三种作用：把增强材料粘在一起；向增强材料传递载荷和均衡载荷；保护增强材料不受环境破坏。

高分子聚合物是使用最早、用得最广的基体材料。作为复合材料基体的聚合物种类很多，应用最多的是热固性聚合物中的不饱和聚酯树脂，环氧树脂和酚醛树脂。近年来热塑性树脂发展很快，也已在应用上占有一定比例。

目前用作复合材料基体的金属有铝及铝合金、镁合金、钛合金、镍合金、铜与铜合金、锌合金、铅、铅铝和镍铝金属间化合物等。

无机非金属材料也可以作为复合材料的基体材料，包括陶瓷、玻璃、水泥、石膏和水玻璃等。

(2) 增强材料　在复合材料中，凡是能提高基体材料力学性能的物质均称为增强材料。增强材料通常是纤维，也可以是颗粒材料。

增强材料是主要的承力组分，在复合材料中起增强作用，使得材料的力学性能得到大大改善。例如，聚苯乙烯塑料加入玻璃纤维后，拉伸强度可从 600MPa 提高到 1000MPa，弹性模量可从 3000MPa 提高到 8000MPa，热变形温度可从 85℃提高到 105℃，－40℃下的冲击强度可提高 10 倍。

用作增强材料的纤维种类很多，有玻璃纤维、碳纤维、有机纤维、金属纤维、陶瓷纤维等。纤维的形态有连续长纤维、短纤维和纤维编织材料。例如，玻璃熔融后可以拉成玻璃纤维，玻璃纤维和玻璃纤维织物是用量最大、使用最普遍的增强纤维。

碳纤维是一种以碳为主要成分的纤维状材料，是由有机纤维在惰性气体中经高温碳化制得的。有机纤维在碳化时，失去部分碳和其他非碳原子，形成以碳为主要成分的纤维状物。碳纤维具有低密度、高强度、耐高温、耐化学腐蚀、低电阻、高热导率、低热膨胀系数、耐辐射等优异性能，是比较理想的增强材料，可用来增强塑料、金属和陶瓷。

除了纤维外，金属基和陶瓷基复合材料也使用颗粒材料作为增强体。它们是一些具有高强度、高模量、耐热、耐磨、耐高温性能的陶瓷等非金属颗粒，主要包括 Al_2O_3、SiC、Si_3N_4、TiC、B_4C、石墨等。增强材料颗粒越细，复合材料的硬度和强度就越高。

5.4.2 复合材料的分类

复合材料的范围很宽，历史也很久远，古时候，人们用草和泥筑墙，这就是一种复合材料：草是增强材料，泥是基体。我们熟悉的混凝土也是复合材料，其中砂石是增强材料，水泥是基体。由于可作为基体材料和增强材料的物质很多，故复合材料产品品种繁多，性能各异。

根据增强的方式，复合材料可分为纤维增强复合材料、颗粒增强复合材料和夹层增强复合材料等，其中纤维增强型复合材料由于比强度和比刚性优异而获得较快的发展。若按基体材料种类来分，则可分为聚合物基复合材料、金属基复合材料和无机非金属基复合材料三大类。它们共同构成了现代复合材料体系。

本节主要介绍聚合物基复合材料。对金属基和陶瓷基复合材料及碳碳复合材料也作简单介绍。

5.4.3 聚合物基复合材料

聚合物基复合材料是以有机聚合物为基体，连续纤维为增强材料复合而成的。聚合物基复合材料是复合材料中研究最早、发展最快的一类复合材料。目前，聚合物基复合材料已经形成了一个庞大的体系，性能不断提高，应用领域日益扩大，在航天、航空、交通运输、化工、建筑、通信、电子电气、机械、体育用品等各个方面都有广泛的应用，在现代复合材料领域中占有重要的地位。

由于聚合物的粘接性好，可以把纤维牢固地粘接起来，使载荷均匀分布、传递到纤维上去。这种纤维和聚合物基体之间的良好复合使得聚合物基复合材料具有许多优良特性。聚合物基复合材料的力学性能相当出色，可以与钢铁、铝等金属材料媲美。用纤维增强聚合物也改善了有机材料的耐热性和减振效果。由于聚合物基复合材料多为一次成型，故工艺过程也比较简单。

由于增强纤维和基体的种类很多，聚合物基复合材料有很多品种。如玻璃纤维增强塑料、碳纤维增强塑料、芳香族聚酰胺纤维增强塑料、碳化硅纤维增强塑料、木质纤维增强塑料等。这些聚合物基复合材料具有上述共同的特点，同时也各有其本身的特殊性能。这里只介绍玻璃纤维和碳纤维增强塑料。

(1) 玻璃纤维增强塑料（玻璃钢） 玻璃纤维增强塑料是用玻璃纤维作为增强材料，合成树脂作为基体材料复合而成的，包括玻璃纤维增强热固性塑料和玻璃纤维增强热塑性塑料两大类。其突出特点是重量轻、强度高，相对密度为1.6～2.0，比金属铝还要轻，强度有的比高级合金钢还高，因此俗称“玻璃钢”。

玻璃钢的用途十分广泛。由于重量轻、强度高、耐腐蚀、绝缘性好，常用于制造飞机、火车、汽车、农机的零部件，轻型船舶的船体，导轨、齿轮、承轴等机器构件，电机和电器的绝缘零件，化工设备和管道，储油罐和输油管，还可制造玻璃钢氧气瓶、液化气罐等。玻璃钢还具有保温、隔热、隔声、减振等性能，是一种理想的建筑材料，常被用作承力结构、围护结构、冷却塔、水箱、卫生洁具、门窗等。玻璃钢不受电磁作用的影响，不反射无线电波，微波透过性好，因此可用来制造扫雷艇和雷达罩。玻璃钢的最大的缺点是刚性差。由于玻璃钢的基体材料是塑料，所以它也会老化，但老化速度比塑料慢。

(2) 碳纤维增强塑料 碳纤维复合材料是20世纪60年代迅速发展起来的。碳纤维与合成树脂等基体结合即得到碳纤维增强塑料。碳纤维增强塑料重量比玻璃钢更轻，强度比玻璃钢更大。它在抗冲击、抗疲劳、自润滑性以及耐腐蚀、耐温等方面也有显著优点。如果采用碳纤维增强塑料制成长途客车的车身，重量是钢车身的1/4～1/3，比玻璃钢车身也要轻

1/4。碳纤维增强塑料的抗冲击强度也特别突出，不到 1cm 厚的碳纤维增强塑料板，在十步远的地方用手枪也不能将其射穿。

碳纤维增强塑料是目前最受重视的高性能材料之一，在航空航天、军事、工业、体育器材等许多方面有着广泛的用途。

碳纤维增强塑料是火箭、人造卫星、导弹、飞机、汽车的机架和壳体等最理想的材料。因为重量比金属制成的轻得多，可以节省大量的燃料。

能源工业中也大量应用碳纤维复合材料制造太空太阳能发电站的构件、分离铀-235 的离心机高速转筒、风力发电机的桨叶等。

碳纤维增强塑料还用来制造滑雪板、高尔夫球棒、网球拍、跳板、钓鱼竿、体育赛艇等。

5.4.4　其他类型复合材料简介

(1) 金属基复合材料　金属基复合材料是以金属及其合金为基体，增强材料多为陶瓷、碳、石墨及硼等无机非金属材料，有时也采用金属丝。增强材料可以是纤维和陶瓷颗粒材料。

金属基复合材料克服了单一金属及其合金在性能上的某些缺点。与聚合物基复合材料相比，金属基复合材料的强度、硬度和使用温度更高，具有横向力学性能好、层间抗切强度高、不吸湿、不老化、尺寸稳定、导电、导热等优点。

金属陶瓷是由陶瓷粒子和粘接金属组成的非均质的复合材料。例如，用碳化物陶瓷粒子增强 Ti、Cr、Ni 等金属，得到金属陶瓷复合材料。这种复合材料的组成特点是用韧性的金属把耐热性好、硬度高但不耐冲击的陶瓷相粘接在一起，从而弥补了各自的缺点。这种金属陶瓷复合材料被称为硬质合金，目前已广泛应用于切削刀具材料。

用碳纤维等高强度、高模量的纤维与金属及其合金（特别是轻金属）制成的金属基复合材料，既可保持金属原有的耐热、导电、传热等性能，又可提高强度和模量，降低相对密度，是航空航天等尖端技术的理想材料。

(2) 陶瓷基复合材料　陶瓷基复合材料是以陶瓷为基体材料，纤维或颗粒为增强体复合而成的。陶瓷基复合材料具有高强度、高韧性和优异的耐高温性能及力学稳定性，是一类高性能的新型结构材料，应用前景很广。

典型的陶瓷基复合材料是纤维增强陶瓷。陶瓷材料耐高温、耐磨以及耐腐蚀性能优越，但其脆性的弱点限制了它的使用范围。采用纤维复合可以大大提高陶瓷的韧性和材料的抗疲劳性能。

陶瓷基复合材料具有很好的应用前景。在高温材料方面，连续纤维增强陶瓷基复合材料已经被广泛应用于航天、航空领域的耐高温结构材料。例如用作防热板、发动机叶片、火箭喷管喉衬以及导弹、航天飞机上的其他零件。在非航空领域，陶瓷基复合材料应用于耐高温和耐腐蚀的发动机部件、切割工具、喷嘴或喷火导管、热交换管等方面；在防弹材料方面，陶瓷基复合材料由于具有强度高、韧性好、密度小等优点，是替代传统的装甲钢的理想的装甲材料。在生物医学材料方面，陶瓷基复合材料具有极好的抗腐蚀能力、相当好的韧性、密度小，也展现出良好的应用前景。

(3) 碳碳复合材料　用碳或石墨作为基体，用碳纤维或石墨纤维作为增强材料可组成碳碳复合材料。这是一种新型特种工程材料。碳碳复合材料能承受极高的温度和极高的加热速度，且有极好的耐热冲击能力，在尺寸稳定性和化学稳定性方面也较好。目前碳碳复合材料已用于高温技术领域（如防热）、化工和热核反应装置中，在航天、航空中用于制造导弹鼻锥、飞船的前缘、超音速飞机的制动装置等。

化学视野

液晶与液晶显示器

液晶产品对我们来说并不陌生，我们日常使用的手机、计算器、电子表上都可以见到它。早在1888年，奥地利植物学家莱尼茨尔（F. Reinizer）首先发现并描述了自然界中存在着一种特殊的晶体，这种晶体当受热熔融或被溶解后，外观呈现液态物质的流动性，但微观上却仍保留着晶态物质分子的有序列，且物理性质也是各向异性。后来，这种相态被称为液晶态，处于液晶态的物质称为液晶。

液晶虽然早在1888年就被发现，但是真正应用于生产生活实际，已是20世纪80年代以后的事了。直到1968年，美国RCA公司利用液晶分子受到电压的影响而改变其分子的排列状态，并且可以让入射光线产生自转的原理，制造了世界上第一台使用液晶显示的屏幕，直到这时，液晶和显示器两个专有名词才联系在一起，液晶显示器（liquid crystal display，LCD）成为后来朗朗上口的专业名词。随后的几年，日本SONY和SHARP两家公司对液晶显示技术的开发与应用进行了广泛的研究，从而让液晶显示器成功地融入到现代电子产品之中。

研究发现，呈现液晶态的物质其实不少，性质各有差异，按结构可分为三类，即向列相液晶、胆甾相液晶、近晶相液晶。一般最常用的液晶为向列相型，分子形状为细长棒形，在不同电流电场作用下，液晶分子会做规则旋转90°排列，产生透光度差别，这时在电源ON/OFF状态下，会产生明暗的区别，依此原理控制每个像素，便可构成所需的图像。

液晶显示器的基本原理，以扭转向列型（twisted nematic，TN）为例说明如下：液晶置于两片导电玻璃之间，外面再包裹着两片偏光板。靠两个电极间电场的驱动，引起液晶分子扭曲向列的电场效应，以控制光源透射或遮蔽功能，电源关开之间产生明暗而将影像显示出来，若加上彩色滤色光片，则可显示彩色影像。

两片玻璃在接触液晶的那一面并不是光滑的，而是有锯齿状的沟槽。沟槽的主要目的是希望长棒状的液晶分子会沿着沟槽排列，这样液晶分子的排列才会整齐。如果是光滑的平面，液晶分子的排列便会不整齐，造成光线散射，形成漏光的现象。但在实际制造过程中，并无法将玻璃做成有如此槽状的分布，一般会在玻璃的表面上涂一层聚酰亚胺（polyimide，PI），然后再用布去做摩擦的动作，好让PI的表面分子不再是杂散分布，而是按照固定而均一的方向排列。这层PI就叫做配向膜。

在两片玻璃基板上装有配向膜后，液晶会沿着沟槽配向，由于玻璃基板配向膜沟槽偏离90°，所以液晶分子成为扭转型，当玻璃基板没有加入电场时，光线透过偏光板跟着液晶做90°扭转，通过下方偏光板，液晶面板显示白色；当玻璃基板加入电场时，液晶分子产生配列变化，光线透过液晶分子空隙维持原方向，被下方偏光板遮蔽，光线被吸收无法透出，液晶面板显示黑色。液晶显示器便是根据此电压有无，使面板达到显示效果的。

网络导航

1. 进入材料科学大世界

材料是人类文明的物质基础，新材料是高技术发展的基础和先导，每一项重大新技术的发现，往往都依赖于新材料的发展。因此，材料科学仍然是我国最重要的研究领域之一。随着科学技术日新月异的发展，相应的网上的有关信息也越来越丰富，有的还建立了独立的网站，例如：

① 中国科学院纳米科技网，http://www.casnano.net.cn/。

② 有关高分子的两个网站，其一是由Case Western Reserve University维护的高分子与液晶的虚拟教材与实验网站，网址http：//plc. cwru. edu/tutorial/enhanced/main. htm；另一个是有关高分子材料在日常生活中使用的网站，网址：http：//www. pslc. ws/mactest/maindir. htm，分6个层次介绍。其中前3个是：到处是高分子（Level One：Polymers are Everywhere）、生活中的高分子（Level Two：Polymers Up Close and Personal）、高分子如何工作（Level Three：How They Work）。

③“新浪”主页点击“科技”，http：//tech. sina. com. cn，在滚动新闻栏目下，每天更新科学新闻内容，可以查找感兴趣的专题新闻，还可按年月日查询往日的科学新闻。

④ 材料大全A到Z（金属、陶瓷、高分子、复合材料），http：//www. azom. com/materials. asp。

2. 了解金属材料

材料的发展，标志着人类社会的历史进程。金属材料是进入工业社会以后，人类用得最早也是用得最多的材料。作为结构材料，开始时几乎全是铁和铜。20世纪初出现了以硬铝为首的铝合金，50年代起又出现只有钢一半重、耐热性比钢好而强度不低于钢的钛合金。下面给出在互联网上介绍新材料及其发展动态方面的一些网页及研究所的网址，希望能利用网上丰富的前沿科技资源，扩大视野和知识面，及时了解科技发展动态。

① 中国著名的材料科学与工程研究基地，中国科学院金属研究所：http：//www. imr. ac. cn/。

② 稀土材料国家工程研究中心：http：//www. grirem. com. cn/。

③ IBM公司用STM展示的彩色原子与分子图网页：http：//www. almaden. ibm. com/vis/stm/atomo. html。

④ 法国ILL研究所(the Institute Laue-Langevin),其网站提供无机材料原子堆积的三维图像。网址:http://www. ill. fr/dif/3D-crystals/。

⑤ 中国科普博览主页：http：//www. kepu. ac. cn/，在地球故事栏目下有矿物ABC、矿物大观等栏目。

思 考 题

1. 材料在人类文明进步过程中的意义是什么?
2. 金属、非金属、准金属在周期表中的分布如何?
3. 周期表中元素单质的熔点、硬度的变化规律如何?
4. 材料是如何分类的?
5. 分别举出下列材料的一些特性及其应用:

(1) 超导材料　　(2) 形状记忆合金

(3) 纳米材料　　(4) 导电高分子材料

6. 解释下列各组名词:

(1) 单体　链节　聚合度

(2) 加聚反应　缩聚反应

(3) 热塑性　热固性

7. 线型非晶态高分子有哪几种不同的物理形态?
8. 说明 T_g 的含义和影响其高低的因素。说明用作塑料的高聚物，要求 T_g 值高一些有利；而用作橡胶的高聚物，则其 T_g 值低一些有利。

9. 简述离子交换树脂的结构原理和作用。

10. 何谓复合材料？基体材料和增强材料在复合材料中各起什么作用？试举例说明。

习　题

1. 填空题

(1) 迄今为止，共发现________种元素，其中金属元素有________种，非金属元素有________种。

(2) 金属单质中，熔点最高的是________，最低的是________；硬度最大的是________；导电性最好的是________。

(3) 耐高温金属是指熔点不低于________的金属，常见的耐高温金属有________、________和________。

(4) ________、________和________是两性金属。

(5) 合金的三种类型为________、________和________。

2. 周期系中非金属元素有________种，它们分布在________区、________族。在非金属元素的单质中，熔点最高的是________，沸点最低的是________，硬度最大的是________，密度最小的是________，非金属性最强的是________。

3. 比较下列各组化合物的酸性，并指出所依据的规律。

(1) $HClO_4$、H_2SO_3、H_2SO_4

(2) H_2CrO_4、$HCrO_2$、$Cr(OH)_3$

(3) KOH、NaOH、$Mg(OH)_2$、$Al(OH)_3$

4. 比较下列各组物质的热稳定性并说明原因。

(1) Na_2CO_3 和 $NaHCO_3$；　　(2) $CaCO_3$ 和 $MnCO_3$；

(3) Li_2CO_3 和 K_2CO_3；　　(4) NaClO 和 $NaClO_3$。

5. 水泥的主要成分是什么？混凝土由什么构成？

6. 玻璃的主要成分是什么？

7. 简单说明 p-型半导体、n-型半导体和结。指出其导电性和产生电势的机理。

8. 高分子化合物 $\mathrm{+\!\!\!\![CF_2-CF_2]\!\!\!\!+_n}$ 的化学名称为________，俗称________，单体结构是________，n 是________，当 $n=500$ 时，其相对分子质量是________。

9. 举例说明什么是通用塑料，什么是工程塑料。

10. 橡胶制品有哪些组分？各组分的作用是什么？

11. 涂料由哪几种组分组成？各组分的作用是什么？

12. 塑料老化有哪些原因？怎样防止塑料老化？

第 6 章　化学与能源

能量与物质共存，能量随物质变化。作为研究物质变化的学科，化学既是创新物质的能手，也是开发能源的专家。化学已为传统的能源开发做出了重大贡献，化学还将使新兴的能源革命向更广阔的领域拓展。

6.1　概述

能源是指能为人类提供热、光、动力等有用能量的物质或物质运动的统称。能量是人类生存和发展的重要物质基础，是从事各种经济活动的原动力，也是社会经济发展水平的重要标志。社会越发展，生产力越高，人类对能源的依赖程度也越高，同时对能源的利用水平也越高。能源利用的广度和深度是衡量一个国家生产力水平的重要标志之一。

现在地球人口 70 多亿，到 21 世纪中叶，预计将达到 100 亿人。单从人口增长的数字来看，能源消费的增加将是惊人的。地球上的能源是有限的，如此大量的消费，世界的能源资源很快会枯竭，这如同只伐树而不植树，森林也会变成荒原一样。因此，新能源的开发与利用是急需解决的重大课题。科学家预言，化学学科在解决能源问题方面将发挥越来越重要的作用，将使 21 世纪的能源开发再创辉煌。

6.1.1　能源利用的历史进程

能源，为人类文明做出了重大贡献。从人类利用能源的历史可以清楚地看到，每一种能源的发现和利用都把人类支配自然的能力提高到一个新的水平，能源科学技术的每一次重大突破也都带来世界性的产业革命和经济飞跃。人类文明进程的每一步，都和能源的利用息息相关。人类社会的发展历史就是一部不断向自然界索取能源的历史。

(1) 柴薪时代　柴薪是人类第一代主体能源。人类自出现之日起就要靠食用自然界中的动植物来摄取维持自己生命的能源。在原始社会，原始人学会用火之后，首先用树枝、杂草等作为燃料，用于燃烧煮食和取暖。这不但促进了原始人体质的改善，更加速了原始人的进化。自此，能源就成为人类发展的重要物质基础，许多技术的产生和发展都受火的控制，如陶瓷的烧制、金属的冶炼和加工、工具的制造等。恩格斯在评价火的作用时说："摩擦生火第一次使人支配了一种自然力，从而最终把人同动物分开。"

(2) 煤炭时代　公元前 500 年我国古代人就发现了黑石头（煤），但用煤做燃料只有 1000 多年的历史。到了 17 世纪中叶，由于煤炭生产和实用技术日趋成熟，人类能源消费逐步由煤炭代替木炭。18 世纪 60 年代从英国开始的产业革命促使世界能源结构发生第一次转变，即从柴薪转向煤炭。煤气灯的使用、蒸汽机的发明，使煤炭一跃成为第二代主体能源，并开创 18 世纪的工业文明。以煤炭做燃料的蒸汽机，使纺织、冶金、采矿、机械加工等工业获得迅速发展。同时，蒸汽机车、轮船的出现，使交通运输业得到巨大进步。到了 19 世纪，电磁感应现象的发现使得由蒸汽轮机做动力的发电机开始出现，煤炭作为一次能源被转换成更加便于输送和利用的二次能源电能。至 1900 年，世界能源消费总量为 12 亿吨标准煤，其中煤占 80%。

(3) 石油时代 公元前250年，中国人就发现石油是一种可燃的液体。自1782年瑞士人发明煤油灯到1853年全球普遍使用，石油所发挥的功能几乎全是照明。从20世纪20年代开始，世界能源结构发生第二次大转变，即从煤炭转向石油和天然气。这一转变首先在美国出现。1854年，美国宾夕法尼亚州打出了世界上第一口油井，开创了近代石油工业的先河。19世纪末，人们发明了以汽油和柴油为燃料的奥托内燃机和狄塞尔内燃机。1908年，福特研制成功了第一辆汽车。此后，汽车、飞机、柴油机轮船、内燃机车、石油发电等将人类飞速推进到现代文明时代。石油以及天然气的开采与消费开始大幅度增加，并以每年2亿吨的速度持续增长。1965年，全球石油的消费量首次超过煤炭，比重达39.4%（煤炭为38.7%），成为第三代主体能源。此后石油所占的比重不断提高，世界进入了“石油时代”。也正是由于石油需求量的急速提高，在20世纪70年代世界上出现了两次“石油危机”。

(4) 核能开发 在20世纪30年代，人们开始了从原子核获得能量的研究。1942年12月2日，费米等一批科学家在美国芝加哥大学建成了世界上第一座人工核反应堆，并运行成功。世界上第一座核反应堆是一个庞然大物。虽然从反应堆发出的功率只有0.5W，还不足点亮一盏灯，但意义非同小可，它标志着人类从此进入了核能时代。1954年前苏联建成了世界上第一座核电站，从此，人类跨入了核能利用的大门。由于受石油危机的影响，核能利用在20世纪80年代发展最快，据统计，1980～1985年世界核能消费量增长了90%，而前苏联竟然增长了121%。目前，全世界核电装机容量已超过4.3亿千瓦，核发电总量约占总发电量的30%。

核能是20世纪出现的新能源，核科技的发展是人类科技发展史上的重大成就，核能的和平利用，对于缓解能源紧张，减轻环境污染具有重要的意义。

另外，人类在能源开发过程中，还逐渐发现和利用了天然气、水能、风能、太阳能等。

6.1.2 能源分类

能源家族成员种类繁多，而且新成员不断加入。只要能为人类利用以获得有用能量的各种来源都可以加入到能源家族中来。能源家族从不同的角度有不同的分类，从其产生的方式以及是否可再利用的角度可分为一次能源和二次能源，可再生能源和不可再生能源；根据使用的性质又可分为常规能源和新型能源。

一次能源是直接从自然界取得的能源，包括可再生的水力资源和不可再生的煤炭、石油、天然气资源。其中，煤、石油和天然气是当今世界一次能源的三大支柱，构成了全球能源家族结构的基本框架。另外，一次能源小家族中也列入了像太阳能、风能、地热能、海洋能、生物能以及核能。二次能源是一次能源经过加工、转换得到的能源，包括电力、煤气、汽油、柴油、焦炭、洁净煤、激光、沼气等。

新型能源一般是指在新技术基础上加以开发利用的可再生能源，如太阳能、风能、地热能、海洋能、生物能以及核能等。常规能源包括一次能源中的可再生水力资源和不可再生煤炭、石油、天然气等资源。此外，从环境保护的角度，根据能源在使用中产生的污染程度不同，也可将能源分为清洁型和污染型能源。有时把清洁能源称为绿色能源。“绿色能源”有两层含义：一是利用现代技术开发干净、无污染的新能源，如氢能、太阳能、风能等；二是化害为利，将发展能源同改善环境紧密结合，充分利用先进的设备与控制技术来利用城市垃圾、淤泥等废物中所蕴藏的能源，以充分提高这些能源在使用中的利用率。污染型能源包括煤炭、石油等。

6.1.3 能源危机和环境污染

20世纪人类使用的主要能源是石油、天然气和煤炭。随着全球人口的急剧膨胀和社会生产力的发展，人类的能源消费大幅度增长。仅从石油来讲，从 1900～1979 年，石油产量从 0.21 亿吨增加到 31.2 亿吨，据统计，人类近 30 年共向地球索取了 800 亿吨石油。众所周知，石油、天然气和煤炭均为矿物能源，是古生物在地下历经数亿年沉积变迁而形成的，不可再生，其储量有限。根据国际能源机构的统计，假使按目前的需求或消耗势头发展下去，那么，地球上这几种能源能供人类开采的年限分别只有 40 年、50 年和 240 年。从人类历史的角度看，四五十年实在是非常短促，所以，开发和利用清洁而又用之不竭的新能源是当今人类社会发展中的紧迫课题。伴随着能源的开发和利用，特别是大量矿物能源的燃烧，带来了全球性的环境问题，主要是大气污染、“酸雨”和“温室效应加剧”。其中煤炭燃烧对环境的污染最严重。在开采石油、天然气和煤炭时也会产生环境污染。据统计，每开采 1t 煤需排放 2t 废水。所以，传统能源造成的环境污染也是人类面临的重大问题。

6.1.4　世界能源概况

当代世界广泛利用的五大能源是：石油、天然气、煤炭、核能、水力。能源消费存在很大的南北差异，发达国家使用量占消费总量的 3/4 以上，人均消费以美国最高，是世界平均水平的 5 倍，是我国的 10 倍。主要能源储量也存在很大差异，例如，地球上石油的估计总储量为 1370 亿吨，但约有 740 亿吨分布在中东地区。沙特阿拉伯、伊朗、伊拉克、科威特和南美的委内瑞拉这 5 国的石油出口量曾占世界总出口量的 80% ，它们在 20 世纪 60 年代初就成立了“石油输出国组织”(OPEC)，与美英“石油七姐妹”(美国的埃克森、德士古、加州标准、海湾、飞马和英国石油、英国壳牌）对抗。目前，OPEC 的成员扩大到 13 个(阿尔及利亚、厄瓜多尔、加蓬、印度尼西亚、利比亚、尼日利亚、卡塔尔和阿联酋 8 国先后加入)。

目前，世界能源结构的演变趋势表明，油、气在世界能源消费构成中的主体地位在很长一段时间内不会改变，天然气有可能成为未来能源的主导方向。目前全世界的燃气汽车已超过 640 万辆，北京也开始使用天然气汽车。国际能源界普遍认为，2020 年以后天然气将超过石油和煤炭，成为世界上最重要的能源，有人甚至认为“21 世纪将是天然气的世纪”。当然，核能、太阳能等新能源也有可能上升到主导地位。

6.1.5　我国能源概况

我国为世界第二大能源消费国。1998 年全国能源消费总量为 13.6 亿吨标准煤（8.77 亿吨标油），2007 年消耗 26.5 亿吨标准煤，增加近一倍，现占世界第二位。但我国人均能源消费，特别是优质能源消费水平很低。1998 年我国人均能源消费量仅为 1.09t 标准煤（0.7t 标油），只相当于世界 20 世纪 50 年代的平均水平。1998 年我国人均天然气消费量为 $18m^3$，仅为世界人均水平的 2.7%。

在能源消费结构中煤占绝对优势，优质能源消费量很小，我国是世界上仅有的 3 个煤炭消费比例超过 70%的国家之一。澳大利亚是煤炭资源最丰富的国家，其人均可采资源量是我国的 51 倍，但其煤炭消费比例却只有 44.2%。

我国煤炭储量比较丰富，居世界第 3 位。根据美国《油气杂志》1998 年年终的统计，中国剩余石油探明储量为 32.43 亿吨，居世界第 10 位；剩余天然气探明储量为 1.70 万亿立方米，居世界第 20 位。我国石油可采资源量的人均值只相当于世界的 1/5，天然气的相应值还不到世界的 1/10 。所以，中国优质能源比较贫乏，并且多集中分布在远离市场的中、西部地区。我国从 1993 年起由石油的净出口国变成了石油的净进口国，当年净进口石油 905 万吨，2007 年我国进口石油近 2 亿吨。石油净进口量已占我国石油总消费量的近一半。另外，需要进口的天然气量也在逐年增加。

我国水力资源总储藏量约为6.8亿千瓦（1995年统计），世界第一，可开发量3.8亿千瓦。目前，已建成小型水力发电站10万座，大中型水力发电站100多座。但是，这些发电站的发电量在全国总发电量中所占比例仍很小，在可开发水力资源中所占比例也很小（不到10%）。长江三峡是世界著名大峡谷，可开发水力资源占全国的53%，是世上无双的“能源富矿”。为了更好地利用这一天然资源，我国1992年决定建设三峡水电工程。三峡水电站总装机容量为1820万千瓦，比目前世界上最大的巴西伊泰普水电站大40%，年发电量840亿度，为目前全国发电量的1/8。其输电范围1000km，可把全国七大电网连接起来，充分发挥跨流域的调节和调度作用，全国各水电站可因而增加发电能力300～500kW。

在核能利用方面，我国起步较晚。1991年底建成第一座核电站（秦山核电站），有2台30万千瓦发电机组。1994年初又建成了广东大亚湾核电站，有2台90万千瓦发电机组。目前我国有4座核电站在运行，年发电600亿度，占我国能源消耗量的2%。另有7座核电站在建，到2020年，我国将新建31座核电站。最近，根据国家“863计划”研究成果，已启动“实验快反应堆工程”，快反应堆是目前世界上核技术研究的前沿。

尽管到2020年，石油、煤、天然气、核能仍是能源供应的主力军，但水力、新能源与可再生能源的发展十分引人瞩目。随着人口的增长和社会生活的进步，世界能耗将以每年约2.7%的速度增长，生物质能、风能、太阳能等新能源和可再生能源将以更大的速度大力发展。根据世界权威部门的预测，到2060年，新能源与可再生能源的比例将占能源结构的50%以上。因此，要从根本上解决我国能源供应不足的问题，开发我国丰富的新能源与可再生能源是一条符合国际发展趋势的可行之路。

6.2 化学使古老的能源焕发青春

6.2.1 石油深加工

石油从发现至今，主要是用作液态燃料，其产品主要有汽油、煤油和柴油。从地下开采出来的石油也称为原油，是一种有色、有味的黏稠液体。它的元素组成为：C 83%～87%、H 10%～14%、O 0.05%～2.0%、N 0.02%～0.2%、S 0.05%～8.0%，它是各种化合物的混合物，主要成分是碳氢化合物（烃）。原油经加工后才能用作燃料。目前，世界上的7.5亿辆机动车每年消耗的9亿吨汽油和10亿吨柴油多是来自石油深加工。

(1) 分馏 利用原油混合物中不同大小分子的沸点各异的特性，通过蒸馏的办法可以得到不同沸点的产物。沸点一般随碳原子数的增加而提高，因此在原油加热时，随着温度的升高，不同组分的烃可相继汽化、冷凝而被分离出来，这种方法就叫做分馏。对于石油中沸点在360℃以下的各种组分（汽油、煤油和柴油）可进行常压分馏，对于沸点在360℃以上的组分（重油）需采用减压分馏，减压的目的是降低烃类汽化温度，以免分馏温度过高而使化合物发生分解或炭化。从减压塔可分馏出各种润滑油、石蜡等产品，最后留下的就是沥青。

直接从原油中通过蒸馏而制得的汽油称为直馏汽油，其数量仅为原油的10%左右，而且由于质量不好，很少直接用作动力燃料油。而汽油质量的好坏在于其燃点与汽车发动机协调的关系，用辛烷值（即汽油牌号）表示，如抗震性最好的异辛烷的辛烷值定为100，辛烷值低的汽油会发生爆燃及冒黑烟。

(2) 重整 所谓重整，就是把馏分中的烃类分子重新排列而构成新的分子结构。重整的目的是使支链异构体增加，芳烃增加，大大提高汽油的辛烷值。通常重整汽油的辛烷值都在85～100，若用它取代55号汽油（直馏汽油），可使飞机发动机的功率提高45%～65%。

提高汽油辛烷值的另一种方法是在汽油中添加少量抗爆剂——四乙基铅，加0.1%的四乙基铅可以使直馏汽油的辛烷值提高14～17。然而，四乙基铅有剧毒，近十几年来用含氧化合物作为高辛烷值汽油的调和组分有了较大的发展，其中甲基叔丁基醚（MTBE）已得到广泛使用。

(3) 裂化　为了提高汽油的产量，人们尝试把石油中一些非汽油组分的长链大分子烃类人为地将它们切断，以得到更多的汽油组分的烃分子，这就是原油加工中的裂化工艺。早期裂化工艺采用的是热裂化技术，即直接用加热的方式使长链断裂，这种工艺选择性很差，往往产生许多低于汽油组分的小分子烃，因此效率不高。目前采用的裂化技术都是催化裂化，所谓催化裂化就是使重油在通过催化剂的情况下进行裂化反应，这样可以有选择性地多产生些汽油组分的产品。由催化裂化生产的汽油以及重整汽油是目前商品汽油的主要来源。

除汽油之外，我们从原油中还可得到一系列的其他燃料油，如航空煤油、柴油、煤油、液化石油气、工业燃料油（重油）等。

(4) 精制　由石油得到的各种燃料油中经常混有少量含氮、硫的杂环化合物，它们在燃烧中会生成氮氧化物、硫氧化物等有害气体。为了减少环境污染，提高油品质量，常对燃料油进行催化加氢处理，使氮、硫变为 H_2S 、NH_3 而除去。最近一些发达国家提出清洁燃料的概念，对油中的芳烃、烯烃含量都有一定限制，对精制提出了更高的要求。

6.2.2　煤的综合开发

煤是最主要的固体燃料，它的元素组成为：C 85%、H 5%、O 7.6%、N 0.7%、S 1.7%。它是由一定地质年代生长的繁茂植物在适宜的地质环境中经过漫长的天然煤化作用形成的。根据煤化程度的不同，煤可以分为泥煤（含C量50%）、褐煤（含C量50%～70%）、烟煤（含C量70%～85%）和无烟煤（含C量85%～95%）4类。煤的燃烧热根据含碳量及挥发性物质含量不同而不同，挥发物愈少，热值愈高。煤可以直接作为燃料，而综合利用煤中除碳之外的其他宝贵资源可提高煤的使用价值。

(1) 煤的干馏（又叫煤的焦化）　所谓干馏是让煤在隔绝空气下加热，使某些成分发生热分解。在干馏时可得三种状态的产品：气态为煤气（焦炉气），主要是氢气和一氧化碳；液态为煤焦油，主要是芳香族化合物；固态为焦炭。干馏可分高温干馏和低温干馏两种。低温干馏的最终温度仅为700℃，它的固体焦炭产品易碎，但可生产更多的轻油和焦油。干馏时加热到900～1200℃称为高温干馏，其生产的焦炭强度高，含挥发物质很少，适宜钢铁冶炼工业的使用，还可用作煤气化原料以及化工原料。例如，焦炭在高温隔绝空气时，可以跟石灰反应生成碳化钙，这就是气焊中用来制备乙炔气的原料电石。化学反应方程式为：

$$CaCO_3 \longrightarrow CaO + CO_2 \uparrow$$

$$CaO + 3C \longrightarrow CaC_2 + CO \uparrow$$

$$CaC_2 + 2H_2O \longrightarrow C_2H_2 + Ca(OH)_2$$

近几年由于石油大幅涨价，我国内地有不少工厂用此法（俗称电石法）生产乙炔并大量生产氯乙烯产品，成本低于石油裂解法。

焦油是多种芳香族化合物的复杂混合物，通过分馏可以使它们分离。170℃以下的馏出物是苯、甲苯和二甲苯，170～230℃的主要馏出物是苯酚和萘。这些化合物都是重要的化工原料。

(2) 煤的液化（煤变油）　煤的液化是煤具有战略意义的另一种转换，其目标是将煤转换成可替代石油的液体燃料和用于合成的化工原料。让煤加热裂解，使大分子变小，然后在催化剂的作用下加氢可以得到多种燃料油。煤的液化油也叫人造油，主要成分为多种烷烃

(C_nH_{2n+2})、烯烃(C_nH_{2n})和乙醇、乙醛等。2001年年初，国务院正式批准神华集团关于煤炭液化的项目建议书，允许其转入可行性研究阶段，并将投资追加到250亿元。该项目建成后，年创税收25亿元，年实现利润25亿元。现在，不少大型煤炭企业对煤变油项目有很高的积极性。

(3) 煤的气化 气态的燃料对于民用最合适，因为它可以实现管道化，输送方便且干净。可是自然界的天然气（主要成分为甲烷）的开采量是有限的且受地区的限制，因此将煤气化制成气态燃料不失为一个好方法，如果将煤在高温时与水蒸气作用（或让煤在空气不足的情况下进行部分氧化），则可制成一种气态混合物（CO、H_2），被称为水煤气或合成气。化学方程式为：

$$C + H_2O \longrightarrow CO\uparrow + H_2\uparrow$$

该混合气中的 H_2 和 CO 都是可以燃烧的气体，其燃烧热约为天然气的1/3。若将煤与有限的空气和水蒸气反应可得到半煤气（H_2、CO 、N_2），该气中 N_2 的含量为50%左右，因此这种气体的热值仅为天然气的1/6左右，不适合作为燃气，适合作为小型化肥厂中的合成氨原料，因合成氨需要的 H_2 和 N_2 在半煤气中都有。

合成气、炼焦气及石油裂解气是城市煤气的主要来源。然而合成气还有另一种更有希望的用途，即作为一碳化学的原料气。

(4) 一碳化学 20世纪70年代曾因石油危机而引发了化学研究中的一个重大课题——一碳化学。所谓一碳化学就是从一氧化碳（含一个碳）为起始原料进行的反应。当时人们不仅从石油危机而且从石油资源的日益短缺预感到，用相对来说储藏量更为丰富的煤来制备液体燃料似乎是一个解决能源问题的好办法。煤可以气化，制成一氧化碳和氢，而一氧化碳在催化剂的作用下可以氢化进而合成各种长链的烃类化合物，当然也可以合成汽油。实际上，这个技术早在1926年已由德国化学家研究成功。这个反应的原料虽然只是简单的一氧化碳和氢，但合成反应本身却十分复杂，反应产物多达百种以上。因此除以合成汽油为主要产物的反应外，还有以合成其他产物为主的反应，如甲烷化反应、醇化反应等。每一类反应都有自己相应的催化剂，如甲烷化反应的催化剂是负载在氧化铝上面的金属镍，甲醇化反应的催化剂是锌-铜氧化物，而合成汽油的催化剂是铁。

现在一碳化学正在拓展，人们已在研究用来源更加广泛且有环境负担的 CO_2 作为原料进行氢化合成反应，现主要合成甲醇、二甲醚等产品。

(5) 洁净煤技术 广义的洁净煤技术泛指比传统燃煤过程能降低二氧化硫（SO_2）、氮氧化物（NO_x）和微尘污染的多种先进用煤技术，狭义的洁净煤技术专指燃煤电厂更清洁、更有效的先进燃煤技术。洁净煤技术最早是在1985年由鲁德·刘易斯和威廉·戴维斯提出的，目的是想解决美国和加拿大两国的酸雨问题。

目前人们正在利用快速裂解和快速冷凝技术开发煤的拔头工艺。年代较少的煤种含有较多的易挥发组分，利用拔头工艺可从煤中提出20%左右的气体和液体燃料，主要是汽油、柴油、高热值煤气和化工原料，提取后的半热炭即为洁净固体燃料。

洁净煤技术在21世纪大有发展前景的原因主要有两个：①煤炭在自然界的储量很大，它是石油和天然气资源耗尽后的主要化石能源；②当前煤炭的使用对环境污染比较严重。

6.2.3 化学电源

在第4章已讲过，这里不再赘述。

6.2.4 节能技术

自从1973年第一次世界性能源危机发生后，人们强烈地感受到经济发展越来越受到能源的制约。能源的短缺和浪费促使节能技术悄然兴起。

节能技术不是少用能源技术，而是指一定量的能源投入能够产生更大效用的技术。节能技术和新能源开发是解决能源危机的根本途径（这叫“开源节能”）。节能技术可更加合理地利用能源，提高能源利用率，可减少环境污染。有关研究表明，由于耗能设备和耗能方式的落后，世界能源总量的50%～70%被白白浪费掉。特别是发展中国家，由于资金不足，科技水平低，能源技术迟迟得不到改进，能源浪费十分严重。据统计，发展中国家的发电厂平均能耗几乎是发达国家的1.5倍，炼钢厂平均能耗超过发达国家的1.5倍，平均单位产品能耗是发达国家的3～4倍。

节能技术研究主要是在以下几方面。

(1) 减少二次能源转换中的损失 能源的最终消费，绝大部分是二次能源。从一次能源转换为二次能源将伴随着相当部分的损失，即使在发达国家，这种转换过程中的能源损失率也高达2/3。二次能源转换主要包括石油制品、煤制品的转换和电能的转换等。在石油炼制、精制和煤的干馏、气化等过程中，损失的能源主要以热蒸气形式散失，设计合理的工艺过程、综合利用余热是人们研究的重要课题。在电能转换过程中，现在使用的较先进的蒸汽涡轮机发电效率只有42%，发电效率的理论值也只有53%。要提高效率，必须从原理上改进，例如，可改用高温式涡轮机、复合循环式发电系统等。另外，为了有效地利用发电过程中的余热，各国都在积极开发热电联产技术，即将发电机、配电站、热交换器紧密结合在一起，这样可达到70%～80%的效率。为了夺回电能输送配电过程中6%～7%的损失，人们正在积极研究1000～1300kV的超高压容量送电以及超导送电。

(2) 终端能源消费过程中的节能技术 终端能源消费过程中主要靠高新技术手段节约能耗。通过改进燃烧设备、供热形式、热交换设备、加工设备等，一方面使燃料燃烧完全，另一方面使释放的热能充分利用。我国工业锅炉、窖炉耗费总能源的65%以上，是节能潜力最大的行业，要从炉型、燃气比、锅炉用水等多方面进行改进。

(3) 节能中的高新技术研究

① 燃烧过程有序化探讨。至今，人们对燃烧的详细机理还未完全搞清楚，还不能完全控制燃烧过程。从微观角度来讲，燃烧过程中的气体分子、原子处于无序状态，总存在一定能耗，若能使燃烧过程中分子、原子的热运动像激光光束的光子那样定向有序，不仅可以节省燃料，而且可使交通运输工具的速度快得惊人。例如，利用有序燃烧，火箭的速度可从现在的16km/s（第三宇宙速度）提高几千倍甚至上万倍，达到准光速。目前这方面的研究刚刚起步。

② 高性能节能材料研究。为实现节能技术的飞速发展，需要具有特殊性能的材料，若将其用于热能转换或动能转换的关键部位即可降低能耗。如节能技术中的耐高温高压防腐蚀材料、高强度轻质材料等研究已有很大进展。一种新型环保节能的供热采暖系统于2004年通过了中国能源研究会组织的专家鉴定。专家认为，该系统为国内首创，具有国际先进水平。这种供热系统以复合化学介质（ZGM）为热传导工质，打破了传统的以水为工质的热传导模式。据介绍，该复合化学介质无毒无味、无腐蚀性、不挥发、不燃烧、不怕冻、不结垢。使用该介质的采暖系统，升温快、均温性好、热稳定性能好，并且结构美观、安装灵活，解决了国内现存的单管系统无法跨越的问题。据相关部门提供的检测报告称，该系统能节省40%～50%的能源。由于不用水，所以能大大降低城市用水量。

③ 新型催化剂开发。在许多化工生产反应中，决定合成产物和产率的物质是催化剂，催化剂的重要功能是降低反应活化能，提高反应选择性。降低反应活化能可减少能耗，提高反应选择性可减少副产物，这样通过减少分离步骤也可减少能耗。所以，开发新型催化剂，

在原子或分子水平上调控催化剂活性点，使催化剂高效化、多元化，对节约能耗具有重要意义。

④ 煤炭流体化技术。该技术通过去除煤炭中的灰分等杂质，使之成为燃烧干净、操作方便的流体燃料。煤炭流体化原理是把煤中的高分子有机物进行低分子化，使之成为气体或液体。煤的液化在400～500℃温度、100～200atm下进行，高分子碳氢化合物被分解，加氢后可得柴油等液体燃料。煤的气化需800℃以上高温，在水、氧气或空气等气化剂作用下，煤可完全变为气体燃料，主要成分为氢气、一氧化碳、甲烷。

另外，为了把节能技术融入整个社会大系统，各国正在制定一系列节能政策、规划。这方面包括交通系统节能化、生活方式节能化以及建设节能城市等。韩国是一个资源贫国，其所需能源约97%依赖进口，能源短缺和油价上涨制约着韩国经济和社会的发展。韩国政府和民间认识到，充分利用和节约能源是经济可持续发展的必由之路，节能正在融入韩国人的生活，成为他们的自觉行动。近年来，韩国政府在节能方面下了很多功夫，先后在全国推广"绿色能源家庭"、"绿色照明"、"绿色发动机"和"绿色空调"等活动，通过签订"节能约定"等形式让企业、团体和公众自动参与节能。自1995～2003年年底，各种"绿字头"活动总共节电101亿度。我国政府规定在"十一五"期间单位能耗下降20%，但前两年均未达到下降4%的要求，后三年的降能耗压力很大。北京市将全面推行新的"居住建筑节能设计标准"，要求今后新建的住宅达到节能65%的目标。实现节能65%的目标，要求每平方米采暖的煤耗降至8.75kg。而从1998年开始实施的节能50%的设计标准，是将每平方米采暖的煤耗降低到12.5kg。

(4) 日常生活中的节能技巧 节约是中华民族的优良传统和美德，节约虽然不能产生能源，却能创造财富。节约更是一种责任！在当今能源紧缺的时代，节能与财富密切相关，尤其是在各行各业竞争日益激烈的微利时代，很多利润就是节能节出来的，如洛阳石化安装节能系统后，每年节电至少90万度，即使按均价计算，也能占企业利润总额的1/10。节约型社会的创建，人人有责，时时处处可为。

节能须从身边小事做起，在日常生活中当细致入微，从小抓起，从改变浪费习惯做起。如：① 节约用电。空调在使用过程中，细心调节室温，制冷时调高1℃，可省电10%以上，而几乎感觉不到温度的差别，适当使用空调的睡眠功能，可节电20%，开着空调睡觉时，一定要将空调定时；一般手机充电只需3h，手机尽量少在夜间充电，以免造成充电时间过长、消耗电能；饮水机暂时不用时，就将饮水机的电源关掉；经常清洗热水瓶的内胆，防止结垢后影响热效率；电风扇的最快挡和最慢挡的耗电量相差约40%，使用电风扇时，常用慢速度，以减少电风扇的耗电量；养成人离开时随手关灯、关电风扇的习惯。② 节约用水。洗衣时减少漂洗次数；淋浴器安装节水龙头，选择较短而不用太长水管的淋浴器；洗蔬菜时不要一直开大水龙头，先在清水槽中洗干净再用水冲洗一遍；注意水的二次利用，洗脸水可以用来冲厕所、洗地板等。③ 节约用纸。打印时缩小页边距和行间距、缩小字号，尽可能反、正两面使用，尽量用薄些的打印纸，打印时，能不加粗、不用粗体的就尽量不用。

日常生活中有许多节约的"金点子"，编成口诀，读起来朗朗上口。如：空调不低于26℃，全国节电上亿度；多坐公交和地铁，既省能源又便捷；在外就餐要打包，别把节约当口号；电脑不让空运行，两面用纸处处省；灯泡换成节能灯，用电能省近八成；无人房间灯不亮，人走灯灭成习惯；垃圾分类不乱扔，回收利用好再生；买菜挎起菜篮子，重复使用无数次；马桶水箱放块砖，省水好用特合算；洗菜洗脸多用盆，废水拖地或冲厕；节能电器仔细挑，省钱才是硬指标；不用电器断电源，节电10%能看见；买车重选经济型，不求面子重节能；出差自备洗漱品，巾单少换省资源；多走楼梯练身体，少用电梯少用电；夏天西装应少穿，不打领带为省电；处处不让水长流，年百亿吨水不漏；岗位工作高效率，重复劳动浪费多；轿车每周停一天，缓解堵塞省能源；路见浪费勤制止，身边节约大可为。

能源发展过程要坚持开发和节约并重，节约也是发展能源、发展经济、创造财富的一个有效手段。研究开发节能技术、培养良好的节能习惯是抵御能源危机、创建节约型社会的有效措施。

6.3　化学是开发新能源的源泉

随着社会发展，人们主要利用的矿物燃料不仅日益枯竭，而且对环境的污染越来越严重。所以，20 世纪 60 年代以来，“能源革命”的呼声日渐高涨。“能源革命”的目的是以绿色能源，包括新能源（如核能）和可再生能源（包括水电能、生物质能、太阳能、风能、地热能、海洋能和氢能等）逐步代替矿物能源。例如，自从核能得到和平利用之后，核能发电规模不断得到发展，很多国家现已进入了原子能时代。21 世纪的能源革命使人类社会发生了翻天覆地的变化，绿色能源将为 21 世纪社会发展提供清洁、持久的动力。

6.3.1　核能

核结构发生变化（又叫核反应）时放出的能量叫原子核能，简称原子能或核能。普通化学反应的热效应来源于外层电子重排时键能的变化，原子核及内层电子并没有变化。而核反应的热效应来源于原子核的变化，核反应可分为核衰变、核裂变和核聚变三大类。物质所具有的原子核能要比化学能大几百万倍以至上千万倍，1kg U-235 裂变放出的能量相当于 2500t 优质煤完全燃烧放出的能量。人类在利用裂变能方面已取得很大进展，现已建成各种类型的原子核反应堆和原子能发电站。轻核聚变时放出的能量要比同质量重核裂变时大几倍，目前人工控制聚变反应以利用其能量的研究正在积极进行。

(1) 核裂变能　原子核（如 U-235）受高能中子轰击时分裂为质量较轻的新原子核的过程叫做核裂变。核裂变的同时还产生几个中子和释放大量的能量。U-235 裂变过程中，每消耗一个中子，能产生几个中子；新增中子引起更多铀 U-235 的裂变，再次使中子数倍增；如此反复，就形成了链式连锁反应，从而释放出更多的核能。

至今世界上已有 30 多个国家的 400 多座核电站在运行之中，裂变反应是目前所有运转的核电站的基础。核电站的中心结构是核反应堆，通过它可以把原子核裂变能有控制地释放出来供人类使用。在反应堆里，链式反应是通过放慢裂变反应扩展速率的方法来加以控制的。把裂变原子核的浓度保持在相当小的状态，可以部分达到这个目的，而进一步控制核裂变速率的措施是在被释放的中子能够轰击可裂变原子核之前，就把它们俘获住。在反应堆里放置硼或铬“控制棒”，利用硼或铬等原子核具有俘获中子的特性，改变控制棒涌入反应堆堆芯的深度，来改变反应堆内中子的数量，从而控制核裂变速率。

在核电站中，核反应堆相当于常规热电站中的锅炉。核反应堆产生的能量形式主要是热能，该热能被载热系统带出来，通过热交换器（蒸汽发生器）将载热剂的热能交换给高温热蒸汽，去推动涡轮发电。

若让核裂变速率不加以控制，则释放的能量迅速积聚，可以在瞬间形成巨大的爆炸。核裂变能在军事上用来制造原子弹。

(2) 核聚变能　由两个或多个轻原子核聚合成一个较重的原子核的过程叫核聚变，这时也将释放出极大的能量。例如，两个氘核 ${}_{1}^{2}H$ 在高温下可聚合生成一个氦核 ${}_{2}^{4}He$：

$${}_{1}^{2}H + {}_{1}^{2}H \longrightarrow {}_{2}^{4}He$$

每克氦聚变时所释放的能量为5.8×10^8kJ，大于每克U-235裂变时所释放的能量（8.2×10^7kJ）。核聚变不仅释放的能量大，而且聚变产物氦没有放射性污染，聚变后没有其他难于处理的废料。就能源而言，聚变原料氘的资源比较丰富。地球上海水总量为10^{18}t，其中蕴藏着的氘资源达40万亿吨，足够人类使用上百亿年。另外，提炼氘比提炼铀容易得多。但是，要把核聚变能造福于人类，还有许多理论问题、材料问题和工程技术问题等需要解决。核聚变能利用中的主要问题：一是如何提供引发核聚变反应所需的极高的温度（据理论计算为1×10^8℃）；二是如何控制核聚变的反应速率。氢弹的爆炸原理，是利用一个小的原子弹作为引爆装置，核裂变产生的瞬间高温引发核聚变，最终造成威力强大的爆炸。

当今世界关于热核聚变技术的开发的主要方法是“等离子体磁约束”、“惯性约束”和“μ介子催化冷核聚变”。世界科学家正在运行共同开发核聚变能的“人造太阳”计划，我国科学家承担了10%的工作，预计50年后可实现核聚变能的商业性使用。

6.3.2 太阳能

太阳内部发生着连续不断的核聚变反应，使太阳成为一个巨大的能源，每秒送到地面的能量相当于500万吨煤。太阳能取之不尽、用之不竭，对环境无任何污染，是可再生的清洁能源。太阳每年辐射到地球表面的能量仅为太阳辐射总能量的20亿分之一，但却是人类每年总能耗的1万多倍。太阳能资源虽然总量很大，但能量密度低，强度受地域、季节、气候等的影响。这两大缺点大大限制了太阳能的有效利用，是开发利用太阳能面临的主要问题。

20世纪50年代，太阳能利用领域出现了两项重大技术突破：一是太阳能电池，二是选择性热吸收涂层。这两项技术的突破，为太阳能利用进入现代发展时期奠定了技术基础。太阳能的直接利用现在主要有3个途径：光热转换、光电转换和光化学转换。

（1）光热转换 光热转换是利用各种集热部件将太阳辐射能转化为热能。这是人类最早利用太阳能的方式。我国早在两千多年前的战国时期就知道利用铜制四面镜聚焦太阳光来点火。光热转换是目前利用太阳能最成熟的一种技术，广泛应用于供热、干燥、蒸馏、材料高温处理、热发电和空调等领域。

例如，太阳灶利用抛物面反射聚光来获得高温。现在世界上最大的抛物面型反射聚光器有9层楼高，总面积2500m^2，焦点温度高达4000℃，许多金属都可以被熔化。

1955年以色列科学家泰伯（Tabor）提出选择性吸收表面概念和理论，并研制成功黑镍等实用选择性吸热涂层，使高效太阳能集热器得到大力发展。

太阳能集热器是利用吸热体接收太阳辐射并通过传热介质来传递热量的。传热介质多用水或空气。吸热体表面涂有选择性吸热涂层后，大大增强了对阳光的吸收效率。太阳能集热器的种类很多，真空管集热器是在玻璃管壁与吸热体之间抽成一定的真空度，可以抑制空气的对流和热损失。这种真空管集热器在高温和低温环境条件下均有较高的集热效率。

利用太阳能集热器，可以制造各种太阳能热水器和各种太阳能干燥器，还可以制成太阳能空调、太阳能冰箱、太阳热发电装置。

其他太阳能热利用技术还有太阳灶、太阳池、太阳能海水淡化等。

（2）光电转换 通过太阳能电池可以直接将光能转换为电能。太阳能电池是利用半导体的光伏效应进行光电转换的，因此光电转换又称太阳能光伏技术。

单晶硅太阳电池是当前最成熟的一种太阳能电池。首先制成高纯的单晶硅棒，再加工成硅晶片。通过掺杂（硼、磷等）扩散在硅片上形成p-n结。当晶片受光后，n型半导体的空穴往p型区移动，而p型区中的电子往n型区移动，从而形成从n型区到p型区的电流。

目前的单晶硅太阳电池的光电转换效率为 15%左右，实验室成果也有 20%以上的。光伏技术发展的主要目标是通过开发新的电池材料，改进电池的制造工艺和结构来进一步提高光电转换效率和降低制造成本。

高效、长寿命、廉价的太阳能光伏转换材料是开发太阳能的关键技术。近年来各种新型太阳能电池的研究已经取得了一些成果。如多晶硅和非晶硅太阳能薄膜电池；以碲化铬（CdTe）、铜铟硒（CIS）为代表的半导体化合物薄膜太阳能电池；还有多晶太阳能电池、纳米材料太阳能电池、有机薄膜材料太阳能电池等。多晶硅和非晶硅太阳能薄膜电池因为较高的光电转换效率和相对较低的成本，可能取代昂贵的单晶硅太阳能电池，成为主要产品。

（3）光化学转换　光化学转换是直接利用太阳光来驱动化学反应。早在 1839 年，法国科学家比克丘勒就发现一种奇特现象，即半体体电解质溶液中会产生光电效应。1972 年，日本首先完成了光化学电池产生电能的试验。他们用 TiO_2 半导体作负极，铂黑电极作正极组成光化学电池，其结构如图 6-1 所示。

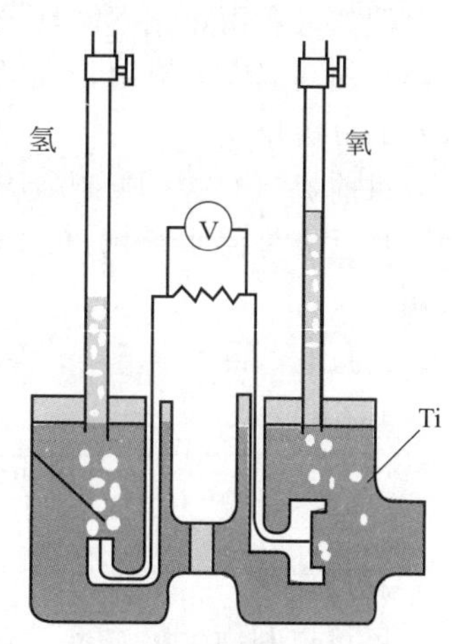

图 6-1　TiO_2 电极光化学电池示意图

当阳光照射 TiO_2 半导体时，光能被电子吸收，获得能量的电子从内层脱出成为自由电子，同 TiO_2 接触的水分子被激发分解，负极释放氧气，正极释放氢气，同时产生直流电。反应为：

负极　$TiO_2 \longrightarrow 2e^- + 2P^+$（空穴）

$H_2O + 2P^+ \longrightarrow 2H^+ + 1/2O_2$

正极　$2H^+ + 2e^- \longrightarrow H_2$

总反应　$H_2O \longrightarrow H_2 + 1/2O_2$

使 TiO_2 激发的有效光源波长小于 387.5nm，而到达地面的太阳辐射中只有 3%的辐射波长在这一数值以下。光化学转换的核心问题在于如何获得新型的电极材料，提高转换效率，并能使其有效地在弱紫外光区和可见光区被激发。光化学转换是太阳能利用的一个新领域，技术难度很大，至今仍处于实验室阶段。

现在许多国家的政府都非常重视太阳能的利用。近年来，美、日、德三国大规模的太阳能屋顶计划，将多种太阳能利用技术结合，推行以光伏集成建筑为核心的光伏并网发电市场，增长速度很快。我国幅员广大，有着十分丰富的太阳能资源，现也在积极开发太阳能。比较乐观的估计是，到 21 世纪中叶，阳光发电量将占世界总发电量的 15%～20%，超过核电，成为人类的基本能源之一。太阳能技术的成熟将彻底解除困扰人类的能源危机。我们期待这一天的早日到来。

6.3.3　氢能

清洁高效的氢能有着十分诱人的前景。氢气是优质燃料，燃烧热值很高。氢气燃烧后生成水，对环境无污染，是最清洁的能源之一。

现在氢能源的开发已经取得了很大的进展。宇宙飞船和火箭等航天器均用氢燃料作为动力。氢燃料用于超音速飞机、远程洲际客机以及汽车和火车的研究也在积极进行。试验证明，以氢作燃料的汽车性能良好，但目前仍存在储氢密度小和成本高两大障碍。

氢是二次能源。廉价氢的制备和高效、安全储氢是氢燃料使用的两个技术瓶颈，只有这两个问题解决以后，氢能的大规模商业利用才可能成为现实。

(1) 制氢技术 现在工业上主要的制氢方法是利用煤、石油、天然气与水蒸气反应生成氢气，或是通过电解水的方法来获得氢气。这两种方法在工艺上都比较成熟，虽然可以得到清洁燃料氢，但却要消耗大量的能量资源，在经济上和资源利用上很不划算。现在许多新的制氢方法正在积极探索中。

例如，利用热化学循环分解水来制氢。纯水在4000℃以上才能分解。利用核反应堆或太阳炉的高温作为能源，设计合理的热化学循环，可以利用中间介质在不高的温度下分步完成水的分解反应。

目前提出的这一类制氢方法较多。例如，用钙、溴和汞等化合物作为中间介质，经过下面4步反应可使水分解产生氢气，热的使用效率超过50%。反应中的中间介质可以循环使用。

$$CaBr_2+2H_2O \longrightarrow Ca(OH)_2+2HBr \quad (730℃)$$

$$Hg+2HBr \longrightarrow HgBr_2+H_2 \quad (280℃)$$

$$HgBr_2+Ca(OH)_2 \longrightarrow CaBr_2+HgO+H_2O \quad (200℃)$$

$$HgO \longrightarrow Hg+1/2O_2 \quad (600℃)$$

总反应为

$$H_2O \longrightarrow H_2+1/2O_2$$

还可以利用生物制氢。有一些微生物和植物在太阳光作用下可以释放氢气。自然界已发现有类似甲烷菌的制氢菌，利用细菌产生的酶可以分解有机质得到氢，就像甲烷菌制造沼气一样。只是其菌种繁育不如甲烷菌那样简单。

(2) 储氢技术 氢气是密度最低的气体，又易着火、爆炸，因此解决氢能的储存和运输问题也是开发氢能的关键。维持一辆小汽车的正常里程至少要在车上装载4kg氢气。常温常压下4kg氢气的体积是49m^3，由此可见储氢的困难。储氢技术就是要尽量减小氢气的体积并保证其使用安全。目前主要的3种储氢方法是：氢气高压压缩、氢气液化和金属氢化物储氢。

常温下，氢气可以在高压下被制成压缩气体，使用耐压容器储运，但储氢重量太低（压力为20MPa的钢瓶储氢重量只占总重量的1.6%）。

在常压下，氢气冷却至-252.7℃以下就成为液氢，可通过高压氢气绝热膨胀形成。液氢储存于高真空的绝热容器中。氢气液化要耗能，且液氢罐造价高。

金属氢化物储氢是近几十年发展的储氢技术。在一定的温度下，许多金属或合金可以吸收大量氢气，生成固态金属氢化物。该反应是可逆的，受热时金属氢化物会分解，重新释放出氢气。例如：$MgNiH_4$、TiH_2、$TiFeH_{1.6}$、$TiCr_2H_{3.6}$等。

目前，储氢合金的性能还远不能令人满意，其储氢质量比低，成本高，释氢温度高，因此，寻找更好性能的储氢材料仍是努力方向。

6.3.4 生物质能

光合作用将太阳能转化为化学能而储存在生物质中，生物质是唯一可再生的碳源。据估计，地球上每年通过植物光合作用固定的碳达2×10^{11}t，相当于含能量3×10^{18}kJ。全球每年通过光合作用储存在植物的枝、茎、叶中的太阳能，相当于全世界每年耗能量的10倍以上。

世界上生物质资源数量庞大，种类繁多。它包括所有的陆生、水生植物，人畜粪便、城镇生活垃圾以及工业有机废物等。如树木和草的根、枝、叶，秸秆，谷壳，棉籽，甘蔗渣，水生藻类，食品厂、屠宰厂、酒厂、纸厂的排放物等，在矿物能源日趋减少的情况下，最古老的生物质能又显示了新的生命力。开发生物质能与其他新能源相比具有优势，一是生物质来源广阔，二是技术上难度相对较小。

当前利用生物质能的主要问题是能量利用率低。现代生物质能转换技术包括转换为电能和转换为固体、液体和气体燃料，以此来提高生物质能的利用率。主要有以下一些方法。将生物质挤压成型，使松散的生物质压编成密实的块状或棒状燃料，如现在市售的机制木炭，成为热值高、便于贮运的压块燃料，可代替煤来使用。秸秆、杂草、人畜粪便、有机垃圾、污水、工业有机废物等都可以在缺氧条件下经过多种细菌的发酵作用生产沼气，既能获得气体燃料，又保护了环境。将生物质堆在气化炉中，通入组分完全燃烧所需氧的20%左右，使含碳物质处于不完全燃烧状态，可制得煤气。将生物质经粉碎预处理后，通过热裂解也可以直接制取液体燃料。

生物质可通过微生物发酵得到乙醇。从发展趋势看，醇类燃料是今后化石燃料，特别是汽油、柴油等主要的代用燃料。

植物油如菜籽油、棉籽油、棕榈油、椰子油等，均可提炼为生物柴油（酯化柴油），尤其是野生植物的籽粒榨油，不与食用植物油争原料，是非常有前途的生物质能源。在热带地区，有些天然树种，从树干中能像橡胶树一样流出一种液体，其成分类似柴油，有的不经提炼就可当柴油使用，因此称其为柴油树。

人类从植物燃料突破，终将摆脱化石能源的束缚，争取一个清洁持久的绿色世界。

6.3.5 其他新能源

除了太阳能、氢能、生物质能外，油页岩、天然气水合物（可燃冰）、风能、地热能、海洋能等也是有望开发利用的新能源。

(1) 油页岩和油砂 油页岩是细粒沉积岩（钙质泥灰石），含有大量的有机质。当加热到480℃时，油页岩能产生一种黏性的液体——碳氢化合物。只要加入很小百分比的氢就会转化成合成原油。油砂也称沥青砂，是一种含有很多沥青油的砂石。沥青油是黏稠的半固体，其性质介于天然沥青和天然原油之间。我国油砂点多面广，且含油率高，有的地区油砂含油率高达12%以上。油页岩或油砂都属于非常规石油资源，储量很大，具有很大的开发潜力。但从中提取石油还存在着技术问题。

(2) 天然气水合物 天然气水合物又称“可燃冰”，其主要成分为甲烷和水。在水分子构成的刚性笼型晶格中，每个笼型空间含一个天然气分子。$1m^3$“可燃冰”可转化为$164m^3$天然气和$0.8m^3$水。全球的天然气水合物分布广泛、储量巨大，预计可供人类使用100年。我国国土资源部2005年宣布，在南海发现了一个约$430km^2$、世界上规模最大的天然气水合物碳酸盐岩区。天然气水合物因为存在于海底，如何将其开发利用，目前在技术上还有相当的难度。

(3) 风能 风能是可再生清洁能源，没有污染。据统计，风力发电每生产100万千瓦时的电量，便能减少排放600t的CO_2。在世界范围内，风能非常丰富，可以在很大范围内取得，而且价格便宜，风场建设周期短。由于风力受气候的影响，风电的不稳定性对电网会产生冲击。发展风能在技术方面要解决风电和电网的连接以及储能问题。现在风电技术已经相当成熟。随着技术的进步和风电的规模化，对风速的要求还会进一步降低，成本也可更低。

(4) 地热能和海洋能 我国地跨环太平洋和地中海喜马拉雅两大地热带，蕴藏着丰富的地热能，温泉遍布全国。西藏、云南西部一带原为火山地区，地热田温度高，特别适合发电。西藏羊八井地热田已获最高地热温度329.8℃，实属世界少有。在西藏，地热发电已占了约40%的份额。

另外，海洋能也是有望开发利用的新能源。在海洋中蕴藏着潮汐能、波浪能、温差能、海流能、浓度能等。因为地域限制和能源来源的不稳定性，其开发利用的技术难度也比较大。

化学视野

磁流体发电

磁流体发电的工作原理和普通发电机发电的原理一样，都是遵循法拉第电磁感应定律的，所不同的是利用高温导电流体高速通过磁场切割磁力线，而产生电磁感应电动势，当闭合回路中接有负载，则有电流输出。这种发电方式不需要发电机，不需要经过热能转换为机械能，然后再由机械能转换为电能，它是直接由热能转换为电能，省掉了中间转换的能量损失，所以总的发电效率高。同时，由于没有高速旋转的机械部件，机械事故也少。它的结构紧凑、单机容量大、启停迅速，是一种最新型的发电方式。目前，这种新的高效发电方法尚未达到商业运行。美、俄、日等国都在集中力量研究，我国也在进行重点科技攻关。

网络导航

能源发展的目标

能源是一个国家国民经济的重要基础之一。在经济蓬勃发展的情况下，我国的能源工业面临着需求增长与环境保护的双重压力。新能源与可再生能源不仅具备清洁无污染，取之不尽、用之不竭的特点，而且在预防突发事件、军事等多方面具有不可替代的作用，从而大力开发利用新能源和再生能源已成为实现可持续发展社会的必要条件。下面列出了有关能源方面的一些网址，在这里我们可以了解到国内外能源信息、国家能源政策、国际合作与“十一五”新能源发展的总目标等。

① 中国新能源网：http://www.newenergy.org.cn/，是新能源和可再生能源领域内的综合性信息网站，由中国科学院广州能源研究所主办。

② 中国能源网：http://www.china5e.com。

③ 核电之窗 http://np.chinapower.com.cn/，由国家电力公司核电办公室承办的网站，其中“核电技术”栏目下的“核科普”可以获得很多相关知识，而“核电新闻”有国内外核电发展的最新信息。

④ 每周增加新内容的“为什么”网站，http://www.whyfiles.org 是 Univisity of Wisconsin 的研究生院维护的，进入 Archives（数据库存储器），Browse by Subject（按题目）搜索项目下选 Technology，可找到有关“Nuclear Woapons”、“Renewable Energy”、“Nanotech Advance”的解释，图文并茂。

思考题

1. 简述能源在国民经济建设中的重要性？
2. 什么是能源？你知道能源有哪几种分类方法？
3. 当今我国主要使用哪几种能源？存在什么问题？
4. 简述洁净煤技术。
5. 从核能的特点预测核能在新世纪的发展。
6. 你知道哪些新型能源？分别简述之。

习题

1. 在石油、核裂变能、乙醇、风能、化学电池、电力、煤、氢气、天然气、生物质能、水能、太阳能等能源形式中，根据能源的不同分类方法，属于一次能源的是__________，属于二次能源的是__________；

属于可再生能源的是__________，属于不可再生能源的是__________；可列入新能源的是__________；属于清洁能源的是__________。

2. 石油与煤相比，它们的成因和成分有何异同？

3. 什么是煤的气化、液化和焦化？分别可得到什么产物？

4. 石油组成中主要包括哪些烃类和非烃类化合物？

5. 石油的分馏是基于什么机理？

6. 石油的加氢精制工艺的主要目的是什么？

7. 现在的核电站反应堆发生的是哪种反应？

8. 氢的发热值为 $124441kJ\cdot kg^{-1}$，汽油的发热值为 $46520kJ\cdot kg^{-1}$，试计算 1t 水中所含氢的总发热量可折合成汽油多少千克。

9. 1kg 标准煤燃烧可释放出能量 29288kJ，1kg 铀-235 裂变可释放出能量 $8.216\times10^{10}kJ$。试计算：

(1) 燃烧多少吨标准煤才相当于 1kg 铀-235 裂变时释放出的能量？

(2) 一座年发电量为 1.00GW 的大型火电站，每年要消耗标准煤 350 万吨，试问同样规模的核电站，则需要核燃料铀-235 多少千克？

10. 试述利用太阳能的前景及目前存在的主要问题。

第7章　化学与环境

21世纪以来，科学技术和社会生产的高度发展，给人类的物质生活带来了高度繁荣和舒适的享受，但同时也带来了生态破坏、环境污染、资源枯竭等弊病乃至灾害。20世纪中叶以来，人们在反思中重新认识了人与自然和谐发展的重要性，提出了"可持续发展"、"适应科学"、"回归自然"等计划和构想。在工业化过程中产生有毒、有害废弃物的排放是造成生态破坏和环境污染的主要原因。研究者希望能在污染还没有发生或者不严重的时候，能够预测到污染可能造成的严重后果，从而为政策制定部门提供可靠的依据，做到"防患于未然"。这些废弃物包括能直接引起人体不适的有毒污染物，以及对人类健康有潜在威胁的有害物质。前者能够较快地引起人们的警觉和防范，而后者往往需要很多年才能显现出来影响和作用，容易被人们无视和忽略。这些关系到人类自身安全和幸福的重要课题都与环境科学的研究和发展有密切的联系。

环境科学涉及多个学科的研究，如化学、生物学、生态学、人类学和社会学等等，它主要研究的对象和内容是我们人类在对自然界开发利用的过程中所引起的问题及应对的方法。我们要想把握好环境问题这样一个复杂的对象，必须理解好下面三个对环境起着决定作用的过程：发生在自然界的自然过程（无人类干涉和参与）；人类社会为了改变生活环境和自身命运通过一定的技术手段所进行的改造自然的活动；人类社会自身的发展对环境造成的冲击和影响。

7.1　物质变化与环境污染

目前人类发现的元素已有一百多种，整个物质世界就是通过这些元素形形色色的组合而形成的。如果地球上没有高等动物——人类的出现，其物质的运动变迁将按照数百万年进化演变来的模式而进行。而人类出现之后，他们能够有目的、有意识地改造自然，使物质世界按照自己的要求、趋向于使自己的生活更舒适美好的方向变化。人类社会赖以生存的基础就是物质资料的生产。而自然界中的物质，有些可直接为人们所利用，像石油、煤等可直接作为燃料；有些则需要经过加工处理，才能变成直接有用的物质，例如铁矿石只有经过冶炼才能成为用途极广的钢铁。这些从自然资源中提取有用物质的加工处理方法，就是化学的方法。可以想象，化学对人类的生存和社会的发展，该有多么重大的意义！如果不对自然水加以纯化，如果不施用农药和化肥以增产粮食，如果不冶炼矿石以获取大量的金属，如果不从自然资源中提取千万种物质，如果不合成出自然界中所没有的许多新物质，那么人类的生活发展将无从谈起。正是由于有了化学的发展，加上其他学科的发展，人类社会才发展到了今天这个地步。

自然界的长期进化已经将各种元素和物质分配在了相应的位置，而生命的长期进化也适应了这样的一种分配，比如生命的维持需要大量液态水的存在，需要一定量的氧气，需要一定的微量元素，生物体可以非常容易地从自然界获得。但是人类改造自然的行为活动必然要改变这种分配，在工业革命之前，这种行为比较缓慢，自然界的自身调节能力能够容纳这种冲击，而工业革命之后，人类改造自然的行为无论在速度还是强度上都大大加剧。而大量的物质也从其长期进化的位置流失到另一位置，但是生命的进化并没有随着这种速度而加快，这势必引起生命形式与自然界物质变迁的矛盾——污染。

7.1.1　大气污染

大气一般是由 78%的氮气、20%的氧气、1%的二氧化碳及其他气体组成。由于重力的作用，这些气体都分布在地球的周围，距离地球越远，气体越稀薄。经过长期的进化，地球上的生命形式已适应了这种分布和分配方式，形成了一个和谐统一的整体。比如动物吸入氧气，呼出二氧化碳，而植物恰好相反。而且大气中氧气的比例不能太高，否则动物的寿命将大大缩短。近年来，人类改造自然的动作和力度加大，在一定程度上改变了这种分布。

7.1.1.1　含硫化合物

大多数含硫化合物对环境都有着直接或间接的危害。大气中硫化合物主要有二氧化硫和三氧化硫。火力发电厂的燃煤是大气硫化物的主要来源，石油加工和金属冶炼也产生硫化物。

当这些燃料燃烧时，硫转化为二氧化硫排到大气中。二氧化硫有刺鼻的臭味，能够引起急性呼吸道疾病。它还能够跟水、氧气、空气中的其他物质作用生成含硫的酸，这种酸能够吸附在粉尘上，如果吸入人体的话，将会损害肺部组织，硫氧化物随雨水下到地面就有可能形成酸雨（pH 小于 5.7）。我国是世界上二氧化硫最大排放国，也是酸雨的最大受害国。

7.1.1.2　含碳化合物

大气中含碳化合物主要有一氧化碳、二氧化碳和各种碳氢化合物。

（1）二氧化碳　二氧化碳是一种无色无味无毒的温室气体，它在碳循环中扮演着重要角色，而且它几乎在所有生物中都起着重要的作用。

从 19 世纪工业革命以来，大气中 CO_2 的浓度已增加了 25%，并且还在增加，大地反射热量被 CO_2 “劫持”，从而导致了气温不断升高，即“温室效应”不断加强，进而使全球气候不断恶化。我国是全球第二大 CO_2 排放国。

（2）一氧化碳　一氧化碳是有机物如汽油、煤、木材和废物不完全燃烧的情况下生成的。城市里的一氧化碳大部分是由汽车尾气产生的。尽管近年来研究者试图增加燃料的有效利用率，通过催化剂转化等减少一氧化碳的排放，但由于汽车总量在不断增加，所以该问题并没有得到有效的解决。

另外一个产生一氧化碳的来源在于吸烟。目前，在很多公共地方已经禁止或限制吸烟，从而避免不吸烟者的二次污染。如在办公楼、火车、教室等都已经禁烟或专门设置了吸烟区。世界上发达国家烟的消费已经在减少，但发展中国家吸烟仍然是展示成熟和睿智的姿势之一。现在在中国很多人已经意识到了这个问题，烟并不是生活中不可或缺的必需品。

幸运的是，一氧化碳并不是一种永久性的污染物，自然过程可以将一氧化碳转化为无毒的化合物。所以只要控制住污染源，就可以解决该问题。

（3）碳氢化合物　除了一氧化碳，汽车还排放出一系列的碳氢化合物。碳氢化合物是一类有机物，由碳原子和氢原子的不同组合形成的分子。它们或者在给汽车添加汽油时蒸发至空气中，或者因汽油的不完全燃烧而产生。空气中碳氢化合物引起的问题并不大，因为只要一下雨，它们就会随着雨水落到地面，空气就受到了清洁。但问题是在地面上碳氢化合物能够聚集，从而造成二次污染。目前，对汽车内燃机的改造及催化剂的使用已经减少了大气中碳氢化合物的排放。

CH_4也是重要的温室气体，其温室效应比CO_2大20倍。全球大气中的浓度已达1.7g/m^3，仅次于CO_2，并且每年以1.1%的速度在增加。

7.1.1.3 氮氧化合物

一氧化氮和二氧化氮是氮氧化合物系列中最常见的两种。当空气中发生燃烧时，一氧化氮和二氧化氮就能够生成：

$$N_2+O_2 \longrightarrow 2NO$$

$$2NO+O_2 \longrightarrow 2NO_2$$

氮氧化合物一级污染的主要来源是汽车内燃机的运转，尽管在技术上已经减少了一氧化氮和二级化氮的排放，但是由于交通堵塞的日益严重，所以由一氧化氮和二氧化氮引起的污染并没有得到很好的解决。氮氧化合物的“名声”非常差，这是因为它们与大气二级污染产生的光化烟雾有关。大气二级污染是由引起一级污染的各种物质相互作用产生的。光化烟雾就是由于一氧化氮和二氧化氮跟紫外线作用后形成的混合物。臭氧和硝酸过氧化乙酰是该过程形成的两种产物，它们都是很强的氧化剂，也就意味着它们能与很多物质发生反应，包括生物，这样就会带来破坏性的结果。臭氧特别具有破坏性，因为它能够与叶绿素作用，还会损害肺部组织。而硝酸过氧化乙酰能够对眼睛造成很大的伤害。它们生成的路线如下：

$$NO_2 \longrightarrow NO+O$$

$$O_2+O \longrightarrow O_3$$

臭氧可以同碳氢化合物相互作用生成硝酸过氧化乙酰。不同的污染控制已经减少了空气中碳氢化合物的排放，所以光化烟雾形成的可能性也减小了很多。在形成光化烟雾之后，臭氧和硝酸过氧化乙酰与生物体及其他物质作用后变成了不活泼的物质，光化烟雾最终也会消失。

7.1.1.4 含卤素化合物

大气中气态卤化物主要是卤代烃，氟氯烃类化合物（CFCs）主要应用于冰箱和空调的制冷剂、喷雾器中的推进剂、溶剂和塑料发泡剂等。它们既是重要的温室气体，更是破坏大气臭氧层的元凶。CFCs能在大气对流层中停留50～100年，每个从CFCs分解出来的氯原子能破坏几十万个臭氧分子。科学家从1985年开始发现南极上空出现了臭氧浓度异常低区，即“臭氧层空洞”。

臭氧的减少会使紫外线几乎直射到地面，引起大的干旱及人类皮肤癌的大量增加。

7.1.2 水污染

众所周知，细胞是生命存在形式的基本单元之一，而细胞内至少含有60%的水，才能维持生命活动的正常进行，所以水是地球上生命存在不可缺少的物质。当然，经过数百万年的进化，水之所以成为这种必需的物质，是与它独特的物理性质分不开的。水在常温下是液态，它能够溶解大部分无机盐和生命必需的营养品，能够携带这些物质运输到生物体所需要的部位。而且，水的热容比较大，地球上大量的水可以调节气候和温度，使水的存在状态不至于变化太大，这也是生命存在的必需条件。在工业社会中，想避免水体完全不受污染是不可能的，研究者所做的只能是减小这种污染，使大自然有能力容纳处理它，尽量地使生物圈不受到其影响。人类的活动会使大量的工业、农业和生活废弃物排入水中，使水受到污染。目前，全世界每年约有4200多亿立方米的污水排入江河湖海，污染了5.5万亿立方米的淡水，这相当于全球径流总量的14%以上。1984年颁布的《中华人民共和国水污染防治法》中为“水污染”下了明确的定义，即水体因某种物质的介入，而导致其化学、物理、生物或者放射性等方面特征的改变，从而影响水的有效利用，危害人体健康或者破坏生态环境，造成水质恶化的现象称为水污染。

7.1.2.1　水污染原因

(1) 农业原因　传统的农业社会，土地资源开发得很有限，使用的肥料也都是天然的、非化学合成的。然而随着人口的增长，这种模式不能再维持整个人类群体的生存，只能通过化学肥料和农药增加产量，从而满足社会和人类的需要。在农业生产方面，喷洒农药和施用化肥，一般只有少量附着或施用于农作物上，其余绝大部分残留在土壤和飘浮在大气中，通过降雨、沉降和径流的冲刷而进入地表水或地下水，且年复一年长期积累，势必要造成对水体的污染。

集中化的畜牧业，如大型饲养场，各种废弃物的排放，也是造成水体污染的重要原因。

(2) 工业原因　自从工业革命之后，工厂如雨后春笋般迅速成长起来，工业废水量大量增加，主要来源有采矿及选矿废水、金属冶炼废水、炼焦煤气废水、机械加工废水、石油及化工废水、造纸印染及食品工业废水，它们通过不同的渠道将生产后遗留的废物排到水体中。这些废物包括有机物、石油废料、金属、酸等。

(3) 生活废水　城镇生活污水也是目前造成污染的一个重要原因，占污染总量的54%。我国污废水治理仍处于较低水平，城市生活污水处理率不到30%，大多数的县城和近乎所有的乡镇污水未经处理，污废水的处理率较低。另外，除大型企业和城市污水处理厂的处理工艺较为先进外，大量的中小企业废水处理设施工艺还处于较为落后的水平，难以保证废水长期稳定的处理效果。

7.1.2.2　几种常见的水污染

在自然环境中，不可能存在化学概念上的纯水。天然水受到有毒有害物质的入侵，水质变坏，发生污染。常见的污染有以下几种。

(1) 酸、碱、盐等无机物污染　污染水体的酸类物质的来源有硫化矿物、因自然氧化作用产生的酸性矿山排水和各种工业废水。不仅许多化工生产要排出酸性废水，冶金厂、机械厂的酸洗工序也是水体酸污染的污染源。

造纸、制碱、制革、炼油等工业废水是水体碱污染的重要来源。

水体被酸、碱、盐污染后，pH 会发生变化。当 pH 小于 6.5 或大于 8.5 时，水中微生物的生长会受到抑制，降低了水体的自净能力。在酸性水中，增加了对排水管道及船舶的腐蚀，碱性水长期灌溉农田将会使土质盐碱化，农作物减产。水体中含盐量高，会增大水的渗透压，危害淡水水生动、植物的生长，加速土壤盐碱化。

在无机污染物中，危害最大的是氰化物。含氰废水来自电镀、焦化、冶金、金属加工、农药、化工等部门。其在水中以简单盐类及金属配合物的形式存在。除铁氰配合物较稳定、毒性较小外，其他氰化物均容易产生毒性极大的 CN^-。氰化物被人体吸收后，将引起缺氧窒息而导致死亡。

另外，含磷洗涤剂使水体富营养化，藻类大量繁殖，造成水体恶化。

(2) 重金属污染　对水体造成污染的重金属有 Hg、Cd、Cr、Pb、V、Co、Ni、Cu、Zn、Sn 等，其中以汞、镉、铬、铅的毒性最大。非金属砷的毒性与重金属相似，常把它和重金属一起讨论。由于这些重金属具有优良的物理、化学特性，在人类的生产和生活中具有广泛的用途。在其开采、冶炼、生产及使用过程中可能随废渣、废水、废气排放到环境中来，因此有色金属矿山、冶炼厂、机械厂、电镀厂、化工厂、电器厂等可能是重金属污染的污染源。

① 汞。金属汞及其许多化合物对人体都是有毒的。汞中毒会造成神经系统损害，以及

染色体变异而造成胎儿缺陷等。汞中毒以甲基汞最为严重。

② 镉。镉急性中毒症状包括高血压，肾脏、肝脏损害，以及血红细胞破坏等。镉可取代某些酶中的锌，改变酶的立体结构，削弱其催化活性，最终导致疾病。日本最早发现的“骨痛症”主要就是由镉中毒所引起的。

③ 铅。急性人体铅中毒，会引起严重的肾、生殖系统、肝、脑和中枢神经系统机能障碍，导致疾病和死亡。

④ 铬。通常认为Cr(Ⅴ)的化合物的毒性最大。铬的化合物以多种形式危害人体健康，常引起全身中毒，有致癌性。接触含铬的废水，会引起皮肤疾病，它对自然水中的动、植物危害极大。

⑤ 砷。它是致癌元素，通常有＋3、＋5两种氧化态，其中以＋3氧化态的砷毒性最大，如三氧化二砷（砒霜），致死量为0.1g。

水生生物对重金属有很高的富集能力，经过浮游生物—虾—鱼的“食物链”逐级传递富集后在高级生物体内的含量成千倍地增加。微量重金属进入水体时，无色、无臭、无味，通常不容易被发现，当出现危害时已经很严重了。因此，各种工矿企业哪怕是极微量的含重金属废水的排放，都应引起重视，予以监控。

(3) 有机物污染 有机污染物包括酚类、醛类、糖类、多糖类、蛋白质及油类等，其在许多工业废水中大量存在，难以分别测定和处理。它们在水中被分解（或称降解）时，要消耗大量的溶解氧。

酚类污染物主要来源于焦化厂、炼油厂等，对人体皮肤、黏膜、呼吸道侵入使细胞变性；难降解有机氯通过“食物链”能在生物体内长期积累中毒；各种渠道泄漏的石油覆盖于水面使水中缺氧，造成水生生物的大量死亡。

(4) 热污染 向水体排放大量温度较高的废水，使水体因温度上升而造成一系列的危害称为热污染。火力发电厂、核电站及许多工厂的冷却水是水体热污染的主要来源。热污染会给水生生物带来极为不良的后果，对鱼类影响最大，不少鱼类在热污染情况下无法生存。水温升高，会使水中溶解氧减少，加速细菌繁殖，助长水草丛生，加速嗜氧微生物对有机物的分解，水中溶解氧越来越少，甚至会发生水质腐败现象。

热污染的危害近年才逐渐被人们所认识。为控制热污染，应当进一步提高热转换效率，改进冷却方式，利用余热。

7.1.3 评价水质的工业指标

水质的优劣取决于水中所含杂质的种类和数量。我们可以通过一些水质指标来评价水质的优劣，判断它是否能满足生活用水和各种不同工业企业用水对水质的要求。

(1) 浑浊度 水中含有悬浮物质就会产生浑浊现象，水的浑浊程度以“浑浊度”来量度，它是用待测水样与标准比浊液比较而得到的。浑浊度是从外观上判断水是否纯净的主要指标。

(2) 电导率 电导率表示水导电能力的大小，间接反映出水中含盐量的多少。水中溶解的离子浓度越大，电荷越高，温度越高，则其导电能力越强，电导率越大。电导率的单位为西［门子］每米，符号是$S \cdot m^{-1}$（$=\Omega^{-1} \cdot m^{-1}$）。有时也用电阻率来表示水的导电能力，电阻率为电导率的倒数，单位为$\Omega \cdot m$。

298K纯水的电导率约为5.5×10^{-6} $S \cdot m^{-1}$，蒸馏水的电导率一般为10^{-3} $S \cdot m^{-1}$左右，天然水的电导率为（0.5～5）$\times 10^{-2}$ $S \cdot m^{-1}$，含盐最高的工业废水电导率可高达$1S \cdot m^{-1}$。

(3) pH　pH对水中许多杂质的存在形态和水质控制过程都有影响。不同的用水场合对pH都有一定的要求，如电站锅炉给水要求pH为8.5～9.4。

(4) 硬度　水中所含Ca^{2+}、Mg^{2+}的总量称为水的总硬度，简称硬度，它是表示水中结垢物质含量的指标。江、河水都有一定的硬度，地下水、海水的硬度更大。硬度还可分为碳酸盐硬度和非碳酸盐硬度两个部分。

碳酸盐硬度本来是钙、镁的碳酸盐和碳酸氢盐含量的总和，但是钙、镁碳酸盐的溶解度都比较小，天然水中常不含碳酸盐，所以可将碳酸盐硬度看成是水中钙、镁碳酸氢盐的含量。因水煮沸后，它们可沉淀除去，故常称之为暂时硬度。

钙、镁的氯化物、硫酸盐等的含量称为非碳酸盐硬度，因其长时间煮沸也不能除去，故又称为永久硬度。

硬度的单位用水中所含钙、镁离子的浓度（$\mu mol \cdot dm^{-3}$）来表示。我国的河水，东南沿海地区硬度较低，西北地区硬度大；在天然水中，钙硬度占全硬度的70%左右。

(5) 耗氧量　耗氧量是指在水中发生的化学或生物化学氧化还原反应所消耗氧化剂或溶解氧的能力。由于天然水中耗氧量大的是各种有机物，所以它间接地反映了水中有机物的含量。耗氧量越高，水被有机物污染就越严重。湖泊、水库中的总磷、总氮在水体中大量蓄积后会促进藻类的迅速繁殖，藻类繁殖、生长过程中大量消耗水体中的氧气，导致鱼类因缺氧而死亡，水体变黑、变臭。这种污染被称为“富营养化”。江、河、湖泊的富营养化称为“水华”，海洋的富营养化称为“赤潮”。湖泊发生严重“水华”时，水面上会漂浮一层蓝、绿色如油漆状的藻类。我国南方地区的一些湖泊、水库在每年5～9月容易发生“水华”。2006年，因太湖发生大面积蓝藻，沿湖的无锡市断水近一周。为保护环境，建议大家尽量减少含磷洗衣粉、洗涤剂的使用，推广使用无磷洗衣粉。

耗氧量通常用两个参数来表示，即BOD和COD。

① 生化需氧量（BOD）。水中有机物质在有氧条件下，被微生物分解，在此过程中所消耗的溶解氧量，叫做生化需氧量（或生化耗氧量，以BOD表示）。这个参数，通常是将水样在20℃条件下培养微生物5天后，测定溶解氧消耗量来确定的，以BOD_5表示。

② 化学需氧量（化学耗氧量，COD）。当废水中含有机物质时，用强氧化剂重铬酸钾处理水样，由所消耗氧化剂的量，即可算出水中有机物质被氧化所消耗的溶解氧量，以氧的$mg \cdot dm^{-3}$表示，称为化学需氧量（或化学耗氧量，以COD表示）。BOD虽然能较真实地反映水质情况，但测定BOD既费时又麻烦，故在实际工作中常采用化学需氧量（COD）。

水质指标有时还用总需氧量（TOD）、溶解氧（DO）、总有机碳量（TOC）表示。

(6) 微生物学指标　水受到人畜粪便、生活污水的污染时，水中细菌含量大增。检测水中细菌总数和大肠杆菌群数可间接判断水质受粪便污染的情况。

以上各项仅是评价水质的主要指标。此外，作为无机有毒物质的氯化物、锡、汞、铬、铅、砷，作为有机有毒物质的酚类化合物、DDT、六六六等在水中都有严格的含量限制指标（见GB/T 14848—93）。

另外根据地面水域使用目的和保护目标，可把水划分为以下五类：

Ⅰ类主要适用于源头水、国家自然保护区。

Ⅱ类主要适用于集中式生活饮用水水源地一级保护区、珍贵鱼类保护区、鱼虾产卵场等。

Ⅲ类主要适用于集中式生活饮用水水源地二级保护区、一般鱼类保护区及游泳区。

Ⅳ类主要适用于一般工业用水区及人体非直接接触的娱乐用水区。

Ⅴ类主要适用于农业用水区及一般景观要求水域。

7.2 环境问题与化学的关系

化学作为科学领域最古老的分支之一，为人类进步和社会发展做出了不可替代的贡献。然而，化学也是一把“双刃剑”，在它给人类带来巨大的物质文明和推动了生产力发展的同时，也给人类社会带来了严重的环境问题，如温室效应、大气污染、水污染、土壤污染等，昔日的田园风光不再，诗情画意难寻。很多有识之士对技术的进步、科学的发展表示了自己的担忧，希望能够再回到简单的、返璞归真的生活。那么人类改造自然的步伐究竟是应该前进、后退抑或是原地不动呢？

我们知道，人类发展的历史也就是不断地改造自然、利用自然的历史，为了使自己生活得更美好，为了解决新出现的问题，人类一直在做不懈的奋斗。人类社会发展到今天，人口已是60多亿，生活方式也发生了重大变化，已经不可能再回到男耕女织、田园牧歌式的生活方式了。而原地不动又不能满足人民日益增长的物质文化需要。前进是人类获取自保，同时谋求发展的唯一途径。1990年，美国国会通过《污染预防法案》，明确提出了“污染预防”这一概念，要求杜绝污染源，指出最好的防止有毒化学物质危害的办法就是从一开始就不生产有毒物质和形成废弃物。这个法案推动了化学界为预防污染、保护环境作进一步的努力。此后，人们赋予这一新事物以名称清洁化学、原子经济学或绿色化学等。它将整体预防的环境战略持续地应用于化工生产过程、产品和服务中，以增加生态效益和减少人类及环境的风险。其研究的目的是：通过一系列原理与方法来降低或除去化学产品制造、应用中有害物质的使用和产生，使所设计的化学产品或过程更加环境友好。绿色化学的最大特点在于它是在始端就采用实现污染预防的科学手段，因而过程和终端均为零排放或零污染。它研究污染的根源——污染的本质在哪里，它不是去对终端或过程污染进行控制或进行处理。绿色化学主张在通过化学转换获取新物质的过程中充分利用每个原子，具有“原子经济性”，因此它既能够充分利用资源，又能够实现防止污染。

7.2.1 大气污染的化学治理

(1) 化学吸收/吸附 吸收是气体混合物的一种或多种组分溶解于选定的液体吸收剂中(通常为水溶液)，或者与吸收剂中的组分发生选择性化学反应，从而从气流中分离出来的操作过程。

能够用吸收法净化的气态污染物主要包括SO_2、H_2S、HF、NH_3和NO_x等无机类污染物，对于有机类污染物，也可用吸收法净化，但应用得较少，且多用于水溶性有机物的吸收净化。用吸收法净化气态污染物，要求具有处理气体量大、吸收组分浓度低及吸收效果和吸收速率较高等特点，所以采用一般简单的物理吸收不能满足要求，故多采用化学吸收过程。如用碱性溶液或浆液吸收燃烧烟气中低浓度SO_2过程等。

另外，需要净化的气体成分往往比较复杂，例如燃烧烟气中除含有机物外，还含有NO_x、CO和烟尘等，会给吸收过程带来困难。多数情况下，吸收过程仅是将污染物由气相转入液相，还需对吸收液进一步处理，以避免造成二次污染。

气体吸附同样是大气污染治理的一种重要方法。在用多孔性固体物质处理流体混合物时，流体中的某一组分或某些组分可被吸引到固体表面并在表面浓集，此现象称为吸附。吸附应用于大气污染控制工程的一个实例是低浓度气体和蒸气从废气中通过将其附着到多孔固体表面而除去。选择合适的吸附剂及废气与吸附剂间的接触时间，可以达到很高的净化效率，此外吸附过程也有可能提供被吸附物质（吸附质）的经济回收。气体吸附的工业应用有：恶臭控制，苯、乙醛、三氯乙烯、氟里昂等挥发性有机蒸气的回收以及工艺过程气流的干燥。

(2) 化学燃烧　燃烧法主要用于治理挥发性有机化合物。燃烧可用于控制恶臭、破坏有毒有害物质或用于减少光化学反应物的量。注意，一些含有易燃固体和液滴微粒的废气有时可用气体燃烧炉来处理。挥发性有机化合物可以是高浓度的气流（如炼油厂排出的尾气），或是低浓度与空气的混合气流（如来自油漆干燥或印刷行业的尾气）。对大体积流量、间歇性、高浓度的挥发性有机化合物气流，通常采用冷凝法或高架火炬来处置。对低浓度的情况，则有两种燃烧处置方法可供选择：热焚烧和催化焚烧。

可替代燃烧的方法是通过压缩、冷凝、活性炭吸附等方法回收有机蒸气，或是伴随回收及化学氧化的液体吸收法。燃烧的主要优点是具有很高的效率，如果能在足够高的温度下保持足够长的时间，有机物可被氧化到任何程度。例如，对于要求将排放气中的有机物降到很低的水平，只有燃烧法才能达到这样严格的要求（去除率达到 99.95%）。

燃烧法的主要缺点是燃料费用高，而且某些污染物的燃烧产物自身又是污染物。例如，氯碳氢化合物燃烧时，会产生 HCl 或 Cl_2，或者两者的混合物。由于副产污染物的不同，还需要对燃烧尾气进行处置。

(3) 冷凝法　冷凝法多用于废弃有机物蒸气的回收。利用冷凝的方法，能使高浓度的有机物得以回收，但是对高的净化要求，室温下的冷却水不能达到。净化要求越高，所需冷却的温度越低，必要时还得增大压力，这样就会增加处理的难度和费用，因而冷凝法往往与吸附、燃烧和其他净化手段联合使用，以提高回收净化效果。冷凝法常被用来回收有价值的污染物，例如水银法，氯碱厂副产氢气中的汞蒸气需要先冷凝回收后，再利用其他方法进一步净化；沥青氧化尾气就是先冷凝回收有机油，而后送去燃烧净化的。但在某些情况下，采用低温冷冻水或制冷剂的冷凝法，并把它作为一种有效的净化方法单独使用。

7.2.2　水污染的化学治理

(1) 化学中和　中和法是利用碱性药剂或酸性药剂将废水从酸性或碱性调整到中性附近的一类处理方法。在工业废水处理中，中和处理既可以作为主要的处理单元，也可以作为预处理。酸性废水中常见的酸性物质有硫酸、硝酸、盐酸、氢氟酸、磷酸等无机酸及醋酸、甲酸、柠檬酸等有机酸，并常溶解有金属盐。碱性废水中常见的碱性物质有苛性钠、碳酸钠、硫化钠及胺类等。

工业废水中所含酸（或碱）的量往往相差很大，因而有不同的处理方法。酸含量大于5%～10%的高浓度含酸废水，称为废酸液；碱含量大于 3%～5%的高浓度含碱废水，常称为废碱液。对于这类废酸液、废碱液，可因地制宜采用特殊的方法回收其中的酸和碱，或者进行综合利用。例如，用蒸发浓缩法回收苛性钠，用扩散渗析法回收钢铁酸洗废液中的硫酸。利用钢铁酸洗废液作为制造硫酸亚铁、氧化铁红、聚合硫酸铁的原料等。对于酸含量小于 5%～10% 或碱含量小于 3%～5%的低浓度酸性废水或碱性废水，由于其中酸、碱含量低，回收价值不大，常采用中和法处理，使其达到排放要求。

此外，还有一种与中和处理法相类似的处理操作。就是为了某种需要，将废水的 pH 调整到某特定值（或范围），这种处理操作叫 pH 调节。若将 pH 由中性或酸性调至碱性，称为碱化；若将 pH 由中性或碱性调至酸性，称为酸化。

(2) 化学沉淀　化学沉淀法是指向废水中投加某些化学药剂（沉淀剂），使之与废水中溶解态的污染物直接发生化学反应形成难溶的固体生成物，然后进行固液分离，从而除去水中污染物的处理方法。

废水中的重金属离子（如汞、铝、镉、锌、镍、铬、铁、铜等）、碱土金属（如钙和镁）及某些非金属（如砷、氟、硫、硼）均可通过化学沉淀法去除，某些有机污染物亦可通过化学沉淀法去除。

化学沉淀法的工艺过程通常包括：①投加化学沉淀剂，与水中污染物反应，生成难溶的沉淀物而析出；②通过凝聚、沉降、过滤、离心等方法进行固液分离；③泥渣的处理和回收利用。

化学沉淀的基本过程是难溶电解质的沉淀析出，其溶解度大小与溶质本性、温度、同离子效应、沉淀颗粒的大小及晶型等有关。在废水处理中，根据沉淀溶解平衡移动的一般原理，可利用过量投药、防止络合、沉淀转化、分步沉淀等，提高处理效率，回收有用物质。

(3) 氧化还原 通过药剂与污染物的氧化还原反应，把废水中有毒害的污染物转化为无毒或微毒物质的处理方法称为氧化还原法。废水中的有机污染物及还原性无机离子（如 CN^-、S^{2-}、Fe^{2+}、Mn^{2+}等）都可通过氧化法消除其危害，而废水中的许多重金属离子（如汞、铬、铜、银、金、铅、镍等）可通过还原法去除。

废水处理中最常采用的氧化剂是空气、臭氧、氯气、次氯酸钠及漂白粉；常用的还原剂有硫酸亚铁、亚硫酸氢钠、硼氢化钠、铁屑等。在电解氧化还原法中，电解槽的阳极可作为氧化剂，阴极可作为还原剂。

投药氧化还原法的工艺过程及设备比较简单，通常只需一个反应池，若有沉淀物生成，还需进行固液分离及泥渣处理。

(4) 离子交换 离子交换的两个作用是：去除水中的硬度离子（Ca^{2+}，Mg^{2+}），称为水的软化；降低水中的含盐量，称为水的除盐。近年来在处理工业废水的金属离子方面也获得相当的应用。离子交换剂包括：天然沸石、人造沸石、离子交换树脂等，特别是离子交换树脂应用最多。按照所交换离子的种类，离子交换剂可分为阳离子交换剂和阴离子交换剂两大类。天然或人造沸石是阳离子交换剂。下面介绍离子交换树脂。

离子交换树脂是人工合成的有机高分子电解质凝胶，其内部是一个立体的海绵状结构作为其骨架，上面结合着相当数量的活性离子交换基团。树脂置于水中，其骨架中充满水分。离子交换基团在水中电离，分成两部分，一是固定部分，仍与骨架牢固结合，不能自由移动，二是活动部分，能在一定范围内自由移动，称为可交换离子。离子交换树脂的制备方法有两类：一类是由带离解基团的高分子电解质直接聚合而成；一类是先由有机高分子单体聚合成树脂骨架，然后再导入离解基团。

实际污水处理时，由于各种废水成分复杂，具体处理方法也不同。目前，城市污水处理的历程主要有一级、二级和三级处理之分。一级处理通常采用物理方法，一般是用格栅、沉淀和浮选等步骤清除污水中的难溶性固体物质；二级处理是通过微生物的代谢作用，将废水中复杂的有机物降解成简单的物质，主要方法有活性污泥法和生物过滤法；三级处理也称深度污水处理，仍需要多种工艺流程，如曝气、吸附、化学凝聚和沉淀、离子交换、电渗析、反渗透、氯消毒等，作深度处理和净化。

7.2.3 固体废弃物污染的化学治理

7.2.3.1 固体废弃物的类型和成分

固体废弃物包括城市垃圾，主要成分为各种废弃的生活用品，如厨房垃圾、装潢废料、包装材料、废旧电器等；工矿业固体废弃物，主要有废渣、粉尘、污泥、废矿石等；农业固体废弃物，有各种作物的秸秆、家畜的粪便等；另外还有建筑垃圾等。

固体废弃物中有害成分仅占固体废弃物的很小一部分，约占10%～20%，但因分布广，化学性质复杂，对环境和人体危害极大。固体废弃物若长期堆放，会通过雨水扩散作用，对周围的农田产生污染使其无法耕种，进入水体污染水资源，放出有害气体污染大气环境。

7.2.3.2　固体废弃物的处理

固体废弃物是困扰当今社会发展的重大环境问题，因此对庞大的固体废弃物必须进行科学处理，使其变为无害，或者减小有害程度。现在主要的方法有填埋法、焚烧法和资源化法。

(1) 填埋法　填埋法就是采用防渗、压实、覆盖的方法处理固体废弃物。其技术要求低、投资小，现在我国大量采用。如上海市目前的固体废弃物就是郊区老港镇的垃圾填埋场。垃圾填埋是不符合我国国情的一种处理方法，因为垃圾填埋将会浪费大量的土地，对越来越多的垃圾，用填埋处理将难以为继。

(2) 焚烧法　焚烧法是对固体废弃物在高温下燃烧的处理方法，使垃圾在焚烧炉内经过高温分解和深度氧化的综合处理过程，达到大量削减固体量的目的，并将垃圾焚烧的热量回收利用。该法有许多优点，如减容大、无害化、速度快、成本低、能源化等。上海市已在浦东建了一座垃圾发电厂。

(3) 资源化法　固体废弃物的资源化总体上成本较高，技术较复杂，但目前发达国家垃圾资源化率已超过50%。通过高温、低温、压力、电力、过滤等物理方法和化学方法对垃圾进行加工，使之重新成为资源。一方面解决了垃圾成灾、污染严重的问题，同时也摆脱了资源危机，另辟蹊径。

固体废弃物的资源回收是先把垃圾粉碎，通过回收流水线把碎片分类，然后分别利用。如用磁场“捕获”的金属粒子可重新回炉冶炼金属，大量建筑垃圾可重新做建材，有机纤维类可用来造纸等。对生活垃圾可以先用发酵法产生沼气发电，剩余固体可作为有机肥或饲料。如上海宝钢利用钢渣制造优质水泥，用于防腐要求甚高的东海大桥的建设。

7.2.4　化学对环境保护的其他作用

化学还具有治理环境的职能，主要由于化学能够认识环境物质的化学组成和迁移规律，及其对人类和生态环境的化学污染效应，从而能够使污染物的分子发生化学转化，进行“无害化”的处理。这是其他学科难以做到的。例如可以把致癌的多环烃等碳氢化合物转化为无毒的二氧化碳和水，把剧毒的氰化物在高压处理后转化为无害的二氧化碳和氮气，以至把有害的加工工艺改造成“无害工艺”，例如“干法造纸”、“酶法脱毛”和“无排放镀铬”等。此外，化学在治理环境方面更高一筹的是，不仅能够使有害物质无害化，而且还能使有害物质有利化，变害为利，以至变废为宝。例如过去的石油只能用来提取煤油，而把汽油和重油当成废物或害物扔掉。但是随后由于“内燃机”的出现和化学的有效加工，而使汽油一跃成为宝贵燃料，并使重油成为制取柴油、润滑油、沥青和石蜡以及裂化汽油的宝贵原料。此外，过去放空或白白烧掉的炼油废气，经过化学处理后可以转化成塑料、纤维、橡胶等各种有用材料。因此，从化学转化的观点来说，一切物质都是有用的，一切“害物”或“废物”都可转化为无害的有用物质，从而能够在改善环境的同时，也创造了巨大的物质财富。可以看出，化学在治理环境中具有其他学科难以起到的独一无二的作用。化学在治理环境方面还能进一步从宏观到微观，精细考察污染物的存在状态、内在结构及其环境效应，揭示污染过程的机理和规律，为环境治理提供理论依据。

实际上，环境问题归根到底还是一个能源问题。这是因为环境污染的引起就是一些物质出现在了不该出现的地方，如果有足够的能源将这些物质放回到合理的位置，适应大自然进化的规律，环境问题就可以得到解决了，所以开发价格低廉的清洁能源是解决环境问题的唯一途径，只有利用好化学这柄双刃剑，不断地发展新的化学技术和工艺，合理地安排政治和经济秩序，才能够解决不断出现的环境问题，才能够给整个人类社会带来最大的幸福。

化学视野

新时代的“白色恐怖”

(1) 新时代的“白色恐怖”——废塑料

塑料作为人工合成的高分子材料，随着石油化工的发展而得到迅速发展，已经成为一类与生活息息相关的不可替代材料，广泛用于家电、汽车、家具、包装等许多方面。到目前为止，世界塑料年产量已达1.2亿吨，我国每年产量也超过500万吨。然而随着塑料产量增大、成本降低，大量的商品包装袋、液体容器以及农膜等，人们已经不再反复使用，而是用过即作为垃圾丢弃的消费品。就是大型成型件，最后也会随着产品的损坏而被丢弃，使塑料成为一类用过即被丢弃的产品的代表。废弃塑料带来的“白色污染”，今天已经成为一种不能再被忽视的社会公害了。

(2) 塑料引起的危害

早在20世纪60年代中期，人们就发现聚氯乙烯塑料中残存的氯乙烯单体，能引起使前指骨溶化称为“肢端骨溶解症”的怪病。从事聚氯乙烯树脂制造的工人常常会出现手指麻木、刺痛等所谓白蜡症（雷诺综合征）。当人们接触氯乙烯单体后，就会发生手指、手腕、颜面浮肿，皮肤变厚、变僵、失去弹性和不能用力握物的皮肤硬化症，同时还有脾肿大、胃及食道静脉瘤、肝损伤、门静脉压亢进等症。70年代后又在一些聚氯乙烯生产厂中，发现有人患有一种极少见的肝癌——血管肉瘤。

(3) 消灭“白色恐怖”，变废为宝

早在1985年，美国人均消费包装塑料量已达23.4kg，日本20.1kg，欧洲15kg，而我国到1997年人均消费包装塑料量13kg。但发达国家较早地意识到“白色污染”的危害，采取回收和替代双管齐下的方式防治，基本上消除了“白色污染”的危害。

在一些发达国家，人们的环保意识浓厚，很少有人随手乱扔废物，国家生活垃圾无害化处理率也较高。

以美国为例，20世纪80年代以前，主要是填埋废塑料，发现塑料长期不降解，转为回收废塑料。目前已建立严密的分类回收系统，废塑料回收利用率较高。一些国家还制定了专门的法律以保证废塑料的回收。

日本是工业发达国家，年产几千万吨垃圾，堆放的垃圾比山还高，甚至再也找不到堆垃圾的地方。靠垃圾焚烧炉焚烧，不仅产生温室气体二氧化碳，还会产生有毒物质释放在大气中，造成二次污染。日本一位工程师设计出了“裂解放心塑料装置”。这是一种全新的方法，是根据波状运动原理，在锅炉里设计构成一种特殊的条件，从而产生波能，以波能击碎塑料的聚合分子链，并结合化学方法，不断加入5种不同的催化剂和一种特制溶液，以溶解被击碎的塑料，将塑料变成油。用这种方法，投入1kg废塑料能产生1.2L煤油。

现在，有些化学家正在研制非淀粉基生物可分解塑料。如已制成了乳酸基生物可分解塑料、多糖基的天然塑料。乳酸基塑料是以土豆等副食品废料为原料的，这些废料中多糖的含量很高，经过处理后，多糖先转换为葡萄糖，最后变成乳酸，乳酸再经聚合便可制得乳酸基料。化学家们还制出了生化聚合塑料，这种塑料是天然细菌的末端产品，它们能被土壤里的微生物在短期内分解。然而这些塑料性能虽佳，但成本要比普通塑料高出许多，因而也就限制了它们在社会生活中的应用。一旦这些可分解的塑料大量替代现在使用的塑料，那么塑料垃圾造成的环境污染必将得到完善的解决。

网络导航

关心我们的环境

现代科技造就了高楼林立的城市、奔流如潮的汽车、无处不在的声音、无孔不入的电磁波等五彩缤纷的现代文明。相应地也伴生了现代污染，如水、大气、土壤的污染；光污染、噪声、放射性污染；食品、农药、生活与太空垃圾等等。还有生物资源衰退、温室效应、厄尔尼诺和拉尼娜现象、臭氧层遭破坏、酸雨、土地沙漠化、洪旱灾害等等，给人类带来了难以估量的损失。针对这些污染或灾难的根源，在网上我们都可以找到其详细的分析、研究、防治对策。下面给出一些相关的主页网址。

① 中华人民共和国环境保护部：http：//www.zhb.gov.cn，有污染控制、科技标准等栏目。

② 美国环境保护局（Environmental Protection Agency，EPA），http：//www.epa.gov，在教育资源（Educational Resources）栏目下的学生中心（students center），有水、大气、环保、生态、废物回收等栏目。

③ 中国环境监测总站：http：//www.cnemc.cn/，可查看空气质量日报与预报、水自动监测周报、环境标准等。

④ 国家安全生产监督管理局：http：//www.chinasafety.gov.cn/，危险化学品、法规标准、安全常识、应急救援、制作消毒剂、危险化学品的安全常识。

⑤ 加拿大有关酸雨的网址：http：//www.ec.gc.ca/acidrain/index.html。

思　考　题

1. 何谓大气污染？主要污染源有哪几方面？主要污染物有哪些？
2. 一次污染物、二次污染物如何区别？
3. 光化学烟雾是一种什么物质？有何特征？有何危害性？
4. 计算 $CO_2 + H_2O \rightleftharpoons HCO_3^- + H^+$ 体系的 pH，说明什么是酸雨？酸雨对环境产生哪些危害？我国酸雨有何特点？
5. 何谓温室效应？哪些污染物可产生温室效应？有何危害性？
6. 造成臭氧层破坏的原因是什么？为什么臭氧层对生命有机体有保护作用？
7. 什么是耗氧污染物？说明 COD、BOD、TOD、TOC 等的意义。
8. 简述水体中主要污染物的类型及危害。
9. 什么叫水体富营养化？有何危害？

习　　题

1. 填空题

（1）温室气体主要有______等。消耗臭氧层物质的祸首主要是______。

（2）雨水的 pH ______，就称其为______，主要是大气中含有______的原因。

（3）污染水体的无机污染物主要指______以及无机悬浮物。有机污染物中耗氧的有机物，在分解过程中______，因此称它们为______。

（4）水体富营养化状态是指______、______超标。

2. 常见的水污染有哪几种？

3. 哪些金属离子对环境有害？

4. 在国家标准中，水质分成哪几类？

5. 对大气污染的治理一般有哪些方法？这些方法的特点是什么？

6. 对固体废弃物的处理方法有哪些？哪种方法最好？

7. 为解决大气污染问题，有人试图用热分解的方法来消除汽车尾气中产生的CO气体，反应式为 $CO(g) \longrightarrow C(s) + 1/2O_2(g)$，从热力学角度分析此设想可否实现。

第 8 章　非化工类生产中的化学知识

在非化工类生产（如机械、电子、建筑等）中，常遇到物质的清洗、表面处理、润滑、黏结等问题，而这些问题，常在专业化学（如精细化工）中才能讲到，而非化工类学生一般不开设这门课。故本章将这些问题的基本原理和应用罗列在一起进行讲授，以增加学生的知识应用能力。

8.1　金属清洗与表面处理

在工业生产中，金属材料和金属零件在某些工序前通常要进行清洗。例如，对金属进行电镀、涂装、磷化、钝化等表面处理前，首先要将其表面的油污、锈、氧化膜等除去，这样才能获得结合好、质量高的表面转化膜和涂镀层。除油、除锈对金属表面处理质量至关重要，很多表面处理的质量问题，恰恰是由于金属表面清洗不干净引起的。另外，有时金属或其他表面还要进行抛光、防锈、上蜡光亮等处理，在这一节里介绍金属除油和除锈及其他处理的一些常用方法。

8.1.1　金属除油

金属材料和金属零件在经过切削、冲压、抛光等加工后表面会沾上油污。如机械加工后残留的润滑油、防锈油、切削液，零件抛光后留下的研磨料和磨下来的金属碎末，以及加工过程中沾上的手汗和灰尘。油脂可分为两类：一类是可皂化的动植物油脂，能与碱发生皂化反应生成可溶于水的肥皂；一类是不可皂化的矿物油。

清洗金属油污的方法可分为溶剂清洗、乳化液清洗、碱清洗、电解清洗等。上述各种除油法同时结合超声波清洗时，可以大大提高除油的速度和效果。

（1）溶剂清洗　有机溶剂清洗是工业上常用的金属除油方法，其原理是“相似相溶”，即油类均是有机物，在水中不溶解，而在有机溶剂中能溶解。溶剂以浸泡和快干的方式广泛用于各种金属的除油和脱脂，一般不腐蚀金属，缺点是除油不彻底，且有机溶剂多易燃、易爆、易挥发、有毒性。

常用的清洗溶剂有煤油、汽油、醇类、酮类、苯类和某些卤代烃。汽油、煤油、溶剂油是广泛使用的溶剂清洗剂。它们价格便宜，但挥发性强，易燃烧。卤代烃类溶剂对油污的溶解能力强，不易燃烧，但价格比石油溶剂贵，且毒性较大。在溶剂油中加入质量分数为15%～35%的卤代烃，可减少火灾危险。清洗油污能力较强的有丙酮、甲苯、三氯甲烷、二氯乙烯或它们的混合液等，在电子工业上常用三氯二氟乙烷。

（2）乳化清洗剂清洗　乳化清洗剂由水、溶剂和乳化剂组成。溶剂可采用三氯乙烯、二氯甲烷、煤油等。乳化剂可采用各种类型的表面活性剂。表面活性剂使有机溶剂与水混合，形成乳化液。

所谓表面活性剂是一种具有不对称结构的分子，同时含有易溶于水的极性亲水基团（如—COOH、—$CONH_2$、—OH、—SO_3H 等）和不溶于水而溶于有机溶剂的亲油基团（一般是长链烷基—R)。这样一种特殊的两亲结构使表面活性剂能使油和水两相连接起来，因而具有分散、润湿、乳化、洗涤、起泡、消泡功能。

乳化剂洗液的优点是油污清洗效果好，工作环境比较安全，工艺容易控制，可进行刷、浸或喷淋操作。乳化清洗能有效地除去金属表面上各种油污，包括润滑油脂、切屑液、抛光剂及其他固体残余物。当零件需要进行快速表面清洗，并希望表面残留一层保护膜作为临时保护之用时，乳化清洗是最理想的清洗方法。与完全用有机溶剂清洗相比，乳化清洗因含溶剂少，比较经济，使用起来也比溶剂清洗安全。

(3) 碱清洗液清洗 碱清洗液由氢氧化钠、碱金属的盐、表面活性剂及一些添加剂所组成，通过皂化作用、乳化作用和分散作用将油脂从金属表面除去。

碱清洗液的成分及作用如下。

氢氧化钠：作用是提供碱度，与动植物油脂发生皂化反应。氢氧化钠对金属有一定的腐蚀作用，铝、锌、锡、铅等两性金属及其合金不宜使用氢氧化钠除油。

碱金属盐：包括磷酸盐、硅酸盐、碳酸盐、硼酸盐等。碱金属盐在清洗中具有多种功能。例如，它们都呈弱碱性，有一定的皂化能力和缓冲 pH 的作用；磷酸盐能软化水质，消除水中钙、镁、铁离子产生的软凝沉淀；硅酸盐是铝、锌等金属的缓蚀剂，使其免受碱的侵蚀。

表面活性剂：表面活性剂与油脂发生乳化，并且分散、悬浮在清洗液中。一般采用阴离子型和非离子型的组合，以发挥它们的协同效应。

添加剂：可提高去污能力的助剂。例如，酒石酸钠、柠檬酸钠、EDTA 等配位剂可以与水中的 Ca^{2+}、Mg^{2+} 等金属离子生成配合物，使水软化；羟甲基纤维素（CMC）是水溶性高分子，它能吸附在油污上，使污垢粒子很好地悬浮分散在清洗液中，防止对金属表面的再污染，还有提高清洗液黏度、增加润湿、维持泡沫稳定性等作用。

(4) 电解清洗 电镀需要高度清洁的表面，电解清洗是金属表面预处理的一个重要组成部分。在电解清洗中，被清洗的工件作为电解池的一个电极（阳极或阴极）浸在碱清洗液中。电流引起电化学反应，在金属表面析出氢气或氧气，气泡对油污的机械刮擦作用和对溶液的搅动作用加速了油污的去除速度。

电解清洗分为阳极除油、阴极除油和周期反向电流电解除油。

在阳极除油中，被清洗的工件是阳极，在电流通过时，其表面发生的反应是：

$$4OH^- + 4e^- \longrightarrow 2H_2O + O_2$$

由于被洗金属是阳极，有利于表面氧化膜的溶解，使金属表面活化，同时也不会产生氢脆问题。在阴极除油中，被清洗的工件是阴极。金属表面发生的化学反应是：

$$2H^+ + 2e^- \longrightarrow H_2$$

在同样的电流下，阴极电解清洗在金属表面产生的气体体积是阳极电解清洗的 2 倍，油污的去除效率比阳极电解清洗高，但可能产生氢脆问题。

周期性反向电解清洗是周期性改变电流方向的电解清洗。它将阳极电解清洗和阴极电解清洗结合起来，其优点是有比较强的清洗作用和除氧化膜的能力，也减轻了氢脆的倾向。

8.1.2 金属酸洗

金属酸洗可除去表面上的氧化皮（主要成分为 Fe_3O_4、Fe_2O_3、FeO)、锈蚀物和水垢。氧化皮是金属在高温下生成的表面氧化层。铸造、锻压、热轧和退火等工艺操作都会造成金属表面生成氧化皮。

酸洗除锈是将金属材料或零件浸于酸溶液中，酸与基体金属及氧化物反应，使铁锈变成可溶性铁盐（Fe^{3+}）和亚铁盐（Fe^{2+}），再与络合剂发生络合反应生成稳定的铁络离子。酸液与钢铁生成的氢在析出过程中对氧化皮和锈层产生机械剥离作用，使其脱离金属表面。

冶金、汽车、建筑、包装等工业部门都离不开金属材料的酸洗。由于酸洗操作简便经济，又可采用连续的生产方式，因此对于用途广、产量大的产品，如棒材、板材、板坯、线材、管材，酸洗是除去其表面氧化皮及锈蚀层的最有效的方法。

(1) 酸洗用酸 酸洗介质和工艺的选择取决于被处理金属的种类和其表面氧化皮的组成结构。硫酸和盐酸通常用于钢铁材料的酸洗；硝酸、氢氟酸、铬酸及它们的组合，常用于有色金属和特殊合金的酸洗。表 8-1 给出了常用酸洗用酸的性能与作用。

表 8-1 常用酸洗用酸的性能与作用

酸洗用酸	性能和作用
盐酸	适用于高碳钢酸洗。对金属氧化物有较强的溶解能力，酸洗效率高，生成的氯化物溶解度较好，酸洗后表面状态好。对钢铁基体溶解较缓慢，不易发生过腐蚀和严重氢脆。使用比硫酸安全，工作温度低，能耗较少。主要缺点是有较大挥发性
硫酸	室温下对金属氧化物的溶解能力较弱，温度提高到 50～60℃时侵蚀能力显著增强。温度过高会产生过腐蚀。酸洗后表面发暗，状态不够理想，易产生氢脆。优点是价格低，酸雾少
硝酸	氧化性酸，侵蚀能力较强。用 30%的硝酸侵蚀低碳钢可得到洁净、均匀的表面。硝酸加入适量的盐酸和氢氟酸可用于不锈钢和耐热钢的酸洗。铜及铜合金在硝酸中侵蚀，可获得具有光泽的表面
磷酸	室温下对金属氧化物的溶解能力较弱，需加热操作。侵蚀后工件表面残存的侵蚀液可转变为磷酸盐保护膜，适用于焊接件和工件涂漆前的侵蚀
氢氟酸	能溶解硅化物和铝、铬的氧化物。常用于铸件和不锈钢的侵蚀。10%左右的氢氟酸溶液常用来侵蚀镁及其合金制品
铬酸酐	溶于水生成铬酸和重铬酸，有很强的氧化和钝化能力，常用于侵蚀后消除残渣和钝化处理
柠檬酸	有机酸，具有优异的配合性能，可用于清洗锅炉中的氧化铁垢、氧化铜垢、碳酸盐垢

(2) 缓蚀剂 为了减少酸洗过程中基体金属的溶解，防止过腐蚀和氢脆，可以在酸洗液中添加缓蚀剂。缓蚀剂能选择性地吸附在裸露的基体金属上而不被金属的氧化物所吸附。这样就抑制了酸与基体金属的化学反应，但不会影响氧化物的正常溶解，从而减少过腐蚀和氢脆的危险，减少由于基体金属与酸的激烈反应造成的酸雾，解决酸洗造成的表面麻点和粗糙等质量问题。对黑色金属特别是对氢敏感的高强度钢酸洗时，常需加入缓蚀剂。常用的缓蚀剂是一些含氮或含硫的有机化合物，如二邻甲苯硫脲（若丁）、六次甲基四胺（乌洛托品）、硫脲、尿素等。在硫酸中常用若丁和硫脲，在盐酸中常用乌洛托品。

(3) 电解酸洗 对于普通酸洗中难以除去的氧化膜，还可以采用电解酸洗的方法除去。由于阴极电解过程中金属表面产生大量氢气，可能会引起氢脆，所以通常采用阳极电解酸洗。一般用稀硫酸作酸洗液，金属材料或金属零件浸在溶液中作为阳极并通以电解电流。氧化膜主要是通过电解反应在金属表面产生的氧气的机械作用而除去的。

(4) 碱性清洗剂清洗 采用碱性清洗剂除锈除垢比采用酸性清洗剂成本高，速度也较慢，但碱性清洗不会造成金属的严重腐蚀而导致的工件尺寸的明显改变（除两性金属 Al、Zn、Sn 以外）。对于两性金属氧化物或氢氧化物，如氧化铝、氧化锌等，利用强碱性的清洗液，能使之发生反应而溶解。

8.1.3 金属表面处理

金属容易受到腐蚀，而腐蚀总是从表面开始，要有效地防止金属腐蚀，对金属的表面进行处理是有效的方法。表面处理就是在金属表面覆盖一层保护膜，使金属与周围介质隔开，根据保护层的性质和形成方法可分为以下几种。

8.1.3.1 金属镀层

在金属表面覆盖一层另一种耐腐蚀金属，如 Zn、Sn、Al、Ni、Cr 等。覆盖的方法有电镀、化学镀和喷镀等。电镀的原理和方法见 3.4.4，被镀金属作为阴极，发生还原反应，金属离子在此沉积。化学镀是把被镀金属离子和还原剂均配置在化学镀液中，在被镀金属表面发生催化氧化还原反应，金属离子在其表面沉积成为镀层。例如化学镀铜液主要由硫酸铜、甲醛、乙二胺四乙酸钠、氢氧化钠和少量稳定剂组成，总方程式是：

$$Cu^{2+} + 4OH^- + 2HCHO \longrightarrow Cu + 2HCOO^- + H_2\uparrow + 2H_2O$$

化学电镀的工艺步骤一般有：粗化、敏化、活化、化学镀。化学镀镀层较薄，常需再次常规电镀。但可在非导电物件上进行化学镀。

8.1.3.2 非金属涂料

在金属表面涂一层涂料、搪瓷、塑料、沥青或水泥等非金属材料。涂料能与金属基材很好地黏结。涂料中的基料本身是含不饱和键的天然树脂和油脂，如松香、虫胶、生漆、桐油等，分子间能形成交链，形成完整的牢固覆盖于金属表面的薄膜。非金属涂料膜具有光泽、韧性、耐冲击性、耐酸碱性、耐候性等。

8.1.3.3 氧化和磷化

氧化或磷化处理，即用化学方法在金属表面生成一层完整的、致密的氧化物或磷酸盐保护膜。

(1) 发黑处理 钢铁发黑处理，也称发蓝，是使钢铁表面生成一层蓝黑色致密的四氧化三铁（Fe_3O_4）薄膜，牢固地与金属表面结合。这种氧化膜对干燥的气体抵抗力强，但在水中和湿气中抵抗力差。这种氧化膜具有较大的弹性及润滑性，广泛用于机器零件、精密仪器、光学仪器、钟表零件和军械制造中。常用的碱性发蓝工艺是将钢铁零件放入高浓度的碱（NaOH）和氧化剂（$NaNO_2$、$NaNO_3$）溶液中，在 140～150℃下进行处理，其反应主要是氧化还原反应和水解反应：

$$3Fe + NaNO_2 + 5NaOH \longrightarrow 3Na_2FeO_2 + NH_3 + H_2O$$

$$6Na_2FeO_2 + NaNO_2 + 5H_2O \longrightarrow 3Na_2Fe_2O_4 + NH_3 + 7NaOH$$

$$Na_2FeO_2 + Na_2Fe_2O_4 + 2H_2O \longrightarrow Fe_3O_4\downarrow + 4NaOH$$

（亚铁酸钠） （铁酸钠）

(2) 磷化处理 钢铁磷化是把钢铁制件放入磷酸盐溶液中进行浸泡，使其表面获得一层灰黑色不溶于水的磷酸盐薄膜（磷化膜）。磷化膜在大气中有较好的耐蚀性，一些磷化膜保护的钢铁零件即使与酸、碱等接触也不受腐蚀。在对钢铁制件进行喷塑、喷漆前使其覆盖一层磷化膜，能使涂膜更加牢固。覆盖了磷化膜的工件，更易润滑，耐磨损。磷化膜加工工艺简便，成本低廉。常用的磷酸盐是磷酸二氢锰铁盐，俗名马日夫盐。分子式为 $n\mathrm{Fe(H_2PO_4)_2} \cdot m\mathrm{Mn(H_2PO_4)_2}$，简写为 $M(H_2PO_4)_2$，其中 M 表示二价的锰、铁、锌等金属元素。由于磷酸溶液中存在下列电离平衡：

$$H_3PO_4 \rightleftharpoons H_2PO_4^- + H^+ \rightleftharpoons HPO_4^{2-} + 2H^+ \rightleftharpoons PO_4^{3-} + 3H^+$$

钢铁在该酸性溶液中反应生成 Fe^{2+}、Zn^{2+}、Mn^{2+} 等离子的 HPO_4^{2-} 与 PO_4^{3-} 的复合盐，结晶沉积于金属表面，形成磷化保护膜。其主要反应可用下列通式表示：

$$M^{2+} + HPO_4^{2-} \rightleftharpoons MHPO_4$$

$$3M^{2+} + 2PO_4^{3-} \rightleftharpoons M_3(PO_4)_2$$

8.1.3.4 金属防锈

全世界每年因钢铁生锈腐蚀而损耗的金属约 1 亿吨，占年产总量的 20%左右，因此，金属防锈一直是人们非常关注的问题。防锈剂一般是指改变金属存在表面的环境或电极状态，使之不产生腐蚀作用的物质。除以上提到的金属表面处理以外，一般做法是对金属表面进行覆盖，使腐蚀物质无法接近金属表面，或者加入缓蚀剂。

最初的防锈是在金属表面涂上牛油，以阻止金属表面与腐蚀物质的接触，因使用麻烦现在较少使用。现在防锈乳化油由基础油、乳化剂、防锈剂组成，如笔者常用的一种油性防锈剂，由凡士林、石油磺酸盐、抗氧剂、表面活性剂、溶剂油组成，喷到金属表面后溶剂挥发，其余成分能在金属工件表面形成坚固致密的膜层，常用于精密模具的防锈。另一种干性防锈剂由PVC粉（聚氯乙烯）、四氢呋喃或其他溶剂及增塑剂组成，喷到金属表面溶剂挥发后，在金属表面留下一层致密的塑料薄膜，阻止腐蚀性物质与金属表面的接触，起到防锈的作用。

8.1.3.5　其他表面处理

(1) 金属抛光　金属抛光是指用抛光材料对金属制品表面的平整处理，以降低金属制品表面粗糙度，使表面变得平滑，增加金属制品的光泽和外观质量。金属抛光中，金属表面经摩擦会产生高温，促使物体表面在活化物的作用下，很快形成一层氧化膜，使物体达到平整光亮的目的。

常用的抛光材料有固体和液体两大类，固体常称抛光膏，由磨料和油脂两大部分组成。

抛光膏中使用的磨料几乎都是无机物，尤以氧化物软磨料为主。常用的磨料品种有：碳化硅、白刚玉、氧化铬、长石粉、石英粉、氮化硼等，它们是抛光剂中的主要成分，它们的配比用量以及细度对被处理材料的抛光加工起着极为重要的作用。

抛光膏中另一种起重要作用的原料是油脂。油脂在抛光加工中不仅能起到把固体磨料均匀黏合和冷却润滑的作用，还可起到防止抛物表面产生划痕及促使氧化等化学作用。抛光膏配方中经常使用的油脂有：硬脂酸、油脂、牛油脂、煤油、橄榄油、石蜡、氯化石蜡、小烛树蜡等。

抛光膏在使用时往往是间隙式的手工操作，劳动强度大，单位产量低。抛光浆则可适用于自动化、连续化的抛光操作，在工业化程度较高的国家已大量使用。抛光浆是液体，其组成除了磨料和油脂外，还需要添加多种助剂，如表面活性剂、增稠剂、分散剂、防腐剂、抗水剂、润滑剂等。

(2) 表面光亮　擦亮剂（亦称上光蜡）是用于皮革制品、汽车、家具、地板等表面清洁上光的修饰用品。由于自然磨损、氧化等原因，物质表面会逐渐失去光泽，经过上光剂擦亮后，可以将原来表面上的一些细小斑痕、裂纹、擦伤、磨损等填补平整。经过反复揩擦的上光剂膜不仅能使物件清洁、光亮，还兼有保护物件漆面少受磨损擦伤、防止水分侵蚀达到经久耐用的目的。

上光蜡有地板蜡、家具蜡、汽车蜡等品种，有油膏体、乳膏体、液体等多种剂型。市场上的上光蜡类制品主要有：蜡-溶剂型上光蜡、乳化型软膏上光蜡、自亮型乳化液上光蜡和喷雾型上光蜡四大类型。清洁上光是各种上光蜡产品共有的功能。上光蜡是各种蜡溶化或分散在适当溶剂中所制成的膏体或液体，涂布到地板、家具、汽车等表面以后，溶剂很快挥发逸散，遗留下一薄层蜡膜，经用布揩擦，能产生光泽。

擦亮剂（亦称上光蜡）基本上由蜡、溶剂和少量染料组成，其中蜡是上光蜡制品的主要原料。蜡的来源有动物蜡、植物蜡、矿物蜡和合成蜡四种，根据不同的上光要求，可选用不同的蜡和不同的制备工艺。

8.2　润滑油和润滑脂

机器在运行时，机件做相对运动，在接触部位产生摩擦，从而出现发热、磨损等现象。特别在现代工业中，由于机械设备的功率、速度、精度日益提高，摩擦、磨损带来的危害就更加突出，为了降低摩擦，减少损失，主要采取的办法是润滑。用于润滑的材料叫润滑剂。润滑的方法是把润滑剂涂在运转的机件表面，使相对运动的机件表面隔开。润滑剂有气态、液态、固态以及介于固态和液态之间的糊状等几种状态。现代工业中常用的润滑剂有液态润滑剂如润滑油、半固态的润滑脂、水基液体和固体润滑剂，如软金属、二硫化钼、滑石粉、石蜡等。本节只着重介绍润滑油和润滑脂的知识。

8.2.1 润滑原理和润滑油及润滑脂的作用

8.2.1.1 润滑原理

当一物质沿着另一物体的表面运动时，在物体表面会产生阻碍运动的摩擦力。这一对做相对运动的物体称为摩擦偶。摩擦阻力 F 的大小与施加在摩擦部件上的垂直负荷 P 成正比，即

$$F=fP$$

比例常数 f 称为摩擦系数，其值小于 1。

摩擦系数与许多因素有关，如摩擦材料的性质、摩擦表面的粗糙度、摩擦的类型等等。摩擦材料的分子之间作用力越大，静电引力越大，则摩擦系数也越大；柔软、粗糙的摩擦表面比坚硬、光洁的摩擦表面的摩擦系数大；滑动摩擦比滚动摩擦的摩擦系数大。摩擦系数越大，消耗在摩擦上的功率损失也越大。润滑是把摩擦系数小的物质涂在机件表面，在机件表面形成膜，如涂加润滑油，在机件表面形成的液膜厚度大于 0.4～0.6μm，其摩擦系数很小，一般在 0.001～0.005。液体摩擦消耗动力小，又无磨损。这样，用摩擦系数小的液体摩擦来代替机件的干摩擦（摩擦系数达 0.15～0.4），从而起到润滑和减少摩擦的作用。

8.2.1.2 润滑油及润滑脂的作用

使用润滑油、润滑脂后，不仅可以保证机械设备在高负荷或高速度条件下运转，更可延长设备的使用寿命。润滑油及润滑脂的主要作用有：

(1) 降低摩擦 使用润滑油及润滑脂后，机件表面形成一层油膜，机件表面的摩擦系数减小至原来的几十分之一，同时也减低了因摩擦而消耗的功率损失。

(2) 冷却作用 由于机件高速运转，因摩擦产生的大量热量可被润滑油在循环流动中带走。润滑油的黏度越小，流动越快，冷却效果越好。

(3) 洗涤作用 润滑油可将机件工作中产生的油污和胶状物质洗涤并带到机油过滤器中除去。润滑油的黏度越小，洗涤效果越好。

(4) 密封及防腐作用 只要机件之间存在空隙，就有密封问题。润滑油填入机件空隙中，可避免机件中气、油的渗漏，也可避免润滑油自身的污染。润滑油黏度越大，密封作用越好。润滑油附在金属表面，可防止水、酸、气对金属表面的腐蚀作用。

另外，润滑油及润滑脂还可以因减小摩擦而降低噪声。

8.2.2 润滑油及润滑脂的组成

8.2.2.1 润滑油的组成

绝大多数润滑油是由基础油和添加剂调制而成的。

(1) 基础油 基础油是润滑油的主要成分，决定润滑油的主要特性，本身也可单独当做润滑油使用。基础油分为天然矿物油（石油）和合成油两种。

① 矿物油。矿物油是石油分馏中的高沸点部分及减压分馏的渣油馏分精制得到的，黏度可按不同原料配比调节，使其具有较好的黏-温特性。由于成本低，矿物油产量大，应用广。

② 合成油。合成油是为了适应航空航天、原子能等尖端技术的要求而发展起来的一种

新型润滑基础油。合成油是用有机合成的方法制成的。根据化学组成，其主要种类有脂肪酸酯、合成烃（聚 α-烯烃）、磷酸酯、硅油（聚硅氧烷）、聚苯醚、氟油（含氟的聚卤代烯烃或醚类聚合物）等。

与矿物油相比，合成油性能较好，如有良好的黏-温特性、优越的润滑性、化学稳定性、抗燃性等。但合成油成本高，价格比矿物油高 3～10 倍，甚至更高，因而影响它的推广使用。

(2) 添加剂　润滑油中添加具有改善其性能的化学物质叫做润滑油添加剂。添加剂只占润滑油质量的 0.01%～5%，但能有效地提高润滑油的质量和满足不同的使用要求。目前添加剂的性能水平已成为衡量一个国家润滑油质量的主要标志。

按功能分，润滑油添加剂可分为三类。

① 保护金属表面的添加剂。如使润滑油在机件表面形成吸附膜，结合得更牢固，类似表面活性剂的油性剂，一般有有机磷酸酯、亚磷酸酯、油酸铅、硬脂酸铅等；如防止机件生锈的防锈剂，常用石油磺酸盐、脂肪族胺盐、苯并三氮唑等；如与金属表面反应，形成高塑性表面，降低接触面单位负荷，减少磨损的极压添加剂，极压添加剂有硫化物、磷化物、氯化物及有机金属化合物等。

② 改善润滑油性能的添加剂。如调节润滑油黏-温特性的增黏剂，常用的有正丁基乙烯醚、聚甲基丙烯酸酯、聚异丁烯、乙烯丙烯共聚物等，它们的代号分别为 T601、T602、T603、T604；有提高润滑油低温流动性的降凝剂，常用的是烷基萘（代号 T801），此外还有醋酸乙烯酯、天然乳胶等。

③ 保护润滑油的添加剂。例如阻止润滑油连锁氧化反应，减少油品氧化腐败的抗氧化剂，常用的有 2,6-二叔丁基对甲酚、二烷基二硫代磷酸盐和芳香胺等；有将机件表面在高温生成的胶膜和沉淀除去的清静分散剂，常用的有石油磺酸钙（代号 T101、T102、T103）、烷基酚钡盐（代号 T104、T105）、烷基水杨酸（代号 T109）等。

由于清净分散剂是表面活性剂，当油中混入水时，也会形成乳化液而难以分离，致使油品不能使用。因此含清净分散剂的润滑油在储运期间应严防水分混入。

8.2.2.2　润滑脂的组成

润滑脂的组成与润滑油相似，基本组成包括基础油（占 70%～90%）、稠化剂（占 5%～20%）和添加剂，是黏状固态。

稠化剂是一些有润化作用的固体物质，分为皂基和非皂基两类。皂基稠化剂是各种金属皂（高级脂肪酸的金属盐），有钙皂、钠皂、钙钠皂、钾皂、铝皂等；非皂基稠化剂包括烃基稠化剂、有机稠化剂和无机稠化剂三类。烃基稠化剂主要是蜡，本身熔点很低，稠化得到的烷基润滑脂即常见的凡士林，多用作防护性润滑脂。有机稠化剂有酞菁铜颜料、有机脲、有机氟等。这类稠化剂一般具有较高的耐热性和化学稳定性，多用于制备合成润滑脂。无机稠化剂常用的有表面改性的膨润土、石墨、炭黑、硅胶、云母等，多用于制备高温润滑脂。

稠化剂分散在基础油中形成三维结构骨架，基础油被吸附在骨架中形成油膏状物。在一定外力的作用下，骨架结构被破坏，润滑脂能产生流动，起润滑作用；外力减小或消失时，润滑脂又恢复成油膏状。润滑脂的黏度随外力增加而减小、随外力减小而增大的特性，在实用上是非常宝贵的。它使得润滑脂能同时起到良好的润滑、密封和保护作用。

8.2.3　润滑油的主要性能指标

(1) 黏度　黏度是润滑油的主要性能之一，也是应用中考虑最多的一项质量指标。任何使用润滑油的机械，其机械效率、摩擦损失和低温起动性等都与润滑油的黏度密切相关。润滑油的黏度与它的化学组成有关，烃类化合物中烷烃的黏度最小，芳香烃次之，环烷烃最大。环烷烃侧链上的支链越长，黏度越大；环数越多，黏度也越大。

黏度大小有多种表示方法。我国常用恩氏黏度：将 200mL 流体在一定温度下（一般在 323K 或 373K）从恩氏黏度计中流出所需时间与同体积的蒸馏水在 293K 时流出所需时间的比值称为恩氏黏度。

(2) 黏-温特性 润滑油的黏度随温度变化而变化的性质称为黏度温度特性，简称黏-温特性。有的润滑油在工作中会接触几种不同温度的工作部位。为了保证润滑油在温度不同的润滑部位都能形成一定厚度的润滑油膜，要求润滑油在温差较大时黏度差别不大，即在高温部位油的黏度相对稳定，黏度降低不太多，仍能在机件表面有一定厚度的油膜。而温度低的部位，黏度不要太大，以免造成机械运转困难，增加磨损。因此要求润滑油具有较好的黏-温特性。

黏-温特性常用运动黏度比，即在两个特定温度下，油品的低温运动黏度与高温运动黏度的比值（ν_{50}/ν_{100}）表示。该比值越小，黏-温特性越好。但应该指出，黏度大的油品，其黏度随温度变化幅度大；而黏度小的油品，其黏度随温度变化幅度小。因此对黏度本身相差较大的润滑油，其黏度没有可比性。

(3) 凝点 润滑油的低温流动性可用凝点来衡量。凝点低，润滑油的低温性能好，反之则差。把润滑油放入一个倾斜 45°的标准试管，经过 1min 后，液面不改变的最高温度称为凝点。正烷烃比同碳原子数的异烷烃的凝点高，饱和烃的凝点比不饱和烃的凝点高，芳香烃的凝点比环烷烃的凝点高。

(4) 酸值 润滑油在常温下是很稳定的，但在高温下易氧化，如温度在 323～333K 时，其氧化速度就明显加快。温度越高，氧化速度越快。使用一段时间后会在润滑油中生成酸性物质和沥青质、半焦油质以及其他不溶于润滑油的氧化产物。

润滑油中所含游离酸（主要是有机酸）的量称为酸值。酸值用中和滴定法测定，即每 1g 润滑油中的酸需用 KOH 中和的量（毫克）。酸值越小，油品质量越好。酸值超过规定，应及时更换润滑油。

(5) 闪点 润滑油的闪点是衡量油品挥发性大小的指标，也是划分油品等级的根据。

在规定的条件下，加热油品时，其蒸气遇明火开始闪火的最低温度叫闪点。闪点在 318K 以下为易燃品，318K 以上为可燃品。润滑油的闪点为 403～413K。

(6) 碘值 润滑油分子中含有不饱和键的多少可用碘值来表示。100g 油可以吸收（加成反应）碘的克数称为碘值，可用氧化还原滴定法测定。润滑油分子中不饱和键多，易氧化断裂，生成有机酸，因此碘值越高，润滑油的抗氧化性越差。

此外，润滑油还应有良好的油性和极压性；对润滑油中的机械杂质、水分、灰分等也应有严格的限制。

8.3 黏结剂

人类早在远古时代就开始用干枯的树脂黏结物品。古代中国和巴比伦王国是用沥青和牛皮胶作黏结剂的。从中世纪到近代，欧洲已开始兴起使用骨胶、用牛奶制成的酪蛋或阿拉伯树胶作黏结剂。进入 20 世纪，人类发明了应用高分子化学和石油化学制造的“合成黏结剂”，其种类繁多，黏结力强，产量也有了飞跃发展。与淀粉、阿拉伯树胶、甲醛相比，用环氧树脂或甲醛树脂等材料合成的化学高分子黏结剂的黏结力更强，而且具有耐水、耐热等特点。

8.3.1　黏结剂的理论解释

若想从理论上去说明“用黏结剂为什么能将物体粘在一起”尚有很多难点，因为它是物理、化学、机械等众多要素的组合。但黏结剂共同的特点就是“用液体粘涂连接面”，“粘连后液体变成固体”，“一旦凝固定位，性质就变得相当稳定，可承受来自外部的力”。

有种通俗的理论认为，在想连接的面的凹凸处放进黏结剂后，黏结剂就会起到锚的作用，被称之为“锚效应”的这种力使物与物之间机械性地黏合在一起。但这种观点则很难说明玻璃或金属那样的光滑表面的黏合机理。但也有人认为，即使打磨得很光滑的表面，若将其放大到微观尺寸来看，总是凹凸不平的，黏合剂可以浸渗到被粘表面的凹陷深处，待固化后便像铁锚似的与被粘体机械地连成一片。

也有人认为像玻璃那样的物体黏结取决于分子和原子间起作用的“分子间力”。所谓分子间力就是物体与物体之间的分子相距极小时，能够通过分子或原子中的电偏置（偶极）使正电和负电相吸的力。用液体黏结剂覆盖住连接体表面时，黏结剂的分子与连接物体的分子间距离缩短，在分子间力的作用下使物体连接起来。另外，黏合剂上有各种化学基团，这些基团在黏合的过程中，会与被粘物的表面发生某些化学反应，形成化学键，无疑这是一种很坚牢的黏合。

在理论上对于高分子化合物的黏合机理曾提出过各种理论，例如，机械结合理论、吸附理论、扩散理论、静电理论和化学键结合等。然而，迄今为止尚无定量的描述，粘接过程很可能是这些作用力的综合结果。

8.3.2　合成黏结剂的组成

合成黏结剂由起黏结作用的基料（也称黏料或胶料）和起辅助作用的各种助剂组成。

（1）基料　基料可以是热塑性合成树脂、热固性合成树脂或合成橡胶。基料是胶黏剂的主要成分，对黏结剂的性质起重要作用。黏结剂使用的树脂有酚醛树脂、环氧树脂、聚氨酯树脂、聚丙烯酸树脂、聚乙烯醇缩醛树脂、有机硅树脂等；使用的合成橡胶有氯丁橡胶、丁腈橡胶、硅橡胶等。通常体型结构的树脂内聚力大，黏结性能好，常用于结构胶的黏结。

（2）助剂　助剂包括固化剂、溶剂、填料、增塑剂、增韧剂、抗老化剂、防霉剂等。

固化剂是线型高分子化合物交联成体型结构的物质。它决定树脂固化后的性能。例如，环氧树脂常用胺类物质作固化剂。填料用来改进黏结剂性能，提高黏结强度、硬度、耐热性，克服某些缺陷，赋予某些性能。例如加入石棉可提高耐热性。通常，填料有增大胶黏度、降低收缩性和降低成本等作用。增韧剂可增加固化产物的韧性，使胶层脆性降低。

8.3.3　黏结剂的固化

黏结剂的固化可以通过物理方法进行，例如溶剂的挥发、乳液的凝聚、熔融体的冷却；也可以通过化学方法使其发生交联反应而聚合成为固体。按照固化方法的不同，可以将黏结剂分为热熔胶、溶剂型黏结剂、乳液型黏结剂和热固型黏结剂。

（1）热溶胶　热塑性高分子物质经过加热熔融获得流动性，在浸润被粘物表面后冷却固化，这种类型的黏结剂称为热溶胶。这种黏结剂无溶剂，安全，经济，黏合速度快，便于机械化作业，因此在包装、制鞋、木材加工等行业应用广泛。热熔胶的使用与许多塑料的热封接类似，热封接就是把塑料局部加热熔融，冷却后即封接在一起。

（2）溶剂型黏结剂　溶剂型黏结剂是将热塑性高分子化合物溶解在适当的溶剂中，浸润被粘物表面后，溶剂逐渐挥发而固化。这种黏结剂的优点是固化温度比较低，使用方便，缺点是胶接强度较低，还有溶剂的毒害和易燃的问题。

（3）乳液黏结剂　乳液黏结剂是聚合物胶体在水中的分散体。乳液黏结剂的固化是由于乳液中的水渗透到多孔性的被粘材料中并逐渐挥发掉，高分子胶体颗粒发生凝聚而固化。以水为分散介质的乳液胶溶剂无毒、价格便宜、固体含量高、胶接强度优良，缺点是不耐水。这种黏结剂适合胶接多孔性材料，如纸张、木材、纤维制品等。

(4) 热固性黏结剂 热固性黏结剂是通过化学反应形成网状交联结构而固化的。这一类黏结剂的优点是胶接强度较大，耐热、耐水、耐化学介质性能较好，蠕变低。热固性黏结剂是结构胶的主体，黏结后可以承受较大的负荷。

8.3.4 黏结剂的选择原则

(1) 根据被粘物的性状 黏结剂品种多，不同的黏结剂性能各异，它们分别体现有不同的黏合要求。要想获得好的粘接效果，必须合理选用黏结剂。例如粘接多孔而不耐热的材料，如木材、纸张、皮革等，可选用水基型；对耐热被粘物，如金属、陶瓷、玻璃等，则可选用反应型热固性树脂黏结剂；对于难粘的被粘物，如聚乙烯、聚丙烯，则需要进行表面处理，提高表面自由能后，再选用诸如乙烯-醋酸乙烯共聚物热溶胶或环氧胶。

(2) 根据粘接接头的使用场合 粘接接头的使用场合主要指其受力的大小、种类、持续时间、使用温度、冷热交换周期和介质环境。对粘接强度要求不高的黏合，一般选用价廉的非结构黏结剂；对于粘接强度要求高的结构件，则要选用结构黏接剂；对于要求耐热和抗蠕变的黏合，则可选用能固化成三维结构的热固性树脂黏结剂；冷热交变频繁的场合，应选用韧性好的橡胶-树脂胶黏结剂。

8.3.5 常用黏结剂举例

(1) 环氧树脂胶 以环氧树脂（EP）为基料的黏结剂称为环氧树脂胶。环氧树脂是热固性树脂，树脂结构中含有活性的环氧基。环氧胶是双组分胶，使用时加入固化剂使环氧基进一步交联成体型结构。室温固化剂有乙二胺、已二胺等；加热固化的固化剂有酸酐、尿素等。

环氧胶可用于金属和金属之间、金属和非金属之间的黏结，对钢铁、铝、铜、玻璃、陶瓷、木材、水泥等均有良好的黏结性能，被称为“万能胶”，应用非常广泛。

(2) 聚醋酸乙烯乳胶 聚醋酸乙烯乳胶是聚醋酸乙烯分散在水中得到的白色乳液型黏结剂，固化后变得透明，俗称“白乳胶”。聚醋酸乙烯乳胶是热塑性树脂黏结剂，主要用于木材、纤维制品和纸制品的黏结。在聚醋酸乙烯乳胶中加入水泥可调制成乳胶水泥，用于黏结混凝土、玻璃、陶瓷等。该黏结剂的缺点是耐水性、抗老化性差，耐热性不够好，只宜在40℃以下使用。

(3) α-氰基丙烯酸酯黏结剂 α-氰基丙烯酸酯是瞬干胶，使用方便、固化迅速。目前国内生产的主要品种是502胶。α-氰基丙烯酸酯在空气中的水分子作用下极易打开双键而聚合成高分子聚合物。胶液涂到胶接面后几分钟即初步固化，24h可达到较高的强度。502胶可黏合多种材料，如金属、塑料、木材、橡胶、玻璃、陶瓷等，胶接强度好。该胶的缺点是价格较贵，脆性大，不宜用在较大或较强烈振动的部位上，此外，不耐水、酸、碱及酮类溶剂等。

(4) 氯丁橡胶黏结剂 橡胶黏结剂是黏结剂中的一大类，是将橡胶溶于一定的溶剂中制得的。橡胶黏结剂的高弹性和柔韧性赋予胶层以优良的挠曲性，主要用于橡胶与橡胶，橡胶与纤维、木材、皮革以及橡胶与塑料、金属的胶结。

氯丁橡胶黏结剂因氯丁橡胶的结构比较规整，分子链上有极性较大的氯原子，故结晶性较大，具有优异的黏结力。氯原子的存在还赋予氯丁橡胶胶膜以优良的耐燃、耐大气老化、耐油等性能。

8.4　钢筋混凝土的腐蚀与防腐

钢筋混凝土是当今世界应用最广泛的建筑材料之一。在使用期间，钢筋混凝土建筑物或构筑物常常因腐蚀而破坏，造成了很大的经济损失。因此，对钢筋混凝土的腐蚀与防腐问题的研究具有重要的现实意义。混凝土的组成在第 5 章已作了介绍，本节讨论混凝土的腐蚀与防腐。

8.4.1　混凝土的腐蚀

根据腐蚀介质与混凝土作用的不同，可以把混凝土的腐蚀分为三类。第一类是混凝土中的可溶性成分 $Ca(OH)_2$ 被水溶解、浸出，引起胶凝体水解，从而导致混凝土结构破坏。这种腐蚀叫混凝土的溶解腐蚀。第二类是混凝土中的活性成分与水溶液中的腐蚀物质发生化学反应，使混凝土结构破坏。这种腐蚀称为混凝土的化学腐蚀。第三类是腐蚀剂渗透到混凝土空隙中后产生结晶，结晶积聚、膨胀，产生张力，导致混凝土结构破坏。这种腐蚀叫膨胀腐蚀。不同介质中混凝土的腐蚀类型是不相同的。

8.4.1.1　软水的腐蚀

当混凝土浸泡于软水或经常受软水冲刷时，会发生溶解腐蚀。

混凝土是由水泥水化后产生的胶凝物质、结晶体和骨料组成的胶凝体，其中含有可溶组分 $Ca(OH)_2$。氢氧化钙在 20℃蒸馏水中的溶解度按 CaO 计为 $1.18g\cdot L^{-1}$。环境中的水渗透到混凝土中，会降低混凝土液相中 $Ca(OH)_2$ 的浓度并使部分 $Ca(OH)_2$ 浸出。$Ca(OH)_2$ 浓度的降低引起水泥石中胶凝体的分解［当液相 $Ca(OH)_2$ 浓度低于一定限度时，$3CaO\cdot 2SiO_2\cdot 3H_2O$会水解析出 $Ca(OH)_2$，$SiO_2\cdot mH_2O$、$3CaO\cdot Al_2O_3\cdot 6H_2O$ 会水解析出 $Ca(OH)_2$ 和 $Al(OH)_3$，等等］，使混凝土结构遭破坏。混凝土中 $Ca(OH)_2$ 的溶解浸出现象是普遍的，混凝土建筑物在使用一段时间后表面出现的白色沉积物，就是浸出的 $Ca(OH)_2$ 与空气中二氧化碳反应生成的难溶盐 $CaCO_3$。

软水对混凝土的溶解腐蚀较缓慢，只有在经常受软水冲刷或渗透的场合如冷却塔、水坝等设施才须考虑溶解腐蚀的危险性。

8.4.1.2　酸性溶液及酸性气体的腐蚀

(1) 碳酸溶液及二氧化碳气体的腐蚀　大气中含有 0.03%的 CO_2，所以天然水一般都因吸收 CO_2 显酸性。在 15℃时 CO_2 饱和溶液的 pH 约为 5.7。碳酸溶液渗透到混凝土孔隙中会与氢氧化钙生成难溶的碳酸钙，反应进行会消耗 $Ca(OH)_2$，并使混凝土内部 pH 下降，这种现象叫混凝土的碳化，把碳化后含 $CaCO_3$ 的混凝土层叫碳化层。

在碳酸溶液中，混凝土碳化后形成三个不同的区域，即破坏区、密实区和浸析区。在混凝土表层，H_2CO_3 与 $CaCO_3$ 反应生成易溶盐 $Ca(HCO_3)_2$，它逐渐被水浸出，只留下无粘接性能、含有骨料颗粒的硅胶、氢氧化铝和氢氧化铁等物质，从而使水泥石破坏，因此叫“破坏区”。在由表层向内的浅层中，渗入的 H_2CO_3 与浅层的 $Ca(OH)_2$ 反应生成 $CaCO_3$，而沉积于混凝土孔隙中，使混凝土密实性增加，因此叫“密实区”。这种密实作用在一定程度上减缓了碳酸溶液向混凝土内部的渗透速率。在深层，透过密实区的水会溶解水泥石中的 $Ca(OH)_2$，发生溶解腐蚀，所以叫“浸析区”。碳酸就是通过这样的历程腐蚀混凝土的。

一般认为，当溶液中侵蚀性二氧化碳浓度低于 $10mg\cdot L^{-1}$时，碳酸溶液不会对混凝土产生明显的腐蚀。但是当水溶液中二氧化碳浓度较高时，就会产生较严重的腐蚀作用。对于地下水管道、隧道等地下混凝土构筑物，应考虑腐蚀性碳酸可能产生破坏的危险性。

(2) 其他酸性溶液的腐蚀 在某些环境中，混凝土可能受盐酸、硫酸、硝酸、醋酸和乳酸等各种酸的腐蚀。在酸性溶液中，水泥石有可能迅速破坏。这是因为，酸能与氢氧化钙反应生成钙盐，使混凝土内部碱性减弱，即发生中性化作用。例如，盐酸与氢氧化钙反应生成氯化钙，硫酸与氢氧化钙生成硫酸钙等。此外，酸还能与水泥石中的胶凝体起反应，使水泥石破坏。例如，硫酸与水合硅酸钙反应生成硫酸钙和硅胶等等。

生成的钙盐的溶解度大小对腐蚀速率有至关重要的影响。当生成易溶性钙盐时，混凝土表面很快被破坏并向内部发展。生成的钙盐溶解度越大，腐蚀就越快。盐酸、硝酸等对混凝土的腐蚀作用就属这种情况。相反，如果生成的钙盐是难溶的，则在混凝土表层形成密实层，能限制腐蚀介质的进一步渗透，延缓腐蚀。属这种情况的有氢氟酸、氟硅酸等。例如：

$$H_2SiF_6 + 3Ca(OH)_2 \longrightarrow 3CaF_2 + SiO_2 \cdot mH_2O$$

生成的 CaF_2 溶解度很小，它与 $SiO_2 \cdot mH_2O$ 一起形成密实而耐久的薄膜，保护内部混凝土不再受侵蚀。事实上，这一性质已经被用于混凝土的防腐实践中。

化工厂、酸洗厂等工厂的厂房、地基、下水道等处可能会有大量腐蚀性酸溶液，管道污水中由于细菌作用产生 H_2S，H_2S 上升到液面附近会被氧化成 H_2SO_3 和 H_2SO_4。在这些场合都要采取措施，防止酸溶液的破坏作用。

(3) 酸性气体的腐蚀 能对混凝土起腐蚀作用的气体主要是酸性气体，常见的有 SO_2、HCl、Cl_2、NO_2 和硝酸蒸气等。

与混凝土中的 $Ca(OH)_2$ 反应生成亚硫酸钙，亚硫酸钙又被空气氧化成硫酸钙，主要产物是 $CaSO_4 \cdot mH_2O$ 结晶。这种晶体填充于混凝土孔隙，能使混凝土密实性增加，在一定条件下延缓了气体向内部的进一步渗透。若混凝土同时被水或水蒸气浸湿，则 SO_2 的腐蚀速率显著增加。这是因为 SO_2 气体遇水后会变成 H_2SO_3 和 H_2SO_4，相当于酸溶液的腐蚀作用。在大气中 SO_2 含量较高的地区，"酸雨"对混凝土有类似的腐蚀作用。

HCl 气体与 $Ca(OH)_2$ 生成 $CaCl_2$，因为 $CaCl_2$ 易吸收水分，使混凝土表面变潮湿。其水溶液向混凝土的内部渗透或沿混凝土表面流下，使水泥石溶解。最后混凝土表层只留下无粘接性的硅胶、氢氧化铝和氢氧化铁等物质。NO_2 和硝酸蒸气与 $Ca(OH)_2$ 反应生成易溶于水的硝酸钙，它们对混凝土的腐蚀作用与 HCl 相似。

在正常的空气湿度下，若混凝土表面是干燥的，酸性气体对混凝土的腐蚀破坏性很小，只有在空气湿度大，特别是混凝土表面存在冷凝水时，腐蚀作用才会明显增大。

8.4.1.3 盐溶液的腐蚀

(1) 盐的结晶腐蚀 氯化物（如 NaCl）的水溶液渗透到水泥石孔隙后会增加 $Ca(OH)_2$ 的溶解度（盐效应），从而加重混凝土的溶解腐蚀。在一定条件下，氯化物也可能在孔隙中结晶、聚集、产生张力，使混凝土结构破坏。

混凝土反复经盐溶液干、湿交替作用时危害性很大。浸湿时，盐水沿混凝土空隙向内扩散，干燥时又沿孔隙向外扩散并可能伴有结晶析出，如此反复，会使混凝土迅速破坏。

对海水中的混凝土构筑物的实际考察发现，腐蚀最严重的区域是在水位经常变化区。该区域经常受盐溶液的干、湿交替作用或冻、融循环作用，这两种情况都会对混凝土产生严重破坏。

(2) 盐溶液的化学腐蚀 有些盐溶液因与混凝土的活性成分发生化学反应而使水泥石结构破坏，例如，常见的硫酸盐腐蚀和镁盐腐蚀等。

硫酸盐溶液进入水泥石孔隙后与其中的活性成分反应，生成石膏（$CaSO_4 \cdot 2H_2O$）及水合硫铝酸钙。这种反应有双重危害：第一，它使水泥石胶凝体破坏；第二，生成的水合盐在水泥石孔隙中结晶，体积膨胀引起混凝土的膨胀腐蚀。此外，硫酸盐含量较高时，因盐效应使 $Ca(OH)_2$ 溶解度增大，加重了混凝土的溶解腐蚀。

镁盐溶液进入混凝土后，Mg^{2+} 与 $Ca(OH)_2$ 反应，生成更难溶的 $Mg(OH)_2$，使游离 $Ca(OH)_2$ 浓度减小，从而引起水合硅酸盐等胶凝体水解，变成无黏结性物质。在镁盐浓度较高的地方，可以发现沉积在混凝土表面和缝隙内的白色沉淀，这些白色沉淀主要是 $Mg(OH)_2$ 和 $CaCO_3$ 等物质。海水中含镁盐较多，某些地区的地下水中含有较高浓度的镁盐（硫酸镁、氯化镁等），在这些场合，都应注意镁盐的腐蚀问题。

铵盐对混凝土的危害性也很大，因为它能与 $Ca(OH)_2$ 反应生成挥发性氨并使混凝土中性化。

8.4.1.4　碱溶液的腐蚀

低浓度碱液对混凝土基本无腐蚀作用，但当遇到高浓度强碱溶液时，混凝土也会腐蚀。若完全浸泡在强碱溶液中，水泥石及骨料中的 SiO_2 和 Al_2O_3 都会与碱反应，使混凝土破坏。当部分浸泡于碱液中时，碱还会在混凝土蒸发面附近与大气中的 CO_2 作用生成碳酸盐，随着反应的进行，析出结晶（如 $Na_2CO_3 \cdot 10H_2O$ 等），引起膨胀腐蚀。

在制碱厂的厂房、碱贮槽、下水道等场合，应注意碱液可能引起腐蚀破坏作用。某些水泥的游离碱含量高，在混凝土中也可能与骨料中的 SiO_2 反应，引起腐蚀。

8.4.2　混凝土中钢筋的腐蚀

(1) 混凝土中钢筋的钝化作用及其条件　暴露于腐蚀介质中的钢筋会发生化学腐蚀或电化学腐蚀（见 3.5.1 节），但在钢筋混凝土结构中，混凝土保护层使钢筋与外界隔开。混凝土内部的液体基本上是 $Ca(OH)_2$ 的饱和溶液，pH =12～13。在此介质中，钢筋表面有一层致密的氧化物钝化膜。已经发现，这种钝化膜是由 γ-Fe_2O_3 或 Fe_3O_4 组成的，它限制了内部的铁与外部介质的接触，因而使钢筋保持钝化状态，免遭腐蚀。

钢筋混凝土结构中，钢筋保持钝化态的条件是：第一，混凝土内部保持较高的碱性，一般要求 pH 在 12 以上；第二，钝化膜不受应力的破坏；第三，与钢筋接触的介质不含活化离子。

(2) 混凝土中钢筋腐蚀的原因　在使用期间，钢筋混凝土构件会因多种原因使钢筋的钝化态破坏而引起钢筋的腐蚀。具体地讲，主要有以下几种情况。

① 裂缝。混凝土保护层出现裂缝，外部腐蚀介质易于到达钢筋表面而引起腐蚀。裂缝越宽，腐蚀越严重。

② 中性化。严重的混凝土中性化使 pH 降低，达到一定程度（一般认为 pH＜11.8）时，钢筋表面开始活化，钝化膜遭破坏。

③ 钝化膜活化。活化离子渗透进混凝土，当达到钢筋表面时，引起钢筋钝化膜活化。Cl^- 是常见的最强的活化离子，因此，含有 Cl^- 的物质如盐酸、NaCl 溶液、$CaCl_2$ 溶液等是钢筋的主要腐蚀剂。亚氯酸盐、硫酸盐、铵盐等也具有活化作用，但它们的危害性均小于 Cl^- 的危害性。

④ 应力塑变。在应力作用下，钢筋发生塑性变化时，钢筋钝化膜会受到较严重破坏且难以再钝化，使钢筋保持活化状态。事实上，在无应力作用下，对混凝土中钢筋具有破坏性的主要是氯化物的点腐蚀，点腐蚀会降低钢筋的韧性和极限强度。在应力作用下，拉应力和介质侵蚀同时起作用，会使钢筋表面出现裂缝，腐蚀速率增大。

⑤ 电化学腐蚀。在杂散电流场阳极区，电流通过钢筋的部位很容易破坏钝化膜，引起腐蚀，同时出现混凝土保护层剥落现象。这是因为，在外加电场作用下，钢筋电极电势发生

变化，当电势过高或过低时，都可能使钢筋的钝化膜破坏。在电解车间或电气化运输线上，有大量的直流电从钢筋混凝土通向地下，在这些地方，电化学腐蚀比较严重。

8.4.3 钢筋混凝土的防腐措施

工程实践中，钢筋混凝土的腐蚀是十分复杂的，在一定环境下往往有多种因素同时起作用，因此，应根据环境条件采取相应的措施。

(1) 选择耐蚀性强的材料 在满足建筑结构要求的前提下，根据不同的腐蚀环境选择适当的水泥、骨料和钢材。例如，在酸腐蚀环境中，选用耐酸水泥、避免用碳酸盐岩骨料等措施都能提高混凝土的耐蚀性。

(2) 提高混凝土的密实性 在任何情况下，提高混凝土的密实性，防止出现裂缝对于防腐都是十分重要的。这是因为提高密实性能有效地降低腐蚀介质向混凝土内部的渗透速率，达到防腐的目的。混凝土的密实性涉及许多因素，在选择水泥品种、质量、混凝土水灰比和制作工艺条件及养护方法等各环节都要设法提高密实性，防止混凝土出现裂缝。

(3) 添加缓蚀剂 添加缓蚀剂可以延缓腐蚀速率。例如，在氧化物腐蚀环境中，向混凝土中加入适量的亚硝酸钙，可以显著降低氧化物对钢筋的腐蚀速率。再如，在硫酸盐腐蚀环境中，给水泥中加少量 $Ba(OH)_2$，SO_4^{2-} 渗透到混凝土中便与 $Ba(OH)_2$ 生成极难溶的 $BaSO_4$，形成一层保护膜，有效地阻止 SO_4^{2-} 的进一步渗入，起到缓蚀作用。

(4) 表面处理 根据腐蚀环境，可选择不同的表面处理措施，对经常受环境水冲刷、浸湿的混凝土表面，可用憎水性有机硅材料处理。沉积在混凝土表面的有机硅化合物被吸附在孔隙或毛细孔的壁上，与水泥石的氧化物、氢氧化物等一起形成防水膜，能有效地防止水的侵蚀。

在暴露于大气中的钢筋混凝土建筑表面涂刷涂料是一种常见的防腐措施。涂料一般具有较高的化学稳定性，它能用于复杂形体的表面，便于更新。此外，涂料还具有花色品种多、美观等优点。选用涂料时，要注意它应具有耐碱性、对表面水吸附敏感性低等特点。对于酸腐蚀较严重的场合，可采用耐酸砖作保护衬砌和涂刷专门的防腐涂料。例如，可用水玻璃、氟硅酸钠、密实性耐酸聚合物等制成耐酸砂浆和玛琋脂作为覆盖层，还可用化学稳定性好的焦油玛琋脂和沥青混合物作为防腐层。

(5) 阴极保护 利用外加直流电源（或牺牲阳极）使被保护设备成为腐蚀电池的阴极而得到保护（原理见 3.5.2）。这一方法可用于地下钢筋混凝土管道、公路桥梁、钻井平台等设施的保护。当钢筋混凝土结构受杂散电流作用而腐蚀时，应采取措施，将钢筋电势控制在钝化区以内，从而达到防腐的目的。

(6) 技术设计 用设计方法也能提高钢筋混凝土结构的耐蚀性。例如，实心或封闭的截面比格子结构耐蚀性强；适当增加钢筋用量可以减小混凝土裂缝，等等。因此，要求设计人员从选择钢筋混凝土构件截面的几何形状，到钢筋用量及在构件截面上的配置等各个设计环节，都要考虑提高结构的耐蚀性问题。

化学视野

润滑油变质如何鉴别？

润滑油在使用一段时间后，由于机械杂质的污染和来自外界的灰尘，运转机件磨损下来的金属屑以及零件受侵蚀而形成的金属盐，使润滑油变质。

润滑油变质后呈深黑色、泡沫多并已出现乳化现象，用手指研磨，无黏稠感，发涩或有异味，滴在白试纸上会呈深褐色，无黄色浸润区或黑点很多。若不及时更换会加速零部件的磨损，影响使用寿命，甚至发生安全事故。因此，经常检查润滑油是否变质并及时更换尤为重要。

现介绍几种鉴别方法，方法如下。

1. 油流观察法

取两只量杯，其中一个盛有待检查的润滑油，另一只空放在桌面上，将盛满润滑油的量杯举向离开桌面30～40cm并倾斜，让润滑油慢慢流到空杯中，观察其流动情况，质量好的润滑油油流时应该是细长、均匀、连绵不断，若出现油流忽快忽慢，时而有大块流下，则说明润滑油已变质。

2. 手捻法

将润滑油捻在大拇指与食指之间反复研磨，较好的润滑油手感到有润滑性、磨屑少、无摩擦，若感到手指之间有砂粒之类的较大摩擦感，则表明润滑油内杂质多，不能再用。

3. 光照法

在天气晴朗的日子，用螺丝刀将润滑油撩起，与水平面成45°角。对照阳光，观察油滴情况，在光照下，可清晰地看到无磨屑为良好，可继续使用，若磨屑过多，应更换润滑油。

4. 油滴痕迹法

取一张干净的白色滤纸，滴油数滴在滤纸上，待润滑油渗漏后，若表面有黑色粉末，用手触摸有阻涩感，则说明润滑油里面杂质已很多，好的润滑油无粉末，用手摸上去干而光滑，且呈黄色痕迹。

网络导航　润滑油，黏合剂

非化工生产中的化工问题，如润滑、黏合、表面处理均有专门的网站，可以查到基本原理、技术方法、各种产品等。现介绍一些专业网站。

① 润滑油资讯网：http://www.lubesale.com/，专门介绍润滑油的基础知识、各种品牌的润滑油、润滑油行情周报。

② 工业润滑油网：http://www.lubeabc.com/，行业协会主办，介绍产品较多。

③ 工业润滑油网：http://www.lube.net.cn/，有润滑解决办法、润滑技术应用、工业特殊润滑油应用、润滑常识、设备润滑管理等。

④ 中国润滑油脂网：http://www.cn-grease.com/，有润滑脂的各种标准、润滑脂产品展示、行业资讯等。

⑤ 中国胶黏剂网：http://www.nhj.com.cn/，有介绍多种黏结剂的产品词典专栏及关于黏结的技术文献。

⑥ 中国黏合剂网：http://nhj.toocle.com/。

思考题与习题

1. 乳化液清洗剂与碱清洗剂各由哪些成分组成？
2. 溶剂清洗有何优、缺点？乳化液清洗和碱清洗各有哪些特点？
3. 试述盐酸、硫酸、硝酸这3种常用酸洗用酸的性能和作用。

4. 酸洗液中添加缓蚀剂为什么可以减缓金属的腐蚀？

5. 金属表面的发黑处理和磷化处理是否相同？写出方程式。

6. 黏结剂的主要成分是什么？黏结的主要原理现有哪些？

7. 按照固化方法的不同，可以将黏结剂分为哪几种类型？

8. 填空题

（1）润滑油中的两个基本组分是________。润滑油所起的主要作用是________。

（2）润滑油的主要性能指标有________、________、________、________、________和________。

（3）按功能分，润滑油添加剂可分为三类，分别是______________、______________和________。

9. 混凝土的腐蚀类型有哪几种？各有什么特点？

10. 钢筋混凝土的防腐措施有哪些？

第9章　危险化学品的管理和消防

危险化学品，是指那些易燃、易爆、有毒、有害和具有腐蚀性的化学品。危险化学品是一把双刃剑，它一方面在发展生产、改变环境和改善生活中发挥着不可替代的积极作用；另一方面，当我们违背科学规律、疏于管理时，其固有的危险性将对人类生命、物质财产和生态环境的安全构成极大威胁。危险化学品的破坏力和危害性，已经引起世界各国、国际组织的高度重视和密切关注。

安全是和谐社会的重要组成部分。为防止和减少各类危险化学品事故的发生，保障人民群众生命、财产和环境安全，本章的目的是普及危险化学品知识，提高安全意识，搞好科学防范，坚持化害为利，提高从业人员的业务素质，对加强危险化学品的安全管理、防止和减少危险化学品事故的发生，起到应有的指导和推动作用。

9.1　危险化学品安全管理基础知识

9.1.1　危险化学品分类与特性

危险化学品目前常见并用途较广的有数千种，其性质各不相同，每一种危险化学品往往具有多种危险性。但是在多种危险性中，必有一种主要的即对人类危害最大的危险性。因此在对危险化学品分类时，根据该化学品的主要危险性来进行分类。

国家质量监督检验检疫总局颁布的标准把危险化学品分为九类，分别是：爆炸品、压缩气体和液化气体、易燃液体、易燃固体（包括自燃物品和遇湿易燃物）、氧化剂和有机过氧化物、毒害品和感染性物品、放射性物品、腐蚀品和杂类。下面分别介绍主要类别的化学危险品。

(1) 爆炸品　爆炸品是指在外界作用下（如受热、受压、撞击等），能发生剧烈的化学反应，瞬时产生大量的气体和热量，使周围压力急剧上升，发生爆炸，对周围环境造成破坏的物品。

爆炸品反应迅速并在瞬间放出大量的热量，爆炸性强，如黑火药爆炸时火焰温度高达2100℃；大多爆炸品敏感度高，外界条件很易使其爆炸，如雷汞在165℃就会爆炸；很多爆炸品具有毒性，如梯恩梯、硝化甘油。根据爆炸品的危险性大小，可分为整体爆炸物品至一般爆炸物品共五类。

(2) 压缩气体和液化气体　本类化学品系指压缩、液化或加压溶解的气体。为了便于储运和使用，常将气体用降温加压法压缩或液化后储存于钢瓶内。根据其理化性质分为易燃气体、不燃气体和有毒气体，在储运和使用时要特别注意以下两点：

① 储于钢瓶内的压缩气体、液化气体或加压溶解的气体易受热膨胀，压力升高，能使钢瓶爆裂。特别是液化气体装得太满时尤其危险，应严禁超量灌装，并防止钢瓶受热。

② 压缩气体和液化气体易泄漏。凡内容物为禁忌物的钢瓶应分别存放，其原因在于除有些气体有毒、易燃外，还因有些气体相互接触后会发生化学反应引起燃烧爆炸。例如氧和氯、氢和氧、乙炔和氧均能发生爆炸。

(3) 易燃物品　易燃物品包括易燃液体、易燃固体和自燃物体等。如汽油、乙醇、硫黄粉、硝基苯、黄磷等。

① 高度易燃性。大部分液体有机物易燃，固体易燃物遇氧化剂（包括氧气）易燃烧，如黄磷，有些物品遇水会发热燃烧，如钾、氢化钠等。

② 易爆性。易燃液体挥发性大，挥发出的易燃蒸气在空气中达到一定浓度（即爆炸极限），遇明火或火花即爆炸。有些固体粉尘遇明火也会爆炸。

③ 毒性。大多数易燃物蒸气有毒性，如甲醇、苯、二硫化碳等，许多易燃固体也有毒，或燃烧产物有毒性或腐蚀性，如硫黄、二硝基苯酚等。

(4) 有毒品 本类化学品系指进入肌体后，累积达一定的量，能与体液和器官组织发生生物化学作用或生物物理作用，扰乱或破坏肌体的正常生理功能，引起某些器官和系统暂时性或持久性的病理改变，甚至危及生命的物品。经口摄取半数致死量：固体 $LD_{50} \leqslant 500mg/kg$，液体 $LD_{50} \leqslant 2000mg/kg$；经皮肤接触 24h，半数致死量 $LD_{50} \leqslant 1000mg/kg$；烟雾及蒸气吸入半数致死量 $LC_{50} \leqslant 10mg/L$ 的固体或液体。

不同有毒品的毒性大小是各不相同的。毒品的毒性通常分急性毒性和慢性毒性两个方面。列入《危险货物品名表》的农药都属于有毒品。

这类物品的主要特性是具有毒性。少量进入人、畜体内即能引起中毒。不但口服会中毒，吸入其蒸气也会中毒，有的还能通过皮肤吸收引起中毒。根据毒性，有毒物品分为剧毒品和毒害品。

(5) 腐蚀品 本类化学品系指能灼伤人体组织并对金属等物品造成损坏的固体或液体。与皮肤接触在 4h 内出现可见坏死现象，或温度在 55℃时，对 20 号钢的表面均匀腐蚀率超过 6.25mm/年的固体或液体。

腐蚀品有强烈的腐蚀性，对人体有腐蚀作用，造成化学灼伤。开始时往往不太痛，待发觉时，部分组织已经灼伤坏死，所以较难治愈；对金属有腐蚀作用，腐蚀品中的酸和碱甚至盐类都能引起金属不同程度的腐蚀；对有机物质和建筑物有腐蚀作用。

酸、碱、卤素及部分有机物如苯酚都有较强的腐蚀性。

9.1.2 危险化学品的储存和运输

由于危险化学品对周围的人、畜及建筑物有极大的威胁，因此对危险化学品的储存和运输必须高度重视，严格要求。

① 危险化学品仓库必须选择在人烟稀少的空旷地带，与周围的居民住宅及工厂企业等建筑物必须有一定的安全距离。库房应为单层建筑，周围须装设避雷针。库房要阴凉通风，远离火种、热源，防止阳光直射，一般库温控制在 15～30℃为宜，相对湿度一般控制在 65%～75%，库房内部照明应采用防爆灯具，开关应设在库房外面。物资储存期限应掌握先进先出原则，防止变质失效。

② 堆放各种危险化学品时，要求做到牢固、稳妥、整齐，防止倒垛，不同危险化学品间分开一定的距离，要有利于通风、防潮、降温。

③ 为确保危险化学品储存和运输的安全，必须根据各种危险化学品的性能或敏感程度严格分类，专库储存、专人保管、专车运输。

④ 一切危险化学品严禁与氧化剂、自燃物品、酸类、碱类、盐类、易燃可燃物、金属粉末和钢铁材料器具等混储混运。

9.2 危险化学品事故的预防和事故处理

除了储存和运输危险化学品要按规定操作外，接触危险化学品的工作场所也有一整套规章制度，以预防危险化学品事故的发生及规范发生事故后的处理。

9.2.1　操作时的预防

(1) 隔离　密闭、生产自动化，这是解决毒物危害的根本途径。将产生危害的全部加工过程进行封闭是一种隔离方式，以便限制有毒气体扩散到工作区，同时也隔离了来自于明火或燃料的热源。最理想的加工工艺是让工人最大限度地减少接触所使用的有害化学品的机会，例如屏蔽整个机器，封闭加工过程中的扬尘点。

遥控隔离是隔离方法的进一步发展。有些机器已经可用来代替工人进行一些简单的操作，在某些情况下，这些机器是由远离危险环境的工人运用遥控器进行控制的。

通过安全储存有害化学品和严格限制有害化学品在工作场所的存放量（满足一天或一个班次工作所需的量即可）也可以获得相同的隔离效果。

(2) 消除或替代　减小化学危害的最有效方法是不使用有毒、有害化学品，不使用易燃、易爆化学物质，或尽量使用比较安全的化学品。然而到底使用哪种化学品才能安全？这种选择要参照工艺过程的性质。对于现有的工艺过程，尽量寻找更安全的物质或加工过程替代。

替代有毒化学品的例子很多，例如，用水基涂料或水基黏结剂替代有机溶剂基的涂料或黏结剂；用水性洗涤剂代替溶剂型洗涤剂；用三氯甲烷脱脂剂替代三氯乙烯脱脂剂；使用高闪点化学品而不使用低闪点化学品。取代工艺过程的例子也很多，例如，改喷涂为电涂或浸涂，改手工分批装料为机械连续装料，改干法破碎为湿法破碎等。

(3) 通风　对于化学物质产生的飘尘，除了替代和隔离方法以外，通风是最有效的控制方法。借助于有效的通风和相关的除尘装置，直接捕集了生产过程中所释放出的飘尘污染物，防止了这些有害物质进入工人的呼吸区，通过管道将收集到的污染物送到收集器中，也不会污染外部环境。

使用局部通风时，吸尘罩应尽可能接近污染源，确保通风系统的高效率；全面通风也称稀释通风，其原理是向作业场所提供新鲜空气，以达到冲稀污染物或易燃气体浓度的作用。提供新鲜空气的方式主要有自然通风和机械通风。因为全面通风的目标不是消除污染物，而是将污染物分散稀释，从而降低其浓度，所以全面通风仅适用于低毒性、无腐蚀性污染物存在的场所。

(4) 个体防护用品　在无法将工作场所中的有害化学品降低到可接受的标准时，工人就必须使用防护用品以获得保护。个体防护用品并不能降低或排除工作场所的有害物质，它只是一道阻止有害物质进入人体的最后屏障。防护用品本身的失效意味着屏障的立即失效。因此，个体防护用品不能被视为控制危险的主要手段，只是作为对其他控制手段的补充。

① 呼吸防护器。呼吸防护器，其形式是覆盖口和鼻子，其作用是防止有害化学物质通过呼吸道进入人体。呼吸防护器主要分为自吸过滤式和送风隔离式两种类型。

自吸过滤式净化空气的原理是吸附或过滤空气，使空气通过而空气中的有害物（尘、毒气）不能通过呼吸防护器，保证进入呼吸系统的空气是净化的。送风隔离式防护器是使人的呼吸道与被污染的作业环境中的空气隔离，用空气压缩机通过导气管将干净场所的新鲜空气送进呼吸防护器，或通过导管将便携式气瓶内的压缩空气或液化空气或氧气送入呼吸防护器，对使用者能够提供更高水平的防护。

② 其他个体防护用品。为了防止由于化学物质的溅射，以及尘、烟、雾、蒸气等所导致的眼和皮肤伤害，也需要使用适当的防护用品或护具。

眼面护具的例子主要有安全眼镜、护目镜以及用于防护腐蚀性液体、固体及蒸气对面部产生伤害的面罩。用抗渗透材料制作的防护手套、围裙、鞋和工作服，能够消除由于接触化学品而对皮肤产生的伤害。

护肤霜、护肤液也是一类皮肤防护用品，它们的功效各种各样，选择适当也能起一定的作用。

(5) 个人卫生 保持个人卫生是为了保持身体洁净，防止有害物质黏附在皮肤上，避免有害物质通过皮肤渗透到体内。防止有害物质经皮肤吸收与有害物质经呼吸道和食道吸收同等重要。

9.2.2 常用危险化学品事故处置

危险化学品事故应急救援是指危险化学品由于各种原因造成或可能造成众多人员伤亡及其他较大社会危害时，为了及时控制危险源，抢救受害人员，指导群众防护和组织撤离，清除危害后果的救援活动。

(1) 事故报警 在发生化学品事故的过程中，时间是非常宝贵的，任何贻误时机的行为都可能带来灾难性后果。当发生危险化学品事故时，火灾探测报警系统监视、检测和识别出灾害特征时就会报警或同时启动灭火系统。现场人员在保护好自身安全的情况下，及时检查事故部位，按照应急分级原则报告有关人员，按制定的预案采取积极有效的抑制措施，同时向“119”报警。

(2) 紧急疏散 根据化学品泄漏性质、风速、风向等确定扩散情况或火焰辐射热所涉及的范围，建立警戒区。迅速将警戒区及污染区内与事故应急处理无关人员撤离，并将相邻的危险化学品疏散到安全地点，以减少不必要的人员伤亡和财产损失。

(3) 泄漏处理 易燃化学品的泄漏处理不当，随时都有可能转化为火灾爆炸事故，而火灾爆炸事故又常因泄漏事故蔓延而扩大。因此，要成功地控制化学品泄漏，必须事先进行计划，并且对化学品的化学性质有充分的了解。

① 泄漏控制。在统一调度下，通过关闭有关阀门、停止作业或采取改变工艺流程、物料走副线等方法控制泄漏；对容器发生泄漏，应采取措施修补和堵塞裂口，制止化学品的进一步泄漏。

② 对泄漏的处理。泄漏被控制后，要及时将现场泄漏物进行覆盖、收拢、稀释、处理，使泄漏物得到安全可靠的处置，防止二次事故的发生。

(4) 现场急救 在事故现场，化学品对人体可能造成的伤害有：中毒、窒息、冻伤、化学灼伤、烧伤等。在未来得及送医院前，对受伤人员应进行现场急救。

① 急性中毒。吸入中毒者，应迅速脱离中毒现场，向上风向转移，至空气新鲜处；化学毒物沾染皮肤时，应迅速脱去污染的衣服、鞋袜等，用大量流动清水冲洗 15～30min，头部面受污染时，首先注意眼睛的冲洗；口服中毒者，如为非腐蚀性物质，应立即用催吐方法使毒物吐出，若服用强酸、强碱，可服用牛奶、蛋清等。

对中毒引起呼吸、心跳停止者，应进行心肺复苏术，主要方法有口对口人工呼吸和胸外心脏按压术。

② 危险化学品灼伤或烧伤。化学物灼伤或烧伤，立即用大量流动自来水或清水冲洗创面 15～30min，新鲜创伤面上不要任意涂油膏或红药水，不用脏布包裹。应根据不同的化学灼伤用不同的方法处理，如强酸灼伤一般用碳酸氢钠洗涤液中和；若溴灼伤，可用 10%硫代硫酸钠洗涤，及时送医院；若化学性眼烧伤，迅速在现场用流动清水冲洗，冲洗时眼皮一定要掰开。

9.3 危险化学品的消防

9.3.1 燃烧的条件

燃烧的形成是有条件的，它必须有可燃物质、助燃物质和点火源同时存在，并且相互作用才能发生。从定量的角度说，就是一定浓度或数量的可燃物、一定浓度或数量的助燃物与一定温度和热量的火源同时存在并相互作用，燃烧才能发生，才会形成火灾源。

此外，根据链式反应理论对燃烧机理的解释，在可燃物质中存在一些活性极强的自由基，它在少量外能作用下被激发，开始引发可燃物质的链式反应。通过这种形式的反应传递，直至全部物质燃完或中途受到抑制而终止燃烧。

(1) 可燃物　根据物质可燃情况，可把物质分为可燃物质、难燃物质和不可燃物质三类。可燃物质是指在火源作用下能被点燃，并且当火源移去后能维持继续燃烧，直至燃尽，凡是能与空气、氧气或其他氧化剂发生剧烈氧化反应的物质，都是可燃物质。难燃物质是指在火源作用下能被点燃并阴燃，当火源移走后不能维持继续燃烧；不可燃物质是指在正常情况下不能被点燃。

可燃物质是火灾与爆炸的主要预防对象。它种类繁多，按可燃程度可分为七大类，如硝化甘油属爆炸性物质，瓦斯气、苯蒸气属可燃气体，黄磷属自燃性物质，汽油属易燃与可燃液体；按其状态可分为气态、液态和固态三类。

(2) 助燃物　凡是具有较强的氧化能力，能与可燃物质发生化学反应并引起燃烧的物质称为助燃剂或氧化剂，例如空气、氧气、氯气、氟和溴等。

(3) 点火源　具有一定温度和热量的能源，或者说能引起可燃物质着火的能源称为点火源。化工企业中常见的点火源有明火、化学反应热、化工原料的分解自燃、热辐射、高温表面、摩擦与撞击、绝热压缩、电气设备及线路的过热和火花、静电放电、雷击和日光照射等。

9.3.2　危险化学品火灾防治措施

根据燃烧的条件，只要阻断其中哪怕一个条件，就能使燃烧不发生。

9.3.2.1　控制可燃物的措施

控制可燃物，就是使可燃物达不到着火或爆炸所需要的数量、浓度，或者使可燃物难燃化或用不燃材料取而代之，从而消除发生火灾的物质基础。这主要通过下面所列举的措施来实现。

(1) 利用爆炸极限、相对密度等特性控制气态可燃物　当容器或设备中装有可燃气体或蒸气时，根据生产工艺要求，可增加可燃气体浓度或用可燃气体置换容器或设备中的原有空气，使其中的可燃气体浓度高于爆炸上限。散发可燃气体或蒸气的车间或仓库，加强通风换气，使可燃气体浓度低于爆炸下限。

盛装可燃液体的容器需要直接动火检修时，一般需排空液体、清洗容器、惰性气体置换，并用可燃气体测爆仪检测容器中可燃蒸气浓度是否符合相关动火标准，在确认无爆炸危险时才能动火进行检修，绝不可盲目动火。

(2) 利用闪点、自燃点等特性控制液态可燃物　根据需要和可能，用不燃液体或闪点较高的液体代替闪点较低的液体。例如：用三氯乙烯、四氯化碳等不燃液体代替酒精、汽油等易燃液体作溶剂。用不燃化学混合物代替汽油、煤油作金属零部件的脱脂剂等。

利用不燃液体稀释可燃液体，会使混合液体的闪点、自燃点提高，从而减小火灾危险性。如用水稀释酒精，便会起到这一作用。

(3) 利用燃点、自燃点等特性控制一般的固态可燃物　选用砖石等不燃材料代替竹木材等可燃材料作为建筑材料，可以提高建筑物的耐火极限。选用燃点或自燃点较高的可燃材料或难燃材料代替易燃材料或可燃材料。例如，用醋酸纤维素代替硝酸纤维素制造胶片，燃点则由 180℃提高到 475℃；用防火涂料或阻燃剂浸涂木材、纸张、织物、塑料、纤维板、金属构件等可燃材料，可以提高这些材料的耐燃性和耐火极限。

9.3.2.2 控制助燃物的措施

控制助燃物就是使可燃性气体、液体、固体、粉体物料不与空气、氧气或其他氧化剂接触，或者将它们分离开来，即使有点火源作用，也因为没有助燃物掺混而不致发生燃烧、爆炸。

(1) 密闭设备系统 把可燃性气体、液体或粉体物料放在密闭设备或容器中储存或操作，可以避免它们与外界空气接触而形成燃爆体系。

(2) 惰性气体保护 这里惰性气体是指那些化学活泼性差、没有燃爆危险的气体。如氮气、二氧化碳、水蒸气、烟道气等，其中使用最多的是氮气。它们的作用是：隔绝空气，降低氧含量（因氧含量低于15%就无法支持燃烧），缩小以至消除可燃物与助燃物形成的燃爆浓度。

(3) 隔离储运与酸、碱、氧化剂等助燃物接触能够燃烧的可燃物和还原剂 对氧化剂和有机过氧化物的生产、储存、运输和使用，应严格按照国务院第344号令《危险化学品安全管理条例》的有关规定执行。由于各种危险化学品的性质不同，因此，它们的储存条件也不相同。为防止不同性质物品在储存中相接触而引起火灾和爆炸事故，应根据各种危险化学品储存的危险性及储存原则隔离储存、隔开储存或分离储存。

9.3.2.3 控制点火源的措施

在多数场合，可燃物和助燃物的存在是不可避免的，因此，消除或控制火源就成为防火防爆的关键。

(1) 消除和控制明火源 在有火灾爆炸危险的场所，应有醒目的“禁止烟火”标志，严禁动火吸烟。进入危险区的机动车，其废气排气管应戴防火帽；生产用明火、加热炉宜集中布置在厂区的边缘且下风侧；使用气焊、电焊、喷灯进行安装和维修时，必须按危险等级办理动火批准手续，领取动火证。

(2) 防止撞击火星和控制摩擦热 对机械轴承等转动部位及时加油，保持良好润滑，防止摩擦生热；对易摩擦或撞击产生火花的两部分金属，应采用不同的金属制造，在有爆炸危险的甲、乙类生产厂房内，禁止穿带钉子的鞋，以免撞击地面产生火花；倾倒或抽取可燃液体时，由于铁制容器或工具与铁盖（口）相碰能迸发火星引起可燃蒸气燃爆，因此，应用铜锡合金或青铜合金等不易发火的材料将容易磨碰的部位覆盖起来。

(3) 防止静电 在经常摩擦的硬表面，应经常喷涂抗静电剂，在倾倒或抽取可燃液体时，液体与容器由于摩擦会产生静电，可用导线与金属容器连接并接地，以消除静电。

9.3.3 灭火方法与灭火剂

不同的化学品以及在不同情况下发生火灾时，其扑救方法差异很大，若处置不当，不仅不能有效扑灭火灾，反而会使灾情进一步扩大。必须根据着火物质的性质、灭火物质的性质等因素来选择正确的灭火方法、灭火剂来安全地控制火灾。如水（包括泡沫灭火剂）不能用于扑灭带电设备的火灾、遇水燃烧爆炸的物质的火灾。

9.3.3.1 灭火方法

采取措施破坏燃烧的三个基本条件中的任何一个，燃烧就不能继续，这是防火也是灭火技术的基本原理。据此，常用的灭火方法有隔离、冷却、窒息和化学抑制法等。

(1) 隔离法 隔离法就是将可燃物与着火源（火场）隔离开来，燃烧会因而停止。例如装盛可燃气体、可燃液体的容器与管道发生着火事故，或容器管道周围着火时，应立即：①设法关闭容器与管道的阀门，使可燃物与火源隔离，阻止可燃物进入着火区；②将可燃物从着火区搬走，或在火场及其邻近的可燃物之间形成一道“水墙”加以隔离；③采取措施阻拦正在流散的可燃液体进入火场，拆除与火源毗连的易燃建筑物，在生产加工过程中，火源常常是一种必要的热能源，故需科学地对待火源，既要保证安全地利用有益于生产的火源，又要设法消除能够引起火灾爆炸的火源。在石油化工企业中能够引起火灾爆炸事故的点火源主要有明火源、冲擦与撞击、高温物体、电气火花、光线照射、化学反应热等。④ 使用泡沫灭火剂产生相对密度低、黏着力强的泡沫，在可燃烧物表面形成气密性覆盖层，阻止可燃物热气向燃烧区蒸发，将可燃物与燃烧区隔离，并阻断燃烧区向可燃物传热。

(2) 冷却法　冷却法就是将燃烧物的温度降至着火点（燃点）以下，使燃烧停止。或者将邻近着火场的可燃物温度降低，避免扩大形成新的燃烧条件。如常用水（包括泡沫灭火剂中的水）、干冰（二氧化碳）进行降温灭火。水或干冰汽化时会大量吸收燃烧物的热量，使燃烧物冷却。

(3) 窒息法　窒息法就是消除燃烧的条件之一，即必须具有维持燃烧所需的助燃物（空气、氧气或其他氧化剂）浓度，使燃烧停止。主要是采取措施阻止助燃物进入燃烧区，或者用惰性介质和阻燃性物质冲淡稀释助燃物，使燃烧得不到足够的氧化剂而熄火。如当空气中含氧量低于15%时，木材燃烧即行停止。采取窒息法的常用措施有：将灭火剂如四氯化碳、二氧化碳、泡沫灭火剂等不燃气体或液体喷洒覆盖在燃烧物表面上，使之不与助燃物接触；用惰性介质或水蒸气充满容器设备，将正在着火的容器设备封严密闭；用不燃或难燃材料覆盖燃烧物等。

(4) 化学抑制法　使用含氟（F）、氯（Cl）、溴（Br）的卤族化学灭火剂或干粉灭火剂喷向火焰，让灭火剂参与燃烧反应，并在燃烧中放出某种离子，与自由基（O·、H·、OH·）碰撞，使活化分子惰性化，燃烧中的链锁反应中断，直至燃烧完全停止。

在上述四种灭火方法中，最重要与应用最多的是冷却法和隔离法，单纯的窒息法或化学抑制法，因受自然条件或受灭火剂本身作用的限制，在火势较大时，不能根本消除火灾，一般仅仅用于火灾初起时，或与其他灭火方法联合。化学抑制法的灭火效率高，但缺乏冷却作用。

9.3.3.2　灭火剂

目前我国生产的灭火剂有7大类25个品种。水（清水、强化水、润湿水）有直流和喷雾两种形式；泡沫有普通泡沫（化学泡沫即二氧化碳泡沫、蛋白泡沫、氟蛋白泡沫、水成膜泡沫、合成泡沫、高倍数泡沫）和抗溶性泡沫（金属皂抗溶性泡沫、凝胶型抗溶性泡沫、多功能氨蛋白泡沫、化学泡沫）；气体灭火剂有卤代烷灭火剂（如1211、1301）和环保型不燃气体灭火剂（如EBM气溶胶、七氟丙烷FM200、二氧化碳、氮气）；固体灭火剂有干粉（钠盐、钾盐、氨基干粉、磷酸铵干粉、金属火灾用粉末）和烟雾灭火剂。

为了正确使用灭火剂，必须掌握各类灭火剂适用火灾的范围，见表9-1。表中括号内的灭火剂表示可用，但效果不显著或按有关规定有限制地使用该灭火剂。

表9-1　各类灭火剂适用火灾范围

火灾类型		适用灭火剂	禁用灭火剂
A类(固体着火)		水、泡沫、磷酸铵干粉、(气体)	金属火灾用粉末、烟雾、7150
B类(液体)	非极性液体	泡沫、气体、干粉、(喷雾水、氮气)	直流水、7150、金属火灾用粉末
	极性液体	抗溶性泡沫、气体、干粉、(喷雾、氮气、烟雾)	直流水、7150、普通泡沫、金属火灾用粉末
C类(气体)		气体、干粉、(水)	泡沫、7150、金属火灾用粉末、烟雾
D类(金属)		7150、金属火灾用粉末、(磷酸铵干粉)	其他灭火剂
带电设备		气体、干粉、(喷雾)	水、泡沫、7150、金属火灾用粉末

9.4 全球化学品统一分类和标签制度（GHS）简介

《全球化学品统一分类和标签制度》（Globally Harmonized System of Classification and Lablling of Chemical，简称GHS）是根据1992年里约热内卢联合国环境与发展会议《21世纪议程》中规定的任务，由国际劳工组织、经济合作与发展组织和联合国合作制定的。GHS按危险类型对化学品进行了分类并就统一危险公示要素（包括标签和安全数据表）提出建议。GHS旨在确保提供信息，说明化学品的物理危害和急性毒性，以便加强化学品处理、运输和使用过程中的人类健康和环境保护。

9.4.1 GHS概述

化学品全球贸易的范围日益广泛，但在不同的国家和地区对化学品危险的定义和分类不尽相同，有时相差很大，因而对标签和安全技术说明书上的信息要求也不一样。因此采用国际统一的做法进行分类和标签，向化学品使用者提供信息，使他们了解这些化学品的特性和危害，以确保化学品的安全使用、运输和处置。

GHS定义了化学品的物理危害性、健康危害性和环境危害性，建立了危险性分类标准，规定了如何根据可提供的最佳数据进行化学品分类，并规定了化学品标签和安全技术说明书中包括象形图、信号词、危险性说明和防范说明等标签要素内容，该制度的实施意味着世界各国所有现行的化学品分类和标签制度都必须根据GHS做出相应的变化，以便实现全球化学品分类和标签的有效协调统一。GHS本身不是一项强制性国际公约或法律文书，但GHS确立的化学品分类及危险性公示要素的有关规定已经被国际社会广泛接受。

我国是化学品生产和使用大国，由于缺少化学品危险性评估和分类相应的制度机制，我国生产和使用的绝大部分化学品没有鉴别判定其危险性，有巨大的安全监管空白。我国实施GHS后，将有助于完善我国化学品管理法规标准，尽早实现与国际化学品管理体系接轨。可为我国生产和使用化学品的企业员工提供更安全的作业环境。

9.4.2 GHS的主要内容

9.4.2.1 GHS的主要内容

（1）按照其物理危害性、健康危险性和环境危害性对化学物质和混合物的分类标准 GHS根据化学品固有的危险性而不是其风险作出分类。全球化学品统一分类和标签制度（第三修订版）共设28个危险性分类种类（Hazard Class），包括16个物理危险性种类、10个健康危害性种类以及2个环境危害性种类。例如，易燃固体、致癌性、急性毒性。在各危险性分类种类中下设若干危险性类别（Hazard Category），将分类标准进一步划分为几个等级，以反映一个危险性分类种类内危险的严重程度。如易燃液体分四个危险性类别；急性毒性包括五个危险性类别。

GHS设计上具有一致性和透明性特点，它在危险性种类和类别之间确定了清晰的界限（有些是定量、半定量的），以便使用者进行自我分类。GHS本身并不包含对化学物质或混合物进行测试的要求，所需数据可以通过试验、文献查询和实际经验获得。

（2）危险性公示要素，包括对包装标签和安全技术说明书的要求 GHS旨在统一运输、作业场所、农药和消费产品中化学品的分类和标签。标准化的标签内容包括图像、信号词、危险性说明以及防范说明等。在安全技术说明书中要求以标准化格式和方式表达GHS信息。GHS文件还提供了对产品标识符、保密商业信息处理以及危险性先后顺序排列方法与

GHS 实施相关问题的指南说明。

9.4.2.2　GHS 危险性公示要素

GHS 危险性公示要素，包括象形图、信号词、危险性说明、防范说明、标签格式以及安全技术说明书格式的标准化，并分配给了每个危险性种类和类别规定的标签要素。根据 GHS 规定，化学品包装容器的 GHS 标签上应包括：产品标识符、象形图、信号词、危险性说明、防范说明、主管部门要求的其他补充信息以及供应商识别信息。

(1) 化学品标识　根据《化学品安全标签编写规定》(GB 15258—2009)，用中文和英文分别标明化学品的化学名称或通用名称。名称要求醒目清晰，位于标签的上方。名称应与化学品安全技术说明书中的名称一致。

对混合物应标出对其危险性分类有贡献的主要危险组分的化学名称或通用名、浓度或浓度范围。当需要标出的组分较多时，组分个数以不超过 5 个为宜。对于属于商业机密的成分可以不标明，但应列出危险性。

(2) 象形图　象形图 (Pictgrams) 是指由符号及其他图形要素，如边框、背景图案和颜色组成的表述特定信息的图形组合。GHS 中使用了九个危险性象形图，已被纳入我国相关国家标准。我国国家标准 GB 15258—2009 规定，化学品安全标签上应当采用国家标准GB 20576～GB 20599、GB 20601～GB 20602 规定的象形图。GHS 各类物质危险性象形图如表 9-2 所示。

表 9-2　GHS 使用的象形图及其对应危险性种类/类别

象形图	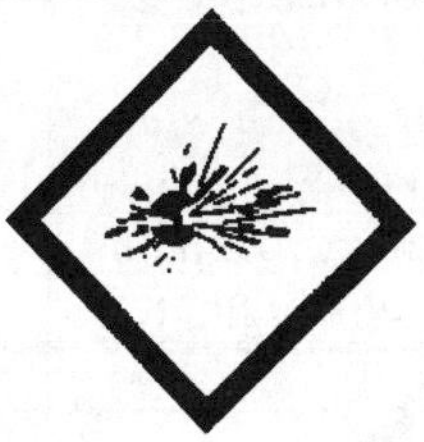	
符号名称	爆炸的炸弹	火焰在圆环上
危险性种类/类别	·不稳定爆炸物； ·爆炸物(1.1～1.4 项)； ·自反应物质类别 A,B； ·有机过氧化物类别 A,B	·氧化性气体类别 1； ·氧化性液体类别 1,2,3； ·氧化性固体类别 1,2,3
象形图		
符号名称	气体钢瓶	骷髅和交叉骨
危险性种类/类别	·加压气体(压缩气体；液化气体；溶解气体；冷冻液化气体)	·急性毒性类别 1,2,3
象形图		

续表

符号名称	腐蚀	感叹号
危险性种类/类别	·金属腐蚀物类别 1； ·眼睛损伤/刺激类别 1； ·皮肤腐蚀/刺激类别 1A～1C	·急性毒性类别； ·眼睛损伤/刺激类别 2A； ·皮肤腐蚀/刺激类别 2； ·皮肤致敏物类别 1； ·特定靶器官毒性，一次接触类别 3； ·危害臭氧层类别 1
象形图		
符号名称	火焰	健康危害
危险性种类/类别	·易燃气体类别 1； ·易燃气溶胶类别 1、2； ·易燃液体类别 1、2、3； ·易燃固体类别 1、2； ·自反应物质类别 B,C,D,E,F； ·发火固体类别 1； ·发火液体类别 1； ·自热物质类别 1、2； ·有机过氧化物类别 B,C,D,E,F； ·遇水放出易燃气体物质类别 1,2,3	·呼吸致敏物类别 1； ·生殖细胞突变性类别 1,2； ·致癌性类别 1,2； ·生殖毒性类别 1,2； ·特定靶器官毒性，一次接触类别 1,2； ·特定靶器官毒性，反复接触类别 1,2； ·吸入性危害类别 1,2
象形图		
符号名称	环境	
危险性种类/类别	·危害水生环境 ——急性(短期)水生危害类别 1； ——长期水生危害类别 1,2	

注：来源于 The Globally Harmonized System of Classification and Labelling of Chemicals, third revised edition Geneva; United Nations. July 2009。

(3) 信号词 信号词（Signal Words）是指标签上用来表示危险的相对严重程度并提醒目击者注意潜在危险的词语。全球统一制度使用两个信号词，即“危险”和“警告”。“危险”用于较为严重的危险类别（即主要用于类别 1 和类别 2），而“警告”用于较轻的危险类别。我国国家标准 GB 15258—2009 规定，根据化学品的危险程度和类别，用“危险”、“警告”两个词分别进行危害程度的警示。信号词位于化学品名称的下方，要求醒目、清晰。根据 GB 20576～GB 20599、GB 20601～GB 20602，选择不同类别危险化学品的信号词。

(4) 危险性说明 危险性说明或危害性说明（Hazard Statement）是指分配给一个危险性种类和类别的专用术语，用来描述一种危险产品的危险性质。在情况合适时，还包括其危险程度。目前 GHS 使用的危险性说明共有 88 条专用术语。为了方便使用和识别，每条术语都被分配给一个唯一指定代码。分类人员根据规定在判定化学品危险性分类类别后，选定适用的危险（害）性说明术语，并标示在化学品的包装标签上。标签上危险性说明文字居信号词下方。

（5）防范说明　防范说明（Precautionary Statements）是指用来说明为了尽量减少或防止接触危险化学品或者不适当储运危险化学品产生的不良效应，而建议采取的安全防范措施的术语。化学品标签上应当列出适当的防范说明，但是其选择权属于标签制作者和主管当局。我国国家标准 GB 15258—2009 规定，防范说明内容应简明扼要、重点突出，并在该标准的附录 C 中列出防范性说明文字，供化学品标签制作者根据化学品危险性类别和使用条件进行选取。

目前联合国 GHS 文件附件 3 第 2 部分列出了 138 条已确定使用的防范说明术语。为了便于识别，每条防范说明都设定了以字母 P 打头的由 3 位数字组成的识别代码（P×××）。

（6）供应商标识信息　供应商标识信息（Supplier Identification）应当包括：化学物质/混合物的生产厂家或供应商的名称、地址和电话，国家标准 GB 15258—2009 规定，供应商标识信息包括：供应商的名称、地址、邮编和电话。

应急咨询电话应填写化学品生产商或生产商委托的 24h 化学事故应急咨询电话。国外进口化学品安全标签上至少有一家中国境内的 24h 化学事故应急咨询电话。此外，还规定了资料参阅提示语，要求在标签上提示化学品用户应参阅化学品安全技术说明书。

9.4.2.3　GHS 标签要素格式和展示安排

（1）危险性信息排列的顺序　根据《化学品安全标签编写规定》（GB 15258—2009），当一种化学物质或混合物具有多种危险性时，其安全标签上的象形图信号词和危险性说明应当按照以下顺序排列。

① 象形图排列的先后顺序，物理危险性的象形图符号排列的先后顺序应当遵循《联合国关于危险货物运输建议书规章范本》的规定。即按照 GB 12268 中的主次危险性确定。未列入 GB 12268 的化学品，以下危险性类别的危险性总是主危险物：爆炸物、易燃气体、易燃气溶胶、氧化性气体、加压气体、自反应物质和混合物、发火物质、有机过氧化物。其他主危险物的确定按照《联合国关于危险货物运输建议书规章范本》危险性先后顺序确定的方法。

对于健康危害，按照以下顺序排列：如果使用了骷髅和交叉骨符号，则不应出现感叹号符号；如果使用了腐蚀符号，则不应出现感叹号来表示皮肤或眼睛刺激；如果使用了呼吸致敏物的健康危害符号，则不应出现感叹号来表示皮肤致敏物或者皮肤/眼睛刺激。

② 信号词排列的先后顺序，如果在标签上使用了信号词“危险”，则不应再出现信号词“警告”。

③ 危险性说明排列的先后顺序，所有危险性说明都应当出现在安全标签上，按物理危险、健康危害、环境危害顺序排列。

（2）标签制作要求和展示安排

① 标签的制作、印刷要求按《化学品安全标签编写规定》（GB 15258—2009）中规定的要求。规定标签正文应使用便捷、明了、易于理解、规范的汉字表述，也可以同时使用少数民族文字或外文，但意义必须与汉字相对应，文字应小于汉字。相同的含义应用相同的文字或图形表示。

标签的边缘要加一个边框，边框外应留不小于 3mm 的空白，边框宽度不小于 1mm，象形图必须从较远的距离，以及在烟雾条件下或容器部分模糊不清的条件下也能看到。标签的印刷应清晰，所使用的印刷材料和胶黏材料应具有耐用性和防水性。

化学品名称 A组分:40%;B组分:60%

极易燃液体和蒸气,食入致死,对水生生物毒性非常大

【预防措施】

· 远离热源、火花、明火、热表面。使用不产生火花的工具作业。
· 保持容器密闭。
· 采取防止静电措施,容器和接收设备接地/连接。
· 使用防爆电器、通风、照明及其他设备。
· 戴防护手套/防护眼镜/防护面罩。
· 操作后彻底清洗身体接触部位。
· 作业场所不得进食、饮水或吸烟。
· 禁止排入环境。

【事故响应】

· 如皮肤(或头发)接触:立即脱掉所有被污染的衣服。用水冲洗皮肤/淋浴。
· 食入:催吐,立即就医。
· 收集泄漏物。
· 火灾时,使用干粉、泡沫、二氧化碳灭火。

【安全储存】

· 在阴凉、通风良好处储存。
· 上锁保管。

【废弃处置】

· 本品或其容器采用焚烧法处置。

请参阅化学品安全技术说明书

供应商:* * * * * * * * * * * *　　电话:* * * * * * * *

地　址:* * * * * * * * * * * *　　邮编:* * * * * * * *

化学事故应急咨询电话:××××××

图 9-1　化学品安全标签样例

安全标签的粘贴、喷印位置如下：

a. 桶、瓶形包装：位于桶、瓶侧身；

b. 箱状包装：位于包装端面或侧面明显处；

c. 袋、捆包装：位于包装明显处。

安全标签应由生产企业在货物出厂前粘贴、挂拴或喷印。或要改变包装，则由改换包装单位中心粘贴、挂拴或喷印。

当发现和可以提供一种化学品的新的重大信息时，应当对标签和安全技术说明书进行及时修订更新。

② 标签要素的展示安排。GHS 文件的附录 7 对各种内外包装和同一包装上 GHS 标签要素的展示安排给出 7 个样例和指导性意见。国家标准 GB 15258—2009 中，提供的安全标签样例和粘贴安排见图 9-1，图 9-2。

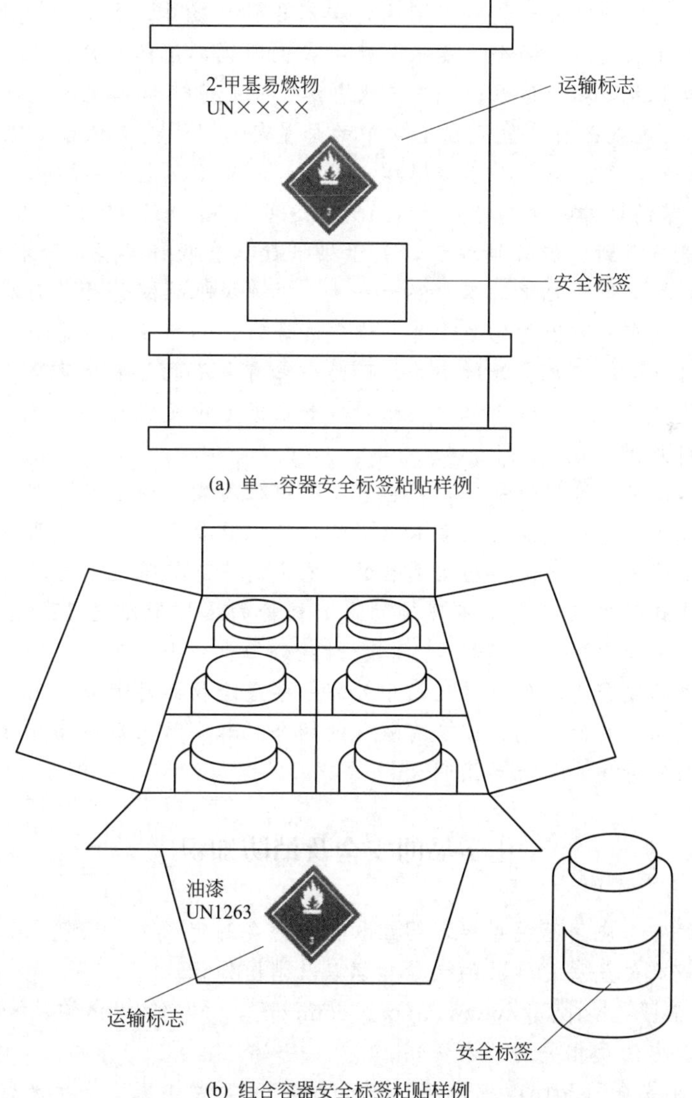

(a) 单一容器安全标签粘贴样例

(b) 组合容器安全标签粘贴样例

图 9-2　化学品安全标签与运输标志粘贴样例

化学视野

爆炸极限

一些可燃气体若与氧气（或空气）混合，达到某种浓度之后，一经点火就会产生比燃烧更甚的化学反应，这就是爆炸。燃烧的传播速度为每秒几十米，而爆炸的传播速度为每秒几百米。从化学观点看，爆炸是物系自一种状态迅速变成另一种状态，并在瞬间以机械功形式放出大量能量的现象。爆炸可以分为物理性和化学性两种。前者主要是设备容器内部压力超过其可能承受的强度，内部物质冲出而造成的。我们这里强调的是化学反应引起的爆炸。

可燃性气体与氧混合后，之所以会引起爆炸，是因为可燃物与氧气在大范围内混合均匀，一经点火局部发生的化学反应热能迅速传播到整个体系而导致爆炸。化学反应得以维持的前提是能量源源不断地补充，燃烧中产生能量又去引发别的物质燃烧，因此，反应中的两种物质浓度必须满足它们在反应中的化学计量比例。若某一种物质的量少于一定的浓度，该反应也就难以连续而迅速地传播。因此，可燃性气体的爆炸能否实现，取决于体系中的可燃物与氧的浓度是否达到一定的比例。可燃物太少不会引起爆炸，氧气太少也不会引起爆炸。这就出现了两个浓度限制，这两个浓度限制就是我们所谓的爆炸极限。如氢气是可燃气体，它与空气混合可以形成爆炸性体系，一经点火即爆。但是它有爆炸极限，低限为氢的含量为4%，高限为78%。也就是说，氢气在空气中的含量超过4%或者低于78%均会引起爆炸，而在这两个含量之外，虽经点火也不会爆炸。同样，汽油蒸气也是可燃性气体，它的爆炸极限为6%～14%，苯的爆炸极限为1% ～7.1%。这些数据，我们可以从实验中测得，也可以查阅文献或手册而得到。但必须注意，关于极限数据有两种类型，一种是指与纯氧的配比，而另一种是指与空气的配比，不能混为一谈。爆炸极限的概念对我们处理危险性可燃物时十分重要，若发现有可燃性气体溢出并与空气混合时，必须注意不能动用明火，包括开启电源开关，如开启脱排油烟机、开风扇等，因为一旦有火花也是十分危险的，同时立即通风排气以降低可燃物浓度，使其低于爆炸极限。例如在家庭中发现有煤气泄漏时就应该谨慎处理，切不可动用明火。

爆炸性体系不仅限于可燃性气体，还应包括可燃性粉尘。由于可燃性粉尘也能与氧均匀混合而形成爆炸性体系，一经点火也会引起爆炸，所以更要小心。以往面粉厂、糖厂、塑料厂等发生爆炸就是因为这些可燃性粉尘引起的。它们的爆炸极限就不是以浓度来表示的，也没有高限，因为达到高限的浓度是不现实的。如糖粉的爆炸低限是12.5g/m^3，也就是说，当空气中每立方米体积中糖粉含量超过12.5g时就必须十分小心了。

了解爆炸极限的概念对我们日常生活中处理一些危险物品时十分有用，例如我们在使用煤气、液化气、汽油或其他溶剂，以及有氨气的场合，都要防止形成爆炸性体系，并在有可能形成爆炸性体系的时候，禁止动用明火。

网络导航

化学品的安全及消防知识

危险化学品的安全应用至关重要，国家和行业协会制定了多种法规和章程，下面介绍一些网站，可以查找有关危险化学品的大量知识以及消防知识。

① 化学品安全网：http：//www.hxpaq.com.cn/，系统介绍化学品安全知识、应用指南、事故紧急处理方法及相关的技术资料。

② 中国化学品安全网 http：//www.nrcc.com.cn/，由国家安全生产监督管理总局化学品登记中心维护，有化学品从购买到储运及其他管理的各种法规、国家标准等。

③ 中国消防网 http：//www.china-fire.com/，由中国消防协会筹办，有大量消防科普知识、消防技术及消防产品介绍。

④ 消防网 http：//www.fire.hc360.com/，主要有消防技术和商品介绍。

⑤ 中华消防网 http：//www.zh119.com，行业门户网站，有较多的消防咨询、产品信息。

⑥ 中国表面处理网 http：//www.bmcl.cn/，有大量的表面处理知识、各种表面处理剂的作用及其他市场信息。

思考题与习题

1. 什么是危险化学品？
2. 什么是有毒化学品？其毒性大小是如何规定的？
3. 危险化学品的储存和运输应注意哪些问题？
4. 预防有毒化学品的危害有哪几种办法？
5. 对急性化学品中毒，该如何现场急救？
6. 物质燃烧的条件是什么？
7. 常用的灭火方法有哪几种？
8. 简述化学抑制法灭火的机理。
9. 为什么在加油站不容许打手机？
10. 家里如果发生煤气泄漏该怎么处理？

第 10 章　化学与日常生活

我们生活在化学的世界中，衣、食、住、行，柴、米、油、盐、肥皂、牙膏、洗发香波、治病的药物、害人的毒品等，都与化学有着密切的关系。可以说，化学在人类的生活中无处不在。本章仅就衣、食、住、行，吸烟、饮酒、饮食、矿物质、维生素与健康，药物与健康，日用化学品等内容做一扼要介绍。

10.1　化学与衣、食、住、行

10.1.1　化学与饮食

人类为了维持正常的生命活动并保持健康的体魄，每天必须从外界摄取食物，以获得各种营养成分和能量。人体能量来源于食物。食物通常包括食物主体、维生素和无机质（特别是微量元素）三种成分。其中食物主体指糖类、蛋白质和油脂，它们提供人体正常能量需求，维生素及微量元素则在能量的转换和保证机体的正常运转中发挥独特作用。

(1) 糖类　糖类也称碳水化合物，是人和动物体的主要供能物质，人体所需的糖类主要由淀粉提供，产生的能量可维持人体体温，供给生命活动所需，人体所需能量的 70%来自糖类。糖类也是构成生物体内组织的重要物质。从化学组成上来讲，糖类由碳、氢、氧三种元素组成，从结构特点来说，糖类是多羟基的醛、酮或多羟基醛、酮的缩合物。食物中的糖主要有单糖（如核糖、葡萄糖、果糖等）、双糖（如麦芽糖、蔗糖等）、多糖（如纤维素、淀粉等）。1kg 糖类（或称碳水化合物）约提供 17000kJ 能量，每天消耗 0.3～0.4kg 即可满足人体需要。人们每天食用的米饭和面食中的淀粉含量均在 80%以上。

人的消化液中所含的酶只能使淀粉水解成人体能吸收的葡萄糖，却不能使纤维素水解，所以人不能靠吃草生活，但纤维素能促进结肠功能，预防结肠癌，还能降低胆固醇和血脂，促进消化。

(2) 蛋白质　蛋白质是构成生物体的基本物质，是生物体中非常重要的成分，它占活细胞干重的 50%以上，无论是高等动物或人，还是简单的低等生物病毒，都是以蛋白质为生命的物质基础。没有蛋白质就没有生命。1kg 蛋白质约提供 17000kJ 能量。蛋白质是一种高分子化合物，种类很多，不同蛋白质的相对分子质量相差很大，可由数千至数千万。尽管差别很大，但在酸、碱、酶的作用下将蛋白质水解，得到的水解中间产物也很多，水解的最终产物都是氨基酸。各种肉类尤其是瘦肉中含蛋白质较多，大豆中含较多的植物蛋白。

蛋白质的生理功能是利用水解出的氨基酸来构成和修补机体组织，成人每天更新 3%的蛋白质，需补充 10～105g 蛋白质；蛋白质能调节生理功能，增强免疫能力。

食物在胃内的滞留时间随蛋白质的质地而异，如肉滞留的时间为 3～4h，蔬菜和水果的为 1.5～2h，这就是汉堡包更经饿的原因。

(3) 油脂　油脂是一分子甘油和三分子脂肪酸形成的甘油三酯。不同的脂肪酸具有不同的营养功能，由不饱和脂肪酸形成的甘油酯在常温下呈液态，多为植物油，如花生油、菜籽油、橄榄油等。由饱和脂肪酸与甘油形成的脂在常温下呈固态，称为脂肪，如猪油、牛油等，肥肉中也含较多的脂肪。与蛋白质和碳水化合物相比，1kg 油脂约提供 37000kJ 能量，比糖类和蛋白质大一倍。油脂的生理功能是供给和储存热能，人体所需能量的20%来自脂肪；脂肪还是构成身体组织的重要成分，占体重的10%～20%；人体组织中的脂肪能维持人体体温，保护脏器；油脂作为良好的脂溶性溶剂，它可以溶解脂溶性维生素A 、D、K 、E等；油脂能产生一种油腻感，对食品的可口性起了重要的作用。

油脂的消化主要在肠道中进行，使油脂水解的酶是水溶性的，而油脂不溶于水，只有靠肝脏分泌的胆盐使油乳化，生成的小油珠为酶提供化学反应的表面，胆盐的作用很像表面活性剂分子。所以有肝病的人不爱吃油腻的东西。

(4) 维生素 维生素是人体代谢中必不可少的有机化合物。人们真正认识和正式研究它是在20世纪初。1910年波兰科学家冯克（Funk）从米糠中分离得到一种能预防脚气病的胺类物质（即维生素B_1），并将它命名为“Vitamin”，自此人类开始了解人体所需的另一类营养素——维生素。能在人及动物体内转化为维生素的物质称为维生素原或维生素前体。

维生素或维生素前体都存在于天然食物中，一般在人体内不能合成或合成量很少，不能满足机体需要，必须经常从食物中摄取。它们在体内不提供热量，一般也不是机体的组成成分，但它是机体必不可少的微量营养素。缺乏某种维生素会引起特定的疾病，例如缺乏维生素A，导致夜盲症；缺维生素D，易得佝偻病；缺维生素E，不孕；缺维生素B，恶性贫血；缺维生素C，贫血等。维生素对身体相当重要，但需求量少，过量摄入也会造成中毒。

(5) 矿物质（又称无机盐） 构成人体的元素除了C、H、O、N（以有机物和水的形式存在，占人体质量的96%）外的其余各种元素称为无机盐或矿物质。根据矿物质元素在人体内的含量，通常将其分为两类：含量在0.01%以上的称为常量元素，如钙、镁、钾、钠、磷、硫、氯等；含量低于0.01%的称为微量元素，目前已确定的人体必需的微量元素有14种，它们是铁、锌、铜、碘、钼、锰、钴、硒、铬、镍、锡、硅、氟、钒。

矿物质的生理功能是构成人体组织，如Ca、Mg、P是骨骼及牙齿的组成部分，P、S构成蛋白质成分；K、Na调节生理功能，如维持组织、细胞的渗透压，调节体液的酸碱平衡；金属离子组成金属酶，参与人体的各种生理活动。缺乏矿物质会影响身体健康。如缺乏铁会引起贫血，缺碘会引起甲状腺肿大，缺锌会使智力发育迟缓。

除了以上五类营养物外，人还需要饮水，人体所需的营养物质大部分要溶解在水中，人体才能消化、吸收。另外，水也是构成人体组织的重要部分。

10.1.2 服装与化学

随着时代的发展和生活水平的提高，衣着已成为社会文明进步的标志。人们在讲究美观的同时，还注意衣着对身体健康的影响，如穿衣调节体温，防止或减轻紫外线、机械刺激对皮肤的损伤，保护皮肤清洁等。现在的衣服有两个特点：一是新材料、新品种、新花色等各种面料不断出现；二是既讲究美观，又讲究保健，各种具有保健功能的衣服已逐渐出现。合适衣着的选择，既要考虑美学、经济、社会行为趋势等因素，又要考虑气候、环境（阳光、气温、风沙）等因素，在衣服的选择、洗涤、存放中还要考虑有害物质对人体健康的影响。当今“绿色”时装正在国际上流行，给服装带来了一个新的主题：既考虑环境保护的要求和资源的合理使用，又要保证健康安全。

10.1.2.1 服装的化学成分

服装是由纤维经过纺织、印染等工艺加工而成的，因此其主要成分是纤维和染料。所谓纤维，是指凡具备或可以保持长度大于本身直径100倍的均匀线条或丝状的线型高分子材料，分为天然纤维、人造纤维和合成纤维。

(1) 天然纤维 天然纤维分为植物纤维和动物纤维。毛、丝等动物纤维，其化学成分都是天然高分子化合物——蛋白质。天然有机纤维中诸如棉、麻等植物纤维，其化学成分都是另一类天然高分子化合物——纤维素，其化学式均为 $(C_6H_{10}O_5)_n$ 或写成 $[C_6H_7O_2(OH)_3]_n$，这是一类由葡萄糖分子缩聚而成的高分子多糖。它们和淀粉多糖的不同点在于，淀粉多糖是由 α-型葡萄糖缩聚而成的，而纤维素多糖则是 β-型葡萄糖缩聚而成的。若干条纤维素分子链结合在一起，形成纤维束，就是我们肉眼所看到的一根根天然纤维。

棉、麻等植物纤维气孔多、透气性好、吸湿性强，所以棉布是内衣的理想衣料；动物纤维蚕丝有明亮的光泽，质地轻薄柔软，外观精致，做夏衣轻盈凉爽，不粘身；羊毛制品极为蓬松，因而保暖性好，是做冬衣的理想材料。

(2) 人造纤维 人造纤维又叫人造丝。天然纤维中的短纤维，如稻草、麦秸、芦苇、木材、棉花下脚料等，由于纤维太短而不易纺织。19 世纪后叶，人们经过化学加工改性，人工造出具有丝一样性能的长纤维，“人造丝”的名称便由此而来。面料“府绸”就是人造纤维。

人造纤维品种很多，常见的有黏胶纤维、硝酸纤维、醋酸纤维、铜氨纤维等，但人造丝的强度不如棉、麻、丝等纤维，且易发硬。天然短纤维的资源多，经改造，性能大有改善。

(3) 合成纤维 合成纤维是化学纤维中的一大类。凡用低分子化合物为原料经过化学合成与机械加工而制得的纤维，统称合成纤维。

世界合成纤维的产量在 20 世纪 80 年代便已超过天然纤维，占化学纤维产量的一大半。由于合成纤维的原料丰富，不仅不与粮、棉争地，其产量也不受自然界气候变化的影响。而且，它们的品种多，性能优异，生产成本较低，因此，合成纤维具有良好的发展前途。

合成纤维按它们的化学结构，可分为碳链纤维和杂链纤维两大类。

碳链合成纤维是指高聚物大分子主链上全是碳原子，通常是通过加聚反应制得的纤维，如腈纶（也称开司米，聚丙烯腈类纤维）、丙纶（聚丙烯类纤维）、维尼纶（聚乙烯醇类纤维）、氯纶（聚氯乙烯类纤维）等。杂链合成纤维是指在高聚物大分子链中除碳原子外，还含有氧、氮、硫等杂原子，通常是由具双官能团的单体缩聚而成或杂环化合物通过开环聚合成的纤维，如尼龙（或称聚酰胺类纤维，如尼龙-66 的单体是己二胺和己二酸）、涤纶（也称“的确良”，聚酯类纤维，是由苯二甲酸二甲酯与乙二醇缩聚而成的）等。

合成纤维原料丰富，产量大；强度高，耐磨性好；吸水性低，不会发霉，不受虫蛀；耐酸碱，但易产生静电。

10.1.2.2 服装的洗涤

人体从毛孔蒸发出的汗液和皮脂腺分泌的皮脂（成人每天 20～40g），相互作用以“油污”形式留在人体表皮，既“毒”害人体又使衣服变“脏”，并降低了衣服的使用寿命。衣服上一般的污物可用水和常用的洗涤剂，如肥皂、洗衣粉来洗涤，水温以 30～40℃为宜，不宜过高，因为污物中的蛋白质在高温时容易凝固而不易洗干净，对于合成纤维，温度过高容易造成变形和起皱。最好使用中性的无磷洗衣粉。洗衣粉用量要适中，浸泡时间不宜太长。清洗时要“少量多次”，使残留在衣服上的污物和洗涤剂尽可能减少。据国外报道，洗衣粉残留量超过 15mg 可引起婴儿皮炎，甚至影响呼吸器官和肝功能。有些高档衣服需要干洗，干洗是用有机溶剂（如四氯化碳或四氯乙烯）洗涤的，因而衣服上有残留物，在穿戴之前应挂放在通风地方。对于特殊污物要用特殊方法洗涤，如各种油污要用汽油洗涤，铁锈可用稀草酸溶液洗涤，新铁锈也可用维生素 C 片剂直接搓揉后冲洗，霉斑用乙醇洗涤，各种墨汁先用冷水冲洗，再用氨水和洗涤剂搓洗。对于特殊的污物，一般是立即进行局部洗涤效果最好。

10.1.2.3　服装的保存

随着一年四季的变化，过季的衣服不穿了，都要收藏起来，怎样收藏才能长期保证衣服不发生霉变、虫蛀呢？霉变是霉菌作用于纤维素或蛋白质的结果。霉菌繁殖生长需要一定的温度和湿度，因此衣服在存放之前一定要洗干净，彻底晒干，还要放在干燥通风的地方，到每年的梅雨季节要翻晒几次，即可防霉变。蛀虫是以蛋白质为食物的害虫，因此只有丝毛织物会被虫蛀。衣服的虫蛀可以用樟脑丸来防治，樟脑丸具有很强的挥发性（升华作用），当其在衣柜内达到一定浓度时，能使蛀虫窒息死亡。樟脑直接接触衣服，会损伤纤维，若与白色衣服直接接触，会使衣服发黄且有黑色污迹，因此要用白纸或布袋包好挂在衣柜内，以达到既防虫又不损坏衣服的目的。

10.1.3　化学与居住

10.1.3.1　舒适的居室

现代社会，随着各种通信工具进入家庭，人们的许多活动转向室内，在家里的时间增长。人们对居室的要求越来越高，希望有个舒适、恬静、温馨、高雅、舒适的居室，使机体经常处于正常的生理调节范围内，以便消耗较少的能量，减少疲劳，获得最大的工作效益。影响居室舒适程度的主要因素有阳光、空气以及室外环境。

（1）阳光的作用　阳光中的紫外线与人体健康关系非常密切，253.7nm 的紫外线杀菌效果最好，它能杀灭空气中的流感病毒、肺炎及流脑病菌，这就是为什么夏季很多经空气传播的传染病不易流行，因此卧室应朝向有较长时间阳光射入的位置。

另外，阳光中具有促进人体合成维生素的紫外线（其波长为 290～315nm），因为皮肤的皮下组织中有麦角固醇和 7-脱氢固醇，经紫外线照射后，它们能转化成维生素 D_2、D_3，使血液无机磷和磷酸酯酶含量均保持在合适范围，有利于维持机体的正常代谢功能，促进钙的吸收。

（2）空气的作用　我们每天呼吸的空气量约为 13～14kg，比食物（1 kg）和水（1L）的量大得多，因此空气质量极其重要。为什么清晨或雨后以及森林、瀑布附近和海滨空气清新呢？这主要由于负离子的作用。负离子是由于组成空气的各种成分不断受到宇宙线、放射性元素的射线、雷电以及太阳紫外线的作用，失去外层电子形成阳离子，而释放出的电子则附在另一些中性分子上形成负离子，由于电子的运动速度快，所以负离子的活动范围比正离子大、分布广，在局部区域内可以一定寿命独立存在。

现场使用负离子发生器，证实它有降尘、灭菌和消除乙醚、汽油等难闻有机物质气味的作用；动物试验表明，在经棉花过滤的空气中生活的大鼠，几星期后因疲劳而死亡，这是由于这种过于洁净的空气中缺少负离子的缘故；在极端洁净的环境中，如电子计算机控制中心和通常的空调室中，尽管恒温、恒湿，一尘不染，但常使人头昏易倦、胸闷气郁，这也是由于负离子太少。负离子本身是带电体，可在运动过程中和正离子作用而沉积，使载带它的灰尘、烟雾粒子及其他异味物甚至病毒从空气中除去，因而使空气新鲜；人体本身是一个生物电系统，每个细胞都像一个微型电池，其膜内外有 50～90mV 的电势差，各种神经递质均靠电子活动传递信息，负离子可以改善这些神经系统的功能。

（3）温度和湿度　大量研究表明，在气温 18～20℃时，人的皮肤湿度基本不变，此时热调节机能处于稳定状态。而相对湿度在 24%～70%内，机体体温易于维持，体感满意。人体对热和冷的耐力与湿度关系较大，实验表明，如空气干燥，人可耐 93℃的气温而没有显著病理影响，但若空气 100% 润湿，只要环境温度高于 34℃，体温便开始升高并可导致中暑病变；在潮湿的冷空气中，对“冷”的敏感显著加剧，例如干燥时，机体在－40℃仍可生活，但若浸在冰水中或冷湿的空气中，则 20～30min 后体温将显著降低。

(4) 室外环境 室外环境的绿化非常重要，据实测，盛夏时绿地和树荫下的气温比柏油和石子路面低 10℃；建筑物一般只能吸收 10%的热量，而树木却能吸收 50%的热量。通常空气中的各类细菌以公开场所最高，街道次之，公园的草坪上最少。显然室外环境的好与坏直接影响居室的舒适程度。

10.1.3.2 居室的环境污染物

20 世纪以来，世界各国的呼吸道疾病患病率持续上升，过去认为与大气污染有关。但近年来的研究表明，大气污染只起 20%的作用，主要致病因素还在于室内的空气污染。空气污染测定结果表明，城市里的空气污染远远大于农村，而烟尘浓度最高、污染最严重的地方，既不是繁华的街道，也不在工厂，却在家庭住宅里。

室内的污染物主要有一氧化碳、二氧化硫、甲醛、苯并芘、污垢和灰尘，它们来自于：

① 居室的污染来自家具、墙布、地板等。它们表面涂的各种涂料、有机类胶黏剂、塑料老化及油漆变性等都会释放出苯、甲醛、醇类、酯类等有害气体，达到一定浓度时，严重刺激人的呼吸器官和皮肤。

现在室内装饰和家具常用的“高密度板、胶合板、大芯板”等人工板材以及复合地板等都是甲醛的载体。甲醛超标对人体的危害具有长期性、潜伏性、隐蔽性的特点。

② 厨房。做饭用的燃料燃烧产生的废气和烟尘，有一氧化碳、焦油、苯并芘、烟尘等，若用煤炉还会产生二氧化硫气体。

③ 生活用化学品引起的污染。如吸烟引起的烟雾、清洁剂、杀虫剂、洗涤剂等散发到空气中的毒物。

10.1.3.3 居室内的防污

① 装修时应提倡无污染的“绿色装修材料”或“生态装修材料”，使其对人类生活空间无污染，尽量避免使用油漆，装修居室不能只追求表面上的奢华，要注意安全性和功能性。装修好的房子不要马上居住，至少要等一个月，使大量的有害蒸气挥发排掉，平时也要多开门窗多换气，因胶合板等建材中的甲醛的释放期长达十年之久。

② 在日常生活中尽量少用有害的化学物质，如防止蚊虫叮咬，尽量用蚊帐而不用蚊香，尤其是有空调的房间里，不能用蚊香和喷雾型杀虫剂；少用化学型消毒液，餐具宜用高温杀毒。

③ 要讲究居室卫生，最好不要在室内吸烟，要勤洗刷细菌易污染的地方，要保证各个房间的透气和光照。

10.1.4 化学与出行

随着生活节奏的加快，人们的出行常借助于各种交通工具，如车辆、轮船、飞机等，近年来，私家车已是数量最多的交通工具。汽车工业的发展与化学工业的发展密不可分，最为直观的就是汽车必须依靠化学工业提供的燃料、润滑剂等。汽车制造除了需要金属材料外，还需橡胶、塑料、涂料等化工产品，汽车使用和保养中还需防冻剂、清洗剂、上光蜡、玻璃防雾剂等精细化工产品。另外，即使车行要走的路，也要用沥青、树脂等有机物制品。

10.1.4.1 橡胶与轮胎

汽车轮胎是用橡胶制成的。天然橡胶是一类具有高弹性的线型有机高分子化合物，但常温下太黏，低温下又太硬，要经过硫化处理（使橡胶分子间发生部分交联，形成网状结构）才能使用，为了增加其机械强度及耐磨性，还需加入适当的填料（如炭黑、白炭黑、轻质碳酸钙等），为了提高橡胶产品的使用寿命，减慢橡胶变硬、变脆、龟裂、发黏等老化现象，通常在橡胶中要加入酚类有机物或芳香胺作为防老剂。由于天然橡胶的产量有限，且性能不能满足多种特殊场合的要求，现大量使用合成橡胶来满足需要。

制作轮胎除了要求用优质橡胶外，还要像制钢筋混凝土结构材料一样，在橡胶中“布筋”，这个“筋”有的是用优质长纤维棉花或尼龙织成的帘子布，有的是用金属丝网（如钢丝网）。这样的轮胎不仅可以承受交通工具的载荷，还可以经受住轮胎中充几个大气压的气体压力，飞机轮胎还需抵抗落地瞬间产生的强大冲击力。

10.1.4.2 燃料油

汽油柴油、航空煤油是汽车轮船和飞机的燃料，它们都是石油经分馏、裂解和催化重整所得到的产品，它们是含 5～15 个碳原子的烷烃。燃料蒸气在汽缸中燃烧产生动能，推动活塞运动使发动机工作。

(1) 汽油性能的表征——辛烷值 汽车发动机在运转时要经过进气、压缩、点火和排气 4 个冲程。在汽缸中，汽油蒸气只有在点火燃烧时才能跟活塞的运动协调。正常燃烧火焰前峰以 20～50m/s 推进，若汽油质量不佳，在焰峰到达之前已发生自燃，造成压力骤增而产生冲力波，这时燃烧速度可达 1000m/s，成为爆燃现象。压力的严重不均衡会使发动机震动，发生猛烈的金属敲击声，同时一部分燃料不完全燃烧而排出黑烟。自燃点低的烃类成分越多，汽油的质量也越差。而烃类的自燃点与它们的化学结构有关，据测定，直链烷烃的自燃点最低，支链烷烃和环烷烃次之，芳香烃最高。于是人们用辛烷值来衡量汽油抗震性的高低，抗震性最差的正庚烷的辛烷值被定为零，而抗震性较好的异辛烷的辛烷值被定为 100，把汽油的抗震性与这两种烃的不同组合比较，就可以得到该汽油的相对辛烷值。如一种汽油的辛烷值为 95（即 95 号汽油），说明它的抗震性与 95%异辛烷和 5%正庚烷的抗震性相同。

石油中异辛烷的比例很低，即使经过催化重整，汽油的辛烷值也不高。于是人们在汽油中添加少量抗爆剂来提高汽油质量，如加 0.1%的四乙基铅可使直馏汽油的辛烷值提高 14～17。但含铅汽油的尾气常常滞留在靠近地面的大气中，严重污染环境，故从 2000 年 1 月起我国禁用含铅汽油，现在已用甲基叔丁基醚（MTBE）等新添加剂来提高汽油的辛烷值。

(2) 柴油的十六烷值和牌号 柴油是应用压燃式发动机（即柴油发动机）的专用燃料，分为轻柴油和重柴油两种。轻柴油是用于 1000r/min 以上的高速柴油机中的燃料，重柴油是用于 1000r/min 以下的中低速柴油机中的燃料，一般加油站所销售的柴油均为轻柴油。柴油机与汽油发动机的工作原理不同。柴油喷入汽缸后，遇压缩的高温空气迅速自燃，无需点火装置，如果初喷入的柴油不能及时自燃，逐步积累后与续喷的燃气同时急剧自燃，柴油机零部件会受到强烈冲击而产生爆震。柴油的自燃点越低越不容易产生爆震。衡量柴油的抗爆性通常以正十六烷为标准。正十六烷的值定为 100，而自燃点高的 α-甲基萘的十六烷值定为零，燃油的相对十六烷值可通过其在标准柴油发动机上的抗爆震性与标准燃料混合比来确定。

轻柴油规格按凝固点分为 10、0、−10、−20、−35 和−50 六个牌号，分别表示凝点不高于 10℃、0℃、−10℃、−20℃、−35℃和−50℃。

(3) 其他燃料 为了应对石油能源短缺和环保，汽车还使用乙醇汽油、液化石油气、压缩天然气作为燃料。

乙醇汽油即在汽油中加入一定比例的乙醇或甲醇来减少汽油的用量，甲醇可通过煤化工以较低成本生产，乙醇可用生物质发酵制得。乙醇汽油能使用车成本降低，有害排放物减少。

液化石油气（LPG）是石油分馏中低沸点物质，含 3～5 个碳原子，常温时为气态，在

3～5kgf（1kgf=9.80665N）压力时为液体，装在液化气钢瓶中。压缩天然气（CNG）的主要成分是甲烷，由于压力较高，需盛放在耐较高压力的钢瓶中。液化石油气和压缩天然气分子中含碳量较少，燃烧完全，有害排放物少。

10.1.4.3 车用化学品

（1）润滑油 要维持汽车各部件运转时的协调、密封，需加入润滑油以减小摩擦和磨损（润滑剂的成分和原理见8.2节）在使用过程中，由于有水渗入，发生乳化和长链润滑油分子裂变为较短碳链的分子，润滑油的黏度会降低，如不及时更换，会发生“烧瓦”（轴承烧坏）、卡环（活塞周围的积炭造成活塞环卡死）、烧机油（机油渗入燃烧室）等现象。

（2）防冻剂 在冬季，汽车发动机冷却水常因为结冰而影响冷却系统的正常工作，有时甚至会造成冷水水套、水箱等的冻裂，从而影响了冷却系统的正常工作。因此，需要在冷却水中加入一些化学物质类降低水的冰点，保证发动机正常工作。防冻液的添加剂，主要是一些多羟基醇类化合物，如乙二醇、丙三醇等。

（3）玻璃防雾剂 车厢内外温差较大时，在汽车玻璃上会产生微小水滴，并停留在玻璃上，影响了车内的视野。玻璃防雾剂主要有效成分是表面活性剂，如十二烷基磺酸钠、聚乙二醇辛基苯基醚等，喷于玻璃后，会在玻璃表面形成一层透明的防雾层，当雾气接触玻璃表面时形成水膜或水珠，顺玻璃表面流下，从而达到防雾目的。

10.2 化学与药物

随着社会的发展，人类寿命在不断延长，除了合理的饮食、良好的生活习惯外，一个重要原因就是广泛使用药物来治疗各种疾病。能够对机体某种生理功能或生物化学过程发生影响的化学物质称为药物，药物可用以预防、治疗和诊断疾病。

药物或多或少都具有一定的毒性，大剂量时毒性尤其明显。有的药物本身就出自毒物，如箭毒、蛇毒都可制成药剂。可见，药物与毒物之间并无明显界限。药物的分类方法很多。根据药物的来源分为天然性药物和合成药物，根据药物的用途分为预防疾病药物、治疗药物、诊断药物和计划生育药物等，根据药物的化学组成分为无机药物、有机药物。科学研究表明，药物是通过干扰或参与机体内在的生理、生物化学过程而发挥作用的。但药物性质各不相同，其作用情况也各不相同。药物的作用主要有：① 改变细胞周围环境的物理、化学性质，如抗酸药通过简单的化学中和作用使胃液的酸度降低，以治疗溃疡病；② 参与或干扰细胞物质代谢过程，如补充维生素，就是供给机体缺乏的物质使之参与正常生理代谢过程，从而使缺乏症得到纠正；③ 对酶的抑制或促进作用，如胰岛素能促进己糖激酶的活性。

10.2.1 常用的化学药物

（1）杀菌剂 常用的杀菌剂有碘、次氯酸钠（$NaClO$）、高锰酸钾（$KMnO_4$）、过氧化氢（H_2O_2）等，它们都是常用的杀菌剂和消毒剂，其作用是基于其氧化性。杀菌消毒时它们也会伤害人体的细胞，故常用于非活性体的消毒杀菌。乙醇（酒精，CH_3CH_2OH）、肥皂（活性成分R—COONa）则是利用其还原性和碱性。此外，碘酒（碘的酒精溶液）、氯化汞（俗称红药水）也是常用的消毒杀菌剂。

（2）助消化药

① 稀盐酸。主治胃酸缺乏症（胃炎）和发酵性消化不良，其作用是激活胃蛋白酶元转变成胃蛋白酶，并为胃蛋白酶提供发挥消化作用所需的酸性环境。山楂也可起到类似的

作用。

② 胃蛋白酶。如乳酶生、干酵母，其作用是直接提供胃蛋白酶以促进蛋白质的消化。

③ 制酸剂。如胃舒平等，可使胃内细胞分泌盐酸以抑制细菌生长，促进食物水解。制酸剂的作用是中和过多胃酸，由弱碱性物质构成。制酸的碱性化合物有 MgO、$Mg(OH)_2$、$CaCO_3$、$NaHCO_3$、$Al(OH)_3$等。

(3) 抗生素　它是指某些微生物在代谢过程中所产生的化学物质，能阻止或杀灭其他微生物的生长。

① 磺胺类药物。主要用于治疗和预防细菌感染性疾病，其功能通常是帮助白细胞阻止细菌的繁殖。当一个人得了重病，如肺炎、脑膜炎、伤寒等，就意味着侵入人体的细菌繁殖超过白细胞吞噬它们的速度。白细胞、抗体再加上抗生素的作用，就有可能挫败致病细菌的攻击，使人得以康复。磺胺药杀灭细菌的机理是，它能限制细菌生长所必需的维生素叶酸的合成，叶酸合成过程中关键作用的物质叫做对氨基苯甲酸。磺胺的结构与它十分相似，故磺胺很容易参与反应，从而限制叶酸的生成，细菌因为缺乏叶酸而难以生存。

② 青霉素。它是青霉菌所产生的一类抗生素的总称。青霉素的抗菌作用与抑制细菌细胞壁的合成有关。细菌的细胞壁主要由多糖组成，在它的生物合成中需要一种叫做转肽酶的关键的酶，青霉素可抑制转肽酶，从而使细胞壁合成受到阻碍，引起细菌抗渗透压能力下降，菌体变形、破裂而死亡。

③ 四环素类。四环素、土霉素、金霉素都是常用的抗生素。四环素是一类抗生素的总称，之所以称为四环素，是因为这些抗生素中都有 4 个环相连。四环素有副作用，它在杀菌的同时也会杀灭正常存在于人体肠内的寄生细菌，从而引起腹泻。儿童时期过多服用四环素会使牙齿发黄，称四环素牙。

(4) 止痛药与毒品　鸦片及其衍生物大部分是止痛的有效药物，但缺点是容易上瘾。鸦片含有 20 多种生物碱，其中 10%左右是吗啡，它是鸦片的主要成分。该化合物有两个熟知的衍生物：一个是可待因，是吗啡的单甲醚衍生物，它比吗啡的上瘾性小些，也是一种强有力的止痛药；另一个是海洛因，它比吗啡更容易上瘾，因此无药用价值，称为毒品。

科学家们研究发现，人的大脑和脊柱神经上有许多特殊部位。麻醉药剂分子正好进入这种位置，把传递疼痛的神经锁住，疼痛就消失了。人自身可以产生麻醉物质，但如果海洛因之类服用过量，会引起自身产生麻醉物质的能力降低或丧失，一旦停药，神经中这些部位就会空出来，症状立即会重现，导致对药的依赖性。

根据止痛机理，人们开发出了许多有效药物，如可卡因、普鲁卡因、阿司匹林等。阿司匹林通用性较强，其化学成分是乙酰水杨酸，不仅可以止痛，而且也可以退热、抗风湿、抑制血小板凝结。阿司匹林明显的副作用是对胃壁有伤害作用，当未溶解的阿司匹林停留在胃壁上时，会引起产生水杨酸反应（恶心、呕吐）或胃出血。现在已有肠溶性阿司匹林药片在使用，可保护胃部不受伤害。

某些止痛药长期服用具有成瘾性，它们不仅能阻断疼痛神经的传递而起镇痛作用，产生欣快感，还会使人产生强烈的依赖性，这就成了毒品。目前，国际和国内作为毒品严厉禁止的主要有鸦片、吗啡、海洛因、可卡因、大麻等。

(5) 其他常用药　医治精神类疾病的药物主要是使病人镇静、安眠。如药物安定对情绪不稳、兴奋骚动、行为怪异有明显作用；药物丙咪嗪是抗抑郁症的；药物丁酰苯类是抗狂躁药。医治心血管的药物有降血脂的降甘油三酯；抗心绞痛药有硝酸甘油、心得安等；抗高血压药用双肼酞嗪（珍菊降压片）等。

10.2.2 癌症与基因治疗

(1) 癌基因和抑癌基因 癌症是人类第二死因（心脑血管疾病为第一死因）。癌基因是人体内固有的基因，在正常情况下它们具有十分重要的生理功能。在受其他因素（如病毒感染、化学致癌物质等）的诱发下，癌基因的一个或几个核苷酸发生了改变，引起癌基因的突变或易位等，即被激活，这种被激活的癌基因生产出大量的异常蛋白而使正常细胞癌变。抑癌基因也称抗癌基因或肿瘤抑制基因，它的正常功能是防止肿瘤的发生。一旦在某个正常细胞中，抑癌基因失活或丢失而不能发挥正常的功能时，这个细胞就可能发生癌变。

(2) 致癌物质 致癌因素包括来自体外的物理因素（如紫外线、X 射线、电离辐射等）、生物因素（如病毒的感染）、化学因素（如化学致癌物质），以及来自体内的自由基，如脂肪氧化、高能紫外线或辐射均可在人体内产生自由基。

根据化合物的结构特征可以把化学致癌物分成以下几大类：① 多环芳烃；② 亚硝胺；③ 黄曲霉素；④ 重金属；⑤ 其他（芳香胺、偶氮染料、农药等）。与食物有关的、危害较大的化学致癌物质有黄曲霉素、亚硝基化合物、多环芳烃等。黄曲霉素（AFS）是一类结构类似的微生物毒素的混合物。其中以黄曲霉素 B_1（AFB_1）最常见、毒性最大。黄曲霉素主要污染粮油及其制品，在发霉花生、玉米、谷类、豆类等中的含量最高。

亚硝胺也可在人体内合成，在胃、口腔、肺及膀胱中最容易合成，体内亚硝基化问题已引起人们极大的重视：蔬菜腐烂时，腌制的咸菜、咸肉和咸鱼等食品以及发酵食品（如酱油、醋、啤酒等），也可检出亚硝胺的存在；环境中的 NO_x 也可转为亚硝酸盐；吸烟者体内亚硝胺含量较高。维生素 C 能还原亚硝酸盐，可以阻止亚硝胺的体内合成。因此，建议少吃腌肉类食品，多吃新鲜蔬菜和水果。

多环芳烃（主要是 4 个或 5 个苯环的稠环芳烃）有致癌性。其中以 1,2-苯并芘（苯并[a] 芘）最为常见。煤焦油、汽油、煤油、垃圾、香烟等的不完全燃烧都可能产生多环芳烃；蛋白质、脂肪、胆固醇在烟熏、烘烤过程中都可能产生多环芳烃。因此，要少吃烟熏食品，不吃“万年油炸的食物”。

(3) 人类基因治疗 基因治疗是把外源基因导入本身基因有缺陷或缺失的靶组织中，并使外源基因在靶组织细胞中正常表达。基因治疗是治疗遗传病的理想方法。基因治疗肿瘤的方法包括：细胞因子基因治疗、“自杀”基因疗法、抗癌基因疗法。世界首个基因治疗药物——“重组人 p53 腺病毒注射液”（今又生）已于 2003 年 10 月 16 日被批准上市。

从 20 世纪 90 年代中期开始，随着人类对基因组研究的进展，我国疾病基因研究项目及肿瘤相关基因的克隆和功能研究的全面启动，我们不仅能够迅速地了解、跟踪国际研究的前沿领域，而且能够在许多实验室进行有规模的疾病基因鉴定和克隆，同时也将实验室研究工作逐步扩展到临床应用研究。随着功能基因组、药物基因组研究的深入发展，肿瘤基因研究也加快了步伐，从回顾性的实验室研究进入大规模的临床前瞻性研究。随着大规模测序、疾病基因识别、细胞信号传递和生物芯片技术的发展，将进一步明确癌基因在肿瘤发病中的作用，并将这些成果逐步用于肿瘤的预防、诊断和治疗。

10.3 日用化学品

现代社会中，人们对日用化学品的依赖日益增加，人们离开日用化学品而进行正常生活几乎是不可能的。日用化学品大多为精细化工产品，由多种化学物质组成，如使用不当，会带来一些危害。本节介绍一些生活中最常用的化学品，以便大家了解这些基本知识。

10.3.1　洗涤剂

10.3.1.1　污垢的种类

附着在手、脸、脚、头发、皮肤、衣服、厨具、家具、卫生设备等上面的污垢需要经常擦洗。污垢的种类很多，成分也十分复杂。根据性质，污垢可以分成以下三类。

① 油质污垢。它包括植物、动物油脂，也包括人体分泌的皮脂、脂肪酸、胆固醇类，还有矿物油及其氧化物。其特点是不溶于水，对纺织品、皮肤和其他基质附着力强，不易洗脱。

② 固体污垢。一般固体污垢属于不溶性物质。例如，来自地表面、生活、工作场所的尘土、垃圾、金属氧化物等。它们可能单独存在，也可能与油、水黏结在一起。一般带负电，也有带正电的。尽管这类污垢不溶于水，但可被洗涤剂分子吸附，将粒子分散，悬浮在水中。

③ 水溶性污垢。它包括盐、糖、有机酸。但是血液、某些金属盐溶液作用于织物和其他基质上，会形成色斑，这类污垢很难去除的。

上述三类污垢常常连成复合体，在自然环境中还会氧化分解，形成更为复杂的化合物。这些复杂的化合物通常都是用洗涤剂去除的。

洗涤剂的去污过程是一个十分复杂的过程。如由尘土和有机脂质组成的污垢在含表面活性剂的溶液中被充分润湿，活性物质渗透到污垢中，逐渐溶解。通过搅拌，表面活性剂将污垢乳化、分散于溶液中，最后随液体排掉。因此，去污作用是通过表面活性剂降低表面张力，从而产生润湿、渗透、乳化、分散、排放等多种作用的综合结果。为了提高洗涤效果，常常要施以一定的机械作用力，如搅拌、揉搓、漂洗，以使污垢与基质更容易分离脱落。

10.3.1.2　肥皂

肥皂是至少含有 8 个碳原子的脂肪酸或混合脂肪酸的无机或有机碱性盐类的总称。肥皂具有天然物和合成物的综合性质。制皂的原料主要是油脂和碱，制造肥皂最常用的碱是氢氧化钠。如：

$$\underset{\text{油脂}}{C_3H_5(OOCR)_3} + \underset{\text{烧碱}}{3NaOH} \longrightarrow \underset{\text{钠皂}}{3RCOONa} + \underset{\text{甘油}}{C_3H_5(OH)_3}$$

制造液体皂则用氢氧化钾。所用原料还有抗氧化剂、杀菌剂、消炎剂、香料、着色剂、透明剂等。但肥皂不能在硬水中很好地发挥洗涤作用。肥皂也不适用于酸性环境，因为在酸性环境中肥皂会分解成脂肪酸和盐，失去洗涤作用。制造肥皂还必须使用大量动、植物油脂。鉴于肥皂的上述缺点，人类发明了合成洗涤剂。

10.3.1.3　合成洗涤剂

合成洗涤剂是多种组分复配而成的混合物，具有去污力强的优点，在碱性、酸性及中性环境中均可使用，洗涤过程快，省时、省力，其效力明显强于肥皂。同时，还可以节约大量食用油脂，如生产 1 万吨肥皂需 5000t 油脂，而生产 1 万吨洗衣粉只需要 2000～2500t 石油。目前，合成洗涤剂产量最大的是洗衣粉，发展最快的是液体洗涤剂。合成洗涤剂主要由表面活性剂、助剂、填充料等组成。

(1) 表面活性剂　前已述及，表面活性剂是既能溶于水又能溶于油，同时能在相界面上定向排列并改变界面性质的有机化合物，其结构特点是分子中既具有亲水基，又具有硫水基。洗涤时，表面活性剂水溶液中的疏水基溶于被洗涤基质（如衣服或纺织物品）表面的油垢中，再通过洗衣机强烈的机械搅拌所形成的水涡的影响，织物上的油垢就被洗下来，并变成悬浮体被洗涤掉。

表面活性剂的种类很多，从分子结构特性来分，可以分为四类：阴离子表面活性剂、阳离子表面活性剂、非离子表面活性剂和两性表面活性剂。

(2) 助洗剂 水溶液中的 Ca^{2+}、Mg^{2+} 等离子有破坏胶体的倾向而影响污垢的洗脱，解决的办法是在洗涤剂中加入一些能配位这些离子的化学品，这些化学品就称为助洗剂。如 EDTA、三聚磷酸钠等。三聚磷酸钠除了对多价阳离子起隔离作用外，还可以阻止污垢再黏附在衣物表面上；除了有螯合和电荷分配作用外，还有一定的杀菌作用。硅酸钠可以提高喷雾干燥后洗涤剂颗粒的机械强度，使组分稳定，改善溶解的速度，同时还可阻碍磺酸盐或硫酸盐型表面活性剂对洗衣机机械部件的腐蚀，因此它常作为辅助洗剂。三聚磷酸钠排入水体，是水体富营养化的元凶。显然，为了保护环境，开发、生产、使用无磷洗衣粉是十分迫切的任务。

(3) 漂白剂 漂白剂可以除掉用一般方法不能洗涤掉的污垢。含氯漂白剂，如次氯酸钠，虽然有较强的漂白作用，但因为它有氯气味，储存时容易分解，还破坏织物和染料，故一般使用不含氯的硼酸钠或过硼酸钠、过碳酸钠等作为漂白剂。

(4) 荧光增白剂 荧光增白剂是一种无色的染料，吸收日光中的紫外线后，能发射出波长为 415～466 nm 的紫蓝色荧光，正好与衣服纤维上反射出来的黄色光互补，相加而成白色，从而达到增白效果。故荧光增白剂是一种光学增白剂，常用的荧光增白剂有二苯乙烯型荧光增白剂（Ar—CH═CH—Ar）、双苯乙烯型荧光增白剂（Ar—CH═CH—Ar—CH_2—Ar）、香豆素型荧光增白剂、咪唑型荧光增白剂及萘二甲酸亚胺荧光增白剂等。

(5) 其他助剂 其他助剂还有泡沫稳定剂、防污垢被衣物再次吸附的污垢悬浮剂和使洗涤剂松散的填充剂。有些洗涤剂为了加强对蛋白质污垢的清洗，加入水解蛋白酶。

10.3.1.4 洗发香波

对洗发香波的要求是洗掉头发表面的油污、灰尘、细菌；易于漂洗，使头发有光泽；适宜的泡沫量，对头发有营养；去头屑，止头痒，香味合适；不损害头发、头皮和眼睛；外观颜色适当，各部分性状均匀，保质期长。

洗发香波的主要成分是阴离子表面活性剂和非离子表面活性剂类物质，如十二烷基磺酸盐，起清洁、发泡、乳化、润湿作用。有些表面活性剂本身有香味，有些洗发剂则需要另加入香味剂。洗发香波中还需要加入 pH 调节剂，pH 以 4～6 为好，用 pH 大于 10 的碱性液洗头发，会使头发失去光泽，洗发剂中用山梨酸钾或柠檬酸等物质为酸度调节剂。营养物质，如维生素 C、维生素 B 等，抑制头皮细胞代谢异常，不产生头皮屑。在洗发香波中添加有杀菌、抗霉、抗氧化、抑制头皮油脂分泌、使头皮恢复正常代谢的物质。为阻止头发中的痕量重金属的活动，在配方中加入乙二胺四乙酸钠，作用是与金属离子结合成螯合物。加入硫酸钠为吸湿剂，以保住洗发剂的水分。加入 NaCl 可调节洗发剂黏性。加入抗真菌剂和防腐剂，如苯甲酸钠、对羟基苯甲酸甲酯等使保质期延长。此外，还要加入柔软剂、遮光剂、分散剂、泡沫稳定剂和颜料等。香波主要有液体香波和膏霜型香波。

10.3.2 化妆品

化妆品是清洁、美化人体面部、皮肤以及毛发等的日常用品，其品种繁多。按产品的用途可分为皮肤用、毛发用两类。每类又可分为清洁用、保护用、美容用和营养及日常治疗用等类别。由于化妆品是人们日常生活用的消费品，而且几乎天天都用在皮肤上，因此对化妆品的要求特别高，应该安全可靠，不能损害人体的健康，不能有毒副作用。一种新的化妆品上市前，一定要对其毒性、刺激性、微生物或其他有害物质及使用的效果等方面进行严格的检测与实验，在确保使用安全后，才能投放市场。

10.3.2.1 膏霜类化妆品

膏霜类化妆品是主要由油、脂、蜡、水和乳化剂等组成的一种乳化体，是广泛使用的一类化妆品。按其乳化性质可以分为W/O和O/W型两类。W/O型乳化体是水分散成微小的水珠被油所包围，水是分散相，油是连续相，再加入一至两种以上乳化剂使乳化体成稳定状态。O/W型膏霜类恰好相反，油是分散相，水是连续相，它同样需要一至两种以上乳化剂使乳化体稳定。呈半固体不能流动状态的膏霜一般称为固体膏霜，如雪花膏等；呈流动状态的称为液态膏霜，如奶液。

(1) 雪花膏类

① 雪花膏。雪花膏是一种非油腻性的护肤用品，涂在皮肤上水分蒸发后留下一层硬脂酸、硬脂酸皂及保湿剂所组成的薄膜，使皮肤与外界干燥的空气隔离，抑制皮肤表皮水分的蒸发，故可以保护皮肤不至于干燥、开裂或粗糙。雪花膏一般是由硬脂酸、硬脂酸盐、多元醇和水的乳化物中加入保湿剂、香料和防腐剂而成的，它是以O/W形式的乳化，一般是10%～20%的油分散在水相中。

例如，某配方的组成为：硬脂酸14%，单硬脂酸甘油酯1%，十六醇1%，18#白油2%，甘油7%，氢氧化钾1%，蒸馏水74 %，香料和防腐剂适量。将硬脂酸、单硬脂酸甘油酯、十六醇、白油及甘油混合后，加热至90℃，另外将碱和水混合也加热到90℃，然后在搅拌下将两溶液混合进行皂化和乳化，冷却放置一天后，包装即为成品。

② 润肤霜。含有润肤物质，能补充皮肤中脂类物质，使皮肤中水分得到平衡，保持表皮的柔软和光滑等作用。润肤霜主要由润肤剂和润湿剂组成。润肤剂能减缓表皮角质层水分的蒸发，不使皮肤干燥和刺激，主要有羊毛脂及其衍生物、高碳脂肪醇、多元醇、植物油、乳酸等。润湿剂是一种可以使水分转送到表皮角质层结合作用的物质，吡咯烷酮羧酸及其钠盐、乳酸及其钠盐等是较好的润湿剂。如果在润肤霜中加入蜂王浆、人参浸取液、维生素A、维生素D 、维生素E等营养物质，便组成营养润肤霜。

(2) 冷霜类　冷霜也称香脂或护肤脂，用于保护皮肤的用品。冷霜一般是以W/O型乳化，如蜂蜡-硼砂做成的W/O型乳化体是典型的冷霜。其基本配方为：蜂蜡16%，白油44.7%，水38%，硼砂1.3%，香料和防腐剂适量。若在该冷霜中加入过量的水或亲水性乳化剂时，其乳化体可变为O/W型。

羊毛脂对皮肤有高度的营养价值，其形成的润肤薄膜能很好地保护皮肤，故在W/O型乳化剂中，常被用作润肤剂。缺点是气味重，容易失水和氧化而使颜色变深，将其加氢变为羊毛醇后，可克服上述缺点，故羊毛脂逐渐被羊毛醇取代。

(3) 奶液类　奶液是一种液态霜，其制备比固态膏霜困难，因为奶液要有很好的流动性，所以往往难以保持好的稳定性，在存放过程中容易分层。早期制造的杏仁蜜奶液采用钾皂作为乳化剂，是一种O/W型乳化体。这种奶液不稳定，存放一段时间后奶液增厚，从瓶口难以倒出，改用三乙醇胺和硬脂酸成皂作为乳化剂，虽然减少了增厚的趋势，但它呈微碱性且使香料变色。后来采用十六醇硫酸二乙醇胺或非离子型乳化剂、聚氧乙烯缩水山梨醇单油酸酯作乳化剂以克服上述缺点。

优良的奶液应该颗粒小，在皮肤上无黏腻感觉，乳化稳定，无水分析出，色泽洁白，对人体皮肤有润湿作用，使一般干燥皮肤变得柔软光滑，无刺激或过敏。某配方的组成为：胆固醇0.5%，硬脂酸3%，白油25.5%，三乙醇胺1%，丙二醇4%，水66%。

10.3.2.2　香水类化妆品

香水类化妆品主要是以乙醇溶液作为基质的透明液体。乙醇对香水类化妆品质量的影响很大，不能带有丝毫杂味，否则会对香气产生严重的破坏作用，一般采用经过纯化的95%以上的乙醇。香精也要进行预处理，使调配出来的香精的香气成熟和协调。水质要求也高，要采用蒸馏水、去离子水或脱去矿物质的软水，水中不能含有微生物。香水类化妆品主要有香水、古龙水、花露水、化妆水等。

(1) 香水 香水具有芬芳浓郁的香气，喷洒在衣服、手帕、头巾和发际，能散发出悦人的香气，是重要的化妆品之一。香料是决定香型和质量的关键，在高级香水中一般都使用茉莉、玫瑰和麝香等天然香料。近年来合成了很多新型香料，可补充天然香料的不足。香水中香精一般为15%～25%，浓度稍淡的含香精约为7 %，如果在香水中加入0.5%～1.2%的豆蔻异丙酯，能使香水涂抹部位的皮肤或衣服内侧形成一层膜，可以延长香气的保留时间而使留香永久。香水的配制简单，只有香精和乙醇，故称香水是香精的乙醇溶液。为了防止在衣服或手帕上留下斑迹，通常都不加色素。

(2) 古龙水 古龙水是男性用花露香水，由于其香气清新、舒适和高雅，在男性化妆品中占第一位。古龙水的生产与一般的香水相同，也是用香精与乙醇混合而成的。古龙香水中的香精主要含有柠檬油、香柠檬油、薰衣草油、橙花油及迷迭香等。一般的古龙香水中香精占2%～5%，乙醇浓度80%左右。

(3) 花露水 花露水是香水的一个品种，它是一种用于沐浴后祛除汗臭，以及在公共场所去除难闻气味的卫生用品。要求香气容易散发，并且有一定持久留香的能力。其制备方法与香水、古龙水相同，只是在配方中要加入一些醇溶性的色素，使之有清凉的感觉。颜色一般有淡蓝、湖蓝、绿、黄等，香精用量一般为2% ～5%，乙醇浓度为70%～75%。

10.3.2.3 香粉类化妆品

香粉类化妆品是用于面部化妆的物品，其作用是使颗粒极细的粉质物质涂敷于面部以遮盖皮肤上的某些缺陷。它应该具备下列特性：较好的遮盖能力，对香精和油脂及水分有好的吸收性，无毒并对皮肤无刺激，在皮肤上有较好的黏附性以及滑爽性。

(1) 香粉 香粉中用料最多的是滑石粉，其次是高岭土、碳酸钙等，另外还要加入一定量起遮盖作用的氧化锌或钛白粉，硬脂酸锌或硬脂酸镁主要在香粉中增进黏附性。其生产比较简单，主要是混合、磨细和过筛。某配方如下：滑石粉45.5%，高岭土8%，碳酸钙8%，碳酸镁15%，氧化锌15%，硬脂酸锌8%，香料和颜料适量。

(2) 粉饼 粉饼是香粉的另一种形式，主要是为了便于携带和防止倾翻及粉粒飞扬，其使用效果与香粉一样。它有两种形式：一种是用湿海绵敷面做粉底用的粉饼；另一种是普通用粉饼。粉饼的生产方法比较简单，将胶水先和适量的粉混合均匀过筛后，再和其他粉料混合，然后在低温处放置数天使水分保持均匀后，即可进行压制。要注意的是，粉料不能太干燥，否则会失去胶合作用。

(3) 爽身粉 爽身粉不是化妆品，主要作用是沐浴后滑爽肌肤和吸收汗液，是一种男、女、老、幼均适用的卫生用品。其主要成分是滑石粉，再配一些碳酸钙、碳酸镁、氧化锌、高岭土、硬脂酸锌和硬脂酸镁等及少量作为杀菌消毒用的硼酸等；为了给人一种清凉的感觉，在配方组成中还要加入少量的薄荷脑等。爽身粉的原料与生产方法与香粉基本相同，区别在于爽身粉对滑爽性要求较为突出，而对遮盖性要求不高。婴儿用爽身粉必须没有任何刺激性，故香精用量要适当减少，一般0.15%～0.25% 。

10.3.2.4 毛发用化妆品

(1) 发乳 头发如果缺少水分则容易断裂，发油与发蜡能增加头发的光泽，补充油分，但不能补充水分而无法抑制头发的断裂。发乳，特别是O/W型发乳，水是连续相，容易被头发吸收，油为分散相，能在头发上形成油脂保护膜。洗发后用发乳还有固定发型的作用，并能使头发柔软润滑，色泽自然。药性发乳还具有减少头屑和止痒等功能。下面为一发乳配方：

① 油相。聚氧乙烯山梨醇硬脂酸酯2%，山梨醇单硬脂酸酯2%，$18^{\#}$白油42%。

② 水相。乳酸十六醇酯3%，去离子水51%，香精、防腐剂适量。

将油相加热到90℃备用，将除香精外的水相物质加热到90℃后，搅拌下将水相物质缓慢加入油相中，加完后，再搅拌5～10min，冷却至45℃左右时加入香精，搅拌均匀后置于均质机中进一步乳化，检验合格后包装得成品。

（2）染发剂 染发剂必须符合染色良好、不伤头发，对人体无害，对空气、日光、酸碱、氧化剂、还原剂及发油和香波等化妆品稳定的要求。永久性的黑色染发剂一般是氧化染发剂，其主要原料是对苯二胺、氨基酚或此类化合物的衍生物。市场上的染发剂形式一般有膏状、液体状和染发香波等，不管其形式怎样，原料组成均相同。产品一般含有两个包装：一个是含有形成颜色的基质原料，另一个是含有氧化剂的显色剂，将两者混合后，立即均匀地涂抹在头发上，经过20～30min后，用水洗净，灰白色的头发就会染成黑色或棕黑色。

例如，一配方的组成为：① 1号药剂。对苯二胺3%，2,4-二氨基甲氧基苯1%，间苯二酚0.2%，聚氧乙烯油醇醚15%，油酸20%，异丙醇10%，氨水（28%）10%，去离子水10%，抗氧化剂 、金属离子整合剂适量。② 2号药剂，双氧水（30%）20%，去离子水80%，过氧化氢稳定剂适量。

（3）烫发剂 使头发卷曲的最早方法是加热卷烫，故称为烫发。随着化妆品生产技术的发展，不用加热烫发就可以达到使头发卷曲的作用，被冷烫的头发是由水溶性的角蛋白组成的，其内部含有胱氨酸，胱氨酸中含有一种二硫键，它使头发保持一定的刚韧性。还原性的化学试剂（卷发剂）能将这种二硫键打开，这时，头发就会变得非常的柔软而可以任意造型。造型后再用氧化性的化学试剂（定型剂）将其氧化，就能将断开的二硫键接上，头发就恢复原来的刚韧性而定型。通常把加热时使用的卷发剂叫做烫发剂，其主要成分是亚硫酸盐，另外加一定量的碱，如碳酸钾、硼砂、碳酸铵或氨水等，使维持适当的碱性。冷烫发剂也叫冷卷发剂，其主要成分是巯基乙酸及其衍生物，其他成分大体与烫发剂相同。

如某冷烫发剂配方为：巯基乙酸（75%）8%，氨水7%，碳酸氢铵0.1%，润湿剂0.1%，水84.9% 。要注意的是，pH要维持在9.0～9.5才有好的效果。经过卷发剂处理后，需要用定型剂将头发的化学结构在卷曲成型后回复到原来的状态，从而使卷发形状固定下来，另外还起到去除残留卷发剂的作用。在卷发过程中，卷发剂起还原作用，定型剂则起氧化作用。定型剂常采用3%的双氧水。

（4）护发水 护发水对头发主要起调节作用，可以防止秃发、消除瘙痒及减轻头屑、促进头发生长。护发水主要由乙醇（50%左右）、刺激剂、营养剂、生发剂、杀菌剂和保湿剂等组成。刺激剂主要有奎宁及其盐、苄香碱及其盐等，营养剂主要有激素、氨基酸、纤维素、固醇及磷脂类；生发剂主要有何首乌、薄荷、大蒜液等；杀菌剂主要有水杨酸、苯酚和季铵盐等；保湿剂主要有甘油、丙二醇和山梨醇等。生产方法比较简单，将油溶性原料溶于乙醇，将水溶性原料溶于水中，再将水相缓慢加到醇相中，搅拌均匀，冷却至0～5℃，过滤即得成品。

10.4 口腔卫生用品

（1）牙膏 牙膏是人们最常用的清洁牙齿用的卫生品，用好的牙膏刷牙不仅可以使牙齿表面洁白光亮，保护牙齿，防止龋蛀，而且有减少口臭的作用。对于牙膏的要求为：除去牙齿表面污物、杀菌、增白、防蛀、防牙垢沉积、对牙齿有营养、对牙病能抑制或治疗；味道可口（香甜）、泡沫丰富、无毒；软硬适度、各部分均匀一致。牙膏主要由摩擦剂、表面活性剂、胶黏剂、保湿剂、香精、甜味剂、染料及其他特殊加入物等物质组成。

① 牙膏中的活性成分：氟化钠，它具有阻止龋齿的作用。

② 防牙垢作用的物质：焦磷酸四钾（钠）、某种聚合物和氟化钠。牙垢又叫牙石，主要成分是$Ca_3(PO_4)_2 \cdot 2H_2O$。临床表明，焦磷酸盐、聚合物和氟化物的结合是人的牙垢的有效抑制剂。牙垢的化学组成和牙齿的组成是相似的，因此用化学方法是不可能把它溶解的。

③ 杀菌剂。口腔里有细菌存在，应用杀菌剂杀灭口腔里的细菌以达到防治牙科疾病的目的。如果每天刷两次牙，99%的细菌就会被杀死，但抑制菌斑生成的作用则仅能维持6h。菌斑的生成是一个持续不断的过程，饮食甚至接吻均会招致重新感染的机会。

④ 其他成分。在牙膏中还要加入甜味剂，如山梨（糖）醇和糖精；发泡剂，如十二烷基磺酸钠、月桂醇硫酸钠、月桂酰甲胺乙酸钠及月桂醇磺乙酸钠等，它能穿透和松动牙齿表面的沉淀；摩擦剂，如含水硅石（$SiO_2 \cdot nH_2O$）、碳酸钙、碳酸镁、磷酸三钙、磷酸氢钙和氢氧化铝等，可以清洁和抛光牙齿表面；增白剂，TiO_2；保湿剂，如甘油（丙三醇）、山梨醇和丙二醇等；润湿剂和溶剂，吸收和保留空气中的水分，使牙膏柔软。牙膏香精常以水果香型、留兰香型为主，也有薄荷、茴香及豆蔻等香型。

为了防治牙病，增进口腔卫生，达到健康的目的，常将某些药物或药物浸取物的有效成分加入到牙膏中去，我国现在就生产多种中草药牙膏，如草珊瑚、两面针、厚朴、田七、三七等都已经在牙膏中使用。

（2）牙粉 牙粉的作用与牙膏相同，其组成成分除了液体部分外，其他与牙膏基本相同。牙粉的摩擦剂占的比例较大，清洁牙齿的作用比较突出，制造也比较简单，成本低廉。缺点是使用不方便，香气容易消失。摩擦剂主要有碳酸钙、碳酸镁和氢氧化铝等。

化学视野

“脑白金”真面孔

人们打开电视机或翻阅报纸时，经常看到有关脑白金的广告。“爸妈今年不收礼，收礼只收脑白金”，这则广告可以说是家喻户晓。商家宣称脑白金能使人进入年轻态，并有诸多如改善睡眠、调理肠胃、改善皮肤、增强免疫力、提高性功能、推迟更年期、延缓衰老等功效。然而，许多消费者看过之后都感到很疑惑：脑白金究竟是什么？它真的有这么神奇吗？

其实脑白金不是药，而是一种保健食品，其主要成分在医学上叫作melatonin，音译为美乐托宁，意译为褪黑素。褪黑素是人脑和哺乳动物脑中形如松子的松果（腺）体自然分泌的一种激素，又称松果体激素。另外，肠道嗜铬细胞、视网膜、副泪腺等也能产生少量褪黑素。褪黑素属于内分泌系统的一种荷尔蒙，是吲哚类衍生物，化学名称为*N*-乙酰基-5-甲氧基色胺，分子式为$C_{13}N_2H_{16}O_2$，相对分子质量为232.27。

褪黑素是由美国耶鲁大学的科学家勒那于1958年发现的，他首先从牛的松果体提取分离出这种物质。1960年，以5-甲氧基吲哚为原料，人工合成出褪黑素。而后科学家通过多年实验研究发现，松果体分泌褪黑素具有昼夜和终身性节律。褪黑素在松果体内的生物合成受光周期影响，白天褪黑素分泌受到光的抑制，含量较少，夜晚褪黑素大量合成，含量大幅度增加，因此褪黑素有“生物钟”功能。褪黑素的生物合成还与年龄有很大关系。生命初期褪黑素的含量很高，青春期的褪黑素含量略有下降，随着年龄的增大，褪黑素含量逐渐下降。人到中年后，褪黑素的分泌量迅速下降，60～70岁时松果体已被钙化成了脑砂。褪黑素的主要作用是调控人的睡眠周期。如果人的松果体分泌的激素减少，就会出现睡眠障碍，如失眠、睡眠深度较浅、多梦等，适时补充褪黑素可起到改善睡眠的作用。

目前，我国卫生部只肯定脑白金具有改善睡眠的作用。美国麻省理工学院一位研究松果体素并获得有关专利的发明人指出：没有证据显示松果体素对人类寿命有影响，只有微弱的证据显示它能延长老鼠的寿命。因此，目前还不能轻易预言或下结论脑白金具有“延年益寿”等作用，还有待今后系统地研究。我国卫生部在脑白金的批文中还指出，脑白金并非人人皆可用，因其含有对人体有害的物质，特别强调青少年、孕期及哺乳期妇女、自身免疫性疾病及抑郁性精神病患者不宜食用。同时提醒大家注意，脑白金不能替代药物的治疗作用。驾车、机械作业者慎用脑白金。

网络导航

五彩缤纷的化学网站

化学是科学的最大分支，是一门中心的、实用的和创造性的科学，从第一届诺贝尔化学奖（1901 年）范特霍夫（J. H. van't Hoff，荷兰）研究化学动力学和渗透压的规律，到 2004 年获诺贝尔奖的工作《“死亡之吻”分子工作的机理》，展现了化学的丰富内涵和广阔的应用。通过下面的网站，你可以有更直观和详细的了解。

① 诺贝尔基金会的网站，http：//nobelprize. org/，其中的化学专区记录了从 1901 年开始历届诺贝尔化学奖的工作、获奖人传记、获奖演说、获奖证书等。

② 伦敦科学博物馆，http：// www. sciencemuseum. org. uk/collections/，其中“Ingenious"是有 3 万个博物馆馆藏图片的网站。在 search 行内输入“carbon ”或“acid”可看到上百幅有关图片。点击图片后出现放大的图片，在右边有对图片的介绍。

③ 各种食物的 pH，http：//vm. cfsan. fda. gov/，这是美国食物和药品管理局食物营养和安全中心的网页。

④ 玻璃百科全书网站，http：// www. glassencyclopedia. com/，玻璃百科全书有许多类型玻璃及相关连接的网站。

⑤ 中国绿色食品网：http：//www. greenfood. org. cn/。

⑥ 中华医药健康网：http：//www. 999120. cn/。

思考题与习题

1. 天然纤维有哪几种？各有什么特点？
2. 人造纤维与化学纤维有什么区别？
3. 化学纤维有哪些特点？举例说明。
4. 人类需要的营养有哪些？各起什么作用？
5. 室内污染物主要有哪些？如何防治？
6. 抗生素主要有哪些？主要作用是什么？
7. 致癌物质有哪些？
8. 合成洗涤剂的主要成分是什么？各起什么作用？
9. 填空题

（1）食品的主要化学成分有________，________，________，________，________，________。主要作用是提供人体能量的成分是________，主要作用是构成和修补机体组织的成分是________，人体中不能制造，必须由食物供给，维持和调节生理机能的成分是________。

（2）植物纤维（棉花、稻草、麻）的基本结构是________，丝绸、皮革、羊毛的基本结构是________涤纶、尼龙属于________，其基本原料来自________。

（3）化妆品的主要成分是________，________，________，________，________，________。

10. 判断题

（1）我国人体能量的主要来源是蛋白质。（　　）

（2）油脂主要来自于植物种子和果仁。（　　）

（3）人体的营养主要靠维生素。（　　）

（4）蛋白质是由氨基酸连接起来的具有生物活性的大分子。（　　）

（5）棉花和羊毛都是天然纤维，其基本成分是一样的。（　　）

（6）人造纤维就是化学合成纤维。（　　）

（7）化纤的服装不容易被虫蛀。（　　）

（8）洗涤剂中的有效成分是表面活性剂。（　　）

（9）化妆品中滑石粉起护肤、润滑作用。（　　）

第11章　化工商品知识与营销

11.1　化工商品概论

商品是专门用来交换的、满足人们和社会需求的劳动产品。化工商品是商品中的重要组成部分，虽然很多人在诅咒着化工产品，但人们在日常生活中每天直接或间接的在购买或使用化工商品，化工商品是日常生活不可或缺的物品。随着生产的发展和人民生活水平的提高，化工商品的地位越来越重要。化工商品涉及范围广，现有四万多个品种，而新的化工产品还在加速增长中。商品既然是用来交换的，成功地生产出用户需要的产品并转入用户手中即商品的营销也应是化工商品的重要研究内容。

11.1.1　研究化工商品的意义

① 指导化工商品使用价值的形成。从产品设计、生产到最终用户使用，其功能和效用得以发挥，形成使用价值。

② 评价化工商品使用价值的高低和质量。依据化工商品的质量标准、质量管理、监督体系，通过商品检验和鉴定手段，确定化工商品的使用价值是否符合要求。在流通领域，通过指导应用和完善包装、运输、储藏、养护措施，保证商品质量不发生不良变化而造成损失或危害。并通过完善的售后服务系统，保证化工商品使用价值的正常体现。

③ 促进化工商品使用价值的实现。化工商品投入的区域性、阶段性、时间性、服务性有其特点，必须适应市场需求才能取得市场回报，除具备化工知识外，还应有销售、顾客心理等知识。

④ 推动化工商品使用价值的发展。现代社会发展迅速，高科技推动新产品日新月异，使化工商品的使用价值处于动态发展中，化工商品研究通过信息收集、整理预测，新产品开发、可持续发展研究推动化工商品使用价值的发展。

⑤ 拓宽化工商品生产者的视野、培养化工商品管理、研究专业人才。传统的化工生产者只关心商品的生产，随着市场经济体制改革进程的加快，人力资源配置已经走向市场化，人才的知识结构也需要从单纯掌握生产知识向后延伸到了解和掌握产品销售和服务方面的知识。

另外，化工商品中相当一部分具有易燃、易爆、腐蚀性、有毒的性质，所以从事化工商品业务的人员，须掌握化工商品的成分和性质，才能在化工商品的流通中做到保质量、保安全。

11.1.2　化工商品与营销的研究内容

化工商品研究的主要内容是化工商品的化学成分、结构和性质与商品品质、制造、效用、营养价值、包装、安全储运等。这些是研究化工商品不可缺少的基本知识，是反映化工商品质量优劣的具体体现，是商品交易中“凭规格买卖”的重要内容。因而是掌握化工商品品质、推销宣传、正确签订合同品质条件和包装条件等重要问题必需的基本知识。

化工商品使用价值的具体体现就是商品的品质。因此，化工商品品质是决定其使用价值高低的基本因素，是决定化工商品竞争力强弱、销路、价格的基本条件。化工商品品质关系到商品能否打开销路、能否进入国际市场、售价的高低和商品的声誉。故商品品质是化工商品使用价值的中心内容。

化工商品用途是构成商品使用价值的基本条件，是顾客购买的主要目的。研究并掌握化工商品的用途，对加强对外宣传工作、不断拓宽销售渠道、不断改进化工商品的品质规格、性能都有重要的意义。

11.2 化工商品

化工商品几乎覆盖了人们生活的所有方面，除了人们日常生活的衣食住行外，还为工业、农业、科教卫生、军事国防等各行各业提供产品。化工商品的种类繁多，名称复杂，性质各异，用途广泛。化工商品的市场特性与一般消费品有很大的区别。

化工商品从不同的角度有不同的分类方法：按组成成分分类，可分为无机物和有机物两大类，如三酸二碱属于无机物，醇、醛、酮、酯等是有机物；按行业用途分类，可分为基本化工原料、油品、化肥、高分子材料、精细化学品等，现在我国《化工商品手册》基本就是按行业用途分类的；按仓储运输的稳定性分类，可分为危险品和非危险品。

为适应化工商品生产和流通，便于国内外厂商进行化工商品开发、生产、经营、进出口业务和市场咨询，《中国化工商品大全》将化工商品划分为 24 个大类。这 24 个大类是：化学矿物原料、基本化工原料、林产化学工业产品、油脂及油脂化学品、中间体、染料、纺织助剂、香料、食品添加剂、化肥、石化催化剂、农药、合成树脂和塑料、塑料助剂、橡胶、橡胶助剂、涂料、涂料助剂、颜料、合成胶黏剂、感光材料及磁记录材料、民用爆炸器材、电镀化学品。后对上述 24 个大类中的 19 个大类进行了补充并新增加了 6 个大类，这 6 个大类是：饲料添加剂、造纸化学助剂、电子工业用化学品及高纯试剂、表面活性剂、工业防霉剂、皮革化学品。

其他出版物对化工商品也有不同的分法，有些分为 28 个大类，数百个小类。

11.2.1 化工原材料

研究目前市场流通中最基本、最重要而具有代表性的化工原料的识别、生产原理、品种规格、质量标准、物流技术、经营销售、储运管理等内容，对研究化工原材料市场具有重要意义。它以提高经营管理水平为手段，实现这些化工原材料及其制品的使用价值，使有限的资源发挥出更大的作用，创造较好的经济效益和社会效益。

化工原材料一般包括以下两大类：

① 无机化工原料，以“三酸”（硫酸、硝酸、盐酸）、“两碱”（烧碱、纯碱）以及无机盐、氧化物为主的一类无机原料；

② 有机化工原料，以“三苯”（苯、甲苯、二甲苯）、萘为主的一类基本有机化工原料和醇、醛、酮、苯酚等重要有机化工原料。

11.2.1.1 无机酸、碱类及无机盐类化工原料

基本无机化工原料商品约三千多种。按其性质、来源和用途可分为无机酸类、无机碱类、无机盐类、氧化剂和还原剂、气体、单质和其他无机化工原料商品。本节着重介绍“三酸”、“二碱”及其他几种常用的无机原料。

11.2.1.1.1 硫酸、硝酸、盐酸

酸类（包括上述三酸）具有许多共性：能和指示剂起反应，使橙色 pH 试纸和无色石蕊

试纸变红，利用此性质，在物流技术中可借之识别物质的酸、碱性；其次，酸能和金属氧化物起反应生成盐和水，在冶炼、轧钢及电镀工业中可以去除铁锈；酸能与碱起中和作用，可调节排放废水的pH值，使其pH值达标。

(1) 硫酸 硫酸的别名有磺镪水、硫镪水、绿矾油，有强的腐蚀性、吸水性和脱水性，危险品编号是81007。

① 硫酸的品种、规格和质量标准 工业硫酸可分为：稀硫酸（浓度在75%左右），浓硫酸（浓度有98%，称98酸和92.5%称92.5酸两种），发烟硫酸（主要规格有含游离SO_3 20%、40%、65%）三种。硫酸的质量标准，按国家标准GB 534—2002（见11.3.2化工商品的标准）。

② 硫酸的应用 硫酸是重要的基本化工原料，应用范围广、用量大。其应用的主要行业是化肥工业，其次是冶金工业、轻工业和化学工业等。

目前，我国60%的硫酸用于化肥生产，用硫酸分解磷矿石生产磷酸，再生产含磷化肥，如磷酸铵，过磷酸铵等；用硫酸直接吸收氨气生产硫酸铵。

硫酸在轻纺工业也有重要用途。

a. 化学纤维在生产过程中很多需要硫酸，如黏胶纤维，它是用天然纤维（棉秆、麦秆、蔗渣、木材等）为原料，经过一系列机械加工与化学处理后制成黏胶溶液，然后经硫酸、硫酸锌、硫酸钠混合溶液的酸浴凝固抽丝成黏胶纤维。生产一吨黏胶纤维需消耗硫酸1.2～1.5吨。生产维尼龙、卡普纶等合成纤维的生产中也要消耗大量的硫酸。

b. 用于生产洗涤剂。现市售洗涤剂主要成分为烷基苯磺酸钠，工业上生产用十二烷基苯与发烟硫酸（或浓硫酸）起磺化反应，生成十二烷基苯磺酸，再与烧碱或纯碱中和，生成十二烷基苯磺酸钠。

c. 用于冶金工业。硫酸在冶金工业中主要用于钢材酸洗和金属冶炼。利用硫酸能与金属氧化物反应的原理，在钢铁工业中进行冲压、冷轧、电镀加工之前，都必须清除钢铁表面的氧化铁皮（主要成分是Fe_2O_3、FeO和其水化物）。从含金属矿石，如钛铁矿、白钨矿、锂辉石、铀矿中提取金属，往往要用大量硫酸进行酸溶，然后提纯，冶炼、电解等。

d. 用于化学工业。硫酸还广泛应用于涂料、颜料、染料、塑料以及无机和有机化工生产。白色颜料和填料钛白粉（TiO_2）的生产，主要是硫酸分解钛铁矿，从而把钛从矿石中提取出来。立德粉又名锌钡白，是硫化锌与硫酸钡的混合物，其生产是以硫酸分解锌矿渣，制得半成品硫酸锌，再用$BaSO_4$与煤粉按一定比例混合，磨细煅烧后加水，制成的硫化钡溶液与硫酸锌混合，反应生成锌钡白。

利用硫酸的强酸性、高沸点可生产一些无机酸，如氢氟酸、磷酸、硝酸等；也可生产多种硫酸盐，如硫酸铜、硫酸锌、硫酸亚铁铵、硫酸镍等；利用硫酸的吸水性、脱水性、催化、磺化等性能生产多种有机酸、有机酯和酚类有机化工产品，如草酸、柠檬酸、硫酸甲酯、乙酸乙酯、苯酚、对苯二酚等有机化工原料。此外，在生产高聚物如有机玻璃、环氧树脂，农药、精细化学品中也常使用硫酸。

(2) 硝酸 硝酸的别名为硝镪水。危险化学品中属于无机酸类腐蚀品。危险品编号：81002。

① 硝酸的品种、规格和质量标准 硝酸的密度为1.39～1.42$g\cdot cm^{-3}$，含HNO_3 65%～68%。为无色透明液体，受热或日光照射，或多或少按下式分解：

$$4HNO_3 \xrightarrow{\text{热或光}} 4NO_2\uparrow + O_2\uparrow + 2H_2O$$

含有少量NO_2致使HNO_3有时呈浅黄色。

发烟硝酸含 HNO_3 约98%，密度1.5g·cm^{-3}以上。由于含有 NO_2 而呈黄色。这种硝酸有挥发性，逸出的 HNO_3 蒸气与空气中的水分形成的酸雾似发烟，故称发烟硝酸。

此外，还有一种红色发烟硝酸，即纯硝酸（100% HNO_3）中溶有过量的 NO_2，故呈红棕色。当敞开容器盖时，会不断逸出红棕色的 NO_2 气体。它比普通硝酸具有更强的氧化性，可作火箭燃料的氧化剂，多用于军工方面。

② 硝酸的应用　硝酸是一种用途很广的化工基本原料。主要用于生产硝酸铵及TNT炸药、染料等。硝酸具有硝化作用，在浓硫酸的催化下，可分别与甲苯、苯酚、甘油、乌洛托品等反应生成炸药，在国防工业和民用建设中起很大的作用。硝酸的第二大用处是生产染料，主要用于生产硝基苯、二硝基苯、二硝基氯苯、对硝基氯苯、邻硝基甲苯等，这些产品除作为染料中间体外，有些常作为医药中间体。硝酸广泛用于化纤工业、冶金工业、医药工业、照相软片、油漆、医药、有机合成等。

(3) 盐酸　盐酸别名盐镪水，在危险品中属于无机酸性腐蚀品，危险品编号：81013。

① 盐酸的品种、规格和质量标准　盐酸，学名氢氯酸，是氯化氢（化学式：HCl）的水溶液，是一元酸。盐酸是一种强酸，在工业上是用氯化氢溶于水制得。饱和盐酸中氯化氢的质量分数在38%左右，由于浓盐酸具有极强的挥发性，工业盐酸在31%～37%。由于由氯气和氢气反应生产HCl气体，工业产品中常含有氯气与设备中铁反应生成的氯化铁，故工业盐酸带有黄色。通过蒸馏可得到无色盐酸，试剂盐酸标准执行GB/T 622—2006。

② 盐酸的应用　盐酸具有一般典型无机酸的一切通性，且制法简单，价格便宜，广泛用于冶金、皮革、印染、食品、化学等工业。

在工业上盐酸常代替盐酸去除钢铁表面的铁锈（铁的氧化物及水化物），用盐酸除锈比硫酸酸洗质量更好，酸洗过程平稳，酸洗后的钢材表面平整、光滑。盐酸在化学工业中常用来生产盐酸盐；在冶金工业中，作为矿石的浸取剂来提取金属；在食品工业中用于淀粉水解生产葡萄糖，还应于生产味精、酱油等调味品；在制革工业中用做鞣革和皮革染色助剂；盐酸还用于阳离子交换树脂的再生。

11.2.1.1.2　烧碱、纯碱

(1) 烧碱　烧碱的学名为氢氧化钠，商品名为：烧碱，别名有：苛性钠、火碱、苛性碱。危险品分类中属于碱性腐蚀品，危险品编号：81001。

① 烧碱的品种、规格和质量标准　烧碱的品种按状态分为液碱和固碱两种：常见的工业液碱为30%左右和45%。工业固碱一般纯度为95%以上。按生产方式分为：隔膜碱、水银碱、苛化碱（化学碱）、离子膜碱四种。工业用烧碱标准执行GB 209—2006。

② 烧碱的应用　大量的烧碱用于造纸工业。目前造纸原料主要是麦秆、稻草、蔗渣、芦苇等含有纤维素和半纤维素的植物性原料，另含有木质素和杂质，在制浆过程中必须除去。烧碱的主要作用就是去除木质素和杂质，提取纤维素和半纤维素做纸浆。同样原理，在纺织工业中，用烧碱处理天然纤维材料，提炼出纤维素制造纤维黏胶——产量很大的人造纤维。在棉纤维的纺织和印染中，烧碱用于退浆、煮练、丝光处理等工序。

烧碱还大量用于生产肥皂、合成洗涤剂。在化学工业中，烧碱是生产多种化工原料的重要原料，大量用于生产无机化工原料（如磷酸三钠、硼砂等）、有机化工原料（如苯酚、甲酸、乙二醇等）、高分子化合物（如聚氯乙烯、环氧树脂、离子交换树脂等）；大量烧碱还用于医药、农药、染料、石油、冶金等工业生产。

(2) 纯碱　纯碱的学名是碳酸钠，商品名纯碱，别名有苏打、面碱。属非危险品。

① 纯碱的品种、规格和质量标准　纯碱按其生产时密度的不同，可分为轻质纯碱（密

度为0.5～0.7t·m^{-3}）和重质纯碱两种。纯碱的质量标准按CB 210—1992。

② 纯碱的应用　纯碱是基本化工原料之一，广泛用于化工、冶金、轻工、建材、农业、纺织、国防、食品等工业。其耗量巨大，属于大宗化工产品。

玻璃工业是纯碱的最大用户，生产1t玻璃需要纯碱0.2t，每年用于生产玻璃的纯碱约占总量的30%。纯碱还大量用于生产水玻璃，其用途主要作黏合剂、清洗剂、水的软化剂等，用水玻璃失水还可生产用于橡胶、塑料等工业的填充剂白炭黑。在化学工业上，可用来生产硝酸钠、亚硝酸钠和碳酸氢钠；在轻纺工业上，常用来生产合成洗涤剂和肥皂。

11.2.1.1.3　常用的几种盐类化工原料

(1) 硝酸钠　硝酸钠主要用于生产日用玻璃及搪瓷制品，利用硝酸钠的较低熔点，降低搪瓷主要原料硅酸盐的熔点，起助熔作用；其次用硝酸钠制备安全炸药，如黑火药、黑索金炸药、鞭炮等；利用硝酸钠的氧化作用，在钢铁表面形成一层结构致密的四氧化三铁层，使金属发蓝，以提高钢铁防辐射能力。

(2) 亚硝酸钠　亚硝酸钠主要用于印染、医药和金属的热处理等行业。利用其氧化性，对原丝、麻、亚麻等进行漂白；纺织原料己内酰胺的生产中用到大量亚硝酸钠，我国有20%～25%的亚硝酸钠用于生产己内酰胺；在冶金工业中，用亚硝酸钠处理金属表面，使其发蓝；在医药工业中，用亚硝酸钠生产多种医药中间体。

(3) 氰化钠　氰化钠别名为山奈、山奈钠，危险化学品中属毒害品，致死量为0.02mg，危险品编号：61001。

氰化钠主要用于生产纺织工业的重要原料丙烯腈；在冶金工业中，氰化钠用于钢材的氰化（即在钢铁表面渗碳、氮，提高钢材的硬度和耐磨性能），金属物品的电镀，用氰化钠做电镀液，镀层细致、均镀好、结合牢固，但工作环境和废水要严格处理。氰化钠还可用于贵金属，如金、银的提炼。

(4) 硫化碱　硫化碱主要应用于染料工业，其次是造纸工业、制革、冶金等。

11.2.1.2　其他无机化工原料

除了上述基本无机化工原料外，还有几种用量较多的无机化工原料。

(1) 液氯　液氯是液化气体且有毒，储运时放在钢瓶中。液氯主要用于纺织、造纸工业中作漂白剂；在自来水生产中做消毒、净化剂；在无机化工中，常用来生产盐酸、金属和非金属氯化物，如四氯化钛、三氯化磷、五氯化磷等；在有机化工中，氯气用于生产合成洗涤剂、有机氯农药、高分子材料等。

(2) 钛白粉　钛白粉学名二氧化钛，按晶型分为锐钛型钛白粉和金红石型钛白粉。主要用于涂料工业生产白色和浅色室内用油漆，也可以用作高级纸张、橡胶、塑料、印刷油墨、印染色浆、皮革涂料等工业的着色剂和填充剂。还可做人造纤维的消光剂及化妆品的填料。

(3) 氧化锌　氧化锌不仅是橡胶生产的硫化活化剂和补强剂，还是白色胶的着色剂和填充剂；在涂料行业中做着色剂和防火剂；在医药上是生产橡胶软膏的原料，具有止血、拔毒、生肌的功效；在化学工业中可生产多种锌盐。

(4) 电石　电石分子式是CaC_2，别名臭石。与水反应生成乙炔，是有机合成中的基本原料，它可以合成乙醛、乙酸、醋酸乙酯、氯乙烯、氯丁橡胶、丙烯腈等，在石油价格居高时，通过煤化工从煤生产电石的途径生产一系列有机化工基本原料。由于乙炔燃烧时可产生3000℃的高温，常用于金属的切割。

11.2.1.3　有机化工原料

(1) 基本有机化工原料　有机化工原料有很多，基本的有机化工原料中应用较多的有“三苯一萘”。“三苯”即苯、甲苯、二甲苯，其来源主要是煤焦油和石油的催化重整。萘主要来自煤焦油。

苯大量用于有机合成工业，苯易发生取代反应，通过卤化、硝化、磺化等途径分别可以得到氯苯、硝基苯、苯磺酸、苯胺、苯酚等产品，广泛用于医药、染料、农药、炸药等的中间体。苯与乙烯在催化剂作用下可生成苯乙烯单体，聚合后可生产聚苯乙烯、丁苯橡胶、ABS树脂等多种高分子材料。由于对有机物具有良好的溶解性，苯还广泛用作溶剂、稀释剂、萃取剂、有机反应介质等。

甲苯和二甲苯对有机物的溶解能力更强，在油漆、涂料、农药行业中常作稀释剂；甲苯作为原料，可生产炸药、医药、染料的中间体。以二甲苯为原料可生产聚酯纤维和增塑剂、邻苯二甲酸二甲酯等产品。

萘可以压成丸用来驱虫，保护织物。萘主要用于制造萘的衍生物以及生产染料、塑料、医药、农药、香料、橡胶防老化剂的中间体。

(2) 重要有机化工原料 有机化合物结构复杂、品种繁多，除以上介绍的“三苯一萘”外，重要的还有甲醇、乙醇、甲醛、丙酮、醋酸、苯酚等。

① 醇类 甲醇是低沸点的有毒物品，对视神经有伤害，眼睛接触或误饮可导致失明。甲醇广泛用于生产甲醛、高分子农药及农药中间体，还用作有机溶剂。现在由于煤化工的兴起，甲醇加入汽油可作为汽车燃料。

正丁醇与苯酐反应，可生产增塑剂苯二甲酸二丁酯。正丁醇与醋酸在硫酸催化下，得到醋酸丁酯，它作为溶剂广泛用于火棉胶、硝化纤维、清漆、人造革等工业中；在医药中，用于制造抗菌素、激素和维生素等。

② 甲醛、丙酮 甲醛别名蚁醛，市售甲醛是37%～40%甲醛水溶液，又称福尔马林，危险化学品中属有机腐蚀品。利用聚合反应，甲醛在塑料工业中用于生产多种合成树脂，如酚醛树脂、脲醛树脂、聚甲醛等；甲醛与氨水反应得到的乌洛托品，是酚醛塑料的固化剂、氨基塑料的催化剂、橡胶生产的促进剂。甲醛在医药工业中用于生产多种药物，如氨基比林、安乃近、利尿酸等；甲醛还可用作消毒杀菌剂、防腐剂。

丙酮是重要的化工原料，用于生产有机玻璃的单体——甲基丙烯酸甲酯、环氧树脂双酚A的中间体，在有机合成中，是制造醋酐、二丙酮醇、聚异戊二烯橡胶等的原料；丙酮具有良好的溶解能力，能溶解高分子材料，常用于高分子材料加工中；在有机反应中可作为介质；在油漆工业中，广泛作为稀释剂、脱漆剂等。

③ 醋酸 醋酸学名乙酸，别名冰醋酸，是重要的有机化工原料。醋酸和乙炔在催化剂作用下可制得醋酸乙烯，是合成聚乙烯树脂（合成纤维）的主要原料。醋酸还用于生产多种醋酸酯，如与乙醇反应制得的乙酸乙酯是良好的溶剂，与戊醇反应得到的醋酸戊酯不仅是良好的有机溶剂，也是常用的香料；用醋酸生产的醋酐是制备多种医药中间体、香料的重要原料。

④ 苯酚 苯酚别名石炭酸、工业酚，属毒害品。苯酚广泛用于塑料工业，苯酚与甲醛合成的酚醛树脂用途广泛，如电木粉、层压塑料；在包装工业、合成纤维、医疗器械得到工程塑料尼龙66和尼龙6都可用苯酚为基本原料加工生产制得的。苯酚还常用于生产染料、农药、炸药、医药的中间体，还用作消毒、杀菌、防腐剂。

11.2.2 精细化学品

我国精细化学品的定义是：凡能增进或赋予一种产品以特定功能，或本身拥有特定功能的小批量、纯度高的化工产品称为精细化学品，有时也称作专用化学品。其特点是小批量、多品种，几乎每一种产品都有其特定的功能。精细化学品品种繁多，所包括的范围很广。

1994年我国将精细化学品分为12大类，即化学农药、涂料、油墨、颜料、染料、化学试剂及各种助剂、专用化学品、信息化学品、放射化学品、食品和饲料添加剂、日用化学品、化学药品。

精细化学品生产不同于基本化工生产，其特点首先是技术密集，如原料多而复杂、反应步骤多、复配成分多、过程复杂等；其次是生产流程综合和生产装置多功能性，以适应品种多、量小、常需更新品种的要求；还有生产中大量使用复配技术，商品性极强。精细化工的经济特性是产品附加值高，投资效率高、利润率高。

精细化工产品对促进国民经济发展、提高和丰富人民的生活水平起着越来越重要的作用，精细化学品种类繁多，这里介绍表面活性剂、涂料、食品添加剂和农药的有关商品知识，黏结剂等产品参见本书第8章。

11.2.2.1　表面活性剂

表面活性剂是首尾两端含有两种极性和亲液性迥然不同的基团部分的链状分子，具有湿润和渗透、乳化和分散、发泡和消泡、增溶等作用。在本书第10章中已介绍过部分内容。表面活性剂的发展经历了4个阶段，第一代是脂肪酸盐系列，如硬脂酸钠等，第二代是烷基苯系列，如十二烷基苯磺酸钠，第三代是醇的衍生物，第四代是环保性能最好的烷基葡萄糖苷表面活性剂。

表面活性剂有“工业味精”之称，其应用范围几乎涵盖国民经济的所有领域，如日化、化工、造纸、印刷、涂料、塑料、橡胶、煤炭、采矿、电镀、金属加工、水处理、交通、灭火等。

11.2.2.2　涂料

涂料旧称油漆，一般由溶于溶剂的成膜物质和易挥发的溶剂组成，它涂敷于底材表面，溶剂挥发后，留下的不挥发物质形成坚韧连续涂膜。对所涂物品具有保护作用、装饰作用、色彩或识别标志和特殊作用。

（1）涂料的分类　涂料品种繁多，有多种分类方法。若按成膜物质和颜料的分散状态分类，分为有溶剂型涂料、无溶剂型涂料、分散悬浮型涂料、水乳胶型涂料和粉末涂料等；若按是否含有颜料分类，把含有颜料的有色不透明或半透明的涂料称为色漆，把不含颜料的涂料称为清漆。按用途可分为建筑、车辆、船舶、家具等；我国的国家标准规定，涂料按成膜物质的类别分，共分18个大类。

（2）涂料的命名　中华人民共和国国家标准对涂料命名有如下规定。

① 命名原则：涂料全名＝颜色或颜料名称＋成膜物质名称＋基本名称
例如，红醇酸磁漆、白硝基磁漆。

对某些有专门用途和特性的产品，必要时可以在成膜物质后面加以说明。例如，醇酸导电磁漆。对成膜物质有序号和代号，基本名称有数字代号，可参考相关书籍。

② 涂料的型号：涂料的型号分为三部分：第一部分是成膜物质，第二部分是基本名称，第三部分是序号，以表示同类品种间的组成、配比或不同用途。例如A04-2，A代表成膜物质是氨基树脂，04代表磁漆，2是序号。

③ 辅助材料型号：辅助材料分两部分：第一部分是种类，第二部分是序号。

11.2.2.3　食品添加剂

食品添加剂是指为改善食品品质和色香味以及防腐和加工工艺的需要而加入食品中的物质。食品添加剂按其来源可分为化学合成添加剂和天然食品添加剂。天然食品添加剂主要来自植物、动物、酶法生产和微生物菌体生产。常见的食品添加剂有防腐剂、抗氧化剂、发色剂、漂白剂、酸味剂、凝固剂、疏松剂、增稠剂、消泡剂、甜味剂、乳化剂、品质改良剂、抗结块剂、香料、食品强化剂、着色剂等。下面介绍几种常用食品添加剂的作用。

(1) 乳化剂 在食品生产过程中，用乳化剂使油脂与水乳化分散，改进食品组织结构、外观、口感，提高食品质量和保存性。由于乳化剂还有湿润、防脂肪凝结、防黏、防老化等作用，所以成为近代食品工业中极受重视和最有发展前途的食品添加剂。常用的乳化剂有脂肪酸甘油酯、脂肪酸蔗糖酯、山梨酸醇脂肪酸酯、大豆乳磷酯等。

(2) 增稠剂 增稠剂能改善食品物性，增加食品黏度，赋予食品以黏滑的口感，改变或食品的稠度，保持食物水分。天然品多数由含有多糖类的植物或海藻类制得，如淀粉、果胶、琼脂、海藻酸、阿拉伯胶等；也有从蛋白质等动物原料制得，如明胶；合成品种有羧甲基纤维素CMC、改性淀粉、聚丙烯酸钠等。

(3) 膨松剂 能使面团发起，在食品内部形成多孔膨松组织的物质称为膨松剂。在安全性的前提下，用作食品添加剂使用的膨松剂，基本要求是发气量多且均匀，分解后残余物质不影响食品的质量和口味。常用的膨松剂有小苏打，以明矾为主的复盐，食用酵母。

(4) 防腐剂 防腐剂是抑制微生物活动，使食品在生产、运输、储藏和销售过程中减少因腐败而造成经济损失的添加剂。虽然现在冷藏设备普及，但食品化学防腐剂由于使用方便、效果好且不耗能，其使用量仍在逐年增加。防腐剂分无机防腐剂和有机防腐剂。常用的有机防腐剂有苯甲酸及其盐类、山梨酸及其盐类、丙酸及其盐类和对羟基苯甲酸酯类等四大类；常用的无机防腐剂有硝酸盐、亚硝酸盐及二氧化硫等。防腐剂广泛用于饮料、果汁、酱油、葡萄酒、面包、糕点、罐头、糖果、蜜饯、酱菜等食品中。

(5) 抗氧化剂 能阻止、抑制或延迟食品的氧化，提高食品稳定性和延长食品储存期的添加剂，称为抗氧化剂。氧化不仅使食品中的油脂变质，还使食品发生褪色、褐变和维生素破坏，使食品的味道变坏，从而降低食品的营养价值，有时还会产生有毒有害物质，引起食物中毒。

抗氧化剂的作用是抑制食品的氧化反应，并不是抑制细菌。目前常用的油溶性抗氧化剂有2,6-二叔丁基对甲苯酚（BHT），叔丁基对羟基茴香醚（BHA），维生素E，没食子酸丙酯（PE）等；水溶性抗氧化剂主要是维生素C系列产品。

(6) 调味品 调味品主要包括甜味剂、增味剂、酸味剂、咸味剂和辛辣剂等。其作用不仅是增进食品对味觉的刺激以增进食欲，而且部分调味品还有一定的营养价值和药理作用，成为人们日常生活的必需品。

11.2.2.4 农药

农药是指用于预防、消灭或者控制危害农业、林业的病、虫、草和其他有害生物以及有目的地调节植物、昆虫生长的化学合成或者来源于生物、其他天然物质的一种物质或者几种物质的混合物及其制剂。

农药的生产、销售和使用必须有农药登记证、生产许可证、农药标准三证。农药商品有原药、制剂（单剂）和复配制剂三种类型。按照农药的作用，可分为杀虫剂、杀菌剂、除草剂、熏蒸剂、杀鼠剂、植物生长调节剂等。

11.3 化工商品的质量和标准

11.3.1 化工商品的质量

化工商品的质量也称化工商品的品质，是指化工商品满足规定或潜在要求的特征和特征的总和。这里的规定是指国家或国际有关法律、法规、质量标准或交易双方要求等方面的认为界定，属于显性要求。潜在要求则是指人和社会对化工商品的安全性、适用性、可靠性、耐久性、经济性、美观性、可维修性等方面的期望，是一种隐性的需求。

化工生产过程中的一些过程，如开发设计、原材料的采购、生产设备、生产工艺与操作、成品的检验和包装、生产环境都对产品的质量有影响。流通过程中，如化工商品的运输、储存和保护、销售服务也是化工产品质量的组成部分。

11.3.2　化工商品的标准

11.3.2.1　化工商品标准的含义与构成

（1）化工商品标准的定义　标准是对重复性事物或概念所作的统一规定，它以科学、技术和实践经验的综合成果为基础，经有关方面协商一致，由主管机关批准，以特定形式发布，作为共同遵守的守则和依据。化工商品的标准是对化工行业重复性事物和概念所作的统一规定，它以化工领域科学、技术和实践经验的综合成果为基础，经化工行业主管机构、相关权威化工高校、研究院所、相关生产企业、主要用户等有关方面协商一致，由国家标准主管机构批准，以特定形式发布，作为化工行业共同遵守的守则和依据。

（2）化工商品标准的分类　化工商品标准按其存在形式可分为文件标准和实物标准两类。文件标准是用特定格式的文件，通过文字、表格、图样等形式来表达全部或部分化工商品有关质量方面技术的统一规定。目前绝大多数的化工商品标准是文件标准。对单用文字难以确切表达的标准，如色、香、味、形和手感等质量要求，由标准化机构或其指定部门做成与文件规定的质量标准吻合的标准样品（标样），按一定程序发布，作为文件标准的补充。

化工商品按其约束性，有强制性标准和推荐性标准两类。强制性标准（GB）是标准指定之后，在需要使用此类标准的部分必须贯彻执行。《标准化法》规定，保障人身健康，人身、财产安全的标准以及法律法规强制执行的标准，均属于强制性标准。推荐性（GB/T）标准是除强制性标准以外的其他标准，企业自愿采用，国家采取优惠措施，鼓励企业采取推荐性标准。

（3）化工商品标准的构成和内容　构成化工商品标准的要素有概述要素，标准要素和补充要素三类。概述要素包括识别标准、介绍标准内容、说明标准背景、标准制订以及与其他标准的关系等内容；标准要素规定了标准的要求和必须遵守的条文；补充要素提供有助于理解标准或使用标准的补充信息。

化工商品标准的内容有封面、前言、范围、名词术语与符号代号、技术要求、实验方法、标志标签和包装等部分。

封面有标准的名称、标准的级别与代号、批准机构、发布与实施的时间等内容；前言有专用部分和附加说明组成，专用部分指明采用国际标准的程度、该标准废除或代替其他标准的说明，实施标准过渡期的要求等，附加说明包括标准的提出部门、归口单位、主要起草人、首次发布、历次修改和复审确定的日期，委托负责解释的单位等；范围指该标准的使用或其他部分的使用限制，包括本标准适用的原料、生产工艺、用途等内容；有关商品的名词术语与符号代号，凡在国家基础标准中未统一规定的，都需在标准中做出规定；技术要求指为保证商品的使用要求而必须具备的产品技术性能方面的规定，是指导生产、使用以及对商品质量检验的主要依据；试验方法包括试验项目、适用范围、试验原理及方法、仪器用具、试剂样品制备、操作程序、结果计算、平行试验允许误差、分析评价和试验报告等；标志标签和包装部分的内容包括商标、牌号或规格型号、搬运说明、危险警告、制造日期、批次等，规定包装材料、包装技术与方式，每件包装中商品的数量、重量、体积等。

化工产品的标准号如图11-1所示。

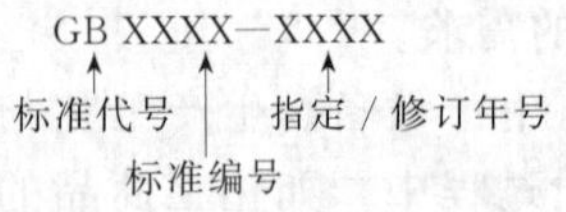

GB XXXX—XXXX
标准代号 标准编号 指定／修订年号

图 11-1 产品标准号的构成

(4) 化工商品标准的分级 标准按其适用领域和有效范围不同，可分为不同层次、级别。根据《标准化法》，我国标准划分为国家标（GB）、行业标准（如化工 HG，机械 JB）、地方标准和企业标准（Q）四级。世界上标准通常划分为国际标准、区域标准、国家标准、行业或专业团体标准及公司（或企业）标准五级。化工商品标准也全部遵循标准的统一分级规定。

① 国家标准 国家标准是对全国经济技术发展有重大意义，必须在全国范围统一的技术要求。国家标准一经发布，与其重复的其他国内标准相应废止，国家标准是四级标准体系中的主体。化工行业领域的国家标准由国务院标准化行业主管部门编制计划、编号、发布。对没有国家标准而又需要在全国某个范围内统一的技术要求，可以制定行业标准。化工行业标准由国务院有关行政主管部门制定，并报国务院标准化行政主管部门备案。化工企业标准是指化工企业所制定的产品标准和企业内需要协调、统一的技术要求和管理、工作要求所制定的标准，作为组织生产的依据。

② 国际标准与区域标准 国际标准包括国际标准化组织制定的 ISO 标准和国际电工委员会制定的 IEC 标准，以及许多其他国际组织制定的标准。一些区域性组织也制定区域标准，如欧盟的 EN 标准等。工业发达国家的国家标准，大多由法律、法规确认的非官方社团组织制定、审批、发布，如美国的 ANSI、英国的 BS、法国的 NF、德国的 DIN 等标准组织机构。而日本的 JIS、俄罗斯的 ROCTP 等标准则是由法律、法规规定的政府机构制定、审批、发布。

③ 我国采用标准情况 国际标准是世界各国均可采用的共享技术。通过采用国际标准，不但可以获得世界生产技术、商品质量水平的重要情报，而且可能为消除贸易技术壁垒、促进外贸事业的发展提供必要条件。同时，对于促进本国技术进步、提高商品质量、开发新产品、开展进出口贸易具有十分重要的作用。因此，我国把积极采用国际标准作为重要的技术经济政策和技术引进的重要组成部分。

在采用国际标准中，采用程度可分为等同、等效和参照采用三种。等同采用内容完全相同，不做或稍做编辑性修改；等效采用指在技术内容上有小的差异，编写上不完全相同；参照采用指技术内容根据我国实际做了某些变动，但商品质量水平与被采用的国际标准相当，在通用互换、安全卫生方面与国际标准协调一致。采用国际标准的程度仅表示我国标准与国际标准之间的异同情况，并不表示技术水平的高低。需要指出的是，目前国际上只承认等同、等效采用，对非等效采用则要做出说明。所以，在采标时应尽可能选用等同或等效两种形式，以避免造成技术壁垒。

11.3.2.2 化工商品的质量管理

在化工商品的各个环节，包括设计、生产、储运、销售、使用都有一套严格的管理程序，这就是化工商品的质量管理。表现在化工商品质量管理和质量认证。

(1) 我国质量管理的产生和发展 改革开放以后，商品开始丰富起来，质量竞争也日趋激烈，我国企业的质量管理得到了快速的发展。1978～1979 年，北京内燃机厂开始试点从日本引进质量管理体系 TQT，此后迅速向全国各企业推广。TQT 的四个基本要素是：产品质量、交货日期、成本质量（价格）、售后服务质量。这四个要素是构成商品竞争力的基础。我国的化工行业也同其他行业一样，经历了质量管理产生和发展的漫长道路，化工商品质量合格率逐步上升并形成、构筑了自身的品牌影响，为化工企业效益的实现奠定了坚实的基础。

(2) 质量体系认证与 ISO9000 族标准

① 标准产生的背景与沿革 随着市场经济的不断扩大和日趋国际化，为提高商品信誉，

减少重复检验，削弱贸易壁垒，维护生产者、经销者和消费者诸方权益，产生了第三方认证。这种认证不受产销双方经济利益影响，以公正、科学的工作树立了权威和威信，现已成为各国对产品质量和企业进行质量评价和监督的通行做法。

英国和其他国家提出过多套质量保证国家标准。随着国际经济合作的深入发展，为协调各国在这一方面的努力，以便形成对合格厂商评定的共同依据，国际标准化组织于1980年成立了一个专业技术委员会（ISO/TC176），于1987年正式发布了第一部管理标准——ISO9000质量管理和质量保证标准，此后逐步过渡到94版和2000版、2008版。目前国际标准化组织的100多个成员国中有70多个国家（包括所有工业发达国家）均等同采用ISO9000系列作为本国的国家标准。我国从1993年起等效采取ISO9000系列标准，建立了符合国际惯例的认证制度。

② 贯彻与认证的目的　贯彻与认证ISO9000系列标准，首先可有效地规避非关税贸易壁垒，开展国际化经营。其次可提高企业管理水平。ISO9000系列标准包括了职责分明、各负其责、依法管理、预防为主、以事实（各种记录）为依据等丰富的现代管理思想。这些大大地提高了企业的竞争力。ISO9000系列标准符合政府的规定要求，免去许多检查。

11.3.3　化工商品的检验

化工商品的检验是指生产厂商、商品用户或者第三者借助于一定的手段和方法，按照合同、标准、国家法律法规或国际惯例，对化工商品的质量、规格、数量以及包装等方面进行检查，并作出是否合格或通过验收与否的判定。

11.3.3.1　检验形式

① 化工商品按检验的形式分为抽样检验和免检两种形式。抽样检验是按照事先商定的抽样方法，从被检商品中随机抽取少量样品组成样本，并对样品逐一测试，将检验结果与标准或合同技术要求进行对比，最后判定受检批次商品整体质量是否合格。免于检验是指对生产技术精湛、检验条件完善、企业管理水平高、化工商品质量形成过程具有充分保证、成品质量长期稳定的生产企业的商品，在企业自检合格后，商业和外贸部门可以直接收货，免于检验。

② 按化工商品内外销情况，有内贸商品检验和进出口检验两种。其检验的具体形式有多种，如商业监检、商业不定期抽检、商业批检、行业会检、商业免检、库存商品检验等，外贸商品经常有法定检验、公证检验和委托业务检验等。

11.3.3.2　检验内容

化工商品的检验首先是质量检验，包括商品的有效成分、规格、等级、性能和外观质量等。其次是重量和数量检验，对商品逐一清点或称量，证明实际装货数量。再次是包装检验，根据合同，对商品的销售包装和运输包装的标志、包装材料、种类、包装方法进行检验，查看是否完好、牢固、保质等。最后是安全检验，主要是对有毒、有害、易燃、易爆、具有腐蚀性和挥发性化工商品的包装、储运过程中的安全措施进行检验，以防范安全风险。

11.3.3.3　检验方法

不可能每件商品都检验，为检验的简便和科学性，对被检商品首先进行抽样，然后对所抽样品进行检验。这时抽样的合理显得很重要，根据化工商品的性质，抽样方法有单纯随机抽样法、系统抽样、整体抽样法和分层抽样法等。然后对样品进行检验。

(1) 感官检验法　利用人的感官对商品的色、香、味、手感、音色等感官质量进行判定或评价。化工商品进行感官检验的范围主要是商品的外观色泽、粒度、气味、干湿程度以及包装物等。不用仪器，简单快速易行，但较依赖人的生理条件和工作经验，有一定主观性和局限性。

(2) 理化检验法 化工商品的检验更多采用的是理化检验法。利用各种仪器和试剂，运用物理、化学及生物学的方法来测量化工产品的质量。主要用于检验化工商品的组成成分、物理性质、化学性质。理化检验能客观、准确地反映化工产品的质量，有具体数据，对化工商品的质量鉴定具有很强的科学性，客观、精确。但对检验仪器和检验条件要求较苛刻，同时也要求检验人员具有一定的理论基础和熟练地操作技能。

11.3.3.4 质量评价与管理

(1) 化工商品的分级 商品生产出来后，由于时空变化或多或少会产生质量差异，另外，各需求方对产品质量的需求也有不同，故对功能、用途相同的商品分为若干个等级。化工商品一般分为优等品、一等品和合格品。国家标准 GB/T 12709—1991《工业产品质量分等导则》规定：优等品的品质标准必须达到国际先进水平，且实物质量与国外同类商品相比须达到五年内的先进水平；一等品的质量必须达到国际一般水平，且实物质量水平达到国际同类产品一般水平。按我国现行标准组织生产，标准为国内一般水平，实物质量达到相应标准要求的为合格品。

化工商品的分级方法常有记分法和限定法两种。记分法有百分记分法和限度记分法。百分记分法将商品的各项质量指标规定为一定的分数，各质量指标的分数之和为 100 分，重要指标占分高。如果商品质量符合标准规定要求，总分就是 100 分，反之分数降低，等级相应下降。限定法是指在标准中规定化工商品每个等级中主要组成成分的最低含量，限定其他组分的最高含量。如化肥碳酸氢铵优等品中，氮的含量要达到 17.2%以上，水分含量要在 3%以下。

(2) 化工商品的质量标志 化工商品质量标志是按一定的法定程序颁发给生产企业，以证明其商品质量达到一定水平的符号或标记。比较常见的有合格标志、认证标志、免检标志、环保标志、QS 标志、原产地标志、名牌标志等。实行商品质量标志，不仅是保证商品质量的重要手段，也是维护商品使用者利益的有效方法。特别对于某些事关人身安全的化工商品，国家强制实行质量标志。有关标志见图 11-2。

中国强制认证标志

中国长城标志

国家免检产品

欧共体CE认证

英国BSI风筝标志

法国标志

美国国家安全标准认证标志

国际羊毛标志

德国DIN标志认证

国际电工CB认证

德国安全认证标志

NRTL/C
北美安全标志

德国VDE安全产品标志

北欧四国安全认证标志

图 11-2 相关标志

(3) 化工商品质量评价　内容有商品内外质量的符合性；商品包装质量；商品是否使用方便，说明是否详细、清楚；商品认证标志的齐全性、完整性；商品的售后服务；品牌知名度、美誉度；商品消费的顾客群体的特殊要求及满足程度；商品与人、社会、环境的关系。

11.4　化工商品的营销

随着全球化发展而形成新的世界市场经济体系背景下的现代商务，超出了传统商品贸易的范围，从一般商品贸易发展到知识与技术贸易，专利权或专用技术的转让，商标权的有偿使用等，以知识和技术为特征的无形商品交易在整个贸易额中所占的权重在逐步增加。其经营方式也发生了很大的变化。现代商务的范围从单纯的流通领域分别向两端延伸到生产领域和消费领域。

现代化工产品与人们的衣食住行密切相关，也是商品交易中种类最多，最为复杂的品种。化学现代商务向生产领域的发展已由制造向研发和市场两端延伸。在企业大量增加的研发投入中，一种是企业自身提高研发投入，开发新产品以增加竞争力；另一种是研发开发的专业化，通过分工协作，成立专门从事研发的公司或委托专门的技术开发公司从事研究开发。另外，随着消费者需求个性化和多样化趋势增加，要求企业对不同层次的消费者加强研究，通过定制和及时响应来适应多种需求。

化工商品给消费者提供的需求包括物质产品和非物质产品。所谓非物质产品是指产品给购买者带来的附加利益，包括心理上的满足感和对产品的信任感。故产品的功能除可使用的核心功能外，还须呈现出具体形态的形态功能（一般以样式、特征、品质、品牌、包装等形态表现出来）、包括各种附加利益的附加功能（如产品说明、送货、安装、调试、维修、技术培训、商品保证等）。由此可见，在现代市场经营中，企业出售的不仅是某种商品的实体，而是提供整体的满足。

化工产品的销售对象与日用商品的销售对象是不同的，化工产品的销售对象主要是生产企业，他们购买产品的目的是为了进一步生产加工成其他产品，属于间接消费，采用的销售策略也应该不同。

11.4.1　消费和采购特点

化工产品的市场规模大，交易对象少。化工产品的采购对象主要是相关产业中上下链的企业，与消费品市场的规模相比，客户数目要少得多，但每次交易的价值额高。化工产品交易市场相对集中，具有相当强的地理区域集中性。在我国大多数集中于北京、天津、上海、成都、广州等大城市。由于生产工艺确定后，所需原材料基本恒定，故客户及所购产品相对稳定。

由于化工产品的特殊性，采购人员较专业，对所购产品的规格、质量较清晰，较少受经销商或广告所左右，在采购过程中更加关注供应商的技术实力、付款方式和条件、供货速度等方面的能力。另外，对化工产品采购参与意见的人员较多。有生产线上的使用者、仓储人员、生产决策者和采购者等。任何一个供应商，虽然面对的可能只是一个采购人员，但这些采购人员所代表的是一个企业。通过这些采购人员在一个公司内施加影响对供应商的产品销售是非常重要的。所以供应商企业的营销人员应能准确判断出购买决策中心的人员构成及其影响力的大小，然后有针对性地提供产品的信息。

11.4.2　销售渠道

销售渠道是产品所有权转移过程中所经历的各个环节连接起来所形成的通道，是生产企业与消费客户之间联系的桥梁。分销渠道的任务是通过与经销商、代理商进行交易，间接地把产品分销到广阔的终端市场。分销渠道一般分为传统分销渠道模式、垂直分销模式、水平分销模式、多渠道分销模式等几种。

(1) 传统分销渠道模式 传统分销渠道模式由制造商、批发商和零售商松散地联系在一起，渠道内的各方相互间进行讨价还价，对于销售条件各行其是，每一个成员只关心自身的最大利益。渠道各成员之间的关系是临时的、不稳定的。这种模式是中小企业常采用的一种渠道模式。

这种关系为企业提供了最大限度的自由，渠道成员有较强的独立性，无需承担太多义务。进退灵活，进入或退出完全由各个成员根据局势需要自主决策。中小企业由于财力和销售能力的缺乏，在进入市场时可以借助这种关系迅速成长。但这种模式成员之间信任度差，渠道的安全性低。缺乏有效的监控机制，渠道的安全性完全依赖成员的自律，风险较大。

(2) 垂直分销渠道模式 垂直分销模式是由生产企业、批发商和零售商组成的统一联合体，按照垂直关系形成分销方式，又可细分为直接分销渠道和间接分销渠道。

① 直接分销渠道　直接分销渠道是指所有的营销职能都是由制造商或服务企业来承担，由企业自己的销售人员将商品直接销售给客户或企业自设门市部，没有中间商。根据化工产品的消费特点，厂商广泛应用直接分销模式。

② 间接分销渠道　间接分销渠道中包含一层或数层较固定的中间商，由中间商来分担营销职能。对某些化工产品，由于市场范围较广但顾客零散、交易量一般较小、顾客一次购买多家厂商的不同种类的商品、服务，用间接分销渠道能节约成本，更有优势。

③ 垂直分销渠道模式的优缺点　垂直分销渠道模式的优点是可使厂商与中间商形成利益共同体，能合理管理库存，削弱分销成本，保障商品质量，易于安排生产和销售。其缺点是维持系统的成本较高，经销商缺乏独立创造性。

(3) 分销渠道的选择 当生产企业确定了目标市场以后，就要选择高效率的分销渠道。每个企业都会从三个方面来确定对渠道的选择：中间商的类型、中间机构的数目、渠道成员的条件及相互责任。在选择了合理的分销渠道以后，生产者也应对这一分销渠道进行必要的控制和管理，以使渠道的运行有利于将商品迅速地、适时地转移到目标顾客中。

① 制定分销渠道目标　制定分销渠道目标是根据相应的营销目标、市场的服务要求和渠道的交易成本来确定的。渠道目标中须充分考虑利润因素以及资源的利用，即效果与效率。

② 确定中间商的类型　在选择中间商的类型时，主要考虑目标市场的服务要求和渠道的交易成本。在此基础上反复挑选出能促进其获得长期利润的渠道类型。公司可以选择代理商、分销商，也可以自己建立推销队伍进行直接销售。对于量大面广的产品，如化肥、基本有机原料等，由于通用性强，产品的性质和功能已经为公众所知晓，产品的推广主要在价格上，所以一般都用分销商来进行销售。而对于化妆品、农药、添加剂等精细化工产品，由于产品的性质和功能差别大，需要企业自己建立推销队伍或销售代表来进行产品推广。因产品的附加值高，能够负担高额的销售费用。

11.4.3 营销方法

随着科技的发展，化工产品的增长速度大大超过了社会需求，变成了买方市场。产品营销对一个企业的运行和发展越来越重要。化工企业经过几十年的探索，营销战略发生了根本性的变化，即以产品为中心向以顾客为中心转变，以顾客的需求为中心，以顾客的满意为目标。另外，改善企业形象，热衷于社会公益事业，也是营销战略的重要部分。

(1) 洽谈与沟通 在化工产品的营销过程中，洽谈是一个重要的营销战略。运用洽谈作为影响过程要求销售人员要突破一般推销观点的特性。销售人员不能只是着眼于取得订单，而是应该开拓和发展未来增长的可能最佳环境。销售方必须从发展有效的采购者方面思考问题，而不是不惜任何代价取得订单的做法，应该代之以长期观点，问题不在于“怎样说服买主购买”，而是“您的需要是什么？本公司如何长期为您提供最佳服务？”，“我如何使本公司和销售条件对您具有极大的吸引力？我们能够为您做些什么？”买主与卖主关系的洽谈涉及公司乐意并随时准备向单个客户提供其所需的产品。换言之，从产品市场经营的（长期）战略观点出发，产品是个量度而不是一个已知量。

(2) 差异化营销

① 产品差异化　为区别竞争对手的产品，企业设计和突出一系列产品差别，在满足顾客基本需求的情况下，为顾客提供独特的产品，形成独特的市场，这就是差异化策略的目标。“人无我有，人有我精”，企业应提供更好、更新、更快、更有特色的产品来创造附加值，促进产品的营销。对于我国大量的中小型化工企业，在大型跨国巨头以及大型国企的夹缝中生存，实施差异化营销策略无疑是一个很好的选择。但差异化营销需以科学、缜密的市场调查、市场细分和市场定位作为基础，根据顾客的需求和企业的现实和未来发展来考虑实施差异化。

② 服务差异化　在同质性产品竞争激烈的情况下，服务的差异化直接影响到产品的销售。首先，从服务的范围看，现在企业产品的销售服务远远超过了答复消费者的咨询、送货、安装这些功能，从服务上进一步提高消费者的满意程度，包括预期、售前、售中、售后等一系列服务举措。讲究整体营销，并从每一环节上下工夫，如为客户提供技术培训、为客户新产品生产线进行调试等，以真正赢得客户使之显得更加有竞争优势。

(3) 价格策略　在化工产品采购中，由于购买批量大，采购价格将直接或间接影响顾客自己的产品成本，因此价格协商与谈判是经常要发生的一个环节。价格的最终确定取决于采购批量、对顾客产品的成本结构、销售状况等信息的掌握情况。在营销中一般采用价格折扣的方法来处理。价格折扣或折让有三种方式：数量折扣、功能性折扣、现金折扣。

① 数量折扣　根据顾客购买量的多少给予不同顾客相应的价格折扣，以达到刺激顾客尽量多购本企业的产品以及增强加顾客忠诚度的目的。数量折扣可分为累计性数量折扣和非累计性数量折扣。非累计性数量折扣是指企业根据顾客一次购买量的多少给予数量折扣，这样企业可以降低仓储、订单处理和运输的成本。而累计性数量折扣是指企业根据顾客一段时期内（通常为一年）购买量的多少给予折扣，这种折扣方式可以节约营销费用并减缓竞争压力。

② 功能折扣　企业对处于不同分销渠道的中间商或同一渠道不同环节的中间商，按其在渠道中所发挥的功能、作用不同，在与其进行交易中给予不同的折扣。企业所提供的折扣必须能够弥补中间商在提供销售服务等方面所花费的成本，并保证他们获得一定的利润。

③ 现金折扣　根据不同购货者付款方式和付款时间的不同情况，按原价格给予一定的折扣。这一定价技术可以鼓励顾客提前支付货款，保证企业的现金流正常运转。

一些顾客为了能够获得在质量、价格、规格、供货速度等方面更让人满意的产品，往往通过竞争投标的方式来采购。很多供应商在价格制定上更多地考虑按照顾客所能承受的价格来开发、设计产品，而不是以自己的利润中心来对待，关注的是长期合作带来的双方利益的双赢而非短期的既得利益。

④ 关联营销　关联营销是 20 世纪 80 年代末在西方企业界兴起的，它的核心思想是建立发展良好的关系，使顾客保持忠诚度。化工产品的特点正符合关联营销的思想。企业与顾客的相互依存和产品的复杂性是化工市场的独特之处，化工企业必须采取各项措施巩固现有

顾客与企业的良好关系。对于化工产品、化工原料等产品的重复性交易是经常发生的，因此应更注重关联营销。

⑤ 互惠交易　互惠交易是化工产品营销中的一种特殊情况，即任何一方既是另一方的买主又是卖主，这是一种互相惠顾的制度。由于化工产品具有内部的关联性，互惠交易既利用购买力进行销售，又在购买过程中发展自己的客户。

11.5　化工商品的国际贸易

由于化工产品几乎覆盖了人们日常生活的各个部分，化工产品的贸易是世界贸易的重要组成部分，其总额仅次于汽车贸易。欧盟、美国、日本由于集中了世界上最大的化工跨国巨头（如巴斯夫、英荷壳牌、拜耳、联合碳化物、道化学、东芝等化学公司）是世界化工贸易的三大霸主。

近年来，由于世界经济的一体化趋势加快，我国化工外贸有了长足的进步。染料、农药、橡胶轮胎等较粗放的化工产品出口量快速增加。比起进口的化学品，我国出口的化学品中精细产品较少，整体价格较低，另外在生产中有较多的环境负担。

11.5.1　国际贸易流程

(1) 交易前的准备　交易前，首先要组织一个包括熟悉商务、技术、法律和财务的谈判班子；然后根据各种资料，如该产品的市场供销状况、价格动态、政策法令和贸易习惯选择、目标市场和多家交易对象。最后制定较具体但可灵活的交易方案。

(2) 交易磋商　根据交易额及其他因素，交易磋商可以通过双方面谈，也可以通过函电进行，通过函电进行交易有询盘、发盘、还盘和接受 4 个环节。

询盘是准备购买或出售商品的人向潜在的供货人或买主探询该商品的交易可能性的业务行为，不具法律约束力。询盘的书面方式有书信、电报、传真、询价单。

发盘即报价，发盘买卖双方均可提出，但发盘方的报价及交易条件在规定有效期内受法律约束，故交易条件及交易商品的各要点（如品名、品质、数量、包装、数量、价格、交货条件、支付办法）必须明确。

还盘即还价，受盘人对发盘人提出的交易条件提出修改意见，法律后果是后者否定前者。经过发盘和还盘（有时是多次），受盘人接受发盘条件，在法律上称为承诺，以声明或其他有效的形式表示同意发盘提出（或修改过）的交易条件。

(3) 合同成立　买卖双方就各项交易条件达成协议后，还需要具备一定的条件才能形成一项有法律约束力的合同。首先当事人必须具备签订合同的行为能力；其次合同内容必须合法；合同当事人的意思表达必须真实。

买卖双方达成协议后通常还要制作书面合同，将各自的权利用书面形式加以确定。进出口合同内容要全面、完整、具体内容由以下几个部分组成。

①合同的名称和编号；②合同的前文，包括签订的日期、当事人姓名及法定地址、签订缘由等；③合同的核心条款，包括品名、品质、数量、价格、包装、支付、交货、保险以及检验条款等；④通用条款，如不可抗拒力、索赔、仲裁条款；⑤特别条款，如许可证条款、税收条款及汇率条款等；⑥结尾部分，主要是合同有效期，使用文字的效力及合同份数、买卖双方当事人签字等。

(4) 合同的履行

① 出口合同的履行　出口合同的履行有以下几个环节：备货、报验、租船订舱、报关、

装运、投保。

a. 备货一般由外贸公司首先向生产或供货单位下达联系单、安排生产或催交货物，再对货物进行核实、验收，以便货物提前验收入仓。同时填货物出仓申请单，待得到储运部门货物出仓通知后即可办理其他手续。

b. 报验，即在备货完毕后，按国家规定或合同规定及时向商检局提出检验申请，商检部门对货物进行抽样检验，合格后对出口企业发商检证书。

c. 租船订舱，在CIF（Cost，Insurance and Freight，成本加运保费）与CFR（Cost and Freight，运费在内价）出口合同下，租船订舱由出口方负责。我国出口企业通常委托中国对外贸易运输公司代办托运。

d. 报关，具体流程如下：首先出口商根据配舱回单提供的船名，航次及其他有关信息添制报关单，并提供发票、装货单、合同、商检证书等报关单据，向海关办理报关手续。然后承运人分别向港口和海关发送载货清单；最后海关按有关规定对货物进行检验，并向出口商、承运人和港口发送放行通知单。

e. 装运，出口商在受到港口发出的货物集港通知后，将货物运至港口并将装货单和收货单发送理货公司，理货公司将货物装上承运人所订船只，将装货单和收货单一并交给船方，船方根据装货实际情况在收货单上签收或作批注后退还出口商；出口商将该收货单送交货运代理公司换取正本提货单。最后承运人在船只离港后，向口岸海关递交装船货物实际清单。

f. 投保，在CIF合同下，出口企业要在货物装运前，根据合同和信用证有关规定，向保险公司办理保险并取得保险单。

② 进口合同的履行　进口合同成立后，进口企业既要履行付款、收货的义务，又要督促国外出口商履行合同规定的义务，防止拖延履行或违约而给进口方造成损失。

我国的进口交易大多以FOB（Free On Board，船上交货）条件成交，以即期信用证为支付方式，大多采用海运方式运输货物。在合同履行中一般经过以下几个环节。

a. 开证。向银行提供进口合同副本，申请开信用证，有时银行要求进口企业提供担保后才开信用证。在国际贸易中使用的支付结算方式主要是各种票据，如汇票、托收和信用证，信用证将商业信用转为银行信用，现已成为国际贸易中普遍采用的支付方式。

b. 租船订舱和催运。在FOB合同下，应由进口方负责派船到指定港口接货。在卖方收到信用证后，买方要根据卖方预计的装船日期租船订舱，并告之国外出口商，同时要做好催装工作。

c. 投保。在FOB或CFR合同下，根据卖方发出的装运通知，进口方办理保险。

d. 审单与付汇。我开证行根据收到的国外卖方货运单据，会同银行、外贸公司审核单据无误后，银行向卖方付款，同时由外贸公司购买外汇赎单，再由外贸公司与进口方结算货款。

e. 报关与提货。货到后，进口方应填写进口货物报关单，连同发票、提单、装箱单、保险单及其他必要文件向海关申报进口，海关对货物和单据查验合格后缴关税，然后海关签章放行。

f. 检验和拨交。属法定检验的进口商品必须经过商检机构的检验才能销售或使用。对于合同规定在卸货港检验、检验后付款、索赔期较短或易损物品均应在卸货港检验，其他进口商品可以由用货部门所在地商检机构检验。货物经报关、报检后，进口商可与国内订货人拨交货物。至此，进口合同履行完毕。

11.5.2 国际贸易中的非关税壁垒

11.5.2.1 国际贸易非关税壁垒现象

世贸组织（WTO）的宗旨和基本原则是通过市场开放、非歧视性和公平贸易等原则的实施，达到推动世界贸易自由化的目的。但各国政府总会受到其国内政治及利益集团的影响，通过制定种类多样、形式各异的非关税壁垒措施来达到保护本国或本地区利益集团的目的。非关税壁垒（Non-tariff Barriers，简称 NTBs）是指一国政府根据法律法规以非关税方式实施的、对商品或服务的国际流动具有一定限制作用的管理措施。相对于关税，其特点是有较大的灵活性和针对性，其保护作用更为直接和强烈，同时又具有强烈的隐蔽性和歧视性。

现在非关税壁垒的措施主要有：进出口禁令、贸易禁运、进出口配额、进出口许可证、歧视性政府采购、反倾销措施、补偿关税、税收优惠与补贴、对进口商的信贷限制等。近年来贸易技术壁垒（Tcchnical Barrier of Trade，简称 TBT）发展尤为迅速，通过制定各种严格、复杂、苛刻而又多变的技术标准、技术法规和认证制度来达到限制外国商品进入、保护国内市场的目的。技术壁垒是打着促进贸易的旗号阻碍自由贸易，对发展中国家尤其是我国危害相当严重。

11.5.2.2 对技术贸易壁垒的应对措施

非关税贸易壁垒、尤其是技术壁垒是阻止我国外贸快速增长的主要原因。如何突破技术壁垒，可以采取以下几个应对措施。

(1) 建立健全我国技术标准体系 技术标准其实就是国际贸易中的游戏规则，谁有权制定和控制技术标准，谁就在国际市场和国际贸易中占据有利地位。

由于历史原因，我国目前缺乏相应的技术标准和检验、检疫手段，或者技术标准低，更新速度慢，与国外标准有很大的距离，造成产品出口受到限制，对进口产品，即使在生产国属于不合格的产品也起不了限制作用。从保护我国产业发展和消费者的健康与安全、保护我国经济安全的角度，我国迫切需要技术性贸易措施。

现今最具权威性，影响最广泛的国际标准化组织是 ISO，我们制定标准应盯住这类全球统一标准，既能有效地突破技术壁垒，又可引进合理价格的技术、产品和服务。

(2) 加强技术改造，提高我国产品的质量 我国的企业主要借助于低价来打开国际市场。由于利润空间小，主要的措施是通过降低产品质量来控制成本。应对技术壁垒，应改变思路，首先一定要通过提高科学技术水平，提高产品的技术含量；其次是运用清洁生产工艺，生产绿色产品；第三要认真研究包装发展趋势，发展绿色包装。

(3) 利用应诉机制 我国出口产品遭到进口国贸易限制后，应诉的出口商不多。目前我国已初步形成商务部、地方各级外经贸管理部门，进出口商会和行业协会等中介组织以及相关企业的出口应诉工作机制。因此企业在发现出口面临问题时可积极利用国家相关应诉工作机制，有效地处理在出口中面临的各种问题。

(4) 培养懂贸易、法律和技术的“复合型”人才 由于我国在这方面人才匮乏，我国企业在出现贸易纠纷应诉时，要么不应诉被单方面判输，即使应诉差不多都是由西方人代为操办，费用高，常受制于人。故迫切需要培养懂贸易、法律和技术的“复合型”人才，以提高反贸易壁垒水平，提升外贸竞争力。

11.5.3 化工电子商务

化学品交易具有数量庞大、规格型号复杂、客户较少较专一，非常适合网上交易，现已进入电子贸易时代。由于其交易迅捷、交易费用低廉、信息传播迅速，深刻地改变着传统的化工贸易方式。

电子商务是利用以 Internet 为核心的信息技术进行商务活动（包括生产、流通、分配、交换和消费等环节）和企业资源管理的方式，其核心是高效的管理企业的所有信息，帮助企业理顺整个供应链上的信息，更有效地为客户提供个性化服务，降低企业成本、提高企业效率。

化工贸易是一个全球性的巨大市场，客户和供应商之间的交易十分频繁；在化学产品的经营领域，生产商既是供应商又是客户，化工产品的大部分都是标准化的产品，而标准化产品就决定了一个合同可以在不见面的情况下通过标准的质量数据来完成。因此，电子商务在化工产品贸易方面具有良好的发展前景。

事实上，目前化工电子商务发展迅速，如石化行业已成为电子商务发展的增长热点，是全球第二大电子商务领域。全球 600 个独立的电子商务网站中，居前十位的电子商务交易平台中有 7 个与石化行业有关，其中有 3 个直接来自化学工业。

11.5.3.1　电子商务的基本结构

电子商务是在 Internet 网络上进行的，因此 Internet 网络是电子商务最基本的框架。另外，电子商务除涉及企业自身外，还涉及其他许多方面，包括商家、消费者、银行或金融机构、信息公司或证券公司、企业、政府机构、认证机构、配送中心等。由于参与电子商务中的各方是互不了解的，因此数据加密、电子签名等技术发挥着重要作用。

11.5.3.2　电子商务的主要功能

电子商务可提供网上交易和管理等全过程的服务，因此它具有广告宣传、咨询洽谈、网上订货、网上支付、电子账户、服务传递、意见征询、交易管理等各项功能。具体做法是：

客户可借助网上检索工具（Search）迅速找到所需的企业商品信息，利用非实时的电子邮件或实时的讨论（Chat）来了解、洽谈交易事物。洽谈成功后可进行订购，填完网上订购单后，通常系统会回复确认信息单来保证订购信息的收悉。然后客户和商家之间可采用信用卡账号或银行账号实施支付。对于已付了款的客户，商家通过电子邮件在网络进行物流的调配，以尽快传递到客户。电子商务还方便地采用网页上的表单来收集用户对销售服务的反馈意见。

11.5.3.3　电子商务的营销特点

(1) 网络销售更注重消费者的需求　网络营销可真正面对消费者，实施“一对一”的个性化营销，可针对某一类型甚至某一消费者制定相应的营销策略，即定制化营销，消费者可以自由选择自己感兴趣的内容进行购买。

(2) 网络销售的价格优势　在网络营销中，由于在网上发布信息成本低廉，且产品直接向消费者推销，即“直复营销”，极大地降低了营销成本，故商品价格低于传统销售方式的价格，使产品更具竞争力。

(3) 网络销售的渠道便于和消费者沟通　由于网络有很强的互动性和全球性，网络营销可以实时和消费者沟通。在“一对一”的个性化营销和“直复营销”中，都能够以最快、最准确的方式获得顾客信息和顾客评价，以对消费者提供更贴切、更个性化的服务。

11.5.3.4　电子商务的安全体系

在现代社会里，个人隐私、商业机密是特别敏感的内容。电子商务安全也是信息安全的重要方面。现在在信息安全方面有多种技术，如密码技术、防火墙技术等较高层次的技术等，这里介绍一些常用规则，如数字签名、数字时间截、认证中心等问题。

(1) 数字签名　数字签名技术是将摘要用发送者的私钥加密，与原文一起传送给接收者。接收者只有用发送者的公钥才能解密被加密的摘要。在电子商务安全系统中，数字签名技术有着特别重要的地位。数字签名中，消息摘要通过单向散列函数（Hash 函数）生成一个唯一的对应一个消息的值，因此摘要成为消息的“数字指纹”，从而实现系统有效、安全、保密与认证。

(2) 数字证书 数字证书也叫数字凭证、数字标志。它含有证书持有者的有关信息，以标识他的身份。证书包括以下内容：证书拥有者的姓名，证书拥有者的公钥，公钥的有效期，颁发数字证书的单位，颁发数字证书单位的数字签名，数字证书的序列号。

数字证书一般有三种类型：个人数字证书、企业（服务器）数字证书，软件（开发者）数字证书。

(3) 认证中心（Certificate Authority，简称 CA） 在电子交易中，无论是数字时间截（DTS）服务还是数字凭证（ID）的发放，都不是靠交易的双方自己能完成的，而需要有一个具有权威性和公正性的第三方来完成。认证中心就是承担网上安全电子交易认证服务，能签发数字证书，并能确认用户身份的服务机构。认证中心通常是企业性的服务机构，主要任务是受理数字凭证的申请、签发及对数字凭证的管理。

在实际运作中，CA 可由大家都信任的一方担任，例如在客户、商家、银行三角关系中，客户使用的是由某银行发的卡，而商家又与此银行有业务关系或有账号。在这种情况下，客户和商家都信任这家银行，可由银行担当 CA 角色，接受、处理客户和商家的验证请求。又如，对商家自己发行的购物卡，则可由商家自己担当 CA 角色。

CA 的职能有：证书发放、证书更新、证书查询、证书撤消、证书归档和证书验证。

11.5.3.5 化工电子商务资源

石油及化工类电子商务需求增长迅速，现已有 10 多家跨国石油石化公司联合宣布成立网上交易所。世界、我国都建立了因特网交易平台。

(1) 国外部分化工商务网站简介

① 世界化工交易网（www.ChemConnect.com）是由总部设在美国加州旧金山市的 ChemConnect 公司所创办并运营的第三方网站，其投资者是一批著名的跨国公司和机构，包括 Abbott 实验室、安盛咨询公司、巴斯夫、拜耳、BP-阿莫科、道化学、三菱、通用电气、化学周刊、斯坦福大学等。早期以发布石化产品供应商的卖方信息为主，随着全球互联网及电子商务的爆发性增长日益成熟，1997 年开始逐渐拓展为连接买方和卖方的化工交易市场网上平台，目前已经吸纳了世界 100 多个国家的数千家企业到网上做生意。

② 全球化工商情信息［Chemical Business News Base（http://www.Dialogatsite.net)］是化学皇家协会 the Royal Society of Chemistry 出品的，该数据库是一个世界范围内化学工业及相关行业的经济信息数据库，其覆盖面从聚合物、涂料到农业化学和保健。数据库数据存在一张光盘上，这些数据来自于各种出版物，包括期刊、公司发行物、公司报告、出版商名录、图书和目录。它可以提供下列服务：查询全世界化学工业的经济信息、跟踪各化学工厂发展和建设、跟踪化工领域兼并和收购的动态信息、可得到化工行业的有关重要规则或建议、分析化工行业的供求趋势、跟踪至关重要的竞争情报。

③ 化学工业（http://www.Neis.com）网站由美国环境信息服务中心设立，提供涉及化学方面的公司、机构、环境资源、销售和市场等方面的信息资源。分为网站、化工信息、目录、工作、时事新闻区域，分别有强大的搜索功能。

④ http://www.chemicalhouse.com，该网站提供在线的化工贸易和化学品的供求信息，出口、制造商、供应商及购买信息。分为主页、登录、MSDS、时事通讯、广告、信息提交及游客指南区域。

⑤ http//www.chem.com 网站提供化学品供求及生产商数据库，有以下分类：产品分

类、顾客汇总、化学品分类、设备和服务、设备分类、化学品在线、零售化学品、高级搜索、公司主页在线及公司目录等。

(2) 国内部分化工电子商务网站简介

① 中国万维化工城（www.chem.com.cn）是由中国化工信息中心建立，专门从事化工业网上贸易，拥有丰富信息资源和雄厚技术实力的大型现代化电子交易平台，成为集国内、国际化工市场信息、网上贸易于一体的权威性网站。它向国内外化工生产和商贸企业提供全方位、多层次的化工电子商务服务。

② 中国化工网（http://www.chemnet.com.cn）是面向化工行业的专业性商务网站，由杭州中华网络技术有限公司经营，提供产品数据库服务、企业数据库服务、动态实时交易服务、邮件列表服务等。

③ 中国化工交易市场网站（http://www.esinochem.com）是由中化集团公司出资组建的高科技电子商务公司——中化协诚网络信息科技有限公司开发经营的，将在线交易和信息服务有机地结合在一起。该网站不仅安全、高效，对非经常性交易会员，提供便捷的自主供求报价服务，通过网站的自动撮合系统对会员需求进行匹配和筛选，保证了交易信息的覆盖面和交易的成功率。

④ 中国化工电子商务网（http://www.ccecn.com）是专业化工贸易整合的专业化工网站，由中国化工情报协会建设，多家来自全球的业内著名企业与其战略联盟、并提供运营支持，全力开拓中国大陆市场、服务中国化工及相关产业客户。该网站凭借其贸易平台上的化工上下游产业资源和国内国际大市场的海量资讯，联合国内外著名化工协会和贸易网站，为化工产业客户提供整个产业的价格、交易状况、统计数据、行情预测、专家综述等完整资讯和丰富的买商资源。

习　题

1. 从化工商品学研究商品使用价值的角度，如何理解化工商品学研究的对象与任务？
2. 化工商务有什么特点？
3. 市场上经营的工业硫酸有哪些品种？如何识别这些品种？
4. 液氯、漂白粉能漂白、杀菌的原理是什么？
5. 涂料的组成有哪些？如何分类？
6. 什么叫食品添加剂？按用途可分为哪几类？
7. 什么叫高分子材料？它如何分类？有何特点？
8. 什么是塑料？什么是合成树脂？
9. 试分析化工商品等同采用国际标准的意义。
10. 试述质量体系认证与企业品牌文化建设的关系。
11. 分析化工商品主要抽样方法的利弊。
12. 简述国际贸易流程。
13. 什么是电子商务？根据你的理解，给电子商务下个定义。
14. 电子商务有哪些功能和特点？
15. 简述电子钱包的购物过程。
16. 搜索一个化工网站，查询3～5种化工产品的价格。

附　录

附表 1　一些基本物理量

物　理　量	符　号	数　值
真空中的光速	c	$2.99792458\times10^{-8}\mathrm{m\cdot s^{-1}}$
电子电荷	e	$1.60217733\times10^{-19}\mathrm{C}$
质子质量	m_p	$1.6726231\times10^{-27}\mathrm{kg}$
电子质量	m_e	$9.1093897\times10^{-31}\mathrm{kg}$
摩尔气体常数	R	$8.314501\mathrm{J\cdot mol^{-1}\cdot K^{-1}}$
阿伏加德罗(Avogadro)常数	N_A	$6.0221367\times10^{23}\mathrm{mol^{-1}}$
里德堡(Rydberg)常数	R_∞	$1.0973731534\times10^{7}\mathrm{m^{-1}}$
普朗克(Planck)常数	h	$6.6260755\times10^{-34}\mathrm{J\cdot s}$
法拉第(Faraday)常数	F	$9.6485309\times10^{4}\mathrm{C\cdot mol^{-1}}$
玻尔兹曼(Boltzmann)常数	k	$1.380658\times10^{-23}\mathrm{J\cdot K^{-1}}$
电子伏	E_v	$1.60217733\times10^{-19}\mathrm{J}$
原子质量单位	u	$1.6605402\times10^{-27}\mathrm{kg}$

附表 2　一些物质的标准摩尔生成焓、标准摩尔生成自由能和标准摩尔熵的数据（298.15K，100kPa）

化学式	$\Delta_\mathrm{f}H_\mathrm{m}^\ominus/\mathrm{kJ\cdot mol^{-1}}$	$\Delta_\mathrm{f}G_\mathrm{m}^\ominus/\mathrm{kJ\cdot mol^{-1}}$	$S_\mathrm{m}^\ominus/\mathrm{J\cdot mol^{-1}\cdot K^{-1}}$
Ag(s)	0.0	0.0	42.6
$AgCl$(s)	−127.0	−109.8	96.3
AgI(s)	−61.8	−66.2	115.5
Al(s)	0.0	0.0	28.3
$AlCl_3$(s)	−704.2	−628.8	110.7
Al_2O_3(s,刚玉)	−1675.7	−1582.3	50.9
Br_2(l)	0.0	0.0	152.2
Br_2(g)	30.9	3.1	245.5
C(s,金刚石)	1.9	2.9	2.4
C(s,石墨)	0.0	0.0	5.74
CO(g)	−110.5	−137.2	197.7
CO_2(g)	−393.5	−394.7	213.8

续表

化学式	$\Delta_f H_m^\ominus$/kJ·mol^{-1}	$\Delta_f G_m^\ominus$/kJ·mol^{-1}	$S_m^\ominus$/J·mol^{-1}·K^{-1}
* $CaCO_3$(s,方解石)	−1207.72	−1129.6	92.95
CaO(s)	−634.9	−603.3	38.1
$Ca(OH)_2$(s)	−985.2	−897.5	83.4
Cl_2(g)	0.0	0.0	223.1
Co(s)	0.0	0.0	30.0
* $CoCl_2$	−312.75	−270.05	109.23
Cr(s)	0.0	0.0	23.8
Cr_2O_3(s)	−1139.7	−1058.1	81.2
Cu(s)	0.0	0.0	33.2
CuO(s)	−157.3	−129.7	42.6
Cu_2O(s)	−168.6	−146.0	93.1
F_2(g)	0.0	0.0	202.8
Fe(s)	0.0	0.0	27.3
FeO(s)	−272.0	−244.0	59.4
Fe_2O_3(s,赤铁矿)	−824.2	−742.2	87.4
Fe_3O_4(s,磁铁矿)	−1118.4	−1015.4	146.4
H_2(g)	0.0	0.0	130.7
HCl(g)	−92.3	−95.3	186.9
HF(g)	−273.3	−275.4	173.8
H_2O(g)	−241.8	−228.6	188.8
H_2O(l)	−285.9	−237.1	69.96
H_2S(g)	−20.6	−33.4	205.8
Hg(l)	0.0	0.0	75.9
HgO(s,红)	−90.8	−58.5	70.3
I_2(g)	62.4	19.3	260.7
I_2(s)	0.0	0.0	116.1
K(s)	0.0	0.0	64.7
KCl(s)	−436.5	−408.5	82.6
Mg(s)	0.0	0.0	32.7
* $MgCl_2$(s)	−642.0	−592.2	89.7
MgO(s)	−601.6	−569.3	27.0
Mn(s)	0.0	0.0	32.0
MnO(s)	−385.2	−362.9	59.7
N_2(g)	0.0	0.0	191.6

续表

化学式	$\Delta_f H_m^\ominus$/kJ·mol^{-1}	$\Delta_f G_m^\ominus$/kJ·mol^{-1}	$S_m^\ominus$/J·mol^{-1}·K^{-1}
NH_3(g)	−45.9	−16.4	192.8
* NH_4Cl(s)	−314.6	−203.1	94.6
NO(g)	91.3	87.6	210.7
NO_2(g)	33.2	51.3	240.1
Na(s)	0.0	0.0	51.3
NaCl(s)	−411.4	−384.3	72.2
Na_2O(s)	−414.2	−375.5	75.1
Ni(s)	0.0	0.0	29.9
NiO(s)	−239.9	−211.9	29.9
O_2(g)	0.0	0.0	205.2
O_3(g)	142.7	163.2	238.9
Zn(s)	0.0	0.0	41.6
ZnO(s)	−350.5	−320.5	43.7
P4(s)	0.0	0.0	64.8
Pb(s)	0.0	0.0	64.8
* $PbCl_2$(s)	−359.6	−314.4	136.1
* PbO(s,黄)	−218.2	−188.8	68.8
S(s)	0.0	0.0	32.1
SO_2(g)	−296,8	−300.1	248,2
SO_3(g)	−395.7	−371.1	256.8
Si(s)	0.0	0.0	18.1
SiO_2(s,石英)	−910.7	−856.3	41.5
Ti(s)	0.0	0.0	30.7
TiO_2(s,金红石)	−944.0	−856.3	50.6
CH_4(g)	−74.4	−50.3	186.3
C_2H_2(g)	228.2	210.7	186.3
C_2H_4(g)	52.5	68.4	219.6
C_2H_6(g)	−83.8	−31.9	229.6
C_6H_6(g)	82.6	120.7	269.2
C_6H_6(l)	49.0	124.1	173.3
C_2H_5OH(l)	−277.7	−174.8	160.7
* $C_{12}H_{22}O_{11}$(s)	−2227.0	−1545.7	360.5

注：数据中标有“*”的摘自迪安 JA. 兰氏化学手册. 13th ed. 北京：科学出版社，1991：92～102.（标准压力，T=298.15K，由 1cal = 4.1868J 换算而得）。

附表 3　常见弱酸或弱碱的解离常数（298.15K）

弱电解质	解离常数 $K_i^\ominus$	$pK_i^\ominus$	弱电解质	解离常数 $K_i^\ominus$	$pK_i^\ominus$
醋酸	1.8×10^{-5}	4.74	碳酸	4.2×10^{-7}	6.38
硼酸	5.8×10^{-10}	9.24		4.7×10^{-11}	10.33
氢氰酸	5.8×10^{-10}	9.24	氢硫酸	1.1×10^{-7}	6.97
氢氟酸	6.9×10^{-4}	3.16		1.3×10^{-13}	12.90
蚁酸	1.8×10^{-4}	3.74	硅酸	2.1×10^{-10}	9.70
亚硫酸	1.7×10^{-2}	1.77		1×10^{-12}	12.00
	6.0×10^{-8}	7.22	磷酸	6.7×10^{-3}	2.17
草酸	5.4×10^{-2}	1.27		6.2×10^{-8}	7.21
	6.0×10^{-8}	4.27		4.5×10^{-13}	12.35
亚硝酸	7.24×10^{-4}	3.14	氨水	1.8×10^{-5}	4.74
次氯酸	2.9×10^{-8}	7.534	甲胺	4.2×10^{-4}	3.38
次溴酸	2.8×10^{-9}	8.55	联氨	9.8×10^{-7}	6.01

附表 4　常见难溶电解质的溶度积（298.15K）

难溶电解质	溶度积 $K_{sp}^\ominus$	难溶电解质	溶度积 $K_{sp}^\ominus$	难溶电解质	溶度积 $K_{sp}^\ominus$
$AgBr$	5.3×10^{-13}	$CaSO_4$	7.1×10^{-5}	$Mg(OH)_2$	5.1×10^{-12}
$AgCl$	1.8×10^{-10}	CdS	1.4×10^{-29}	$Mn(OH)_2$	2.1×10^{-13}
AgI	8.3×10^{-17}	$Cr(OH)_3$	6.3×10^{-31}	MnS	4.7×10^{-14}
Ag_2CO_3	8.3×10^{-12}	$CuCl$	1.7×10^{-7}	$Ni(OH)_2$(新)	5.0×10^{-16}
Ag_2CrO_4	1.1×10^{-12}	$CuCO_3$	1.4×10^{-10}	$PbCl_2$	1.7×10^{-5}
Ag_2SO_4	1.2×10^{-5}	$Cu(OH)_2$	2.2×10^{-20}	$PbCO_3$	1.5×10^{-13}
$Al(OH)_3$	1.3×10^{-33}	CuS	1.3×10^{-36}	$PbCrO_4$	2.8×10^{-13}
$BaCO_3$	2.6×10^{-9}	$Fe(OH)_3$	2.8×10^{-39}	PbS	9.0×10^{-29}
$BaCrO_4$	1.2×10^{-10}	$Fe(OH)_2$	4.86×10^{-17}	$PbSO_4$	1.8×10^{-8}
$BaSO_4$	1.1×10^{-10}	FeS	1.6×10^{-19}	PbI_2	8.4×10^{-9}
$CaCO_3$	4.9×10^{-9}	Hg_2Cl_2	1.4×10^{-18}	$ZnCO_3$	1.2×10^{-10}
$Ca_2C_2O_4\cdot H_2O$	2.3×10^{-9}	HgI_2	2.8×10^{-29}	$Zn(OH)_2$	6.8×10^{-17}
CaF_2	1.5×10^{-10}	HgS(黑)	6.4×10^{-53}	ZnS	2.9×10^{-35}
$Ca(OH)_2$	4.6×10^{-6}	HgS(红)	2.0×10^{-53}		
$Ca_3(PO_4)_2$	2.1×10^{-33}	$MgCO_3$	6.8×10^{-6}		

附表5　常见配离子的稳定常数（298.15K）

配离子	$K_f^{\ominus}$	配离子	$K_f^{\ominus}$	配离子	$K_f^{\ominus}$
$[Ag(NH_3)_2]^+$	1.6×10^{7}	$[Cu(CN)_4]^{2-}$	2.03×10^{30}	$[HgCl_4]^{2-}$	1.31×10^{15}
$[Ag(CN)_2]^-$	2.48×10^{20}	$[Cu(CN)_2]^-$	9.98×10^{23}	$[HgI_4]^{2-}$	5.66×10^{29}
$[AgCl_2]^-$	1.84×10^{5}	$[Co(en)_2]^{2+}$	1×10^{20}	$[PtCl_4]^{2-}$	9.86×10^{15}
$[Ag(S_2O_3)_2]^{3-}$	2.9×10^{13}	$[Co(NH_3)_6]^{2+}$	1.3×10^{5}	$[Zn(OH)_4]^{2-}$	2.83×10^{14}
$[Ca(EDTA)]^{2-}$	1×10^{11}	$[Co(NH_3)_6]^{3+}$	1.6×10^{35}	$[Zn(NH_3)_4]^{2+}$	3.6×10^{8}
$[Cd(CN)_4]^{2-}$	1.95×10^{18}	$[Fe(NCS)]^{2+}$	9.1×10^{2}	$[Zn(CN)_4]^{2-}$	5.71×10^{16}
$[Cu(NH_3)_2]^+$	7.24×10^{10}	$[Fe(CN)_6]^{3-}$	4.1×10^{52}		
$[Cu(NH_3)_4]^{2+}$	2.30×10^{12}	$[Fe(CN)_6]^{4-}$	4.2×10^{45}		

附表6　常见氧化还原电对的标准电极电势（298.15K）

电对(氧化态/还原态)	电极反应(氧化态 + $ne^-\rightleftharpoons$还原态)	电极电势/V
Li^+/Li	$Li^+ + e^- \rightleftharpoons Li$	−3.0401
K^+/K	$K^+ + e^- \rightleftharpoons K$	−2.931
Ca^{2+}/Ca	$Ca^{2+} + 2e^- \rightleftharpoons Ca$	−2.868
Na^+/Na	$Na^+ + e^- \rightleftharpoons Na$	−2.71
Mg^{2+}/Mg	$Mg^{2+} + 2e^- \rightleftharpoons Mg$	−2.372
Al^{3+}/Al	$Al^{3+} + 3e^- \rightleftharpoons Al$	−1.662
Mn^{2+}/Mn	$Mn^{2+} + 2e^- \rightleftharpoons Mn$	−1.185
H_2O/H_2	$2H_2O + 2e^- \rightleftharpoons H_2 + 2OH^-$	−0.8277
Zn^{2+}/Zn	$Zn^{2+} + 2e^- \rightleftharpoons Zn$	−0.7618
Fe^{2+}/Fe	$Fe^{2+} + 2e^- \rightleftharpoons Fe$	−0.447
Cd^{2+}/Cd	$Cd^{2+} + 2e^- \rightleftharpoons Cd$	−0.4030
Co^{2+}/Co	$Co^{2+} + 2e^- \rightleftharpoons Co$	−0.28
Ni^{2+}/Ni	$Ni^{2+} + 2e^- \rightleftharpoons Ni$	−0.257
Sn^{2+}/Sn	$Sn^{2+} + 2e^- \rightleftharpoons Sn$	−0.1375
Pb^{2+}/Pb	$Pb^{2+} + 2e^- \rightleftharpoons Pb$	−0.1262
H^+/H_2	$2H^+ + 2e^- \rightleftharpoons H_2$	0.0000
$S_4O_6^{3-}/S_2O_3^{2-}$	$S_4O_6^{3-} + 2e^- \rightleftharpoons S_2O_3^{2-}$	+0.08
S/H_2S	$S + 2H^+ + 2e^- \rightleftharpoons H_2S$	+0.142
Sn^{4+}/Sn^{2+}	$Sn^{4+} + 2e^- \rightleftharpoons Sn^{2+}$	+0.151
SO_4^{2-}/H_2SO_3	$SO_4^{2-} + 4H^+ + 2e^- \rightleftharpoons H_2SO_3 + H_2O$	+0.172
Hg_2Cl_2/Hg	$Hg_2Cl_2 + 2e^- \rightleftharpoons 2Hg$	+0.2681
Cu^{2+}/Cu	$Cu^{2+} + 2e^- \rightleftharpoons Cu$	+0.3419
O_2/OH^-	$O_2 + 2H_2O + 4e^- \rightleftharpoons 4OH^-$	+0.401
Cu^+/Cu	$Cu^+ + e^- \rightleftharpoons Cu$	+0.521

续表

电对(氧化态/还原态)	电极反应(氧化态 + ne^- ⇌ 还原态)	电极电势/V
I_2/I^-	$I_2 + 2e^- \rightleftharpoons 2I^-$	+0.5355
O_2/H_2O_2	$O_2 + 2H^+ + 2e^- \rightleftharpoons H_2O_2$	+0.695
Fe^{3+}/Fe^{2+}	$Fe^{3+} + e^- \rightleftharpoons Fe^{2+}$	+0.771
Hg_2^{2+}/Hg	$Hg_2^{2+} + 2e^- \rightleftharpoons 2Hg$	+0.7973
Ag^+/Ag	$Ag^+ + e^- \rightleftharpoons Ag$	+0.7996
Hg^{2+}/Hg	$Hg^{2+} + 2e^- \rightleftharpoons Hg$	+0.851
NO_3^-/NO	$NO_3^- + 4H^+ + 3e^- \rightleftharpoons NO + 2H_2O$	+0.957
HNO_2/NO	$HNO_2 + H^+ + e^- \rightleftharpoons NO + H_2O$	+0.983
Br_2/Br^-	$Br_2 + 2e^- \rightleftharpoons Br^-$	+1.066
MnO_2/Mn^{2+}	$MnO_2 + 4H^+ + 2e^- \rightleftharpoons Mn^{2+} + 2H_2O$	+1.224
O_2/H_2O	$O_2 + 4H^+ + 4e^- \rightleftharpoons 2H_2O$	+1.229
$Cr_2O_7^{2-}/Cr^{3+}$	$Cr_2O_7^{2-} + 14H^+ + 6e^- \rightleftharpoons 2Cr^{3+} + 7H_2O$	+1.232
Cl_2/Cl^-	$Cl_2 + 2e^- \rightleftharpoons Cl^-$	+1.3583
MnO_4^-/Mn^{2+}	$MnO_4 + 4H^+ + 2e^- \rightleftharpoons Mn^{2+} + 4H_2O$	+1.507
H_2O_2/H_2O	$H_2O_2 + 4H^+ + 2e^- \rightleftharpoons 2H_2O$	+1.776
$S_2O_8^{2-}/SO_4^{2-}$	$S_2O_8^{2-} + 2e^- \rightleftharpoons 2SO_4^{2-}$	+2.010
F_2/F^-	$F_2 + 2e^- \rightleftharpoons 2F^-$	+2.866

参 考 文 献

[1] 曲保中，朱炳林，周伟红．新大学化学．第2版．北京：科学出版社，2007.

[2] 杨宏孝，凌芝，颜秀茹．无机化学．第3版．北京：高等教育出版社，2002.

[3] 徐崇泉，强亮生．工科大学化学．北京：高等教育出版社，2003.

[4] 浙江大学普通化学教研组．普通化学．第5版．北京：高等教育出版社，2002.

[5] 何培之，王世驹，李续娥．普通化学．北京：科学出版社，2001.

[6] 徐云升，符冠华等．基础化学．广州：华南理工大学出版社，2007.

[7] 陈林根，方文军．工程化学基础．第2版．北京：高等教育出版社，2005.

[8] 上海大学《工程化学》教材编写组．工程化学．上海：上海大学出版社，1999.

[9] 吉林大学等．无机化学．北京：高等教育出版社，2004.

[10] 李秋荣，谢丹阳等．工科基础化学．北京：中国标准出版社，2003.

[11] 陈平初，李武客，詹正坤．社会化学，北京：高等教育出版社，2004.

[12] 蔡哲雄．工程化学基础．第2版．西安：西安交通大学出版社，1999.

[13] 李梅君．普通化学．上海：华东理工大学出版社，2001.

[14] 雷永泉，万群等．新能源材料．天津：天津大学出版社，2000.

[15] 吴旦．化学与现代社会．北京：科学出版社，2002.

[16] 高琼英．建筑材料．武汉：武汉理工大学出版社，2002.

[17] 钱苗根主编．材料表面技术及其应用手册．北京：机械工业出版社，1998.

[18] 赵忠等．金属材料及热处理．第3版．北京：机械工业出版社，1999.

[19] 孙秋霞主编．材料腐蚀与防护．北京：冶金工业出版社，2001.

[20] 朱敏主编．功能材料．北京：机械工业出版社，2002.

[21] 马光辉，苏志国主编．新型高分子材料．北京：化学工业出版社，2003.

[22] 张书香，隋同波等．化学建材生产及应用．北京：化学工业出版社，2002.

[23] 倪礼忠，陈麒编著．复合材料科学与工程．北京：科学出版社，2002.

[24] 王佛松等．展望21世纪化学．北京：化学工业出版社，2000.

[25] 丁廷桢主编．大学化学教程——原理·应用·前沿．北京：高等教育出版社，2003.

[26] 管从胜，杜爱玲．高能化学电源．北京：化学工业出版社，2005.

[27] 王力臻等．化学电源设计．北京：化学工业出版社，2008.

[28] 查全性等．化学电源选论．武汉：武汉大学出版社，2005.

[29] 翟秀静，刘奎仁．新能源技术．北京：化学工业出版社，2006.

[30] 徐鸿儒．居家市内环境保护．北京：中国建筑工业出版社，2003.

[31] 白雪涛主编．日用化学品与健康．北京：化学工业出版社，2006.

[32] 刘旦初．化学与人类．第3版．上海：复旦大学出版社，2007.

[33] 梁亮．精细化工配方原理与剖析．北京：化学工业出版社，2007.

[34] 杨书宏．作业场所化学品的安全使用．北京：化学工业出版社，2005.

[35] 赵庄贤，邵辉．危险化学品安全管理．北京：中国石化出版社，2005.

元素周期表

IUPAC 2013

氧化态(单质的氧化态为0，未列入；常见的为红色)

以 ^{12}C=12为基准的原子量(注✦的是半衰期最长同位素的原子量)

95	原子序数
Am	元素符号(红色的为放射性元素)
镅▲	元素名称(注▲的为人造元素)
$5f^{7}7s^{2}$	价层电子构型
243.06138(2)✦	原子量
+2 +3 +4 +5 +6	氧化态

s区元素　p区元素　d区元素　ds区元素　f区元素　稀有气体

周期＼族	1 IA	2 IIA	3 IIIB	4 IVB	5 VB	6 VIB	7 VIIB	8 VIIIB(VIII)	9 VIIIB(VIII)	10 VIIIB(VIII)	11 IB	12 IIB	13 IIIA	14 IVA	15 VA	16 VIA	17 VIIA	18 VIIIA(0)	电子层
1	1 H 氢 $1s^{1}$ 1.008 −1 +1																	2 He 氦 $1s^{2}$ 4.002602(2)	K
2	3 Li 锂 $2s^{1}$ 6.94 +1	4 Be 铍 $2s^{2}$ 9.0121831(5) +2											5 B 硼 $2s^{2}2p^{1}$ 10.81 +3	6 C 碳 $2s^{2}2p^{2}$ 12.011 −4 +2 +4	7 N 氮 $2s^{2}2p^{3}$ 14.007 −3 −2 −1 +1 +2 +3 +4 +5	8 O 氧 $2s^{2}2p^{4}$ 15.999 −2 −1	9 F 氟 $2s^{2}2p^{5}$ 18.998403163(6) −1	10 Ne 氖 $2s^{2}2p^{6}$ 20.1797(6)	L K
3	11 Na 钠 $3s^{1}$ 22.98976928(2) −1 +1	12 Mg 镁 $3s^{2}$ 24.305 +2											13 Al 铝 $3s^{2}3p^{1}$ 26.9815385(7) +3	14 Si 硅 $3s^{2}3p^{2}$ 28.085 −4 +2 +4	15 P 磷 $3s^{2}3p^{3}$ 30.973761998(5) −3 −2 +1 +3 +5	16 S 硫 $3s^{2}3p^{4}$ 32.06 −2 +2 +4 +6	17 Cl 氯 $3s^{2}3p^{5}$ 35.45 −1 +1 +3 +5 +7	18 Ar 氩 $3s^{2}3p^{6}$ 39.948(1)	M L K
4	19 K 钾 $4s^{1}$ 39.0983(1) −1 +1	20 Ca 钙 $4s^{2}$ 40.078(4) +2	21 Sc 钪 $3d^{1}4s^{2}$ 44.955908(5) +3	22 Ti 钛 $3d^{2}4s^{2}$ 47.867(1) −1 0 +2 +3 +4	23 V 钒 $3d^{3}4s^{2}$ 50.9415(1) 0 ±1 +2 +3 +4 +5	24 Cr 铬 $3d^{5}4s^{1}$ 51.9961(6) −3 0 ±1 ±2 +3 +4 +5 +6	25 Mn 锰 $3d^{5}4s^{2}$ 54.938044(3) −2 0 ±1 +2 ±3 +4 +5 +6 +7	26 Fe 铁 $3d^{6}4s^{2}$ 55.845(2) −2 0 ±1 +2 +3 +4 +5 +6	27 Co 钴 $3d^{7}4s^{2}$ 58.933194(4) 0 ±1 +2 +3 +4 +5	28 Ni 镍 $3d^{8}4s^{2}$ 58.6934(4) 0 ±1 +2 +3 +4	29 Cu 铜 $3d^{10}4s^{1}$ 63.546(3) +1 +2 +3 +4	30 Zn 锌 $3d^{10}4s^{2}$ 65.38(2) +1 +2	31 Ga 镓 $4s^{2}4p^{1}$ 69.723(1) +1 +3	32 Ge 锗 $4s^{2}4p^{2}$ 72.630(8) +2 +4	33 As 砷 $4s^{2}4p^{3}$ 74.921595(6) −3 +3 +5	34 Se 硒 $4s^{2}4p^{4}$ 78.971(8) −2 +2 +4 +6	35 Br 溴 $4s^{2}4p^{5}$ 79.904 −1 +1 +3 +5 +7	36 Kr 氪 $4s^{2}4p^{6}$ 83.798(2) +2 +4	N M L K
5	37 Rb 铷 $5s^{1}$ 85.4678(3) −1 +1	38 Sr 锶 $5s^{2}$ 87.62(1) +2	39 Y 钇 $4d^{1}5s^{2}$ 88.90584(2) +3	40 Zr 锆 $4d^{2}5s^{2}$ 91.224(2) +1 +2 +3 +4	41 Nb 铌 $4d^{4}5s^{1}$ 92.90637(2) 0 ±1 +2 +3 +4 +5	42 Mo 钼 $4d^{5}5s^{1}$ 95.95(1) 0 ±1 ±2 +3 +4 +5 +6	43 Tc 锝▲ $4d^{5}5s^{2}$ 97.90721(3)✦ 0 ±1 +2 +3 +4 +5 +6 +7	44 Ru 钌 $4d^{7}5s^{1}$ 101.07(2) 0 +1 ±2 +3 +4 +5 +6 +7 +8	45 Rh 铑 $4d^{8}5s^{1}$ 102.90550(2) 0 ±1 +2 +3 +4 +5 +6	46 Pd 钯 $4d^{10}$ 106.42(1) 0 +1 +2 +3 +4	47 Ag 银 $4d^{10}5s^{1}$ 107.8682(2) +1 +2 +3	48 Cd 镉 $4d^{10}5s^{2}$ 112.414(4) +1 +2	49 In 铟 $5s^{2}5p^{1}$ 114.818(1) +1 +3	50 Sn 锡 $5s^{2}5p^{2}$ 118.710(7) +2 +4	51 Sb 锑 $5s^{2}5p^{3}$ 121.760(1) −3 +3 +5	52 Te 碲 $5s^{2}5p^{4}$ 127.60(3) −2 +2 +4 +6	53 I 碘 $5s^{2}5p^{5}$ 126.90447(3) −1 +1 +3 +5 +7	54 Xe 氙 $5s^{2}5p^{6}$ 131.293(6) +2 +4 +6 +8	O N M L K
6	55 Cs 铯 $6s^{1}$ 132.90545196(6) −1 +1	56 Ba 钡 $6s^{2}$ 137.327(7) +2	57~71 La~Lu 镧系	72 Hf 铪 $5d^{2}6s^{2}$ 178.49(2) +1 +2 +3 +4	73 Ta 钽 $5d^{3}6s^{2}$ 180.94788(2) 0 ±1 +2 +3 +4 +5	74 W 钨 $5d^{4}6s^{2}$ 183.84(1) 0 ±1 ±2 +3 +4 +5 +6	75 Re 铼 $5d^{5}6s^{2}$ 186.207(1) 0 ±1 +2 +3 +4 +5 +6 +7	76 Os 锇 $5d^{6}6s^{2}$ 190.23(3) 0 +1 +2 +3 +4 +5 +6 +7 +8	77 Ir 铱 $5d^{7}6s^{2}$ 192.217(3) 0 ±1 +2 +3 +4 +5 +6	78 Pt 铂 $5d^{9}6s^{1}$ 195.084(9) 0 +2 +3 +4 +5 +6	79 Au 金 $5d^{10}6s^{1}$ 196.966569(5) +1 +2 +3 +5	80 Hg 汞 $5d^{10}6s^{2}$ 200.592(3) +1 +2 +3	81 Tl 铊 $6s^{2}6p^{1}$ 204.38 +1 +3	82 Pb 铅 $6s^{2}6p^{2}$ 207.2(1) +2 +4	83 Bi 铋 $6s^{2}6p^{3}$ 208.98040(1) −3 +3 +5	84 Po 钋 $6s^{2}6p^{4}$ 208.98243(2)✦ −2 +2 +3 +4 +6	85 At 砹 $6s^{2}6p^{5}$ 209.98715(5)✦ ±1 +5 +7	86 Rn 氡 $6s^{2}6p^{6}$ 222.01758(2)✦ +2	P O N M L K
7	87 Fr 钫▲ $7s^{1}$ 223.01974(2)✦ +1	88 Ra 镭 $7s^{2}$ 226.02541(2)✦ +2	89~103 Ac~Lr 锕系	104 Rf 𬬻▲ $6d^{2}7s^{2}$ 267.122(4)✦	105 Db 𬭊▲ $6d^{3}7s^{2}$ 270.131(4)✦	106 Sg 𬭳▲ $6d^{4}7s^{2}$ 269.129(3)✦	107 Bh 𬭛▲ $6d^{5}7s^{2}$ 270.133(2)✦	108 Hs 𬭶▲ $6d^{6}7s^{2}$ 270.134(2)✦	109 Mt 鿏▲ $6d^{7}7s^{2}$ 278.156(5)✦	110 Ds 𫟼▲ 281.165(4)✦	111 Rg 𬬭▲ 281.166(6)✦	112 Cn 鿔▲ 285.177(4)✦	113 Nh 鿭▲ 286.182(5)✦	114 Fl 𫓧▲ 289.190(4)✦	115 Mc 镆▲ 289.194(6)✦	116 Lv 𫟷▲ 293.204(4)✦	117 Ts 石田▲ 293.208(6)✦	118 Og 气奥▲ 294.214(5)✦	Q P O N M L K

★															
镧系	57 La★ 镧 $5d^{1}6s^{2}$ 138.90547(7) +3	58 Ce 铈 $4f^{1}5d^{1}6s^{2}$ 140.116(1) +2 +3 +4	59 Pr 镨 $4f^{3}6s^{2}$ 140.90766(2) +3 +4	60 Nd 钕 $4f^{4}6s^{2}$ 144.242(3) +2 +3 +4	61 Pm 钷▲ $4f^{5}6s^{2}$ 144.91276(2)✦ +3	62 Sm 钐 $4f^{6}6s^{2}$ 150.36(2) +2 +3	63 Eu 铕 $4f^{7}6s^{2}$ 151.964(1) +2 +3	64 Gd 钆 $4f^{7}5d^{1}6s^{2}$ 157.25(3) +3	65 Tb 铽 $4f^{9}6s^{2}$ 158.92535(2) +3 +4	66 Dy 镝 $4f^{10}6s^{2}$ 162.500(1) +3 +4	67 Ho 钬 $4f^{11}6s^{2}$ 164.93033(2) +3	68 Er 铒 $4f^{12}6s^{2}$ 167.259(3) +3	69 Tm 铥 $4f^{13}6s^{2}$ 168.93422(2) +2 +3	70 Yb 镱 $4f^{14}6s^{2}$ 173.045(10) +2 +3	71 Lu 镥 $4f^{14}5d^{1}6s^{2}$ 174.9668(1) +3
★ 锕系	89 Ac★ 锕 $6d^{1}7s^{2}$ 227.02775(2)✦ +3	90 Th 钍 $6d^{2}7s^{2}$ 232.0377(4) +3 +4	91 Pa 镤 $5f^{2}6d^{1}7s^{2}$ 231.03588(2) +3 +4 +5	92 U 铀 $5f^{3}6d^{1}7s^{2}$ 238.02891(3) +2 +3 +4 +5 +6	93 Np 镎 $5f^{4}6d^{1}7s^{2}$ 237.04817(2)✦ +3 +4 +5 +6 +7	94 Pu 钚 $5f^{6}7s^{2}$ 244.06421(4)✦ +3 +4 +5 +6 +7	95 Am 镅▲ $5f^{7}7s^{2}$ 243.06138(2)✦ +2 +3 +4 +5 +6	96 Cm 锔▲ $5f^{7}6d^{1}7s^{2}$ 247.07035(3)✦ +3 +4	97 Bk 锫▲ $5f^{9}7s^{2}$ 247.07031(4)✦ +3 +4	98 Cf 锎▲ $5f^{10}7s^{2}$ 251.07959(3)✦ +2 +3 +4	99 Es 锿▲ $5f^{11}7s^{2}$ 252.0830(3)✦ +2 +3	100 Fm 镄▲ $5f^{12}7s^{2}$ 257.09511(5)✦ +2 +3	101 Md 钔▲ $5f^{13}7s^{2}$ 258.09843(3)✦ +2 +3	102 No 锘▲ $5f^{14}7s^{2}$ 259.1010(7)✦ +2 +3	103 Lr 铹▲ $5f^{14}6d^{1}7s^{2}$ 262.110(2)✦ +3